住房城乡建设部土建类学科专业"十三五"规划教材

高等学校城乡规划专业系列推荐教材

社区规划

黄怡 著

中国建筑工业出版社

图书在版编目（CIP）数据

社区规划 / 黄怡著 . —北京：中国建筑工业出版社，2021.8

住房城乡建设部土建类学科专业"十三五"规划教材

高等学校城乡规划专业系列推荐教材

ISBN 978-7-112-26522-0

Ⅰ. ①社… Ⅱ. ①黄… Ⅲ. ①社区—城市规划—高等学校—教材 Ⅳ. ① TU984.12

中国版本图书馆 CIP 数据核字（2021）第 177012 号

本教材为住房城乡建设部土建类学科专业"十三五"规划教材，遵循"认识社区—理解社区—规划社区"的逻辑思路，对应学习者由认知到行动、从理论探讨到实践操作的学习过程，根据教学实际进行编写。主要内容包括社区的概念演变，社区的内涵与类型，社区的要素与资源，社区的发展与历史，社区生活的本质与当代挑战，社区规划的价值与目标，社区规划的界面、内容与方法，社区规划的参与内核和治理实效。本书可作为高等学校城乡规划及相关专业的教材，也可供相关行业从业人员学习参考。

为更好地支持相应课程的教学，我们向采用本书作为教材的教师提供教学课件，有需要者请与出版社联系，邮箱：jgcabpbeijing@163.com。

责任编辑：杨　虹　尤凯曦
责任校对：焦　乐

住房城乡建设部土建类学科专业"十三五"规划教材
高等学校城乡规划专业系列推荐教材
社区规划
黄　怡　著
＊
中国建筑工业出版社出版、发行（北京海淀三里河路 9 号）
各地新华书店、建筑书店经销
北京雅盈中佳图文设计公司制版
河北鹏润印刷有限公司印刷
＊
开本：787 毫米 ×1092 毫米　1/16　印张：$25\frac{1}{4}$　字数：493 千字
2021 年 9 月第一版　2021 年 9 月第一次印刷
定价：**59.00** 元（赠教师课件）
ISBN 978-7-112-26522-0
（38078）

序

从社会政治来讲，"当前中国处于近代以来最好的发展时期，世界处于百年未有之大变局，两者同步交织、相互激荡"。从社会思潮来讲，社区营建有蔚然之势。而从学科专业来讲，社区规划已在近二十年间由若隐若现至呼之欲出。

写作《社区规划》的念头萌生于21世纪初。这与我及所在教学团队长期教授的一门课程"居住区修建性详细规划设计"有关，这门课是城市规划专业的基础设计课程，主要教给未来的规划师们（广义地说，是规划从业者们）如何规划城市的新建居住（小）区。当时日渐明显地感到，制订课程设计任务书时，背景条件的假定越来越脱离城市现实——在上海的中心城区，居住区、居住小区规模的新建住宅开发项目几乎没有，只有在郊区开辟的保障房基地才存在此种尺度的开发。也就是说，我们的规划对象不再是在一张白纸上矗立起来的新建小区，可以任意抹去原有的建成环境特征，更多的是在城市复杂背景中既定存在的社区，有着丰富的历史与场地痕迹；我们的规划内容不再是理想化地布置住宅建筑、配套服务设施、道路以及公共绿地，而是要在现有的生活场景中优化日常生活功能，提升日常空间环境品质，丰富日常生活的内涵。后者正是教材将要讨论的规划类型——社区规划。我们的住区规划教学经历着缓慢的变化，从背景模糊的纯然的新建小区规划，到城市真实环境中需要适当保留和利用的住宅区规划，直至即将单独开设的以成熟的建成环境为对象的社区规划。

在同济城乡规划教学中，对于社区和社区规划的探讨早已融入一些课程当中，比如，社区研究是本科阶段专业理论课"城市社会学"的组成部分；"住宅区修建性详细规划设计"与"城市认识实习"课程中均有对城市社区的深入调研，以及结合了设计与实践目标的"城市社区空间微更新"课程。时至今日，社区发展已经与城市发展的广泛问题融为一体，而社区规划作为一门独立课程的必要性，则越来越显著和迫切。

相对于规划教学的稳定性，规划实践则直面现实，要活跃得多。我们教学团队先后开展了若干社区规划，规划对象包括：上海中心城区静安区的江宁路街道、南京西路街道，近郊区宝山区的友谊路街道、嘉定区的整体街道层面，浦东新区的金杨新村街道等；还有在山西太原、四川成都等城市开展的社区规划课题研究。这些实践过程中的协作交流、争议激荡都为本教材的问世奠定了厚实的基础。

此外，一系列重要的政策、制度与实践背景也为深入思考社区规划的定位提供了重要契机。国家层面，有城乡规划体系向国土空间规划体系的变革、治理能力与治理体系现代化的建设；城市层面，有城市更新的常态化、社区大量的小微更新，以及上海、北京、成都等城市的区级政府有组织地聘任各类社区规划师的机制探索。当然，开展社区微更新行动和进行社区规划还远不是一回事。事实上，社区规划的必要性和普及性在社会层面还远未获得足够的认知，这也赋予了本教材一个目标，让社区规划走向更大的课堂，不仅仅在建筑规划院校内，还要在广大的城乡社区，在规划初学者、城乡管理者以及社区成员那里收获对于社区规划的认知和理解。专业人员也不能只对政策制定者提出建议并说服他们，还有必要将解释对象延伸到普通民众，使主流意见形成于社会整体的理性和知识之上。

作为城乡规划专业的教育者和行业的实践者，以及作为研究写作者，时时觉得自己在面对一个非常复杂、非常丰富而且正在急遽变化的社会现实。如何来讨论今天的社区规划，并写作教科书，对于作者是一个考验。这本教材确是酝酿已久，基于作者在过去二十多年中逐步建立起来的社会时空观，在吸收借鉴已有研究成果的基础上，力求深入阐释社区和社区规划中的热点、重点和前沿问题。

　　教材遵循"认识社区—理解社区—规划社区"的逻辑思路，这也符合初学者由认知到行动、从理论探讨到实践操作的学习过程。首先对社区基本概念和原理进行梳理与建构，接着在发展的情境中理解社区变化，最后在反思中提出社区的规划和实施方案。

　　我们所有人都来自广义概念上的社区，这些社区可能很大，也可能很小，这取决于我们在何种空间尺度上认知和解读它们。这些社区可能历史很长，也可能很短，这又取决于我们在何种时间尺度上认知和解读它们。在时空维度中认识社区是至关重要的。在空间维度中认识社区，这是城乡规划专业的所长；在时间维度中认识社区，这是城乡规划尚未充分意识的，然而未来是必不可忽略的。我们目前关于城市更新、城市历史的讨论，本质上都是基于社区在其生命周期、时间序列上的推移延展现象来进行的。

　　至于在社会维度中认识社区，这也是毋庸置疑的。社区本来就是社会学的概念，无论是从初始的乡村社区滥觞，到重心逐渐向城市社区转移，还是从一个有限的外延不断扩大，直至覆盖人类星球。而从城乡规划中的住区规划向社区规划的转变，本身就肯定了社区的时空与社会内涵。这也是贯穿教材的重要观点——社会时空观。

　　在社会时空观的统领下，全书的结构组织与写作思路可以归结为下述一系列问题：

　　什么是社区？有哪些不同的社区？

　　社区有哪些基本的、主要的构成要素？

　　如何理解社区的建设发展及其历史？

社区变化的条件与影响因素有哪些？社区存在哪些重点问题？

什么是社区规划？怎样才是好的社区规划？

怎样做社区规划？谁来做？

如何保障社区规划的实施？

社区规划自身的变化趋势如何？

这些是认识、理解社区和规划社区的根本问题，是对于社区由表及里、由物质到精神、由历史到现今、又由现今至未来、由外源性到内源性的全面深入解析。在此基础上，才有可能运用规划的方法与技术，合理恰当地规划社区，并通过参与和治理等途径确保社区规划的实施，最终实现社区的可持续发展目标与价值。

《社区规划》作为城乡规划专业的教材、也作为社区与社区规划研究的成果，追求并体现以下特色：

（1）思想结构力求清晰严谨。以社会时空观作为核心观点和线索贯彻全书，使得整本教材追求严谨的思想结构逻辑与内在的章节体系关联，而不是概念、理论与案例的简单搬运堆置。值得一提的是，这本教材注重以联系的、变化的观点进行城乡社区研究与社区规划，突出城乡关联性和城乡连续性，不是采取二元对立的立场，而是运用一体化的眼光。全书分三篇，第一篇偏重提供必要的概念工具，为许多社区现象和社区问题的概括和研究做好概念化的准备；第二篇侧重经验研究，强调将社区研究作为考察我国城乡社会现状以及转型状况的主要范式与途径，并将典型案例问题与整体背景结合考察的方式将社区研究的精髓融贯于当下的经验研究，从而为社区规划提供有力的学理依据；第三篇注重实践转化，为社区规划及实施提供技术、技巧和技能保障。

（2）研究方法力求交叉融合。综合运用来自城乡规划学、社会学、政治学、经济学、历史学、生态学等不同学科的基本原理和分析手段，多角度观察和解读社区和社区规划。从历史现实比照、国际国内比较、理论实际对照的视角阐述社区发展的基本脉络、现象问题和趋势走向，总结社区规划的内容表达、技术方法、制度标准。既采用融合理论和历史的评述方法，又提供部分案例研究和定量分析的经验证据，以呈现"理论—实践"的关联样态及其历史连续性。在规划社区这个环节，以上海浦东新区金杨新村街道社区作为典型案例，展示社区规划时一般采用的调研、编制、决策和参与过程，以有助于读者深入理解和综合应对现实的规划问题。

（3）内容构成力求充实丰富。整本教材既讲述社区的概念与理论、社区建设发展的一般规律、社区规划综合的原理与方法，阐述社区规划的制度基础、伦理和价值观，也展示实务操作和实施程序，包括从思想理念到实际操作层面、从模式化理论到具体案例的完整展示。教材结合了国内外城乡社区案例，并以上海的社区规划案例为主要模板。教材的理论、知识和经验视野力图广阔，涉及社区工作的相关过程、方法与技能，如社区组织、社区参与、社区行动等，还包括社会学、文化人类学的相关理论和有关社区的诸多研究成果。

（4）体例力求完整有序。每章包括以下几部分：①导读，用于一般提示，揭示各章的主要内容及其与前后章节的内在关联，方便阅读时提纲挈领；②正文；③关键概念与重要人名，可作为阅读和研究的兴趣点（POI）；④讨论问题，可以检查理解程度，诱导深入思考，并检验转化潜力；⑤注释，采取脚注法，方便对照阅读。

⑥延伸阅读，有专题研究、个案剖析、规章精选、经验荟萃、统计资料等。

（5）价值力求多元兼具。社区研究的中观理论和社区规划的中观实践，首先具有实用性，如能与知识性、趣味性、人文性结合，则是社区人文精神与思想内涵的充分呈示。因此，在社区规划的应用指导之中，透出价值伦理的理性思辨与感性情怀，才能真正通往好的社区规划和社区治理。如无价值判断，也就无从原则。对于城乡规划学、空间规划、社会科学以及公共政策领域的学子乃至实践工作者来说，这不只是教科书上的说教，而是现实与理想追求的温度。

作者长期从事城乡规划教学、研究与实践，尤其是住房与社区、城市社会学方向的教学与研究，深知作为事业的规划与作为职业的规划的界限。要让每位规划从业人员在认知上完成从"职业"到"事业"的转化，这个要求恐怕太高。诚然规划也是份谋生的职业，但是这份职业关于公共物品、公共环境、长远利益。职业理想与操守，不仅仅是课堂里讲授的原则，还是现实中面临的抉择。规划人才堪称社会精英，那些有理想、有公心、有胆量、有脊梁、有智识的人，才适合、才胜任。在这样一个变动不居、新旧交替的时节，谨以《社区规划》——能及时地观察、记录、研究和促成实现社区变化，能不断地认识、理解与探索社区规划的发展——能为规划及相关专业学子、规划从业人员、地方决策者、社区工作者参考——为盼、为鉴！

恳切希望读者对《社区规划》这本教材多提宝贵意见，以促进其不断完善。

黄　怡

2021 年 1 月 21 日

目录

第一篇

认识社区

第 1 章

社区的概念演变

导读

本章围绕"社区"及其相关概念，按照其产生与发展的时间脉络进行梳理和辨析。对于社区概念的认识，在不断的争论与思辨中已趋向于更加广泛深入的理解。

第1节　人类学与古典社会学中的社区概念

我们现在常说的"社区"一词，最初是从西方社会学中英语表述的 community 这个概念翻译过来的专业术语，在学术研究和社会实践中已经被普及应用。Community（社区），源于拉丁语 communis，意为共同拥有的事物，后来逐渐演变成 communitas，在老的法语中为 comuneté，直至英语中使用至今的 community，广义地指称同伴或有组织的团体，其中隐含着共同的关系、价值和情感。

1.1　早期农业社区的实体存在

以实体形式存在的社区，最早出现在农业社会，也就是农业社区（agricultural communities）。这在人类学的研究里有所涉及。美国乔治麦森大学的文化人类学者托玛斯·威廉姆斯（Thomas R. Williams，1990）在其著作《文化人类学》中指出，社区生活是与家庭生活相对的。根据在法国阿玛他地（Terra Amata）的考古发现推断，按放射性碳定年法距今 35 万年时，至少部分人类已经形成了一起生活在小社区中的方式，尽管存在的时间短暂。阿玛他地的考古发现可能代表了人类村庄生活开始的时间。

当地 21 幢房屋的规划平面让人们推测，到旧石器时代中期，介于 8 至 10 人及至 25 或 30 人之间的扩展家庭很可能是常见的，至少在一年中的某些季节是如此①。这是早期的游牧社区，以游牧为主要生活方式。现今游牧社区仍然存在，主要居住在帐篷或棚屋之中，例如生活在约旦河西岸、东耶路撒冷市郊的贝都因人游牧社区②。

农业社区的产生与农业密不可分。农业改变了人类——中石器时代初期这个濒于灭绝的物种，到新石器时代结束时已成为一个广泛分布的、固定下来的物种。农业生活方式的发展使得大规模、持久的人类定居成为可能。相应地，这种"城镇生活"要求文化尤其是社会组织的新形式，以确保许多不具有生物关系的个体及其家庭在毗邻而居的街区中过上一种高效而相当和平的生活③。农业社区由此稳定下来，并形成城镇社区。

在某些场合，社区（community）和社会（society）被替代使用。威廉姆斯在《文化人类学》的"进入地方社区"一节中这样写道，"人类学学者通常会面临在他们自己的习惯方式和他们要研究的社区（community）或社会（society）中的那些习俗方式之间的许多冲突。"④

1.2 "社区"概念的出现

社区的概念较早出现在 H.S. 梅因⑤ 于 1871 年出版的著作《东西方村落社区》⑥，以及西波姆⑦ 于 1883 出版的著作《英国的村落社区》⑧。两位学者均将村落视为社区，探讨古老阶段的社会现象，运用法律、政治和经济的思想阐述村落社区发展的过程。这两本著作是欧洲农村社会科学文献中的典籍，对于现代乡村社会研究来说仍然具有启迪价值。

除了村落社区，早期还有乌托邦试验社区的概念。19 世纪初期的空想社会主义，亦即乌托邦社会主义，不但提出理论，还建立了具有试验性质的乌托邦社区（utopian communities），或称作社会主义的乌托邦社区（socialist utopian communities）、社会主义者社区（socialist communities），目标是实现或通向一种理想的社会形式。这些社

① Thomas Rhys Williams. Cultural Anthropology[M]. Prentice Hall，Englewood Cliffs，New Jersey，1990：16.
② 巴勒斯坦游牧社区面临强制拆迁 联合国呼吁以色列中止相关计划 [EB/OL].（2018-6-1）[2020-1-1]. https：//news.un.org/zh/story/2018/06/ 1010001.
③ Thomas Rhys Williams. Cultural Anthropology[M]. Prentice Hall，Englewood Cliffs，New Jersey，1990：39.
④ Thomas Rhys Williams. Cultural Anthropology[M]. Prentice Hall，Englewood Cliffs，New Jersey，1990：89.
⑤ Sir Henry James Sumner Maine（1822—1888），英国比较法学家和历史学家。
⑥ H.J.S.Maine. Village-Communities in the East and West：Six Lectures Delivered at Oxford[M]. London：John Murray，1871.
⑦ Frederic Arthur Seebohm（1833—1912），英国经济史学家。
⑧ Frederic Seebohm. The English Village Community[M]. Longmans，Green，And CO，1883. 该著作使得西波姆跻身当时最重要的经济史学家之列。

区的案例包括：1824 年英国人罗伯特·欧文（Robert Owen）在美国印第安纳州买下 1214 公顷土地，开始"新和谐村"（New Harmony）移民区的实验；现代宗派的宗教社区（modern-day sectarian religious communities），例如圭亚那的琼斯敦（Jonestown, Guyana）；还有傅立叶式的北美方阵社区（NAP）、艾奥瓦州康宁城（Corning, Iowa）的伊卡利亚（Icarian）社区、无政府主义者社区（Life and Labor Commune）等 [①]。

这些社区常常是昙花一现的，但是作为"社会实验"，它们已经吸引了社会学领域相当多的关注，因为它们提供了关于社会组织的可选择模式的生存能力象征。乌托邦试验社区在当时社会中拥有相同思想的人群中建立起来，他们的小社区可以证明合作社会主义计划的可行性，也在很大程度上验证了社区是基于共同的价值基础这个构成原则。

延伸阅读 1.1　乌托邦社区——北美方阵

北美方阵（North American Phalanx, NAP）是一个世俗的乌托邦社会主义公社，一个合作农业社区，位于美国新泽西州蒙茅斯县柯尔特奈克镇。自 19 世纪 40 年代开始的十年间，法国哲学家傅立叶的空想社会主义思想迅速走红美国，并形成一场傅立叶运动（Fourierist Movement），约有 30 个傅立叶主义者社团存在于这个时期。北美方阵是其中的旗舰社区，由阿尔伯特·布里斯班（Albert Brisbane）在新泽西州的弗里霍尔德（Freehold）外发起，以傅立叶的哲学为模板建设。该社区于 1844 年建成，1854 年毁于大火。

傅立叶主张社会和谐，他倡导的制度是一个在资本和劳动力之间保持和谐的妥协方案。与其他乌托邦群体不同，他对当时情况的批评并非出于穷人的苦难或上下层阶级之间社会财富的固化或不分配，而是针对令人厌恶的劳动条件和现代生产的不经济性。傅立叶设想建立一个名为"方阵"（the Phalanx）的社会单位，它将提供一个足够宽广的领域，通过分组赛和系列赛的方式，使得每个人都可以有效地锻炼自己的各种能力倾向，许多个体必须联合在一起。方阵的巨大经济体和巨量财富将使所有一起工作的成员受益，并且所有工作都是为了这个合作社而做，因而是社会主义的乌托邦社区（图 1.1）。

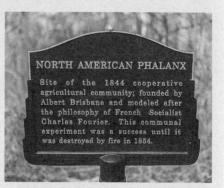

图 1.1　北美方阵社区铭牌

---

① Elizabeth Nako. Socialist Utopian Communities in the U.S. and Reasons for their Failures[A]. Annual Celebration of Student Scholarship and Creativity，2013：14.

1.3　滕尼斯的"社区"概念

同一时期的研究中，费迪南德·滕尼斯[①]对社区概念和理论的发展有着重要的贡献。1881 年，滕尼斯将德语"gemeinshcaft"一词引入社会学，1887 年，他的著作 *Gemeinnshaft Und Gesellschaft*[②]问世，此书成为该领域的经典著作，在英语学界常被译成 *Community and Society*（社区和社会），中文有多种译法，例如"共同体与社会"、意译"自然社会与人为社会""礼俗社会与法理社会"等，但是都难准确地反映其原始含义。

滕尼斯从社会学理论研究的角度使用社区概念，勾勒出了人类社会发展的一幅进化图景。开始于 18 世纪后期并改变了欧洲社会的伟大的工业化时代，预示着从村落社区（community）到协会（association）的一个变化。滕尼斯着重论述了纯粹社会学的两种基本形式"社区"和"社会"。社区是这样一种存在，在那里，个体的家庭有着漫长的历史，个体在私人基础上相互影响，因为他们常常一起工作或相互联系，并且所有工作相互依赖；社会则是这样一种存在，在其中，个体经常与他们私下并不认识的其他人相互影响，在看起来互不相干的岗位上工作。在工业化、城市化与现代化迅速发展的背景之下，从社区到社会的转变，导致了社会联系的日渐弱化和共享的具有内涵的社区归属感的丧失。

延伸阅读 1.2　社区和社会

"社区"的这个特有的存在，在于共同归属的意识和对由这种肯定产生的相互依赖的状态的肯定。在一起生活可能被称作社区的动物性的灵魂[③]，因为正是它的积极的生命的状态、愉悦和痛苦的共享的情感、共同拥有物品的共有的享受，个体被这些包围，也被不但在分工而且在集体工作中的合作包围。在一起工作可能被认为是社区的理性或人性的灵魂。它是在精神和目标的统一中的更高的、更多的有意识的合作，因此包括为共有的或共享的理想的努力奋斗，作为只为思想可知的无形的众望。就在一起而论，它是血缘，就在一起生活而论，它是土地，就在一起工作而论，它是职业，这是实质，如它所是的，通过它，人们的愿望本质上被统一起来，否则它是相互分离的，甚至相互对抗的。

[①]　Ferdinand Tönnies（1855—1936），德国社会学家、经济学家和哲学家。

[②]　（德）费迪南德·滕尼斯．共同体与社会 [M]．林荣远，译．北京：商务印书馆，1999.

[③]　指表面地影响和指引人类行为的本能、倾向和情感，与后文的人性的灵魂相对应，分别指非理性的与理性的精神。

大体上，城市是典型的社会。它本质上是一座商业城镇，如果说到目前为止，商务贸易主宰了它的生产性的劳动力，本质上它也是一座工业城镇。它的财富是资本财富，以贸易、高利贷或工业资本的形式，它被使用并成倍地增加。资本是劳动产品的支出方式或剥削工人的手段。城市也是科技和文化的中心，它总是与商贸和工业结伴同行。在这里，各类艺术必须谋生；它们以一种资本主义的方式被利用。思想以令人吃惊的捷速传播。

——费迪南德·滕尼斯，《社区和社会》，1957 年 [1887 年]①

滕尼斯认为，从中世纪向现代的整个文化发展就是从"社区"向"社会"的进化。社区不是建立在强迫而是建立在相互关联的基础上，可以这样理解，社区包含的关系类型是由具有共同价值观念的同质人口所组成的，是一种密切的、守望相助的、富有人情味的关系；社会的关系类型是由具有不同价值观念的异质人口所组成的，人们之间的关系是靠分工和契约连接的，重理性而不讲人情。滕尼斯的观点有社会进化论的倾向，其思想（概括在延伸阅读 1.2 中）常常被用来强调工业化以前时期的村庄生活和工业化时期城市生活的差异，以及更普遍的小城镇生活和大城市生活的差异。滕尼斯关于传统社区向现代城市社会变迁中社会变化的分析影响深远，对于现代社会研究来说仍然具有启迪价值。

时隔 30 年，苏格兰裔美国社会学家 R.M. 麦考斐② 在其 1917 年初版的著作《社区》③ 中，曾把社会形态分为社区（community）与社团（association）两种。社区是以地区与邻居关系为基础的社会；社团是人类为某一种目的、利害关系而结合起来的社会。麦考斐也从社会结构的性质把社会形态分为三个类型：一、包容性的地域社会，如部落社会；二、无固定组织而有共同利害关系的社会，如民族社会；三、有固定组织之社会，如帮会。从社会结构形态又可分类为：一、简单社会；二、复合社会；三、大都市社会；四、大国家社会等种种不同形态的社会④。

---

① （美）马克·戈特迪纳，雷·哈奇森 . 新城市社会学 [M]. 4 版 . 黄怡，译 . 上海：上海译文出版社，2018.

② Robert Morrison MacIver（1882—1970），苏格兰裔美国社会学家、政治学家和教育家。

③ Community，a sociological study：being an attempt to set out the nature and fundamental laws of social life[M]. London：Macmillan and Co.，Ltd.，1917.《社区，一门社会学研究：尝试阐明社会生活的本质和基本规律》，初版于 1917 年。此书的中译本书名有改动，社会学原理 [M]. 张世文，译 . 上海：商务印书馆，1934.

④ 胡良珍 . 社会形态，中华百科全书 [M]. 1983. http：//ap6.pccu.edu.tw/Encyclopedia/data.asp?id=2217&forepage=1.

1.4　涂尔干的社会"机械团结与有机团结"概念

法国社会学家、社会学的奠基人之一涂尔干 ① 认为，社区先于个人，因为是社区塑造了个人的理性。因此，社区不可避免地对个人产生强大的影响，并真正是牢不可破的控制。涂尔干对切实可行的社区生活形式的关注，体现在其博士论文、后于 1893 年出版的《社会分工论》中提出了一对经典概念——"社会机械团结"（social mechanical solidarity）和"社会有机团结"（social organic solidarity）。这两个概念区分了社会的不同联结形式。在机械团结的社会中，成员之间有着强烈的共同情感与集体意识（collective consciousness），个体独特性非常微弱；在有机团结的社会中，成员靠功能上的相互区别而相互依赖，彼此不同又彼此需要。涂尔干用"机械团结"社会和"有机团结"社会两个范畴来分别指称前现代社会和现代社会。他提出人类社会的早期形态以"机械团结"为特征，在那些社会中每个人通过相似性和日复一日的熟悉来控制共同体中的其他人。社会团结的基础是文化同质化，在某种程度上来说，所有成员共享一系列共同的认识、信仰、符号和生活经历，群体总是优先于个人，以强烈的共同的集体意识为特征。这个社会没有个人意志，个人的行为总是自发的、集体的。"机械团结"建立在社会中个人之间的相似性与同质性的基础上。

涂尔干的"社会机械团结"与"社会有机团结"非常接近"社区与社会"这对概念的关系内涵。机械团结是一种以共同的信仰、风俗习惯和仪式等相似性为基础的社会联系——社区；有机团结是一种建立在社会成员异质性和复杂劳动分工基础上的社会秩序——社会。随着人口的密集，以前建立在相似性和同质化之上的机械社会团结受到了侵害。在新的社会中，人情关系变得日益肤浅和贫乏，代之以相互疏离的原子化的个人状态。涂尔干在 1897 年的《自杀论》中表达了对现代社会的悲观，社会越来越病态地发展，各种社会问题丛生，传统社会的稳定、团结受到了威胁。于是，独立了的个人基于自愿和互利与他人建立各种联系，形成多种多样的团体，个人的日常生活与他人有着千丝万缕的联系，自己主动并积极维护和参与这样的联系之中，从而形成有机团结。有机团结社会建立在劳动分工所产生的团结之上。"一方面，劳动越加分化，个人就越贴近社会；另一方面，个人的活动越加专门化，他也就越成为个人。"分工通过功能依赖而形成一种社会系统的自我调节、自我平衡的机制，因此，社会团结的增强与社会成员个性的增加成正比，此时社会形成一种"有机团结"的状态。

现代社会的分化现象使个人有了不同的自由空间，但社会仍然需要存在"最低

---

① Émile Durkheim（1858—1917），又译为埃米尔·迪尔凯姆，法国犹太裔社会学家、人类学家。

限度的集体意识"，否则社会就会解体。假如社会处在急剧转变过程中，旧秩序瓦解的同时没能产生新的联结纽带，就会产生涂尔干所说的"失范"（anomie）状况。而一旦各个分工个体之间能够形成充分的联系和接触，在不断的交往中能够形成牢固的团结关系，就不可能达到社会的失范。在不断接触中形成的相互依赖以及感受到的相互需要的关系就是实现"有机团结"的重要方式。涂尔干认为，现代社会需要存在社会组织层面整合国家与个人之间属于中介性的法团组织执行"调节社会职能，尤其是经济职能，从而使这些职能摆脱现在所处的无组织状态"①。

社区作为一种自治组织，一方面可以成为个体与国家和全体社会之间矛盾冲突激化的缓冲区，另一方面可以发挥处理现代个体与城市/乡村、国家之间连带关系的中介整合作用。越是在社会急剧转型时期，就越需要社区来维系，但这个社区必然是在传统社区内涵（社会机械团结）基础上构建的具有现代意义（社会有机团结）的社区。

1.5 芝加哥社会学派的"社区"概念与研究

20世纪20年代，美国的芝加哥社会学派（Chicago School of Sociology，或称芝加哥人类生态学派）对城市社区进行了系统的调查与论述。与之前欧洲的研究侧重于"农村社区"不同，芝加哥学派明确关注的是"城市社区"。1902年《美国社会学期刊》曾对芝加哥大学社会学系研究生计划有过这样的描述：芝加哥市是世界上最完整的社会实验室之一。虽然社会学的要素可以在较小的社区中研究。……现代社会最严重的问题由大城市呈现，而且必须加以研究，因为这些问题在大量特定人群中以具体的形式被遭遇。在这个世界上没有城市比芝加哥呈现出更为广泛多样的典型的社会问题②。这可以视作芝加哥社区研究思想的发轫。

芝加哥社会学派的社区概念以城市邻里为基础，强调走出校园，深入城市邻里，去那里研究许多不同的人口群体。罗伯特·帕克③和厄内斯特·伯吉斯④指导本科生课程和研究生研究小组，这些课程要求学生进入社区，收集来自商业从业者的数据，访谈地区居民。帕克本人终身致力于非洲裔美国人社区的研究。按照帕克的观点，邻里通过有着相似背景的人们之间涉及共享文化价值的合作联系而维系在一起，地方社区生活围绕帕克所称的合作的、象征的、联系的"道德秩序"被组织起来，而

① 埃米尔·涂尔干. 自杀论 [M]. 冯韵文，译. 北京：商务印书馆，2001：328，420.

② （美）马克·戈特迪纳，雷·哈奇森. 新城市社会学 [M]. 4版. 黄怡，译. 上海：上海译文出版社，2018：77.

③ Robert Ezra Park（1864—1944），美国社会学家，芝加哥社会学派的领导人物之一。

④ Ernest Watson Burgess（1886—1966），加拿大裔美国城市社会学家，芝加哥社会学派的成员。曾担任美国社会学会第24任主席。

由独立社区组成的较大城市则通过竞争和功能分化被组织起来[1]。伯吉斯则特别强调社区的地域含义，1925 年提出了关于都市土地使用与社区隔离的模型——同心圆模式（Concentric Zone Model）。

路易斯·沃思[2]，芝加哥社会学派发展的重要人物之一，早期曾负责编辑过两册《芝加哥社区更新》（the Chicago Community Renewal），这两本册子于 1919 年由芝加哥社区调查机构（the Chicago Community Inventory）发布。芝加哥政府对社区也很关注，在芝加哥大都市地区有《地方社区状况年鉴》（local community fact book：Chicago metropolitan area），最早称为地区状况年鉴（District fact book）。沃思的主要学术研究反映了他对芝加哥犹太社区发展的认识理解，1926 年出版的著作《少数民族聚居地》（The Ghetto）描绘了 20 世纪 20 年代芝加哥的马克斯韦尔（Maxwell）街的少数民族聚居邻里，是一项对少数民族聚居地起源的研究。这项研究涉及移民犹太人区的历史、他们在城市的智力和社区生活。沃思指出，犹太人聚居区是犹太人迁徙出来的旧世界和他们来到美国居住的新世界之间的过渡阶段。路易斯·沃思 1948 年还撰文"世界社区、世界社会和世界政府"[3]，旨在澄清这些概念术语。

罗德里克·麦肯奇[4]是帕克的学生之一，他有自己的见解。当时绝大多数同事将城市社会学研究与实地调查集中在中心城，麦肯奇的研究则将人类生态学的原则不仅应用于城市，而且扩展到更广大的大都市地区，在他 1933 年出版的著作《大都市社区》（The Metropolitan Community）中，将大都市区域称作"新型超级社区"。当时的社会学家对此较少兴趣，因此麦肯奇的见解与当时城市社会学的普遍趋势存在冲突。但是如果将麦肯奇的研究与此后更广泛的学科研究图景联系起来，就会清晰地看出其独特的前沿价值。也就是 20 世纪 50 年代出现的一个新的研究领域——区域科学，开始从经济地理学的角度关注大都市地区。

20 世纪 50 年代以后，芝加哥社会学派以及北美学者对城市社区的研究集中在内城和郊区两种类型，主要因为第二次世界大战之后，这两种城市社区类型在人口和社会经济方面的变动较为剧烈，对城市社区发展变化的影响较大。整体上，芝加哥社会学派的社区微观经验研究开创了不同于欧洲发源的具有社会哲学色彩的研究范式，从而奠定了自 20 世纪 20 年代初期开始美国社会学在世界社会学发展中的中心地位。

---

[1] （美）马克·戈特迪纳，雷·哈奇森.新城市社会学[M].4 版.黄怡，译.上海：上海译文出版社，2018：80.

[2] Louis Wirth（1897—1952），美国社会学家，芝加哥社会学派的成员。其代表作有 *The Ghetto*（1928），*Urbanism as a Way of Life*（1938），*Community Life and Social Policy*（1956）。

[3] Louis Wirth. World community，world society，and world government：an attempt at a clarification of terms[M]//Quincy Wright. The World Community. Boston：The Beacon Press，1948：9-20.

[4] Roderick Duncan Mckenzie（1885—1940），美国社会学家，芝加哥社会学派的成员。

第 2 节　当代的社区概念及相关概念的辨析

正如厄内斯特·伯吉斯的论文《邻里工作可否有个科学基础？》中述及，"社区"一词，为社会学家和邻里工作者们广泛使用，但他们所指的含义却彼此相差甚远[①]。当代对于社区的讨论更为纷繁。由于社区概念的外来性质，在此采用国际上对于"当代"的时间界定，大体是第二次世界大战以后，也就是 20 世纪 40—50 年代以后的时期。

2.1　社区的当代概念的挑战

当代对于社区概念的应用已超越了社会学、人类学范畴，包括社会学者在内的各学科、各领域研究者们从不同的研究视角和理论背景来界定社区，因此社区的定义也很纷繁。1955 年，美国社会学者乔治·希拉里发表了《社区的定义：协议的领域》[②]一文，他调查了有关社区的学术文献，并确定了 94 种不同的定义，这些定义中意见一致的领域很少，存在大量不同的看法。此后社区的定义数量继续增加。尽管"社区"的含义仍然难以解释，但该术语似乎比以往任何时候都更受欢迎。在美国教育资源信息中心（Educational Resources Information Center，ERIC）数据库中对"社区"一词进行主题搜索，会产生 96439 篇被引文献，迅速增长的文献反映了一种口头上的但不是实质性的共识[③]。

针对社区的讨论常常混淆了社区所体现的规范和价值观，而且这些规范和价值观本身常常是冲突的主题。但这并不是说，社区一定具有强制性或约束性。也不能否认社区可以提供支持、指导和归属感。对社区的探求必须是带着问题的，即采取问题化或置疑化的方式。形成一种整合各种观点意见、信念、身份认同和优先事项的方法，必须是那些将"社区"作为理想目标的人们的主要关切。正如美国哲学家约翰·杜威（John Dewey）和其他人所明确指出的那样，社区需要一种团结感（sense of unity），一种共同的联系纽带，一种超越差异的承诺。同时，由于民主社会尊重个人和群体的差异，社区也必须承认并支持多样性，从而提供谈判的方法和异议的空间。但是社区的拥护者经常回避这些问题。

总的来说，社区的当代概念广为应用，但是面临着这样两个巨大的挑战：①各

---

① E.W. Burgess. Can neighborhood work have a scientific basis?[M]// R. E. Park, E. W. Burgess, & Morris Janowitz（Eds.）. The City: Suggestions for Investigation of Human Behavior in the Urban Environment，1925：142–155.

② George A. Hillery, Jr. Definitions of community：Areas of agreement[J]. Rural Sociology，1955，20（2）：118（111–123）.

③ Daniel Perlstein. Community and Democracy in American Schools：Arthurdale and the Fate of Progressive Education[J]. Teachers College Record，1996，97（4）：625–650. 西弗吉尼亚州的阿尔瑟达尔（Arthurdale）是美国新政的政策制定者为流离失所的煤矿工人建立的重新安置社区。

学科、各研究者对社区的定义数量甚多，但是缺少统一和相互认可的基础；②社区的定义解释随意性大，忽视了社区概念初始内涵中蕴含的基本规范和价值观。

如同古典时期主要的社会学理论家都对社区概念及问题表达了强烈和普遍的兴趣，或许是出于对社会学传统思考的延续，当代（社会）学者对社区概念也进行了多样阐述。

延伸阅读 1.3　当代学者对社区概念的阐释

在一些有影响力的当代社会学著作中，社会学学者们也各自给出了社区的定义：

社区是最基本、最广泛的社会学单位概念。毫无疑问，社区的重新发现标志着 19 世纪社会思想最引人注目的发展，其他概念都不能如此清晰地将 19 世纪与前一个时代即理性时代区别开来。——（美）社会学家罗伯特·内斯比特（Robert A. Nesbit），*The Quest for Community*[①]，1953

社区具有一定的空间地区，它是一种综合性的生活共同体。——（日本）社会学家横山宁夫，《社会学概论》[②]，1983

社区是指在一个地理区域围绕着日常交往组织起来的一群人。——（美）社会学家戴维·波普诺（David Popenoe），《社会学》[③]

社区是若干社会群体（家庭、民族）或社会组织（机关、团体）聚集在一地域里，形成一个在生活上互相关联的大集体。——费孝通，《社会学概论》[④]，1981

通常指以一定地理区域为基础的社会群体。——《中国大百科全书》[⑤]，2009

社区是四维的时空统一体，是时空连续区，没有空间的社区固然不存在，没有时间的社区同样不存在。——黄怡，"社区和社区规划的时间维度"[⑥]，2015

2.2　当代社区概念的收缩、扩展与泛化

当下社区概念的广为流行，使得"社区"就像一个最近被发现或重新被发现并突然被探险家占领的疆域，每门学科都要在其中插上自己的旗帜。大家各取所需，

[①]　Robert A. Nesbit. The Quest for Community[M]. New York：Oxford University Press，1953.

[②]　（日）横山宁夫. 社会学概论 [M]. 毛良鸿，朱阿，译. 上海：上海译文出版社，1983.

[③]　戴维·波普诺. 社会学 [M]. 李强，译. 北京：中国人民大学出版社，1999. 该书初版于 1971 年.

[④]　《社会学概论》编写组. 社会学概论 [M]. 1981.

[⑤]　中国大百科全书 [M]. 2 版. 北京：中国大百科全书出版社，2009.

[⑥]　黄怡. 社区和社区规划的时间维度 [J]. 上海城市规划，2015（4）：20–25.

各自对社区概念进行裁剪、放大和泛化。虽然政治家、社会理论家和教育研究人员都强调社区的重要性，但对它的本质、前因及价值的理解仍然持有很大的不同。

根据前文在人类学与古典社会学中对"社区"概念的溯源，社区概念的初始表达可以描述为，一群人在某个地点定期地或长期地一起活动。将其抽象和概念化，构成社区概念的有这样一些基本要素——人群、空间、时间、活动。每个基本要素又各自可衍生出一组概念，实质上是一个概念群，例如，空间→规模／空间／地域，活动→情感／价值／信仰，等等。这类似于训练儿童学习造句或青少年聚会时会玩的一种游戏，在贴着"人物、地点、时间、做什么"标签的四个盒子里，各自装有不同的选项，将它们进行组合，则产生意想不到的趣味效果。实际上，情感／价值／信仰是人物、活动、时间、空间的整体衍生物。例如"日久生情"突显了时间的作用，人的活动交往是隐藏的内容，社区则是一个模糊的背景。又如，"清风明月本无价，近水远山皆有情"展示了空间场景的意义，人的活动行为也是隐藏的内容，社区则是一方地域。

当代各学科、各领域的社区概念的提出，很大程度上也遵循了上述类似的游戏规则，即在给社区下定义时，突出某个或某些要素，削弱其他要素。此外，对于概念的解释也突破常规的认知，比如"无接触社区"（community without propinquity），着眼点在空间的变化，似乎将空间与地点消解了，但又无限扩大了。又如，对人群进行分解，则产生不同人的不同社区[①]（Krupat，1985），例如种族社区、移民社区。亚文化社区，则是从人群类型延伸至活动（文化）类型。这种以人群界定的社区，是将社区定义为一个群体或网络，通过相对持久的、超越了直接血缘纽带的社会关系，人群客观上相互联系起来，且主观上相互明确这种关系对他们的身份认同和社会实践都很重要。在这样的定义下，社区包含了不同的形式。作为一个社会单位，享有共同的价值，而不管其规模大小。具体表现的或在其中面对面直接接触的社区通常比较小，较大的或更广泛的，则如国家社区、国际社区。

此外，不同学科在各自研究领域内形成了自己的一套概念。比如，在政治学领域，海沃德（Heywood）将社区分为"城市社区／区域利益社区／国家社区／超越国家的政治社区／全球社区"[②]。在社区教育领域，研究者、政策制定者和从业人员将注意力集中在创建"学习者社区"（community of learners）、学生的"家庭社区"（home communities）以及教师的"专业社区"（professional communities）。在信息学科领域，则是基于社交网络空间的"虚拟社区"（Virtual Communities，VC）概念，比如 20 世

① Edward Krupat. People in Cities：The Urban Environment and its Effects[M]. Cambridge University Press：1985.（美）克鲁帕特 . 城市人：环境及其影响 [M]. 陆伟芳，译 . 上海：上海三联书店，2013.

② Phil Heywood. Community Planning：integrating social and physical environments[M]. Wiley–Blackwell Publishing Ltd.，2011.

纪 90 年代进入国内的 BBS 论坛以及将近 20 年前开始出现的"百度贴吧"中文社区等，目前已经建立的许多网络平台或多或少有别于传统的网络，例如 Facebook（脸书）、Twitter（推特）等，这些提供表达和交流思想的自由网络空间，吸引了有共同兴趣和追求的人，从而建立了虚拟用户社区。

在政策领域，社区成为社会政策的目标。人们考虑的是何时、为什么以及如何在多元文化社会中与社区的概念相适应。美国农村发展署于 2005 年 11 月颁发的《社区发展技术支持手册》在"社区发展计划"的"1.5 社区发展进程"中指出，"社区"不仅是一个地理术语。社区也可以用共同文化传统、语言和信仰或共享利益来定义（有时被称作利益社区）。甚至当社区确实指涉一个地理区位时，它也并不总是包括地区中的每个人[①]。

沿着社会、时、空三个维度，社区概念内涵与外延的变化，尤其是在社会维度的拓展形成了不同学科对于社区概念与研究的分野。很显然，离开了不同的上下文，关于社区的意义会变得面目模糊。不可否认的是，社区最基本的特征是经常被误解的，当代许多社区的定义也对某些规则缺乏注意，使得这些概念的差异已经偏离或贬低了重要的规范性承诺，导致了社区概念的模糊性或随意性。社区概念的收缩、扩展或者泛化，或泛社区概念的流行，这是社区研究者面临的主要挑战之一。

2.3 社区与居住区相关概念辨析

社区的概念从最初的人类学、社会学领域，逐渐进入建成环境学科领域。在城乡规划学和建筑学中，基本沿袭了社区概念的前因。但是跨学科的辨析很有必要，只有弄清楚有关概念之间的区别所在，才能解释疑问和清理思路。

由于社区概念自身所包含的空间与地域特性，一种情况是，社区被扩大化为城市社区和乡村社区或农村社区两大类型，从而整体地指代城乡居民定居空间。另一种情况是，社区与城市规划中的居住区、居住小区、居住组团、住宅区等概念术语容易产生混淆。居住区既可以广义笼统地指居民集中定居地区，尤指城市居住形态，乡村常用居住点或定居点来表述；在狭义的专业范围内，城市居住区、居住小区、居住组团则有清晰的规模与特征界定，它们构成了完整的居住空间结构分级体系，依据人口规模，区分道路、配套公共服务设施、绿化的等级。

另一个概念"住宅区"没有明确的规模界定，因此在不强调规模特征时，常常替代居住区被使用。随着 20 世纪 80 年代我国住房商品化制度的逐步建立以及 20 世纪 90 年代福利住房分配制度的终结，住房开发与建设模式发生了重大的变化，居住

---

① USDA Rural Development. Community Development Technical Assistance Handbook[Z]. 2005.

用地规划的理念也相应发生了很大的变化，受居住用地开发规模影响，分级理念逐渐淡化，住宅区常常代替居住区、居住小区、居住组团概念出现。

社区概念与这一组概念的区别在于，社区指的是成熟的居住地区，而居住区、居住小区、居住组团以及住宅区既可以指既有的成熟的居住空间，也可以抽象地指代被规划的对象，即处于规划方案中的虚拟的、尚未建成的空间形态；前一种情形下，作为研究对象，居住区、居住小区、居住组团以及住宅区可以有区别地被称作社区；后一种情形下，则不可以称为社区。

2.4　社区与邻里的概念辨析

邻里概念在我国古制中就有。按周代制度，以五家为邻，五邻为里。也就是，二十五户人家构成一个邻里[①]。《辞海》中对邻里的解释是，在社会学中指在同一社区内彼此相邻的住户自然形成的初级群体。其成员以地缘相毗连，具有互动频率高、共同隶属感强的特点，构成了人与人之间的一种血缘与地缘交错的社会关系。随着社会的发展，城市住宅结构的变化，以及人们生产和生活方式的改变，现代意义上的邻里关系已有很大变化[②]。

在社会学中，邻里是一个互动体系。邻里之间的互动，首先需要住在左邻右舍的地缘条件，其次基于地方性的共同承认的文化规范。农村的邻里还夹带有血缘关系。随着工业化与都市化的发展，邻里的内涵、构成与互动、凝聚力等都在发生变化。例如，城市邻里内的人群可能关系不密切，而不住在近邻的人们，却可借助通信与交通设施而加强联系。

邻里的概念也为地理学、经济学、人种学、行政学所应用，在非社会学定义中，较注重地缘关系，而选择忽视对邻里社会互动的分析。在地理学中，邻里是指城乡社会的基本单位，是具有某些相同社会特征的人群的汇集，个人交往的大部分内容都在邻里内进行，这种交往只需步行即可完成，其形式以面对面接触为主。从实际来看，邻里概念也存在一定的阶段特征。例如，在我国 20 世纪 80 年代以后由商品住房构成的住宅区里，邻里的互动特征急剧下降。而在 20 世纪 80 年代以前的单位制社区以及自建房社区中，邻里的互动是一直存在的，包括积极的与消极的互动，消极的互动包括空间争夺与争吵等，也就是由于邻里空间的狭仄而促成了"强制的亲密关系"，例如上海的里弄邻里、北京的大院胡同邻里。

在城市规划领域，邻里单位（Neighbourhood Unit）是一个重要的概念，这是一

---

① 《周礼·地官·遂人》"五家为邻，五邻为里"。
② 辞海 [M]. 上海：上海辞书出版社，1999：1287.

个居住社区计划（residential community scheme），1929 年克拉伦斯·佩里[1]编制纽约及其周边地区的区域规划（Regional Plan of New York and Its Environs）时提出并得以传播，佩里的邻里单位思想把埃比尼泽·霍华德田园城市中"区"的思想推进了一步。佩里的邻里单位规划思想可以概括为以下 6 条原则：①邻里单位四周被城市道路包围，城市道路不穿过邻里单位内部。②邻里单位内部道路系统应限制外部车辆的穿越。一般应采用尽端式道路以保持内部安静、安全和低交通量的居住气氛。③以小学的合理规模为基础控制邻里单位的人口规模，使小学生上学不必穿越城市道路。一般邻里单位的规模约为 5000 人，规模小的为 3000—4000 人。④邻里单位的中心建筑是小学，小学与其他的邻里服务设施一起布置在中心广场或绿地上。⑤邻里单位占地约 1/4 平方英里（约 65hm²），每英亩 10 户，保证儿童上学距离不超过 0.5 英里（约 0.8km，即 800m）。⑥邻里单位内小学附近设有商店、教堂、图书馆和公共活动中心。佩里认为，在一个布置得当的邻里单位中，住宅组成部分与各功能用途之间关系密切，都在 5min 的步行距离内，可以轻易步行往返，公共生活会因此活跃起来，居民们在利用公共生活服务设施的时候经常接触，就会产生邻里间的联系。"邻里单元"规划思想影响了美国现代城市规划，包括 20 世纪 80、90 年代和新城市主义运动。经过杜安·普拉特·泽伯克（Duany Plater-Zyberk，1994）和道格拉斯·法尔（Douglas Farr，2007）的阐释，邻里单位含义又有发展，成为一个综合解决教育设施、商业服务设施、道路系统、公共绿地和住宅等规划布局的生活居住单位[2]。图 1.2 的三幅草图展示了邻里单位思想在美国的发展演变[3]。

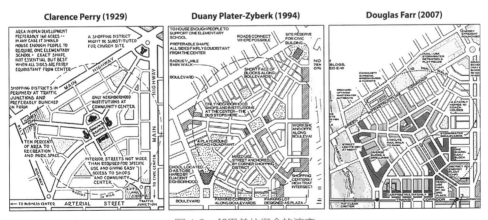

图 1.2 邻里单位概念的演变

① Clarence Arthur Perry（1872—1944），美国城市规划师、社会学家、作家和教育家。

② 辞海 [M]. 上海：上海辞书出版社，1999：1288.

③ Douglas Farr. Sustainable Urbanism：Urban Design with Nature[M]. Hoboken，NJ：Wiley，2007.

即便在美国的许多不太严格的学术研究语境中，邻里和社区的差别也被忽略，甚至并列使用。菲利普·兰登在他的《步行可及——创造大众的宜居社区》①一书中，对邻里和社区并未加以明确区别，几乎是交替着使用，并且"邻里"一词的使用频率更高。也许环境心理学者克鲁帕特（Edward Krupat，1985）在《城市人：环境及其影响》②中对社区和邻里的鉴别可以解释这种使用方式。他指出，当社区用以指一个地方或一群人或一个大社区里的小社区时，其意义隐含着当地社区，这种情形下"社区"和"邻里"术语往往是互换的（如"我认识大部分住在我社区／邻里的人"）。

尽管这两个概念在大多数情况下被互换地使用，但它们是不一样的。认识到它们之间的差异非常重要。在马克·戈特迪纳和雷·哈奇森的《新城市社会学》一书中，对社区与邻里的差别有专门的讨论。按照作者的观点，两者根本的区别在于，邻里是自然形成的，而社区是有相应机构或组织的。

延伸阅读 1.4　邻里和社区的差别

……如我们早已见到的，要属于一个邻里，你不必住得邻近，而社区被最佳地描述为大都市区域的一个地区，至少有一个机构把重心放在地方的福祉。关于邻里的研究能够描述地方的居住生活，但是它们忽略了表明与社区组织的联系。与之成对照，社区研究提供了与地区内社会空间组织的具体联系的证据。……例如，由于在郊区新开发地中抚养儿童的重要性，生活在那里的大多数人属于他们自己能够认同的邻里，并且他们忙于频繁地拜访邻居。另一方面，极少的郊区居民能够认同他们生活在其中的"社区"。取而代之的是，他们通常提到的要么是他们最接近的大片土地的住房开发地的名称，要么是大都市地区的分区，与县名一致。相较之下，生活在内城的人们拥有一个与他们区位的不同联系。一方面，他们可能并不生活在同一个邻里之中，因为他们依赖于在空间上分离的私人网络，并且极有可能不太了解他们的邻居。另一方面，内城地区一律地由城市规划师和政府官员提供了一个社区结构。通常当被问到时，他们可以命名他们的"社区"。城市的这些部分包含了街区委员会、地方规划机构、政治行政区和强大的宗教机构。所有这些要素都有助于创造一个社区，具有当地居民承认的名称和政治影响。

资料来源：（美）马克·戈特迪纳，雷·哈奇森．新城市社会学 [M]．4 版．黄怡，译．上海：上海译文出版社，2018：259-260.

---

① 　Philip Langdon. Within Walking Distance：Creating Livable Communities for All[M]. Island Press，2017.
② 　（美）爱德华·克鲁帕特．城市人：环境及其影响 [M]．陆伟芳，译．上海：上海三联书店，2013.

第 3 节　我国 "社区" 概念的产生与发展

社区概念在我国的产生、发展与演变有着两个较为鲜明的特征：一是明显的阶段特征，在不同的阶段受到学术、政治的影响较大，带有深刻的时代烙印；二是受学科发展影响大，与社会学、政治学、城乡规划学和建筑学（建成环境学科）、管理学等都有特定的关联。

3.1　社区概念的阶段演变

"社区" 概念在我国的产生与演变，与我国社会学学科的历程相似，与我国的社会经济发展进程紧密联系，大致可以划分为以下几个阶段。

第一阶段（1903—1920 年），社区概念的引入。西方社会学传入我国始于 1897 年严复翻译英国社会学家斯宾塞（Herbert Spencer）的《社会学研究》（*Study of Sociology*，1873），1903 年中文译本以《群学肄言》为书名出版，community 的概念随之进入。该书是一部研究社会学方法的著作，它的翻译出版对社会学在中国的传播起了重要的推动作用，但是 "社区" 作为社会学中的一个基本概念，在我国的传播过程颇为曲折。严复在该书中将 community 译为 "社群"；在 1903 出版的译著《社会通诠》[①] 中则将 community 译为 "国家" "宗族"[②]。社群的译法虽然在此后的相关研究中仍会出现，但是并没有得到广泛传播。

第二阶段（1920—1949 年），社区研究的中国化探索。20 世纪 20 年代在欧美留学的社会学人陆续回国，开始在大学里创立社会学系，并开展社会调查[③]。1933 年吴文藻担任燕京大学社会学系主任，邀请美国社会学界领衔人物之一罗伯特·帕克来华讲学。藉此机会，燕京大学社会学系的师生翻译并引进了罗伯特·帕克的文章；在此之前，community 也曾被翻译成 "地方社会" 或 "社会"，而帕克的文章中明确指出 "Community is not society"，由此 Community 这个外来引进的概念在反复斟酌后正式确定为 "社区"，并被赋予在一定地域内共同活动、生活的共同体的含义。吴文藻先生倡导社区研究，他带领学生走出书本和课堂，多接触实际生活。这也使得当时师从于吴文藻的费孝通深受影响，终身钟情于田野调查，并 "带着明确的中国化的目的"。

---

① Edward Jenks. A history of politics[M]. London & Bungay：Richard Clay limited，1900.（英）甄克思. 社会通诠 [M]. 严复，译. 上海：商务印书馆，1904.

② 例如原文 the English-speaking communities，译文为 "盎格鲁之宗族"。王宪明. 语言、翻译与政治：严复译《社会通诠》研究 [M]. 北京：北京大学出版社，2005.

③ 杨心恒. 说说中国社会学的恢复与重建 [J]. 炎黄春秋，2015（1）：32-37.

　　我国的社区研究与社会学中国化有着密切关联。早在 20 世纪二三十年代，吴文藻就有感于西方社会学理论与中国现实的脱节，提出了中国社会学的本土化问题。他认为，社会学要中国化，最主要的是要研究中国国情，即通过调查中国各地区的村社和城市的状况，提出改进中国社会结构的参考意见。吴文藻把此概括为"社区研究"，就是针对中国的国情，"大家用同一区位或文化的观点和方法，来分头进行各种地域不同的社区研究"，"民族学家考察边疆的部落或社区，或殖民社区；农村社会学家则考察内地的农村社区，或移民社区；都市社会学家则考察沿海或沿江的都市社区。或专作模型调查，即静态的社区研究，以了解社会结构；或专作变异调查，即动态的社区研究，以了解社会历程；甚或对于静态与动态两种情况同时并进，以了解社会组织与变迁的整体。"[1]

延伸阅读 1.5　吴文藻谈"社区"

　　吴文藻在 20 世纪 30 年代提出"社区"的概念后，撰写了《现代社区研究的意义和功能》《中国社区研究的西洋影响与国内近况》《社区的意义与社区研究的近今趋势》等系列文章。1935 年 12 月 1 日，吴文藻应清华大学社会学会之约做公开演讲"现代社区的实地研究"，分三节讲述：①现代社区实地研究的意义和功用（此文刊于 1935 年《社会研究》第 66 期），②社区研究与社会调查及社会史研究的区别和关系，③社区研究的方法和步骤。在"现代社区实地研究的意义和功用"中，对标题内所用的"有些生疏"名称进行了解释：[2]

　　"……单就本题的字义说，'社区'系对'社会'而言，'现代'系对'过去'而言，'研究'系对'调查'而言，'实地'系对'书本'而言。"先依次约略地申释一下。

　　"社区"一词是英文 Community 的译名。这是和"社会"相对而称的。我所要提出的新观点，即是从社区着眼，来观察社会，了解社会。因为要提出这个新观点，所以不能不创造这个新名词。这个译名，在中国字汇里尚未见过，故需要较详细的解释。社会是描述集合生活的抽象概念，是一切复杂的社会关系全部体系之总称。而社区乃是一地人民实际生活的具体表词，它有物质的基础，是可以观察得到的。在社会学文献中，这两个名词当然还有许多别种用法，但是在这里却是专以上述的分别为标准的。

　　社区既是指一地人民的实际生活，至少要包括下列三个要素：①人民；②人

---

① 吴文藻 . 吴文藻自传 [J]. 晋阳学刊，1982（6）：44–52.

② 吴文藻 . 人类学社会学研究文集 [M]. 北京：民族出版社，1990：114–115.

民所居处的地域；③人民生活的方式或文化。我们如果打开一张人口分布的地图来看，有的地方是地广人稀；有的地方是人烟稠密，凡是人口聚集之点，便是社区所在之地，所以说人民是社区的第一个要素。社会学家说："要明白什么是文明，只要看每平方公里的人口密度如何。"所以我们可以从人口密度的地图，来看出社区的大小和类型。社区的第二要素是地域的基础。我们一提到社区这个名词，立时就会联想到它的地域性，因为这是社区最显著的特征，社区的单位可大可小，小之如邻里、村落、市镇，大之如都会、国家、世界，这一切统可称为社区。不过若就文化的水准来说，社区大致可以简单地分为三类：①部落社区；②乡村社区；③都市社区。部落社区自然是指以游猎和牧畜为主要生业的人民及其文化而言。乡村社区是指以农业和家庭手工业为主要生业的人民及其文化而言。都市社区是指以工商制造业为主要生业的人民及其文化而言。这三种社区代表三种文化程度的集团生活，引起了三种相应的社会研究的科学。

摘编自：吴文藻.人类学社会学研究文集 [M]. 北京：民族出版社，1990：114-115.

　　第三阶段（1949—1979 年），社区概念及研究的黯淡。社会学作为一门极具实用价值的应用科学，从宏观到微观涉及社会生活与意识形态，这在某种程度上一度阻滞了该学科在我国的发展。1952 年院系调整，陆续撤销了社会学专业和课程，至 1953 年，停止了所有社会学的学术活动。由此，社会学学术研究，包括社区研究，中断近 30 年。

　　这中断的 30 年恰是中华人民共和国成立至改革开放前的 30 年，单位制度是我国城市基层社会管理和服务供应的典型形态，单位分房是住房福利制度下城市居民获得住房的主要途径。这一时期，采用苏联模式，"社区"概念淡化。城市建设与管理基本采用了城市规划中的居住区、居住小区、居住组团以及街坊等专业概念。大中型城市中，建造了大量的工人新村和单位集中住宅区，这些住宅区现在被称作工人社区和老公房社区。

　　第四阶段（1979—2000 年），社区概念推广与研究复苏。"文化大革命"之后，社会学专业逐渐恢复，各大学社会学系于 20 世纪 80 年代恢复的时间不一。从 20 世纪 80 年代中期开始，城市社会学、人文地理学、经济学、城市史学等学科开始研究城市社区这一类型，并逐渐成为社区研究中的热点主题。但是关于特定类型的城市社区的综合研究则比较缺乏。

　　20 世纪 80 年代初，费孝通采用社区概念来定义小城镇，将小城镇定义为"新型的正从乡村的社区变成多种产业并存的向着现代化城市社区转变中的过渡性社区，它基本上已脱离了乡村社区的性质，但还没有完成城市化的过程"①。

与此同时，"社区"一词也开始进入我国行政领域。1986 年，国家民政部在武汉沙洲开会，决定在全国推动社区服务。1986 年至 1996 年 10 年间，在国家民政部的推动下，全国各大城市的社区服务快速发展。随着改革开放的不断深入，特别是社会主义市场经济体制的初步确立，包括街道办事处、居民委员会在内的城市基层社会结构面临改革和调整的任务，社区的地位和作用突显出来，社区建设的要求迫切。

第五阶段（2000 年—），社区研究、行政与实践的潮涌。围绕"社区"，在学术研究、行政管理以及民间实践领域逐步形成潮涌之势，包括社区空间微更新、社区规划、社区营建、社区参与、社区治理等，实现了从概念理论到实践行动，从社区研究到社区规划，从社区管理到社区自治的重要转变，并且研究、实践、行政相互结合，相互促进，呈良性发展态势。

2000 年 11 月，国务院办公厅转发了《民政部关于在全国推进城市社区建设的意见》。在此后将近 20 年的学界研究探索和基层实践摸索后，于 2018 年开始形成了集中的"社区运动"。2018 年 1 月，上海市杨浦区首推"社区规划师"制度，聘请了 12 名来自同济大学规划、建筑、景观专业的专家，对接辖域内 12 个街镇，全过程指导公共空间微更新、美丽家园"里子工程"、美丽街道等社区更新项目（图 1.3），并发布了《社区规划师制度实施办法（试行）》；同年 1 月，上海浦东新区采用"1+2技术指导模式"，建立"社区规划导师 + 社区规划师"制度，36 个街镇对口 36 位社区规划导师 +72 位社区规划师。2018 年 7 月，北京市海淀区清河街道首批社区规划

图 1.3　上海市杨浦区"社区规划师"聘任仪式，2018 年

①　费孝通 . 小城镇四记 [M]. 北京：新华出版社，1985：10.

师团队诞生；2019 年 5 月，北京市规划和自然资源委员会发布了《北京市责任规划师制度实施办法》；2020 年 9 月，北京城市规划学会制定发布了《北京市责任规划师工作指南（试行）》。2019 年成都的武侯区在全球征集规划师；武汉则聘请居民担任社区规划师。此外，上海、南京、成都、深圳等城市有越来越多的民间组织、志愿者组织参与社区行动和社区营建活动。

3.2 社区概念的内涵演变

虽然社区逐渐成为热词，但是在学术语境、地方语境、行政语境以及现实语境中，社区的概念内涵却呈现出极大的丰富性和差异性。

3.2.1 学术语境中的社区特征

前文讨论过，社区的定义相当纷繁，这是因为定义本身和初始内涵的模糊性或不确定性带来的弹性幅度：①强调共同体的特征——社会性，但可能是利益共同体、财产共同体（例如商品房社区）、兴趣共同体（例如网络社区）、身份共同体（例如单位社区）等；②侧重于地理的特征——地域性，但是对于地域范围及其大小并无明确规定，可以是村落社区（小型）、集镇社区（中型）、城市社区（大型），具有相当大的变化；③侧重时间的特征——时间性，可以是处于不同生命周期阶段的新兴社区、成熟社区、衰败社区、收缩社区；④侧重于行动的特征——实践性，可以是产业社区（生产活动）、移民社区（迁移行动）、低碳社区（环境行动）等。

3.2.2 地方语境中的社区内涵

社区的概念是对于人们生活形态特征的抽象，而实际的地方语境则丰富多姿。在我国北方乡村，社区可以是自然屯或村民组；在丘陵地区，社区可以是山寨、村寨；在滨水地区，社区可以是渔村、海岛；在平原地区，社区可以是村落。在牧区或蒙古族聚集区，社区可以是嘎查。而闽南地区极具特色的居住形态"厝"，从字形构成和字义上颇有意味，竟同时包含了社区的社会、时间、空间要素内涵。

3.2.3 行政语境中的社区规定

我国的社区事务隶属于全国各级民政部门。按照《民政部关于在全国推进城市社区建设的意见》，社区是指聚居在一定地域范围内的人们所组成的社会生活共同体。其中城市社区的范围一般是指经过社区体制改革后作了规模调整的居民委员会辖区。但是国家民政部也认可上海将社区范围设定为街道辖区，也就是居民委员会辖区的上一层级。

3.2.4　现实语境中的社区困境

人们的生存生活必须存在于某种稳定的关系中，犹如鸡蛋的卵黄系带，起着缓冲作用，防止卵黄的震荡。这种关系是一种社会空间关系。在单位制社会中，职业关系与居住关系是统一的，因而形成具有确切内涵的单位社区。在乡村，初级关系与居住关系是统一的，从而形成传统的乡村社区。而在市场社会中，职业关系与居住关系是分离的，如果个体的职业关系稳定而强大，则对于居住关系的依赖较少，不容易形成具有实质内涵的社区；但对于老年人来讲，因为退休而在单位关系中逐渐被疏离，就需要在居住空间内建立新的替代关系，那么在他们之中有可能培育出具有真实关系内涵的社区。

而因为多种多样的原因，现今的社区越来越失去其本来的内涵。在大多数商品房地产中，所谓的共同体仅仅体现在拥有公共物业上，物业的维护主要通过物业公司的服务来维系。现在称为"社区"的地方只不过是一个住宅区、一个地区或行政区，并不具有社区成员间基于价值与精神认同的社区意义。社区应有的自治功能得不到发挥，只能依赖基层政府的行政支持和行政干预，而这种支持或干预又反过来挤压了社区功能发挥的空间，形成一种不良循环的模式。

在一个快速转型、高度分裂的社会和时代中，必然存在大量的社会关系断裂，下岗、失业、退休造成的单位关系断裂，动迁引起的邻里关系（较早存在于非商品房社区中的邻里关系）断裂，打工和移民产生的亲属关系断裂……这些断裂的社会关系急需修复和接续，需要柔性的、正式的和非正式的社会支持网络，而这正是社区的优势和任务——通过社区组织、社区工作者、志愿者的专业的介入和支持，接续社会关系，发挥社区的作用[①]。这既是当前社区的困境，也是社区发展的契机。

 小结　社会时空观下的社区概念

　　本章我们追溯了社区概念的缘起，并按时间顺序梳理了论述社区概念的相关重要理论及其研究者。社区概念的出现在人类学、社会学研究里都有脉络可循，并且社区这一术语最能表达社会科学本身努力研究的对象。古典社会学中的社区概念重在探讨社区与社会或者说传统与现代社会中社区的形态与内核差异。当代社区概念则有三个突破，一是突破了学科的限制，社区概念由特定社会科学的关注广泛拓展至诸多学科的关切；二是突破了地域的制约，由不同学科各自定义所理解和需要的地理空间范围；三是突破了现实与虚拟的界限，社区包括地域实体社区和非地域虚拟社区类型。

---

① 政协上海市委员会文史资料委员会，中共上海市委党史研究室，上海市社区发展研究会．口述上海｜社区建设 [M]．上海：上海教育出版社，2015：206.

　　本书将遵循社会时空观的观点来定义社区，这是融合了建成环境学科和城市社会学特点的整体观、系统观，对相关城市问题的每项研究来说，只有与其所存在的空间地理（区位）对应研究、与其所发生的时间历史对应研究，才能更准确地判定问题的实质、根源和解决办法①。在建成环境学科中，在空间规划体系里，社区的空间性、地域性承袭了人类学研究中确认的社区实体存在意义，并由农村社区扩展至城乡社区。如果说，社区的空间性是显性的、可见的、可触及的、有边界的，那么社区的时间性则是隐性的，却是决定性的。根据我们的经验，社区的内涵与功能完善程度，与社区成员在其中的绝对时间成正比，也就是，社区存在的时间越长，社区的内涵越充实。从这个意义上来说，社区是关于时间的函数，时间是分析社区的重要变量，社区内涵的所有变化都是时间动态的产物。对于规划的启示是，重视社区的历史，是思考社区可持续发展的出发点。

　　当前在我国，"社区"已成为社会文化思潮的重要部分。学术语境、专业语境、行政语境中的社区概念，形成了既互动又冲突的关系。因此作为跨学科讨论的前提，概念的重要性愈发凸显。在建成环境学科，在国土空间规划体系中，社区是城乡更新建设的基本单元，是维系城乡系统运转的基本社会空间单元，是解决城乡问题时可以具体有效落实操作的单位，是资源管理、福祉提升的基本主体。

　　因此，本书将社区定义为，自然形成或人为划定的地理区域中，在一定时期内形成的单个或若干群体的集合体或松散结合体，具有社会互动和不同形式的组织关系，有着相似或一致的目标、或信仰、或价值、或利益，利用可得资源改造生活环境，克服矛盾制约、谋求共同发展的一种存在形态。社区是连接群体和社会系统的桥梁。

关键概念

社区

农业社区（agricultural communities）

乌托邦社区（utopian communities）

社区与社会

社会机械团结与社会有机团结

芝加哥社会学派

邻里单位

---

① 黄怡. 中国城市社会学研究的若干问题 [J]. 城市规划学刊，2016（2）：45-49.

 **重要人名**

H.S. 梅因

滕尼斯

涂尔干

罗伯特·帕克

厄内斯特·伯吉斯

罗德里克·麦肯齐

克拉伦斯·佩里

吴文藻

 **讨论问题**

1. 简述人类学和古典社会学中的社区概念。

2. 谈谈你对社区与邻里之间区别的理解。

3. 简析我国社区概念的发展演变阶段。

4. 结合社会时空观和你的个人体验，尝试给出你对社区的定义，并说明其合理性。

第 2 章

社区的内涵与类型

导读

　　本章讨论了社区分类的意义及影响，对现有社区进行了梳理和类型划分。着重比较了乡村社区、集镇社区、小城镇社区及城市社区类型，并对若干具体社区类型以词条的形式示例，揭示了社区的丰富内涵与社区研究的重点问题。

第1节　社区的分类标准与分类结果

　　社区是社会的缩影，在空间维度上呈现出伴随地理、地域而呈现的规模形态的丰富变化，在时间维度上展示出伴随生产力、技术发展而产生的组织结构的变迁演化，在社会维度上展示出与制度、人文相关的功能内涵的复杂多样（见本书第4章和第5章）。社会时空的叠合造就了社区的分化衍生。为了更好地、整体地理解社区形态，对社区进行分类是一种有效认识社区的方法。

1.1　社区分类与类型学

　　对社区进行分类就是研究社区的过程。如果说，历史上的社区是一个连续的、统一的系统，先得寻求发现系统的秩序，然后才能分类并深刻阐明。以过去案例的知识为基础，剖析、分析、撷取既有的社区，除了整理分类外，还可发现社区的发展变化趋势，乃至发扬某些条件，促进社区发展。

　　对社区分类需要一种秩序、一种基本架构，可以借助类型学的方法。所谓类型，通常是一种分组归类方法的体系，类型的各成分是用假设的各个特别属性来识别的，这些属性彼此之间相互排斥，集合起来却又包罗了所有想象，这种分组归类方法因在各种现象之间建立有限的关系而有助于论证和探索。因为一个类型只需研究一种属性，所以根据研究者的目的和所要研究的现象，类型学可以用于各种变量和转变中的各种情势的研究。

由于社区在规模大小、要素组成、功能内容、组织方式等方面存在差异，结果产生了形形色色的社区。对这些不同的社区进行分类并加以比较，可以通过它们的异同更全面地了解社区整体，也可以更深刻地了解社区类型与个体，从而在社区研究、社区规划及社区治理等过程中对社区的普遍性与特殊性问题有着更准确的把握。

分类具有潜在的目的与标准。当我们对社区进行分类时，必然寻求按照社区某些方面的共同特征，这就先决地确定了衡量的标准，这些标准可以因不同的目的而改变。社区构成要素和发展条件的丰富性，决定了社区类型的划分有多种依据和方式，以下将在社会时空观的总体思想框架下去理解社区的含义，把握社区的类型学划分。

1.2　社区的类型划分

在社区类型划分中，社会时空观的总体思想框架体现在突出关注社区与时间、空间和社会的关系结果：①社区的类型变迁与时间的关系，包括存在的、新生的和已经或即将消失的社区类型；②社区的类型变迁与地理空间的关系，包括可见的与不可见的社区类型；③社区的类型变迁与社会的关系，包括社会排斥与社会互动的社区类型。

本教材所采用的社区的类型学方法就是将社区的变迁置于空间、时间与社会的整体维度框架中加以考察。社区的发展与延续，是城乡社会经济生活的结果，城乡社会生活的丰富性造就了社区丰富的内涵，以及随之而来的社区类型。

1.2.1　社区的基础设定

社区的范围或规模，有没有最小或最大限定？一些社会学者提出两个标准。一是社区必须发挥一些基本功能，包括提供基本经济需要、社会化、社会控制、社会参与和相互支持的功能。二是社区也是一个社会系统，包括如政府、经济、教育、宗教、家庭等子系统。所以社区必须具有一定规模[①]。但是这两个标准仍然不够直接，故而难以据其做出判断。

---

① 任建忠. 社区工作理论与实务 [M]. 太原：山西经济出版社，2013：4.

在建成环境领域，可以这样来理解。首先是人口的数量范围，也就是社群的大小。比如在第 1 章中提到的农业社区的实体存在，有 8-10 个人的低值推估。但数字并非最主要的依据，功能和结构是决定其存在与否的核心条件。社区必须维持下述三个特点：①在《雅典宪章》（1933 年）设想的城市四项基本社会功能"居住、工作、交通、游憩"中，至少具备居住功能。事实上，如《马丘比丘宪章》（1977 年）指出的，人类的活动空间是流动的、连续的，社区的居住必然是与工作、交通、游憩不可分割的。②具有明显的社会分工和支持设施，不同的个体承担不同的责任，如生产、经济、教育、宗教等，并有相应的作坊、商店、学校、寺庙或教堂等功能设施。③具有基本的组织结构和活动场所。社区内部通过垂直、水平或网络状的结构方式，将社区成员联系在一起，也就是说，社区成员之间存在领导与被领导、服务与被服务、利益与非利益等各种关系，可以视作一个缩微的社会。而这些领导、服务及利益协调活动有固定的空间与场所支持，可以是固定的服务机构设施或公共空间。其次是空间的范围或规模，社区的初始含义里有明确的空间要素，如地点、地域等，现在则扩展至可见的（实体）或不可见的（虚拟）空间。因此，空间的范围变化幅度较大。此外，社区的范围往往是动态变化的，随着人口规模的变动，空间范围也会相应地出现变化，产生了扩张的社区或萎缩的社区，这个问题我们在后面的第 4 章、第 5 章会详细讨论。

1.2.2　划分的标准

具体的细分标准较多，下列社区分类方法针对不同的角度和方面，概况见表 2.1。

（1）与地理范围、地理区位及地理资源相关的社区分类：城市社区、内城社区、新城社区、郊区社区、城中村社区、集镇社区、乡村社区 / 农村社区；平原社区、山地社区、滨水社区、岛屿社区；等。地域分布状态也是社区文化的一种外在呈现。

（2）与人口相关的社区分类：老龄社区、养老社区、退休社区、青年社区；高收入社区、中产阶级社区、低收入社区；少数民族社区、种族社区、移民社区、外来人口聚居社区、原住民社区、国际化社区；混合型社区；等。这种分类方法关注的是社区成员的年龄、社会经济地位、来源等社会结构因素。

（3）与社会经济因素相关的社区分类：高收入社区、中产阶级社区、低收入社区、贫困社区；单位社区、种族社区；混合型社区；等。这种分类方法与以人口为基础的分类方法有重叠之处。

（4）与生产经营方式相关的社区分类：产业社区、农业社区、商业社区、旅游社区、煤矿社区、创意社区；等。这种分类方法关注社区赖以生存的主要经济手段或产业特征。

（5）与发展相关的社区分类：传统社区、可持续社区；成熟社区、过渡社区、收缩社区；等。这种分类方法着眼于特定的社区发展阶段。

（6）与技术影响相关的社区分类：从技术应用来看，可分为生态技术类的低碳社区、生态社区；通信技术类的网络社区、智慧社区、无线社区；交通技术类的TOD社区；等。

（7）与文化相关的社区分类：亚文化社区；边缘社区；部落社区；等。

（8）与环境相关的社区分类：生态社区；低碳社区、零碳社区；等。

（9）与社会制度、组织管理方式相关的社区分类：门禁社区、封闭式社区、开放式社区；等。

（10）与住房性质相关的社区分类：保障房社区、商品房社区、经济适用房社区；等。

（11）与规模相关的社区分类：就居住对象的数量和规模而言的大型社区，相对于普通社区存在。

（12）利益和互动的社区分类：乡村社区、城市社区、区域利益社区、国家社区、跨国政治社区、全球社区。就基于友谊、师徒关系等方式的思想的联合体而言，朋友圈、师生群、工作群则是一种精神社区。

（13）与形成方式与过程相关的社区分类：自然社区；法定社区；非正规社区；等。

（14）与价值追求与兴趣偏好相关的社区分类：公社；生态村；同居（cohousing）；共享居住（co-living）；学生宿舍；等。这些都是意向社区（intentional community）的类型，某些群体基于共同价值观选择共同生活或共享资源。

社区类型划分　　　　　　　　　　　　　　　　表 2.1

	因素与标准	社区类型	典型社区
1	地理（范围、区位、资源）	城市社区、内城社区、新城社区、郊区社区、城中村社区、集镇社区、乡村社区／农村社区、部落社区；平原社区、山地社区、滨水社区、岛屿社区	—
2	人口（年龄、社会经济地位、来源）	老龄社区、养老社区、退休社区、青年社区；高收入社区、中产阶级社区、低收入社区；少数民族社区、种族社区、移民社区、外来人口聚居社区、原住民社区、国际化社区；混合社区	碧云社区（上海）；朝阳区国际社区（北京）
3	社会经济	高收入社区、中产阶级社区、低收入社区、贫困社区；单位社区、少数民族社区、种族社区；混合社区	—
4	生产经营	产业社区、农业社区、商业社区、旅游社区、煤矿社区、创意社区、企业型社区	义乌商业社区
5	发展	传统社区、可持续社区；成熟社区、过渡社区、门户社区、收缩社区	—

续表

	因素与标准	社区类型	典型社区
6	技术	（生态技术）低碳社区、生态社区；（通信技术）网络社区、智慧社区、无线社区；（交通技术）TOD 社区	—
7	文化	亚文化社区；边缘社区；部落社区、乡村社区、城市社区	西村社区（美国纽约）
8	环境	生态社区；低碳社区、零碳社区	贝丁顿零碳社区（英国）
9	社会制度与组织管理	门禁社区、封闭式社区、开放式社区	—
10	住房性质	保障房社区、商品房社区、经济适用房社区	—
11	规模	大型社区	顾村大型社区（上海）
12	利益和互动	乡村社区、城市社区、区域利益社区、国家社区、跨国政治社区、全球社区	东盟/欧盟、联合国
13	形成方式与过程	自然社区；法定社区；非正规社区	Kibera 非正规社区（肯尼亚）
14	价值追求与兴趣偏好	公社；生态村；同居；共享居住；学生宿舍	丹麦 Sættedammen（1967）；美国华盛顿州 Sharingwood；加州 N Street

在上述分类中，包括了完全分类与不完全分类。完全分类就是按已知可能存在的一切情况对研究对象作一个分类，也就是穷尽了分类的类型；不完全分类则是采用部分分类的方式，但不覆盖所有类型。

事物的特征往往是丰富的，包含着不同的侧面，同一个社区可以在不同标准下划归不同的社区类型。并且，即便是同一个社区，由于其所处的阶段不同，受到外界的因素影响，性质、类型也会发生变化，只不过这种变化通常是缓慢的，需要足够的时间。例如，在种族社会里，由于移民流动，一个白人社区可能转变成少数族裔社区；由于产业升级和城市更新，一个工人阶级社区可能通过绅士化过程转变为中产阶级社区；由于城市化的扩张和行政管理的完善，一个自然社区可能转变成法定社区。因此，社区的类型划分，常根据考察对象的目的而定，往往不是考察对象的全部，而是关注某些重点方面。

1.2.3　社区分类的意义与影响

社区是一个具有亲和力的术语，每个人都觉得有义务表示支持，因为它意味着凝聚力。划分社区类型则类似于一种给被分类对象贴标签的行为，一方面可以帮助观察者、研究者、规划者（一般都是外来者）获得对于社区的概观或鲜明认知，另一方面也会塑造特定社区的刻板印象，对社区成员或外来者产生暗示作用，因而类型划分可能同时具有积极的或消极的意义。

（1）积极意义与影响

不同的社区是相比较而存在的，适当的社区分类有助于加深理解社区的某些特征。与此同时，社区分类是以不同标准类型的社区的并存来提高到对不同时空、不同社会形态下的社区的总体把握。就我国的情形，社会正处于激烈变化的时代，多重性质的社区与其代表的多重社会类型可能同时并存，恰当的分类有助于理解社区与社会的多样性和复杂性，进而对中国社会表现出来的问题能提供一个总体的解释。

类型学划分还可与学科研究联系起来，为学科研究廓清边界和指明方向。例如吴文藻（1935）曾提出"社区的三分法"，按照地域类型和文化水准，他将社区分为三类：部落社区、乡村社区、都市社区。他认为，这三种社区代表三种文化程度的集团生活，引起了三种相应的社会研究的科学。通常部落社区是民族学研究的对象，乡村社区是乡村社会学研究的对象，都市社区是都市社会学研究的对象[①]。

（2）消极意义与影响

从功能论的角度来看，社区是一个有机整体，每个社区都包含了基本的功能与特征，因此机械而单纯的社区分类会导致对社区本身的碎片化理解。此外，社区分类客观上也会带来某种分裂的、工具性的负面影响。例如在美国，"＿＿＿ 社区"一词通常用于命名少数民族群体，像非洲裔美国人社区（African American community）、穆斯林社区（Muslim community）或华人社区（Chinese community）；在国内，"＿＿＿ 社区"一词通常用来命名低收入社区、老旧社区。"＿＿＿ 社区"的短语表达在话语权、情感、团结和赋权方面具有一些好处，并且作为一种受到尊重的参考表述被广泛接受。但是，它们的使用和含义也对某些少数群体成员如何在更大社会中看待自己以及一些非少数群体成员如何看待被确认为少数群体成员的人，会产生意想不到的负面社会心理影响。

究其实，"社区"一词作为命名惯例的意义与蕴涵，其负面影响源于普遍存在而不着边际的对群体内同一性和群体性的强调，其根源在于对不同群体进行"蒸馏式"的净化提取和同质化的历史实践，并导致刻板印象和固化偏见的存在，加剧了社区内部和外部的分歧，削弱了社区成员的人格和社会融合。对于高档社区的认定，也容易导致社区内条件并不那么好的家庭得不到可能获得的补助，而仅享有虚名。也就是说，这是与"污名化"相反的"美名化"。

---

① 吴文藻. 人类学社会学研究文集 [M]. 北京：民族出版社，1990：145.

第2节　乡村、集镇、小城镇与城市社区

乡村与城市是在人类群体生活的现实世界中采用二分法的概念抽象概括出来的两种类型。若抛开二分法来考察现实世界和历史上的聚居形态，可以发现它们是在时间和空间上具有连续性的一个整体形态。而在人口规模、密度、同质性或异质性程度、流动性、社会关系、生活方式、组织结构、制度水平、文化形态、政治经济、物质服务等方面主要特点的差异，形成了一组大致分明的类型。鉴于城镇概念的笼统性，本教材对其进一步区分，建立对乡村社区、集镇社区、小城镇社区与城市社区类型的系统比较，考察其在世界范围内尤其是在我国的普遍特征。

2.1　乡村社区

乡村社区或农村社区，是早于城市社区存在的一种生活形态。人口密度小、人口数量少、产业类型少、社会组织和社会制度简单，这些都是乡村社区区别于城市社区的基本特征。全球范围内，乡村社区是萎缩的，而发达国家早就经历了乡村社区的萎缩。

2.1.1　乡村社区的定义和特征

乡村社区或农村社区在学术研究中的定义与行政语境中的定义有所不同，以下主要从国内外比较来阐述学术研究中的社区定义及其特征，以我国当前的状况来讨论行政语境中的乡村社区定义。

（1）学术研究中的社区定义及其特征

乡村社区是指一定乡村地域上，以农业生产和家庭手工业为主要生计和生活方式，根据血缘和地缘关系结成的生活共同体，也是乡村社会的基本构成单元。乡村社区具有相对稳定和完整的结构、功能及认同感，随着时间会呈现动态演化的特征。乡村社区也是社会时空凝聚的一种文化形态。

从人文生态来讲，乡村社区的人口密度低，人口数量少。我国对于乡村人口密度并无明确而严格的数量规定，但是像北美乡村社区则有明确的数量界定[①]。在美国，"农村社区"通常是指农村地区的居民点，人口不足2500人。由于巨大的地理差异，美国农村社区的定义更紧密地与地方景观的范围相联系。在加拿大，人口普查合并分区（census consolidated sub-divisions）被用来表示"社区"。农村社区指农村地区的居民点。按照经济合作发展组织（OECD，1994）对"农村社区"的定义，其

---

① 黄怡，刘璟. 北美农村社区规划法规体系探析——以美国和加拿大为例 [J]. 国际城市规划，2011（3）：78-85.

人口密度每平方公里不到 150 人。以"农村社区"的概念为基础，主要的农村区域（predominantly rural region）被定义为 50% 以上的人口生活在农村社区，处于中间的农村区域（intermediate regions）具有 15%—49% 的人口生活在农村社区，主要的城市区域则被定义为不足 15% 的人口生活在农村社区。

从社会文化上讲，在人类漫长的历史中，到 18 世纪 60 年代之前，乡村社区曾是人类世界主要的生活形态。乡村社区是最能体现共同体性质的社区类型，社区居民主要是建立在自然繁衍基础之上的家庭、宗族群体，我国的很多乡村社区都是家族聚居点。有同一姓氏的宗族聚居，例如安徽黟县屏山村，为舒氏世居；或是建立在小的、历史形成的家族聚居点上的联合体，例如作家陈忠实的长篇小说《白鹿原》着力刻画的 20 世纪初陕西关中地区的白鹿原村，由白、鹿两姓大家族聚居。因此，血缘共同体、地缘共同体是乡村社区的基本形式。乡村社区不仅仅是它的各个组成部分的简单加法，而是由血缘、亲缘有机编织起来的整体，浑然生长在一起，是一种原始的或者天然状态的统一体，是一种真正持久的共同生活。

从生产力、生产关系上讲，由于地域地理差异，乡村社区之间存在着农林牧副渔的主要产业差异，但是在乡村社区内部，以家庭为单位所从事的产业劳动差异并不大。乡村的劳动分工也不显著，只是初级阶段的分工。直到工业化快速发展之后，部分资源或区位条件较好的乡村社区才逐渐由农业向手工业、工商业转变，并演化为新的社区形态。

从组织制度上讲，乡村社区社会组织结构比较简单。乡村社区建立在村民对共同体习惯制约的适应，或者与思想有关的共同的记忆之上。在我国不少的乡村社区，除了国家法律和地方法规之外，很大程度上依然依靠传统的乡规民约约束社区成员行为。

从物质设施上讲，到目前为止，乡村社区整体上仍缺少完整的现代基础设施系统，公共服务设施薄弱，特别是在地理偏远的乡村地区。即便是美国，在西南部和加利福尼亚的中心峡谷等地区也分布着贫困的乡村社区，这些相对孤立的乡村社区缺乏足够的人力、技术和财力来维持学校、图书馆、社区中心、健康门诊和儿童保健中心等公共设施，有些最基本的如安全饮水设施、排水管网和电信设施等在一些农村也都难以实现。而在我国一些历史基础较好的传统乡村社区，通过民间建造智慧对自然环境进行长期渐进式的营造，形成了一些天然与人工结合的基础设施功能，例如明沟排水系统，融饮用、灌溉、洗涤、养殖、消防、造景等功能于一体的水利系统，并保留延续至今。

在以乡村社区为主题的学术研究语境中，村庄是乡村社区的基本单位。乡村社区是乡村社会学、乡村地理学、乡村规划等的重要研究对象。自然村是社会学意义上乡村社区的基本单位，乡村社会学关注社区（村）居民相互之间的关系，如亲属关系、权力分配、经济组织、宗教皈依等其他的社会联系，以及这种社会关系如何相互影响，如何综合以决定这个社区的合作生活。乡村地理学对乡村社区研究的侧重点主要有乡村社区空间要素和空间结构、乡村社区发展的时空规律等。乡村规划则关注乡村社区的人地关系、功能设施、服务水平与生活环境质量、乡村社区更新及其机制等。

（2）行政语境中的社区定义

乡村社区是乡村社会服务管理的基本单元。以我国为例，行政村是乡村社区的基本单位。村级行政区划单位名称还有社区、新村、嘎查（蒙古族）等。乡（农）村社区建设是社会主义新农村建设的重要内容，是推进新型城镇化的配套工程。2015年5月，中共中央办公厅、国务院办公厅印发了《关于深入推进农村社区建设试点工作的指导意见》[①]；在此之前已开展了农村社区建设试点工作，并取得了一定成效。例如，2011年临沂市出台《关于推进农村社区规范化建设的意见》[②]，提出用5年左右的时间建设1000个以上农村社区，将全市7179个行政村全部纳入社区体制，逐步把全市农村社区建设成为管理有序、服务完善、文明祥和的社会生活共同体。从实际状况来看，临沂以及山东的农村社区建设在全国范围内具有一定的典型意义。

就我国大部分地区而言，在伴随大规模"公共服务下乡"而兴起的农村社区建设热潮中，根据村庄的规模和空间分布，采取了以下三种建设模式：①"一村一社区"模式。原则上村庄人口规模在2000人以上的，可在现行的村民委员会范围内，按"一村一社区"形式组织社区建设。②"几村一社区"模式。村庄规模较小、村庄密度较大或生产生活方式相近的地区，可按"几村一社区"形式组织社区建设，逐步通过兼并邻近村、撤并弱小村、改造空心村进行合村并居、集中居住，建设新的农村社区。③"一村多社区"模式。村庄规模较大的，可拆分成若干社区。部分拥有工贸、服务业基础的村庄，则鼓励具有较强经济实力的企业集团，建设服务企业职工和社区居民的企业型社区。在上述三种模式中，以"一村（行政村）一社区"为主要模式。

2.1.2 乡村社区的类型

在乡村社区的大类型划分下，乡村社区又可以细分成很多具体类型。

按自然地理和经济活动的性质分类，乡村社区可以分为农村、山村、牧村和渔村等。平原地区多是普通农村，丘陵或山地地区的村落为山村，草原地区的村落为牧村，而海边、湖边的村落为渔村。

① 新华社. 中共中央办公厅、国务院办公厅印发《关于深入推进农村社区建设试点工作的指导意见》[EB/OL]. (2015-05-31) [2020-10-30]. http://www.gov.cn/zhengce/2015-05/31/content_2871051.htm.

② 李冰清. 临沂用5年实现全市农村社区建设全覆盖[N/OL]. 临沂日报, 2010-06-11.http://www.langya.cn/lyxw/zxwjdxw/201006/t20100611_1631.html.

图 2.1　福建省霞浦县崇儒乡"樟坑大厝"

按乡村社区的聚落形态分类,乡村社区可以分为集村和散村。

按乡村社区人口规模分类,乡村社区可以分为大村、中村、小村。随着乡村地区持续的人口流失,许多大村也逐渐变成小村。

在我国,依据行政组织关系分类,可以把乡村社区分为自然村和行政村。

同一个村落按不同标准可以兼具多种类型。例如,我国福建省霞浦县崇儒乡樟坑村,这是一个规模不断变小的少数民族聚居的山村社区。村子地处海拔 400 多米的高山上,全村十几户畲族人家,同住一座房屋。这座大宅院俗称"樟坑大厝",建成于 1850 年,迄今已有 170 多年,历经五六代人的生活(图 2.1)。厝内世代居住的皆是蓝姓畲民,他们同根同源。厝内人丁最旺时有 26 户人家近 200 个居民,现在年轻人大多外出,实际仅 6 户老人家庭居住。这个山地少数民族社区的变迁,某种程度上是这类乡村社区变迁的缩影。

2.1.3　乡村社区的区域分布差异

乡村社区的区域分布可以区域城镇化率水平为指征,城镇化率低的区域,乡村社区的分布较广,乡村社区人口占区域人口总数的百分比较高。在全国层面上体现为州际、省际差异。以我国广西壮族自治区为例,2010 年广西常住人口城镇化率为 40.1%,2015 年为 47.1%,年均提高 1.4 个百分点,增速高于同时期全国平均水平。在劳动力就业结构中,第一产业从业人员占比下降到 50% 左右,第二和第三产业分别提高到 20% 和 30% 左右[①]。产业人口的整体分布数据说明广西乡村社区人口数量

———————

① 广西壮族自治区人民政府关于印发广西人口发展规划(2016—2030 年)的通知(桂政发〔2017〕24 号)[EB/OL].(2017–06–20)[2020–09–10]. http://www.gxzf.gov.cn/zwgk/zfwj/zzqrmzfwj/20170620–613527.shtml.

明显多于城镇社区数量。截至 2018 年，广西常住人口城镇化率达 50.22%，也就是说生活在乡村社区与城市社区的人口数量大致持平。

少数民族社区在乡村社区分布较多，在城镇社区相对较少。极其特殊的例子如广西百色市下辖的县级市靖西，总人口为 67 万人，其中，非农业人口 7.73 万人，占总人口的 11.54%。靖西以壮族为主，此外还有少量汉、苗、回、瑶、满、蒙古、侗、布依、毛南、土家等 11 个民族。壮族在这座城市的人口占比高达 99% 以上，从日常交流语言上可以充分反映出来，全市 19 个乡（镇），除政府公务对话、学校教学用汉语普通话和桂柳话外，大多数人以"仰"话为交流语言，约占总人口的 80%。此外还有少数讲"宗""隆安""锐""省""左州""府（德保）""农"七种主要方言的人口，约占全市人口的 20%[①]。

2.1.4 乡村社区的文化特征嬗变

以"社区"作为核心概念和对象，乡村社区的特征可以概括为：地域依赖较强；人口密度较低；经济活动简单；家庭发挥多种重要作用；乡村文化具有较多的地方色彩。乡村社区的结构、文化、精神特征一直在经历着动态变化，但是整体上仍然表现出一些区别于城市的独特特征。

（1）结构消解。19 世纪 70 年代，H.S. 梅因在研究印度乡村时提出"村—社共同体"（village-communities）的概念，并指出村社居民从"身份到契约"（个人不断地取代家庭而成为民法的基本单元）的演进历程。原乡村社会的内在融贯性和结构完整性，随着与现代制度和观念的接触而遭到了愈发严重的破坏，印度的村—社共同体的活力和习俗基础随着现代法律权利、绝对财产权和契约自由等观念的引入而迅速瓦解[②]。村—社共同体的瓦解，也就是从身份向契约的转变，即以血亲关系为基础的公有制分解为私有制的历史进程。村—社共同体作为一种传统社会模型，从某种重要的意义上而言是自给自足的，并且能够进行"自我行动""自我管理"和"自我组织"。村—社共同体的习惯基础的彻底毁灭，预示着社会的剧烈瓦解，也对统治的稳定和秩序构成极大挑战。这种内在结构的瓦解对于东方乡村来说具有普遍的相似性。

（2）文化式微。1902 年埃比尼泽·霍华德（Ebenezer Howard）在再版的《明日的田园城市》一书中，使用了"三磁体"的图式，来阐述城市与农村生活冲突的吸引力。农村与城市本是人类聚居的不同形态，各有其优势之处。但是在发展中世界，工业化、城市化带来了农村与城市在发展水平、生活条件上的巨大差距，农民与市

---

① 靖西市人民政府. 位置、区划及人口 [EB/OL].（2020–02–04）[2020–10–30].http://www.jingxi.gov.cn/zjjx/xzqh/t430571.shtml.

② 何俊毅. 梅因与自由帝国主义的终结 [J]. 读书，2016（3）：94.

民在经济收入、社会保障、社会福利等方面待遇极端悬殊。

在我国，快速的城镇化过程使农村流失了其精英劳动力及其后代，许多流出在外打工的劳动者虽然也会在家乡建造新房，但是更多人为了后代的发展而选择艰难地在城市扎根。在城市物质与文化主导的单一价值体系下，农村在精神与文化上早已失去了与城市抗衡的对等地位，几千年农业社会中建立起来的文化自信与底气减弱，农村的传统文化价值体系受到破坏。整体上，传统的村庄发展和建筑文化理念让位于一切向城市看齐的现代村庄发展和建造模式，传统农村建筑文化所营造的朴素自然的农村意象逐渐消失。与此同时，农村地区居民逐渐丢失或摒弃了对传统营造技术和乡土文化的审美追求，而一味地模仿现代城市景观风貌，这导致许多地方的建筑工匠和传统手工业者的技艺不再受到重视，民间的传统建造技术和工艺逐渐失传，更遑论传承发扬。因此，农村建筑文化的衰弱与式微几乎是必然结局。

（3）制度消失。乡村社区通常被视为在经济、政治和文化等方面处于劣势地位的、具有地方性和历史性特征的地理区域或利益社群。但这种认知印象并不全面。在我国，放在历史的长轴上来考察，乡村的滞后与保守是在资本主义发展起来后才逐渐显现出来的，工业化、现代化强化了城市对乡村资源的吸取，以消费文化驱赶了传统的文化价值。最主要的是，在我国封建社会中建立起来的精英人才循环流动机制（例如致仕制度，亦即告老还乡）断裂，叶落归根的传统文化消失，乡村走出去的精英不再回到乡村，与之相随的文化资本、经济资本都被截留在城市。并且传统制度文化的意蕴内涵也受到现代文化的侵蚀，作为末端的乡村社区精神在缺少新鲜养料的情况下趋于萎顿。

不过，这种现象趋势在进入21世纪后正在发生缓慢的变化。一些新的流动，使得乡村社区建设既是手段也是目的。由专业技术和社会资本相结合驱动的一些乡村营建行动，正展示出乡村精神活力的复苏萌芽。例如安徽省黄山市黟县碧阳镇的碧山村，浙江省湖州市的民宿，将农业、旅游、商业、创业结合在一起，其中多数是外来者及外来文化植入乡村社区，带有碰撞与交融性质。

（4）传统日常空间颓败。乡村社区的公共设施与公共空间在很大程度上决定和维系着一座村庄的社会空间秩序。这些传统的公共设施包括了宗祠、戏台、乡公所等，往往是举全村之力建造，也凝聚了地域的建筑文化。公共空间则可以是村头空地、河口、井台、桥廊等。这些公共设施与公共空间的存在，在乡村生活与社会交往方面发挥着重要作用，起到了加强地方感、统一信仰、团结情感的纽带作用。现今农村地区公共建筑功能的低下以及公共空间的缺失，当然与农村经济发展水平、地方专项资金投入以及人口密集程度等因素相关，但是对公共设施与空间重要性的忽视也是当今村庄空间建设中不可否认的一个因素。殊不知，村庄公共设施与公共空间的功能缺失，往往伴随着村庄地方感与公共精神的涣散。

一方面乡村社区传统日常设施与空间衰败，另一方面新建公共设施却未能承担起相应的文化功能。在 2010—2018 年对江浙沪乡村地区持续的调查中，所调查村庄及广泛考察的农村地区，新的公共设施或简陋或缺少文化内涵。村委会这种行政办公性建筑大都建有独立的两层楼房，医疗卫生、文化休闲、体育娱乐等功能性建筑有的附设于村委会行政楼，有的则由简易的板房或平房充替。另外值得一提的是教育设施，由于村庄规模较小或就读学生数较少，往往几个村庄合设一所小学，儿童就学距离较远，有的步行或简易三轮车接送也要半个小时。并且由于教育资源的优化和集聚主要集中到镇办小学，村级的教学设施简陋，师资薄弱，教育配套很难得到满足与改善。

2.1.5　我国乡村社区的社会变迁

乡村社区随着国家乡村政策以及乡村经济的发展变化也经历着变迁。在工业化、城镇化和现代化进程中，我国乡村地区处于急剧的社会变迁之中，存在着一些阶段性的社会特征：①常住人口的同质性强，中西部地区的一些乡村社区以妇女、儿童、老人为主；②人口以净流出为主；③社会组织结构比较简单，社区活动不丰富；④基础设施与公共服务水平与城市相比有很大差距。

自 20 世纪 80 年代以来，我国乡村社区整体上经历了发展—衰退—振兴的螺旋式发展道路。从发达国家的城镇化发展规律来看，乡村人口将大幅减少，乡村产业将由单一的第一产业向一、二、三产混合转变，城市人口会形成向乡村社区的少量回流。21 世纪后，我国乡村社区在上述特征转变方面已初露端倪。

深层的社会精神变化则体现在农村相对于城市的最根本特点——密切的人与地的关系上。土地是农民赖以生存和发展的最基本条件，村庄居民在土地使用上极为慎重，无论是建造、种植，都充分尊重与体现了土地的价值。然而，现在的农村人口大都很难存有先人们所拥有的对土地的敬畏之心，离开土地、进入城市是大多数年轻人的普遍愿望，许多家庭长期留在农村的仅剩老人和小孩，住宅空置、宅地荒废、田地抛荒以至"空心村"现象并不鲜见。

随着中国特色新型工业化、信息化、城镇化、农业现代化进程加快，我国农村社会正在发生深刻变化，农村基层社会治理面临许多新情况新问题：①农村人口结构加剧变化，部分地区非户籍居民大幅增加，非户籍居民的社会融入问题凸显，部分地区存在村庄空心化现象，农村"三留守"群体持续扩大；②农村利益主体日趋多元，农村居民服务需求更加多样，农村社会事业发展明显滞后，社会管理和公共服务能力难以适应；③村民自治机制和法律制度仍需进一步完善等。这些都是乡村社会变迁过程中的阶段性问题。

2.2 集镇社区

集镇社区更多是在我国行政与研究语境中的一个特色概念。我国广义上的小城镇，除了狭义概念中所指的县城和建制镇外，还包括了集镇的概念。根据1993年发布的《村庄和集镇规划建设管理条例》对集镇提出的明确界定：集镇是指乡、民族乡人民政府所在地和经县级人民政府确认由集市发展而成的作为农村一定区域经济、文化和生活服务中心的非建制镇。因而集镇是农村中农工商结合、城乡结合、有利生产、方便生活的社会和生产活动中心。

2.2.1 集镇社区的定义

集镇社区也称作乡镇社区，泛指人口主要从事非农业生产，规模不及城市大的社会空间。在人口要素、生活方式上，具有城市性质的、介于乡村与城市之间的各种过渡型居民点。我国县以下的多数区、乡一级的行政中心，具有一定的工商和文教性质的公共服务设施等，习惯上被称作集镇。集镇属于未建制镇。

2.2.2 集镇社区的类型

集镇社区有多种多样的形态，按不同的划分标准可以分为不同的类型。按照行政级别和规模划分，可以把集镇分为区级镇、乡级镇、村镇三种类型的社区。根据集镇的主要功能，可以把集镇社区分为行政镇、商业镇、工矿镇、交通镇、旅游镇、卫星镇等社区。

2.2.3 集镇社区的特征

集镇社区最主要的特征在于它的融合性，这主要体现在以下四个方面：第一，集镇社区中既有从事农业劳动的农业人口，也有从事非农产业的非农业人口，还有同时从事两种活动的兼业人口；第二，集镇社区的经济结构往往是第一、第二、第三产业兼而有之，而且各行业之间的比例相差不大；第三，集镇社区的文化较多体现了城乡两种文化的交融，既有地处农村地区所特有的乡土文化，也有从城市接受的城市文化；第四，从生活方式来看，集镇社区既表现出明显的城市生活方式的特点，又具有农村生活方式的特征。

2.3 小城镇社区

小城镇社区是在集镇社区的基础上发展起来的，在地域上相对集中的、建筑物已连片的小城镇的建成区。

2.3.1　小城镇的设定标准与社区规模

小城镇介于城乡之间，地位特殊。不同学科对小城镇概念的理解可以有狭义和广义两种。我国狭义上的小城镇是指除设市以外的建制镇，包括县城。建制镇是农村一定区域内政治、经济、文化和生活服务的中心。

1984年11月国务院批转的民政部《关于调整建制镇标准的报告》中关于设镇的规定调整如下：①凡县级地方国家机关所在地，均应设置镇的建制。②总人口在2万以下的乡，乡政府驻地非农业人口超过2000的，可以建镇；总人口在2万以上的乡、乡政府驻地非农业人口占全乡人口10%以上的，也可以建镇。③少数民族地区、人口稀少的边远地区、山区和小型工矿区、小港口、风景旅游、边境口岸等地，非农业人口虽不足2000，如确有必要，也可设置镇的建制。由于社会经济发展的地区差异，2016年该文件已由国务院宣布失效，因此镇的设定标准可作为参考。

按照江苏省民政厅负责制订、2020年4月施行的《江苏省设立镇标准》，可采取撤乡设镇、乡镇合并设镇等方式设立镇。若采取撤乡设镇方式，镇的建成区总人口（含集中居住的新型农村社区人口）不少于0.5万人。若采取乡镇合并设镇，新设立的一般镇，常住人口一般在6万人以上，苏南、苏中、苏北地区新设立的重点镇和经济发达镇，常住人口一般分别在10万、8万、6万人以上。

在欧美，城镇是人口稠密、布局紧凑的定居区，与周围农村地区区分开，通常大于村庄但小于城市，有定期集市，人口规模小于10万。其中大城镇人口为2万—10万（在美国新英格兰地区是7.5万），普通城镇人口为1000—20000人。

小城镇社区的规模由小城镇的设定标准决定。这里存在着概念的交错，小城镇社区偏向社会学的概念，小城镇的设定标准是行政结果。

2.3.2　小城镇社区的类型

小城镇社区类型多样，包括少数民族地区、人口稀少的边远地区、山区和小型工矿区、小港口、风景旅游、边境口岸等地的小城镇社区。还有大学镇、公司镇（company town）类型的社区。

公司镇产生于英美等西方发达世界的工业化、城镇化时期，是依靠一家公司、企业（也是主要雇主）来提供城镇生活的全部或大部分必要服务或功能（例如就业、住房和商店）的社区。公司镇通常规划有一套便利设施，例如商店、礼拜堂、学校、市场和娱乐设施等。例如德国的柏林西门子城（镇）（Siemensstadt Berlin），是1929—1934年建造并逐步形成的典型的公司镇、企业社区。

又如美国边疆西拓时期，铁路建设的发起者也是多产的城市建造者。1850年，伊利诺伊中央铁路路线附近仅存在10座城镇。在十年扩张之后，有47座城镇，及至1870年有81座城镇。当伊利诺伊中央铁路的实业家们与现有城镇的政客们就他们的路权不能达成补贴协定时，他们仅在附近建造了他们自己的城镇。例如，伊利诺伊州的香槟城（Champaign），直接由铁路公司建设，毗邻已存在的城镇厄巴纳（Urbana）①。

英国的许多新城镇属于另一类型，可以视作房地产小城镇社区。彼得·霍尔（1998）提及②，在20世纪80年代中期，所谓的新社区思想，本质上是由私营企业发起和建设的新城镇。起初9个、后来是10个最大规模的建造商，于1983年联手组成了财团开发新城镇。最终只有极少数的得以实现，但是大多数是真正的宿舍社区，缺乏充实的本地工作来源。

大学城则是围绕一所或多所大学发展起来，提供必要的服务功能。例如比利时首都布鲁塞尔附近的鲁汶、英国伦敦附近的剑桥，都是名副其实的大学小城镇社区。

2.3.3　小城镇社区的文化精神特征

小城镇的特征因（乡）镇工商业和农村非农产业的发展而具有特色，小城镇社区介于城市社区和乡村社区之间，形成了一种混合的生活形态和文化心态。首先，由于工业或非农产业的注入，小城镇内部的土地使用与空间组织发生了变化。其次，城乡结合型的人口结构成为其主要人口特征。再则，以工业、商业或其他产业为主的多层次的职业结构，形成了较为丰富的社会联系。在我国民间对人群的划分中，有种极其通俗的大众表达——乡下人、街上人、城里人，这种简练的划分很能代表乡村社区、小城镇社区和城市社区的文化精神特征。在国外的小城镇社区中存在着与"街上人"相似的或者说对应的精神特征。

例如美国的小城镇社区。美国作家辛克莱·刘易斯（Sinclair Lewis，1885—1951）曾在美国第一部诺贝尔奖作品、1920年出版的《大街》中刻画了一个典型的美国城镇——明尼苏达州格菲尔草原镇，"一个坐落在盛产麦黍的原野上，掩映在牛奶房和小树丛中，拥有几千人口的小镇——这就是美国"，以镇上的大街为主题，深刻揭示了乡镇社区/小城镇社区的精神特征，"Main Street"一词也因此被收入英美各大权威英语词典中，成为以保守、狭隘的乡土观念与实利主义为特征的小城镇意识形态的代名词。

"小镇周围的一切都那么单一而缺乏灵感；人们的言谈举止无不迟钝和呆滞，然而，为了得到镇子上的人们的尊敬，精神上就要受到严格的节制，这里的人们以愚昧无知为荣，凡是那些具有智力或是艺术素养的人，以及按照他们所说的'自我炫耀

---

① （美）马克·戈特迪纳，雷·哈奇森.新城市社会学[M].黄怡，译.上海：上海译文出版社，2011：141-142.

② （英）彼得·霍尔，科林·沃德.社会城市——埃比尼泽·霍华德的遗产[M].黄怡，译.北京：中国建筑工业出版社，2009：58-59.

博学'的人，都被视为自命不凡，或是道德出了问题的人，他们的观点也会被视为异端邪说而遭到指责，于是，安于现状遵守规则，成了那里的人们唯一的选择。"

——辛克莱·刘易斯《大街》[①] 第二十二章（三）

2.4 城市社区

根据联合国人居署（UN-Habitat）的数据，全球 50% 以上的人口居住在城市，城市地区在实现可持续发展目标中扮演着越来越重要的角色。在 2010—2050 年之间，全球城市人口将增加 30 亿，全球 80% 的 GDP 总和来自城市。城市地区是经济增长的动力，是包容性和创新的催化剂[②]。目前发达国家的大部分人口和发展中国家将近半数的人口都居住在城市社区中，而未来将有更多的人口从乡村社区转向城市社区。

路易斯·沃思（1948）在他重要的随笔"作为一种生活方式的城市主义"中提供了一套因素：大的人口规模、密度和异质性。沃思的见解最重要之处在于揭示了从乡村社区的初级社会关系到城市社区次级社会关系的转变。

2.4.1 城市社区的定义

城市社区是一个以非农产业人口为主、以工商制造业等产业为主要生业、人口规模大、人口密度高、人口异质性高、专业高度分工、社会流动性大、社会分化和分层明显、物质环境密集且系统复杂的互动形态。

2.4.2 城市与城市社区的分类

城市社区类型与城市类型关联密切。由于地域、国情不同，城市分类并无统一的国际标准。2011 年印度人口普查对城市地区（城镇）的定义如下：第一类，设有市政府、法人，州议会或指定城镇委员会等的所有地方。第二类，其他符合下列 3 个条件的地方：①最低人口数量 5000；②至少有 75% 的劳动人口从事非农业活动；③人口密度每平方公里至少 400 人。第一类城市单位称为法定城镇，这些城镇由相关州 /UT 政府依法通知，拥有市政公司、市政当局、市政当局委员会等地方团体。第二类城镇被称为人口普查镇，这些城镇是根据 2001 年人口普查数据确定的[③]。

---

① （美）辛克莱·刘易斯. 大街 [M]. 潘庆，译. 福州：福建人民出版社，1994.

② Our work[EB/OL]. [2020-09-23]. https: //unhabitat.org.

③ Census of India 2011[EB/OL]. [2020-09-23]. https: //www.censusindia.gov.in/2011-prov-results/paper2/data_files/ India2/1.%20Data%20Highlight.pdf.

在我国，按照 2014 年 11 月国务院发布的文件《关于调整城市规模划分标准的通知》，以城区常住人口为统计口径，将城市划分为五类七档，即：城区常住人口 50 万以下的城市为小城市，其中 20 万以上 50 万以下的城市为 Ⅰ 型小城市，20 万以下的城市为 Ⅱ 型小城市；城区常住人口 50 万以上 100 万以下的城市为中等城市；城区常住人口 100 万以上 500 万以下的城市为大城市，其中 300 万以上 500 万以下的城市为 Ⅰ 型大城市，100 万以上 300 万以下的城市为 Ⅱ 型大城市；城区常住人口 500 万以上 1000 万以下的城市为特大城市；城区常住人口 1000 万以上的城市为超大城市（表 2.2）。

我国城市规模划分标准（单位：万人）　　　　表 2.2

≤ 20	20—50	50—100	100—300	300—500	500—1000	≥ 1000
Ⅱ 型小城市	Ⅰ 型小城市	中等城市	Ⅱ 型大城市	Ⅰ 型大城市	特大城市	超大城市

资料来源：按照 2014 年 11 月国务院发布的文件《关于调整城市规模划分标准的通知》绘制

城市规模、性质不同，城市社区作为基本构成单位，具有一些基本共性，也存在一些与城市相关的特征。随着城市规模等级提升，城市社区的人口密度整体增加，人口异质性增强，人口流动性加大。城市社区类型上也会更齐全和丰富。

城市社区也与城市基本职能关联密切。城市职能是随社会经济发展或自然资源、交通运输、供水、用地等建设条件的改变而变化的。按照城市经济职能，城市可以分成三大类：以几种职能为主的综合性城市；以某种经济职能为主的城市；以特殊职能（资源导向职能）为主的城市，以代表城市特征的、不为每个城市所共有的职能，如一些风景旅游城市、矿业城市、边境城市等。城市基本职能强，则城市社区发展趋向繁荣；城市基本职能弱，则城市社区发展趋于衰落（表 2.3）。

不同职能城市及其主要社区特征　　　　表 2.3

—	城市社区丰富性	城市社区异质性	城市社区稳定性
以几种职能为主的综合性城市	高	高	高
以某种经济职能为主的城市	中	中	中
以特殊职能为主的城市	低	低	低

在城市内部，城市社区构成差异较大，有些社区具有突出的城市功能特征，典型的如深圳市福田区华强北街道的社区、南山区粤海街道的社区、北京市海淀区中关村街道的社区、上海市陆家嘴街道社区等混合功能型社区；大量的则是以居住功能为主的普通住区。

2.4.3 城市发展阶段与城市社区分布

城市化的过程大致可以分为三个阶段：第一个阶段是从 18 世纪 60 年代英国的工业革命到 19 世纪中叶，这是城市化的兴起与发展阶段；第二个阶段是从 19 世纪中叶至 20 世纪中叶，欧美各国基本实现了城市化；1950 年至今为第三个阶段，一般称之为城市化的普遍实现阶段。

在不同的城市发展阶段，都产生了具有典型特征的城市社区类型。第一阶段出现了公司镇社区；第二阶段出现了郊区社区，也就是 20 世纪 50 年代开始的欧美郊区化时期形成的大量郊区中产阶级社区；第三阶段出现了非正规社区，以亚洲和非洲发展中世界的过度城市化或未充分城市化（hyperurbanization/underurbanization）为背景，是城市内部、城乡之间不平衡发展模式的产物。当然，在不同的城市发展阶段还产生了其他的社区类型。此外，在之前阶段集中出现的社区类型在后面阶段也持续存在。据此可以这样描述，人类社区所呈现的广阔的时空巨型画卷，并非不同类型的社区分等级安置的文明阶梯呈现，而是各有界限的社区并排存在的时空领域。不同的社区形态独立存在，并各有其正当性。

2.4.4 城市社区的文化精神特征

如前面已讨论涉及的，城市社区包含了下列文化特征：①社区人口密度高，在有限的区域内集聚了大量的人口；②社区异质性程度高，包含了多样人口、文化、习俗的共存；③城市社区的物质空间设施成熟，功能服务完善；④社区文化包含了现代性、多元化的特征；⑤物质能量、信息与社会流动性大、交换能力强、连接性强。

关于城市社区的特征，国外还有一些更深入的研究。欧美发达国家的城市化进程是与工业化相伴随的，相应地在城市社区方面也就表现出一些不同的特点。主要有以下几点：

（1）匿名性。美国社会心理学家博加德斯（Emory S. Bogardus，1925）和社会学家路易斯·沃思（1948）都曾讨论过城市匿名性的问题。博加德斯通过对城市社区的广泛观察提出，城市社区享有无名（namelessness）的声誉。凭借其规模和人口，不可能有一个初级群体（primacy group）。城市成员通常不会和彼此不知姓名而见面和说话的人成为主要接触者，城市居民的生活基本上是机械的。市民可能在一个城市中居住数年，并且可能不知道住在同一城市地区的 1/3 人口的名字。沃思则指出，规模效应增加匿名性，异质性效应使得公共生活中的匿名性和自我丧失感增加。

（2）无家可归。无家可归是城市社区的另一个显著特征。城市的住房问题非常普遍，许多人在城市过着无家可归的生活，被迫住在贫民窟。无家可归的人既可以被视作游离于整体社区之外，又可以看作其活动范围所属的社区的特殊成员。

（3）阶层极端性。阶层极端性是城市社区的特征。在城市里，人们既可以找到最富有的人，也可以找到最贫穷的人；既有出入奢华场所、住在豪宅中的人，也有露宿街头、食不果腹的人。极端阶层对应于差异悬殊的富裕社区与贫困社区。

（4）社区异质性。社区成员在来源地、受教育程度、社会经济地位等方面分布多样。城市社区比农村社区的异质性高。大城市社区是世界文化和种族、人与文化的融合，也是新的生物和文化杂交体的最有利繁殖地。社区异质性既是结果也是异质性进一步加剧的原因，它促进了社区异质性程度加剧的循环。

（5）社会距离（social distance）。城市区域的社会距离主要是由于匿名性和异质性产生的。城市居民感到孤独，大多数例行接触都是非个人的和分割的，正式的礼貌代替了真正的友好。

（6）精力和速度。城市地区的工作夜以继日地消耗着巨大的精力和速度，这刺激了其他人也开始工作。类似地，在城市地区，人们沉迷于过多的活动和难以想象的努力中，城市生活也产生了更大的情绪紧张和不安全感，显著区别于农村社区。

从上述社区特征可以发现，我国大城市社区与西方发达国家的城市社区特征差异并不显著。除了无家可归这一点差别较大，这也与社区的组织管理方式密切相关。国外城市社区一般通过非营利团体和志愿者服务来实现社区活动的功能，而我国的城市社区管理中，政府干预的力度较大，一方面造成了社区居民对于政府组织的依赖，但也避免了无家可归等西方城市社区的痼疾。

第3节　社区类型示例

本节通过词条的形式列举了若干社区类型，有助于理解不同类型社区的背景、构成、特点，对于社区类型的深入认知，有助于理解把握不同社区面临的特定问题，并为这种类型社区的规划提供了目标与方向。

3.1　边缘社区

社区通常指以一定地理区域为基础、具有相互联系的价值和利益的社会群体。边缘社区具有不同的"边缘"内涵。一种是处于自然地理边缘的社区，例如分布于森林、海岸及其他自然资源边缘的社区，边缘区位对这些社区的气候、环境、生产和生活方式等产生影响，边缘社区对于保护自然资源也起着重要作用。一种是位于城市边缘区位的社区，即乡村农业用地与城市建成区交接地带的城市社区或乡村社区。由于城市边缘区土地利用的复杂性、多样性和动态性，边缘社区的成员构成同样具有复杂性与流动性，包括当地或迁居过来的城市居民、当地农民和非户籍的外来居民（工人、农民等）。随着城市建设用地的扩张，原先的城边村或城中村社区会转变为城市社区，在新的边缘地带又会出现新的边缘社区。还有一种是文化意义上的边缘社区，社区内部存在区别于主流价值和文化的亚文化群体，例如种族社区、同性恋社区等，这类社区可以在大城市的内城地区，例如美国纽约的西村（West Village）和旧金山的卡斯特罗（Castro）都是众所周知的同性恋社区。种族社区则常常先是处于城市的边缘位置，后来发展成为内城地区，并可能通过成功的城市更新策略摆脱边缘地位而成为文化多元化的地区，例如伦敦的孟加拉社区。

3.2　民族聚居社区

在国际语境中，民族聚居地（ethnic gettos）通常指的是城市里范围较小、人口稠密、条件恶劣的贫民区，由一个主要族裔或与其他少数族裔混合居住，民族聚居地的形成通常是社会压力或经济困难的结果。从中世纪开始，大多数欧洲国家中所有犹太人都必须集中居住在城市的某个部分，最早始于 1516 年的威尼斯犹太人定居区被隔离并有看守，19 世纪后期伦敦东区有东欧犹太人聚居区。由于国际移民源源不断地流动，相同种族、宗教或社会背景的后来移民，借助以家族或故土为基础的社会网络，趋于留在民族聚居地中，以获取各种生活便利。例如欧美各地的华人聚居区"唐人街（Chinatown）"，美国的意大利人聚居区"小意大利"、非洲裔美国人聚居区，德国的土耳其人聚居区，以及中国广州较近形成的非洲裔聚居区等。随着 20 世纪 70 年代以后国际移民构成的变化，智力移民和资本移民成为主流，以中产阶级和富裕阶层为主的新的民族聚居地在美国郊区出现，带动了地区周边商业与住宅地产的价值提升，例如美国洛杉矶郊区蒙特雷帕克（Monterey Park）的华裔聚居地。民族聚居区是全球化的产物，促成了移民接受国的多族群社会，削弱了不同语言、文化、族群和民族国家之间传统的边界，但也可能给文化传统、民族认同和政府机构带来挑战。例如，美国的非洲裔聚居社区常常伴随着暴力犯罪；德国的土耳其裔社区长期保留着自己民族的生活方式和信仰文化，并于 2008 年获准在德国重要文化城镇兴建 200 座清真寺，这在德国社会引起了广泛的争议。

在国内语境中，民族聚居地指的是少数民族人口聚居的地区。大的地域尺度上的民族聚居地包括西藏、新疆、宁夏、内蒙古、广西 5 个民族自治区；中等地区尺度上的民族聚居地包括多个省份的 30 个少数民族自治州和 117 个少数民族自治县；小的地方尺度上的民族聚居地则分散在城市之中。例如在许多城市都有回族聚居地，通常以回族特色餐饮设施、清真寺、文字以及服饰为聚居区的标志，典型的如北京西城区牛街、海淀区马甸，西安市中心的回民聚居区（当地人称为"回坊""坊上"）等。

3.3 "村改居"社区

自改革开放以来，我国的城镇化进程加速，城市不断向周边扩展，使得城市近郊的农村土地被征用成为城市建设用地，原先土地上的村庄农民的身份转变为市民，村庄从而形成了"村改居"社区。"村改居"社区作为打破中国城乡二元结构的一种重要实现形式[①]，已经在当前呈现出波浪式、常态化的发展态势。特别是，随着我国城镇化水平的不断提升，未来还会有越来越多的传统村庄消失，"村改居"社区将会持续增加。

"村改居"社区兼有城市社区和乡村社区两者特点，是介于两者之间的"非农非城、亦农亦城"的"过渡型社区"[②]。目前我国"村改居"社区共有三种类型，分别是"城中村型村改居"社区、"集中居住型村改居"社区以及"政府安置型村改居"社区。"城中村型村改居"社区大多处于城乡结合部地区，在行政建制上已经完成了"撤村建居"的过程，在土地性质上既有国有也有集体所有；"集中居住型村改居"社区的建设主体为乡镇或行政村，社区在整体规划设计上同一般城市社区没有明显区别，但社区所在土地性质依然是农村集体土地；"政府安置型村改居"社区由地方政府规划建成，与前面两种"村改居"社区不同的是，其土地性质均为国有土地，社区居民享有完整的房屋产权[③]。这三种"村改居"社区，尽管它们的形成、发展过程乃至土地性质都不尽相同，但其内在特征却有共通之处，比如居民传统生活秩序发生断裂、新社区居民人口构成复杂、社区共同体意识缺乏、居民尚未完全城市化等。这些特征的存在，使得"村改居"社区比一般的农村社区和城市社区情况更为复杂，也给实现社区的有效治理带来了严峻的挑战。

3.4 国际化社区

在政治语境中，the international community 译作"国际社会"，在社会学、地理学及建成环境学科中，"国际化社区"是指来自世界各地不同国籍的人们在一定地域范围内聚居、工作、交往、休闲所组成的社会生活共同体。城市中的外籍人口倾向于聚集而居，在城市中形成一些分散的居住集中地。这些分散的居住集中地常常构成国际化社区，国际化社区是城市国际化的结果和表征。国际移民社区是国际化社区，但国际化社区不一定是移民社区。国际化社区的判别，是以一定地域为基础，社区

---

① 刘鑫，王玮. 元治理视域下的"村改居"社区治理 [J]. 学术交流，2019（5）：131–139.

② 黄立敏. 社会资本视阈下的"村改居"社区治理研究——以深圳市宝安区为例 [M]. 武汉：武汉大学出版社，2013：19.

③ 徐琴. "村转居"社区的治理模式 [J]. 江海学刊，2012（2）：105.

中境外居民数量占社区居民总数达到一定比例（例如上海的标准是 30% 以上 [1] ），相应的社区组织制度、服务体系、环境品质、配套设施趋向国际标准，包容不同文化和生活方式，不同国家、种族、民族背景的人能够和谐共处。

超大城市、特大城市中多存在国际化社区。以上海为例，上海的国际化社区主要分布在浦西原法租界、长宁区的古北社区，在浦东主要分布在碧云国际社区、仁恒滨江社区等社区。上海古北社区超过 50% 是外籍人口，40% 是华侨和港澳台居民，还有 10% 是大陆居民。北京的国际化社区集中在朝阳区，其中望京地区的韩国籍人口所占比例最高。

国际化社区也有另外的内涵解读。例如成都，它的往来外籍人员数量位居我国中西部城市之首，2018 年以来成都市试点建设了 17 个国际化社区，初步实现了社区有变化、市民有感知、外界有认同 [2]。2019 年 1 月，成都市正式发布《成都市国际化社区建设规划（2018—2022 年）》和《成都市国际化社区建设政策措施》，成为全国首个在市级层面系统编制国际化社区建设规划的城市。成都国际化社区建设有四种特色类型：①产业服务型国际化社区，依托产业园区规划布局，打造聚合高端要素的国际化创新创业社区空间体系，探索园区与社区联动治理机制；②商旅生态型国际化社区，依托已有的高端商务楼宇、品牌人气商圈，知名景区景点等，探索商区与社区融合治理机制；③文化教育型国际化社区，依托丰富的高校和文化教育资源，探索校区与社区互动治理机制；④居住生活型国际化社区，依托具有相对成熟和便捷生活化服务功能的区域，探索住区与社区的共治共享治理机制 [3]。可以看出，成都的国际化社区强调在社区整体环境建设方面达到国际水平，而并没有强调社区的国际成员构成。

延伸阅读 2.1　上海的国际化社区

国际化社区是来自世界各地的不同人口共处、文化多元共存的生活共同体。在我国，上海的国际化社区具有高度的代表性。

20世纪80年代，上海第一个涉外商务区——虹桥经济开发区在市区西部启动。1986 年，为了和虹桥开发区相配套，上海第一个大型高标准国际居住区（社区）——古北新区启动，可以说是虹桥的发展带动了古北社区的形成和发展。古北社区的

---

[1]　黄怡. 城市社会分层与居住隔离 [M]. 上海：同济大学出版社，2006：101–102.

[2]　赵宇. 成都市国际化社区建设现场推进会召开 [EB/OL].（2020–06–10）. http://www.sc.gov.cn/10462/10464/10465/10595/2020/6/10/e5716c1957a04872bc7d90389adbeba3.shtml.

[3]　《成都市国际化社区建设规划（2018—2022 年）》及《成都市国际化社区建设政策措施》正式发布 [EB/OL].（2019–05–29）. http://www.cdswswz.gov.cn/zcfg/Detail.aspx?id=5930.

黄金城步行街上聚集着不少异国小店，有韩国的、日本的。虹梅路上则聚集着众多特色酒吧。

碧云社区位于上海浦东新区的金桥地区，北至蓝天路，南到明月路，东抵红枫路，西接白桦路。这是迄今为止上海规模最大的新兴国际社区，汇聚了来自世界 60 多个国家和地区的近 1000 余户外籍人士家庭。碧云社区建设于 20 世纪 90 年代中后期，那时候通用汽车、可口可乐、西门子等跨国企业在上海快速发展。行政管理意义上的碧云社区成立于 1992 年，是上海唯一通过 ISO4000 环境认证的区域。社区内有较多的酒店式公寓，与其相配套的还有国际学校、大型超市、各色酒吧、体育休闲中心、健身中心、健身房、足球场、草坪等。

位于浦东新区的联洋社区居住着跨国公司的企业高管，或是中国大陆及港澳台地区大型企业的 CEO 以及海归人士，家庭组成上包括纯外籍人士家庭、中外联姻家庭、外籍华人家庭等。联洋社区依托世纪公园，生态型居住是国际化社区所倡导和追求的，因此吸引了大量外籍人士入住，有"浦东古北"之称。

资料来源：作者根据相关材料整理

 小结

社区的类型划分是认识社区的起点，是理解社区内涵的重要而特定的角度，对于社区研究乃至社区规划具有重要意义。本章详细阐释了乡村社区、集镇社区、小城镇社区、城市社区在分布构成、细分类型、文化精神等方面各自的特点。社区形成不是一个机制性的或预先决定的过程，社会、时间、空间因素在社区形成过程中起到重要影响。对于特定社区来说，社区分类具有双重影响，既可能帮助社区成员构建集体身份认同、增强社区文化凝聚力，也有可能固化外界与自我对社区的刻板印象，误导人们忽视和抹杀社区内部真实的差异。对社区观察者、社区研究者来说，应避免社区分类潜在造成的社区碎片化认知。

关键概念

类型学

乡村社区

集镇社区

小城镇社区

城市社区

大街

边缘社区

民族聚居社区

"村改居"社区

国际化社区

 **重要人名**

H.S. 梅因

吴文藻

博加德斯（Emory S. Bogardus）

路易斯·沃思

讨论问题

1. 选取你熟悉的一个社区，采用不同的标准对其进行分类，并分析该社区在不同方面的特征与问题。

2. 选取表 2.1 中任意 2—3 个社区类型，参照第 3 节的示例，尝试撰写 300—800 字的词条，力求把握不同类型社区的背景、特征、问题等。

第二篇

理解社区

第 3 章

社区的要素与资源

导读

　　本章分析社区的规范构成要素和社区的条件基础。社区规范的构成包括人口、地域、物质设施、组织以及文化五类要素，其中社会要素着重分析社区的人口和组织，物质设施要素着重分析社区的住房和各类社区公共服务设施；社区的基础条件包括资产、资源与资本，三者是现代社区生产或再生产的基本要素。本章的学习有助于读者理解社区的形态建构与发展基础，包括有形的、看得见的和无形的、看不见的要素。

第 1 节　社区的构成要素

　　1935 年 12 月，吴文藻在题为"现代社区实地研究的意义和功用"的公开演讲中提出，"社区既是指一地人民的实际生活，至少要包括下列三个要素：①人民、②人民所居处的地域、③人民生活的方式或文化"。在吴文藻的思想体系中，"社区"是以"文化"的形态出现，进而作为抽象的"社会"的具体呈现，从而达成他对中国现实的总体性问题的关怀与理解[①]。吴文藻关于社区要素的论断与他的社会学学科背景密不可分。

　　在建成环境学科领域，对社区构成要素的认知与理解，也必然是从本学科的目的和任务出发，对社区的构成要素进行分解、剖析与撷取。

---

① 齐群. 社区与文化——吴文藻"社区研究"的再回顾 [J]. 浙江社会科学，2014（3）：13-18.

1.1　社区是一个整体

"功能的观点，简单地说就是先认清社区是一个整体，就在这个整体的立足点上来考察它的全部社会生活，并且认清这社会的各方面是密切相关的，是一个统一体系的各部分，要想在社会生活的任何一方面求得正确的了解，必须就这一方面与其他一切方面的关系上来探索穷究"。

"物质底层可由器物下手，社会组织可由制度下手，精神生活可由语言下手。凡器物、制度和语言的现象，都是纯粹客观的实在体，可观察得到，捉摸得住，并可予以客体保存。"

——吴文藻，现代社区实地研究的意义和功用，1935

如功能论所主张的，这些不同的文化要素都是一个整体，在这个整体的内部，吴文藻则看到了不同要素的位置：物质因子是基础，社会因子是了解文化全盘关系的总关键，精神因子是文化的核心。

本教材认为，一个完整的社区由四类性质的要素构成：①空间要素——对应于场所（延至地域、环境、生态等）；②社会要素——对应于组织；③经济要素——对应于利益；④文化要素——对应于历史（图3.1）。就社区研究来说，不同学科解读社区时主要落脚点不同，城乡规划学、建筑学落脚于社区的空间场所，人类学落脚于社会的文化历史，社会学落脚于社区的社会组织，……这些不同的学科至少以社区的一个要素为关键、为核心，以一个向度为主要目标，然后涉及其他。因此在对社区进行广义的规划时，不同的规划侧重也就不一，或者说，由谁来做规划，效果也是不一样的。后面第7章中会具体讨论这一点。

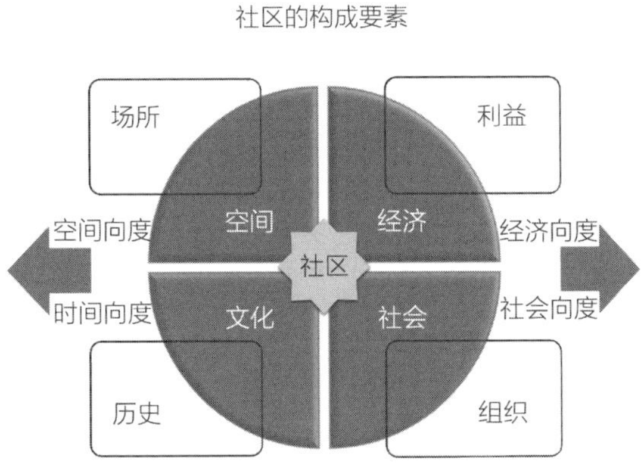

社区的构成要素

图3.1　社区构成要素的性质关系图式

建成环境学科是从物质空间因素入手，兼顾社会经济文化来理解、分析和规划社区。在图3.1所示社区四类性质要素的基础上，社区的规范分析可具体从人口、地域、物质设施、组织或制度、文化或生活方式这五个方面着手，其中社会要素着重分析人口、社区组织及社区生活方式，物质设施要素着重分析社区的住房和各类公共服务设施，地域要素着重分析地方社区的地理空间基础条件。这些更为具体的要素方面是社区物质世界与意识形态建构必不可少的部件，包括有形的、看得见的显性要素和无形的、看不见的隐性要素。

1.2 社区的社会要素——人口

人口是社区活动的主体，一定数量的人口才可能形成社区。社区人口的研究至少涉及四个方面——人口的数量、人口的构成、人口的密度和分布、人口的动态变化，这四个方面分别对应于人口的量、质、空间特征以及变化趋势。其中，人口的构成也就是人口结构，包括年龄、性别、职业、受教育程度、宗教、经济地位以及健康状况等社会参数。人口的动态变化，描述一定时期内社区成员在数量、构成以及空间位移上的变化，同时包含了社会参数、时间参数和空间参数。这也意味着，对社区人口的考察必须基于生活世界整体的社会时空维度。

1.3 社区的空间要素——地域

关于社区的许多定义都突出在一定的地域范围内，这个地域范围包括社区的地理方位、大小规模、空间形状、地貌特征，以及密切关联的地理气候及自然资源等。社区的地域范围由自然或人工的边界限定而成。早期的社区往往通过天然的边界标识，由自然地理实体形成，例如山陵、河流、湖泊、沟渠、树林的边缘等；在制度成熟的社会里，社区边界较多由人工划定，划分社区的边界通常有三条标准：一是按行政区划分社区；二是按经济区划分社区；三是按服务中心所能达到的范围（也就是服务半径）来划分社区。具体操作时，历史形成的边界或天然边界仍是人工边界划分的重要参照依据。

也有非常特殊的情形。19世纪80年代以前，非洲大陆地广人稀，主要是游牧民族，部落社区因为经常迁移，所以无需固定的范围边界。但是1884—1885年的柏林会议完成了欧美殖民列强对非洲大陆的势力范围瓜分，由于非洲高原地貌类型单调，地面缺乏自然边界标志（如河流、山脉等），且地形测量资料不足，最后边界采用了三种划分方法，大多按经、纬线划分，也有用直线或曲线的几何方法划分，还有极少数以河流、山脉等自然标志划分。这种武断的国界划分方法使得一些原有的部落社区一分为二，也为后续的边界纷争和领土冲突埋下了祸因。

从历史上看，大多数发展较好的社区都位居重要的水道或海岸港口。良好的区位和自然地理条件使得一些社区不断扩张演化，从乡村社区转变为小城镇社区，直至城市社区，社区的历史人文也因自然地理而改变。当然，欲明白社区的真义，固然要着重地域基础的研究，但同时却不能像地理环境决定论者那样将地域研究的基础当作社区解释的基础。

1.4 社区的空间要素——物质设施

社区的概念里，社区的物质设施是一个潜含的条件，群体一起从事劳动、共同生活，总离不开安身之所，离不开服务设施。在现代社区里，居住格局、生活体系都相对完善，其中，住房在面积大小、套型布局、建筑形式以及性质类型上产生了很大的差异。社区公共服务设施的功能类型、规模等级、服务范围形成了日益精细的体系；基础设施则为社区提供了系统运行的动力，例如交通、电力、通信、燃气等。

比较特殊的是社区绿色基础设施（green infrastructure），它是由社区内各种开敞空间和自然区域（部分社区包含）组成的相互联系、有机统一的绿色空间网络，包括绿道、湿地、雨水花园、乡土植被以及树林或森林等。该网络系统可为生态过程或（野生）动物迁徙提供通道和起讫点，系统自身可以自然地管理暴雨，减少洪水的危害，改善水的质量，节约城乡管理成本。绿色基础设施由人工物质设施部分和自然地域部分共同构成。

社区是利益共同体，利益当中就包括了物质设施所提供的便利。一些关于社区的定义中提及"以共同的价值观为基础"，共同的价值观并非凭空而来，以唯物主义的观点理解，价值观同样是基于一定的物质基础的。在乡村社区与城市社区之间的连续域中，在不同社区形态的发展演变之中，社区物质设施的不断提升正是可见的标志之一，并成为从建成环境学科出发的社区规划的主要内容。

1.5 社区的社会要素——组织或制度

在一个确定的社区中，人并不是孤立生存、没有联系的个人，而总要和其他人一起共享某些环境资源和物质设施，产生一些基本的社会互动，及至从事共同的社会活动。概括地讲，社区组织产生于生存斗争的需要。社区的人口总是以一定的社区群体或社区组织的形式存在，社区组织的作用在于调节人与人之间的关系，这些群体和组织内部及相互之间的联系或松散或紧密。也因此，人的社会化、社会角色、社会组织、社会互动、社会流动等社会学概念都可以首先在社区层面进行考察。

在传统的社区类型（乡村社区）中，有些并不存在明显的组织机构，而是以家族的伦理秩序、家族制度在维持家庭及整个社区的稳定和平衡，社区主义 [①]（communitarianism）认为，社区的亲族邻里关系、传统、价值观等社区要素可以给社区成员带来归属感、凝聚力、帮助扶持，从而给整个社会带来稳定、和谐、秩序，避免混乱暴力等社会问题的发生。这些秩序既是自然延续下来的，又是社区成员习得和自知的。"所以官序贵贱各得其宜也，所以示后世有尊卑长幼之序也" [②]，在家族制度上进一步衍生出宗法制度。随着社区规模的扩大以及现代化的过程，组织、法律制度逐步引入社区，以提供社区秩序与效率，维护社区日常运转。对于一个特定的社区，往往由不止一个组织承担其日常维护及其共同利益守护的责任，这些组织包括内生的社区组织和来自外部服务于该社区的行业组织或社会组织。例如乡村社区就可能由生产组织、经营组织和社会组织等不同功能类型的组织维持。

1.6 社区的文化要素——文化或生活方式

社区文化是某一社区的成员在长期的社会活动中形成的共同的行为与思想方式、规范和观念，如语言、信仰、风俗、习惯等。吴文藻（1936）对于文化的性质与分类曾有相当整体的论述，他认为文化是一个民族应付物质环境、概念环境、社会环境和精神环境的总成绩。文化可以分为四方面：一、物质文化，是顺应物质环境的结果；二、象征文化，或称语言文字，系表示动作或传递思想的媒介；三、社会文化，亦简称为"社会组织"，乃应付社会环境的结果；四、精神文化，宗教、美术、科学与哲学，是应付精神环境的结果。精神的文化是文化的结晶，最能直接地反映各该民族的生活态度，或纯粹主观的行为，而此态度与行为又系由很不同的价值与判断所形成的 [③]。由此可以看出，上述分类文化基本上涵盖了我们前面讨论的社区的多数要素，物质文化体现于物质设施要素，社会文化演示为组织或制度要素，精神文化则对应于我们这里分析的文化或生活方式要素。这也说明，上述分类文化不是独立的，而是交为作用、互相维系的，带有文化上的总体性。

生活方式是指于生活中形成的具有较稳定模式的日常活动，包括职业、娱乐及休闲等活动，而这些方式也因社区人口的性别、年龄、家庭收入等个体特征不同而有不同表现形式。城市（社区）或乡村（社区）产生了独特的行为，这些行为可以被称作一种城市或乡村的生活方式。城市或乡村里的人的特征以及其中的生活可能产生一种独特的文化，因此，会产生作为一种生活方式的城市主义（urbanism）、郊

① 陶元浩.第三条道路：社区主义理论与实践[J].陕西行政学院学报，2018（3）：77-82.

② 《礼记·乐记》。

③ 吴文藻.论社会学中国化[M].北京：商务印书馆，2010：432-442.

区主义（suburbanism）或乡村主义（ruralism）（参见第5章第4节）。按照路易斯·沃思的思路，生活方式是社区人口规模、密度和异质性的产物，每个社区在这三个因素上得分越高，它就越能容纳一种真正的城市文化；反之，得分越低，它就越趋近于一种真正的乡村文化。

文化是社区的核心。文化既是主观的、抽象的，又是客观的、具体的。社区文化是活的文化，是在实际社区生活中可以切身体验的。社区一方面固有它的地域基础，另一方面尚有它的社会心理基础。社区的共同文化和组织指导并控制着社区在现实层面上的行动，促使社区构成一个整体。理解社区需要一个整体的文化观，既包含对于某一社区的政治、经济、家庭（婚姻、亲属）、宗教、教育、政治等诸多功能的文化面向，还要以农家或城市居民家庭、商店、庙宇、学校、地方社会组织等多重社会结构为载体，从而达成理解某个具体的城乡社区的可能。

此外，文化具有整体性，社区内部的文化现象可能是更大社区（社会）多维度的文化组成部分，这些文化现象的功能发挥也并不能仅仅在社区个案内部获得解释，还需要在扩大范围的地方多社区研究中才能获得透彻的解析。

第2节　社区的人口

人口是社区经济社会发展中最基础、最关键的要素，人口发展涉及社区人口的总量、素质、结构、服务管理，既可以成为社区经济社会发展的有力支撑，又始终是社区全面协调可持续发展的制约。城市层面人口的结构性变化既是所有地域社区人口变化的总和，也对地域社区的规划、服务、建设与发展产生深刻影响。人口和资源供给、就业、公共服务能力以及外部竞争环境关系紧密，因此，只有基于全局的视角，才可能对人口问题有更清醒客观的认识。

2.1　人口统计变化的总体挑战

我国全社会人口发展正在经历一系列的趋势性变动，人口增长、人口流动、人口年龄结构和人口城镇化都在发生深刻变化。社区人口是社会总人口的缩影，必须首先在整体人口挑战中作为一个有机的部分来考察，才能看清社区人口的趋势特征。

2.1.1　国家人口总量及人口政策动态变化

国家人口政策是国家人口发展战略以及整体发展战略的一部分，国家人口中劳动力资源的状况，既是基本国情的重要组成部分，也是制定经济、社会发展战略的重要依据之一。人口政策需要有动态观念，将人口发展与国家近期利益和远期利益结合起来决策。

　　自中华人民共和国成立后，我国的人口统计处于动态变化之中，经历了从高生育率到低生育率的迅速转变；计划生育政策相应处于不断的调整之中。20 世纪 50 年代实行鼓励生育的政策，1953 年我国第一次人口普查人口约 6.02 亿，到 1964 年中，人口已经到 7.23 亿，短时期内人口剧增。20 世纪 70 年代开始实行控制人口增长的计划生育政策，1982 年 9 月颁布了"只生一孩"政策。自 20 世纪 90 年代以后我国的人口再生产呈现低出生、低死亡、低增长的局面，2000 年全国人口普查（五普）数据显示生育率仅有 1.22，2010 年全国人口普查（六普）数据显示生育率仅有 1.18[①]。人口红利消失、临近超低生育率水平。此后人口政策历经逐步放松的过程，从 2011 年 11 月"双独二孩"政策、2013 年 11 月"单独二孩"政策，及至 2015 年 10 月全面放开"二孩"政策、2021 年 7 月实施"三孩"生育政策，独生子女政策共实施了三十余年。2020 年全国人口普查（七普）后我国人口政策的迅速放开，以及未来数十年内人口政策可能的不断调整，进一步放开或收缩，将取决于人口发展均衡的态势。

　　在我国的工业化和城市化进程仍在加速推进的情况下，现今正处在新一轮人口变迁中，在未来一段时期内，中国将同时面临着人口总量高峰、老龄人口高峰、劳动年龄人口高峰和流动迁移人口高峰等问题。我国今后的人口自然增长将向更替水平回归，人口总和生育率（total fertility rate，简称 TFR）将继续保持在世代更替水平之下甚至进一步下落。日本、俄罗斯和韩国等国在现代化过程中都经历了这样的人口变迁。这两点变化决定了未来我国人口结构变化的走势，包括老龄化程度不断加深，出生性别比失衡，青年占比下降，独生子女在主流城镇社会成为中坚人口，以及少数民族人口在中国人口中的比重上升，在西部地区聚居度增大等。2017 年，国务院印发了《国家人口发展规划（2016—2030 年）》，预计 2030 年总人口将达到 14.5 亿左右。因此，未来 15 年如何创造有利于发展的人口总量势能、结构红利和素质资本叠加优势，将是促进我国人口与经济社会、资源环境协调可持续发展的关键。

2.1.2　婴儿潮与社区适幼化建设

　　婴儿潮（baby boom），指在某一时期及特定地区的人口出生率大幅度提升的现象，也就是生育高峰现象。在第二次世界大战结束后的婴儿潮，一般通称为战后婴儿潮。在世界上大多数国家均有此现象。在日本，称呼这个时期出生的人为"团块世代"（団块の世代）。每次婴儿潮平均会有 20—30 年的周期跨度。

---

① 　根据 2000 年全国人口普查数据的表 6-6《全国育龄妇女分年龄、孩次的生育状况》可以计算得生育率为 1.22，而根据 2010 年全国人口普查数据表 6-3《全国育龄妇女分年龄、孩次的生育状况》可以计算得生育率为 1.18。因各种体制原因导致的统计偏差进行了修订和调整，成为可引用的数据。

第二次世界大战使得大多数参战国家都损失了大量育龄青年人口，因此战后触发了婴儿潮，出现了普遍的人口生育高峰。一是由于远赴战场的男人解甲返乡，二是由于西方国家战后重建中，工厂招工青睐有工作经验的中年女性，年轻女性赋闲在家，可以安心育儿而没有工作压力。例如婴儿潮的首次出现，主要是指第二次世界大战后美国的"4664"现象——从1946—1964年，这18年间婴儿潮人口高达7800万人。欧洲在第二次世界大战后也出现了婴儿潮，英国在1946—1950年期间开始的"计划Ⅰ"新城就为第二次世界大战后英国的婴儿潮提供了理想的居住环境[1]。苏联在第二次世界大战中青年人口损失惨重，因此积极鼓励生育，于1944年7月设立母亲奖章，以后又分别于1973年5月和1980年7月对母亲奖章条例进行了修改，具体规定要求为：一级母亲奖章，授予养育6名孩子的母亲；二级母亲奖章，授予养育5名孩子的母亲。

自中华人民共和国成立后，我国共出现过两次婴儿潮，由于人口基数大，造成了短时期内全国人口剧增。第一次婴儿潮在中华人民共和国成立后不久就出现了，20世纪50年代实行鼓励生育的政策，那时一个家庭四五个孩子很正常，加上由于儿童死亡率的下降，人口增长率将近300%。第二次婴儿潮自1962年三年困难时期结束后开始，持续至1973年，高峰在1965年，是我国历史上出生人口最多、对后来经济影响最大的主力婴儿潮。在"全面二孩"政策出台后的5年中并未出现第三次婴儿潮，实施"三孩"政策后情况如何还有待观察，表3.1显示2015—2019年我国的出生人口数量、出生率及自然增长率呈波动下降趋势。伴随着新生人口绝对数量的变化，房屋、教育和基础设施等领域内的需求都会相应改变。

我国人口出生率、死亡率和自然增长率（2015—2019年）　　　　表3.1

年份（年）	出生人口数量（万人）	出生率（‰）	死亡率（‰）	自然增长率（‰）
2015	1655	12.07	7.11	4.96
2016	1786	12.95	7.09	5.86
2017	1723	12.43	7.11	5.32
2018	1523	10.94	7.13	3.81
2019	1465	10.48	7.14	3.34

资料来源：出生人口数量分别来自2015—2019年中华人民共和国国民经济和社会发展统计公报，国家统计局网站stats.gov.cn/tjsj/zxfb；出生率、死亡率和自然增长率，摘自2-2人口出生率、死亡率和自然增长率，国家统计局.中国统计年鉴2020[M].北京：中国统计出版社，2020.

2.1.3　积极老龄化与社区适老化建设

老龄化社会通常指的是60岁及60岁以上的老年人总数超过社会总人口的10%。1999年，我国跨入老龄化行列，上海则早在1979年率先进入老龄化。人口老

---

[1]　彼得·霍尔，科林·沃德.社会城市[M].黄怡，译.北京：中国建筑工业出版社，2009：53-545.

龄化是贯穿我国 21 世纪的基本国情，积极应对人口老龄化是国家的一项长期战略任务。积极的老龄化（active ageing）是世界卫生组织提出的概念，既包含了健康老龄化（healthy aging）的意思，又表达了比健康老龄化更加广泛的含义。

我国老龄化率高的原因有三。一是，老龄化的出现与社会进步有直接关系，因为公共卫生水平与整体医疗水平的提高延长了人均预期寿命。国民预期寿命与国家的发展水平有直接关系，整体上，社会越发达，老龄化程度越高。二是，我国快速的老龄化很大程度上是在社会政策干预下过快的生育率下降和少子女化造成的相对老龄化，这是不同于西方发达世界老龄化的特点。这意味着，随着我国人口政策的重大调整，我国未来的老龄化率会出现下降趋势。而像日本等生育率未经控制的发达世界的老龄化则不会出现老龄化减缓的改变。三是，这一波的老龄化是中华人民共和国成立初期鼓励多生多养政策的结果，是 20 世纪 50 年代"光荣妈妈"口号下的产物，这也是特定时期对国际时局、国家军事实力、国土资源开发利用程度的综合判断的结果。

我国老龄化进程正在逐步加快，截至 2019 年底，我国 60 岁以上的老年人口达 2.54 亿，占总人口的 18.1%[①]。而截至 2015 年，我国失能半失能老人数量已突破了 4000 万。对失能失智老人家庭来说，首先意味着高昂的医疗护理费用和人力照顾成本。据统计，这超 4000 万失能半失能老人的养老及医疗问题直接影响约 1 亿户家庭，对于许多贫困家庭来说更是不堪承受之重[②]。严峻的老龄化问题成为当前我国城乡建设过程中不可忽视的重要因素，也为社区的适老化建设提出了新的要求，旨在使老年人保持活跃和独立的时间更长，使得所有的老年人都可以有尊严地生活，并融入社区。

此外，老年人口群体需要细分，这对于社区和社会提供精细化的养老服务是非常重要的。经济地位、年龄、性别、生活环境等决定了老年人口极其多样化的需求，高收入阶层的老年人需求可以通过市场自行解决，而低收入阶层的老年人口对政府和公共福利的依赖性较强。这在目前的研究与政策中是被忽略的，老年人口往往被高度概念化，呈现出"铁板一块"的特征。因此在同一阶层的不同年龄人口之间，在同一年龄的不同阶层人口之间，分类考察老年人的需求和满足程度差异，这些有待进一步的社区实证研究。

当老龄人口比率达到一定数值时，也就是社区常住总人口中年龄在 60 岁以上的居民比率达到 30% 时（30% 是一个参考值），称之为老龄社区。比如国外出现的退休社区，就是典型的老龄社区。这时，社区必须建立全方位的适老化服务体系和社

---

① 国家统计局. 中华人民共和国 2019 年国民经济和社会发展统计公报 [EB/OL]. （2020-02-28）[2020-08-31]. http：// www.stats.gov.cn/tjsj/zxfb/202002/t20200228_1728913.html.

② 贾阳. 养老难题：失能老人难上难 [N]. 检察日报，2016-10-10（5）.

区无障碍通用设计环境，包括住房改造、住房供应、室外无障碍环境以及无障碍公共服务环境。部分的、分散的无障碍设计是不够的，因为无法提供大量老年人连续的日常生活环境。这对于我国社区的适老化建设提出了迫切要求。本章的第3节将详尽分析社区养老服务设施。

2.2 人口统计变化对社区的影响

就半个世纪以来我国的人口问题来说，首先，人口计划生育的政策与社区工作密切相关，无论是1982年9月颁布、同年12月写入宪法的提倡"晚婚、晚育，少生、优生"从而有计划地控制人口"减产"的管制型基本国策，还是2015年修改"人口与计划生育法"、2016年1月1日起"全面实施一对夫妇可生育两个孩子政策"以促进人口"增产"的计划生育调整政策，最终都要落实到社区层面（村民委员会、居民委员会）的具体计划生育工作实施。

其次，人口再生产类型的历史性转变、人口的结构性变化都会在社区层面的物质空间变化、经济发展和社会进步中得到确切反映，对社区的资源、环境、设施与服务等方面都会提出相应要求，并产生广泛而深远的影响（表3.2）。随着老年人和婴幼儿数量的上升，城市社区空间更新必须兼顾两头，应尽可能建设通用无障碍环境。

国家层面的人口趋势与社区层面的反映　　　　　　　　表3.2

国家层面人口趋势	社区层面的反映	
	社会经济	物质空间
人口总量高峰	资源消耗、产业支撑	住房、交通、医疗、教育设施
老龄人口高峰	老龄化生活方式	老龄化设施、医疗卫生设施
劳动年龄人口高峰（中国劳动年龄人口绝对数量2012年首次出现下降）	就业压力	生产、生活空间
流动迁移人口高峰	人户分离	公共资源配置；多层次服务设施；非正规商业、非正规居住空间
生育率过低	少子女化	幼托设施、教育设施
人口老龄化程度不断加深／老年人口的比重继续攀升	乡村社区空心化、城乡社区老龄化	老龄化设施、医疗卫生设施、休闲娱乐空间
性别比失衡	乡村社区性别比失衡、性别经济、家庭结构与类型多样化	服务设施、卫生设施配置
青年占比下降	家庭结构与类型多样化	服务设施、安全设施配置

国家层面人口趋势	社区层面的反映	
	社会经济	物质空间
劳动年龄人口波动下降	经济增长动力转换	—
人口流动仍然活跃	人户分离	公共资源配置；多层次服务设施
少数族群人口在全国人口中的比重上升	少数民族社区数量增加	少数民族宗教、餐饮、文化、殡葬设施增加
少数族群人口在西部地区聚居度增大	少数民族社区的教育、经济；社区融合	少数民族的宗教、餐饮、殡葬设施增加；少数民族色彩的空间增加

另外，少数族群人口数量的上升和空间的集聚对民族社区的空间也会产生影响。根据我国较新人口数据显示，2018 年中国人口总数约为 13.9 亿，除主体民族汉族以外的其余 55 个法定少数民族人口占总人口的 8.49%[1]。随着人口政策带来的少数族群人口在中国人口中的比重上升，在西部地区聚居度增大，少数民族社区或不同民族混合的社区会增加。相当数量的少数民族具有特殊的饮食习惯，例如不少社区中会有清真拉面店、烧烤店等特色餐饮门店。一些少数民族有宗教信仰，例如回族信仰伊斯兰教，回族社区大都设有宗教设施和空间（清真寺）和回族墓地。

第 3 节　社区的住房

住房是社的生态因子[2]，也是社区的限制因子。生态因子的分布决定空间的可适应程度，限制因子在空间上的分布情况则约束了生物的空间生长与分布。依据生存法则，个体和家庭的生存受到住房的制约，住房的分布同样也决定了社区空间对社区居民而言的可适应程度。

城乡社区之中的住房，在建筑功能构成、建筑形式布局和建造质量上存在较大差异。城市住房类型丰富，地域之间有一定的建筑物理性能差异，但是大多在国家、州/省范围内处于同一个住房制度体系中。传统的乡村住房受地域基础的影响更为显著，在建筑材料、建造样式、建造技术以及气候适应性方面，地域特色更为鲜明。此外，在不同制度体系中住房形态也差异较大，并影响社区的构成。

---

① 李建新，刘梅.我国少数民族人口现状及变化特点 [J]. 西北民族研究，2019（04）：120–137.

② 生态因子（ecological factor）指对生物有影响的各种环境因子。常直接作用于个体和群体，主要影响个体生存和繁殖、种群分布和数量、群落结构和功能等。各个生态因子不仅本身起作用，而且相互发生作用，既受周围其他因子的影响，反过来又影响其他因子。

3.1 城市住房与社区类型

在第 2 章讨论的社区类型划分中，有基于住房类型形成的社区类型，例如保障房社区、商品房社区、单位住房社区等，这是从社区的基本物质要素住房出发，按住房性质将城市社区概略地进行分类。接下来以我国现有的城市住房类型为基础讨论，按保障房、商品房、自建房分类，涉及住房供应的成本、方式、渠道以及住房财政等。

3.1.1 保障房

我国的保障房类似于国外的公共住房或社会住房，大致包括经济适用住房、限价商品住房、廉租住房、公共租赁住房、棚户区改造安置住房五种类型。

（1）经济适用住房

经济适用住房是指政府提供政策优惠，限定套型面积和销售价格，按照合理标准建设，面向城市低收入住房困难家庭供应，具有保障性质的政策性住房。经济适用住房属于商品住房。

经济适用住房的建设用地以行政划拨方式供应。建设用地纳入当地年度土地供应计划，在申报年度用地指标时单独列出，确保优先供应。经济适用住房建设项目免收土地出让金，免收城市基础设施配套费等各种行政事业性收费和政府性基金。经济适用住房项目外基础设施建设费用，由政府负担。经济适用住房建设单位可以以在建项目作抵押向商业银行申请住房开发贷款，并按规定执行开发贷款利率、落实税收优惠政策等。

政府在住房标准及销售价格等方面相应给予必要调控。经济适用住房是政策性产权房，购房人拥有有限产权。政府对经济适用住房严格实行指导价，控制其套型面积和销售对象。房地产开发企业实施的经济适用住房项目利润率按不高于 3% 核定；市、县人民政府直接组织建设的经济适用住房只能按成本价销售，不得有利润。

经济适用住房单套的建筑面积控制在 60m² 左右。市、县人民政府根据当地经济发展水平、群众生活水平、住房状况、家庭结构和人口等因素，合理确定经济适用住房建设规模和各种套型的比例，并进行严格管理。

经济适用住房的供应对象为城市低收入住房困难家庭，即城市和县人民政府所在地镇的范围内，家庭收入、住房状况等符合市、县人民政府规定条件的家庭，主要是收入较低、长期存在住房困难的群体。经济适用住房的供应对象与廉租住房保障对象是相衔接的。

经济适用住房供应对象的家庭收入标准和住房困难标准，由市、县人民政府根据当地商品住房价格、居民家庭可支配收入、居住水平和家庭人口结构等因素确定，实行动态管理，每年向社会公布一次。经济适用住房实行申请、审查和公示制度，具体办法由市（县）人民政府制定。在解决城市低收入家庭住房困难的发展规划和年度计划中，明确经济适用住房建设规模、项目布局和用地安排等内容，并纳入本级国民经济与社会发展规划和住房建设规划，及时向社会公布。

2004 年 5 月，国家建设部（现为住房和城乡建设部）、国家发展和改革委员会、国土资源部（现为自然资源部）、中国人民银行等四部门联合发布了《经济适用住房管理办法》；2007 年 12 月，国家建设部、国家发展和改革委员会、监察部、财政部、国土资源部、中国人民银行、国家税务局等七部门联合发布了新版《经济适用住房管理办法》，对经济适用房的优惠政策、开发建设、价格确定、交易管理、集资和合作建房、监督管理等做了规定。其中，单位集资合作建房是经济适用住房建设的组成部分，其建设标准、参加对象和优惠政策，按照经济适用住房的有关规定执行。

2016 年起，我国已停止政府集中新建经济适用房，但是仍然批准有些单位为解决职工住房困难而建设经济适用房的项目，或在部分商品房中配套建有少量经济适用房。因此，经济适用住房社区大多形成于 2004—2016 年之间。

（2）限价商品住房

国家九部委于 2006 年颁布的《关于调整住房供应结构稳定住房价格的意见》中指出，"要优先保证中低价位、中小套型普通商品住房和廉租住房的土地供应，其年度供应量不得低于居住用地供应总量的 70%；土地供应应在限套型、限房价基础上，采取竞地价、竞房价的办法，以招标方式确定开发建设单位。"其中提到的"限套型""限房价"的普通商品住房，被称作"限价商品住房"（限阶房）。

限价商品房主要解决中低收入家庭的住房困难，是限制高房价的一种临时性举措，并不是经济适用房。旨在按照"以房价定地价"的思路，采用政府组织监管、市场化运作的模式。限价房在土地挂牌出让时就已被限定房屋价格、建设标准和销售对象，政府对开发商的开发成本和合理利润进行测算后，设定土地出让的价格范围，从源头上对房价进行调控。因此限价商品住房，实际上是"双定双限"的特殊商品住房，即定区域、定对象、限交易、限房价。地方的住房与城乡建设主管部门提出限价商品住房的控制性销售价位，主要依据建设成本来定价。

限价普通商品住房建设用地实行公开招标、拍卖、挂牌等"竞地价"方式出让。限价普通商品住房建设用地在年度土地利用计划及供应计划中优先安排。房价高的城市政府需要增加限价商品住房用地计划供应量。

限价商品住房的供应对象可以是中低收入人口和家庭，也可以是特定人才。一些城市在新建小区配建一定比例（通常 5% 以内）的限价商品住房，配建部分以折扣价配售给特定对象，并限制转让期，限制转让期内将由政府以特定价格回购。例如 2011 年下半年上海正式启动在浦东临港新城地区试点建设的限价商品住房，定向销售给特定人才。

限价商品房属于共有产权保障住房，即政府与购房者共同承担住房建设资金，分配时在合同中明确共有双方的资金数额及将来退出过程中所承担的权利义务；退出时由政府回购，购房者只能获得自己资产数额部分的变现，从而实现保障住房的封闭运行。限价商品住房自办理房地产权属登记之日起，5—8 年内不得上市转让（各地规定年限有所不同）。限价房的申请人及其家庭成员，5 年内不得再申请限价商品住房及其他各类保障性住房。

北京、上海、广州等地都实行限价商品住房政策，北京 2006 年颁布有《北京市限价商品住房管理办法（试行）》。广西南宁市颁布有《南宁市限价普通商品住房管理办法》（征求意见稿），并于 2020 年组织修订。

限价商品住房社区自 2006 年开始形成。有些限价商品住房项目与商品房项目具有一定联系，形成混合社区。例如青岛市黄岛区的团结新城一期（原名新街口限价商品房），也是人才公寓，团结新城二期则是纯正的商品房，整个小区统一管理，整体上形成一个社区。

（3）廉租住房

廉租住房（廉租房）最初是针对城市最低收入住房困难家庭，解决他们的基本住房需要。中国东部地区和其他有条件的地区也将保障范围逐步扩大到低收入住房困难家庭，此外，保障范围还从城市低收入群体扩大到林区、垦区、煤矿等棚户区居民。

作为解决低收入家庭住房困难的主要手段，廉租住房建设由各地政府的住房管理部门直接管理。廉租住房的保障资金以政府财政预算安排为主，并通过多渠道筹措。中央政府还加大对全国财政困难地区廉租住房保障补助力度，2009 年对西部地区每平方米补贴 400 元，对中部地区每平方米补贴 300 元，对辽宁、山东、福建省的财政困难地区则每平方米补贴 200 元。新建廉租住房的建设用地实行行政划拨方式供应。对于棚户区改造中的廉租住房用地实行划拨供应、免收土地出让金等优惠措施。

廉租住房保障对象的"双困核定标准"是家庭收入和住房的困难标准，由城市政府按照当地统计部门公布的家庭人均可支配收入和人均住房水平的一定比例，结合城市经济发展水平和住房价格水平确定。廉租住房的保障面积标准，由城市政府根据当地家庭平均住房水平及财政承受能力等因素统筹研究确定。廉租住房保障对象的家庭收入标准、住房困难标准和保障面积标准实行动态管理，由城市政府每年向社会公布一次。

部分地方在廉租住房建设方面也出现了一些问题，例如房源闲置、出借，日常管理和维修养护资金不落实，准入退出管理机制不完善，日常监管和服务不到位等。为解决这些问题，2010 年 9 月，国土资源部、住房和城乡建设部在《关于进一步加强房地产用地和建设管理调控的通知》中提出"加大公共租赁住房供地建房、逐步与廉租住房并轨、简化并实施租赁住房分类保障的途径"。根据 2013 年住房城乡建设部、财政部、国家发展改革委联合印发的《关于公共租赁住房和廉租住房并轨运行的通知》的规定，从 2014 年起，各地公共租赁住房和廉租住房并轨运行，并轨后统称为公共租赁住房。

向最低收入家庭提供廉租住房保障，原则上以发放租赁补贴为主，实物配租和租金核减为辅。因此总体来说，各地的廉租住房数量很小，整体上也未出现廉租住房社区。

（4）公共租赁住房

公共租赁住房（公租房），是指限定建设标准和租金水平，面向符合规定条件的城镇中等偏下收入住房困难家庭、新就业无房职工和在城镇稳定就业的外来务工人员出租的保障性住房。简单地说，就是买不起经济适用房、又不够廉租房条件的家庭或个人。公共租赁住房可以是成套住房，也可以是宿舍型住房。

为了解决城市房价过高导致的购房困难问题，租房生活成为一种受到鼓励推崇的方式。建立长期而稳定的住房租赁市场是必要基础，公共租赁住房是与市场租赁住房（个人出租、住房租赁企业以及房地产经纪机构）相对应的重要形式，并且具有相对更好的租房环境和稳定的租住关系保障。

公共租赁住房对象中，新就业无房职工包括了新毕业大学生、引进人才等各类"夹心层"群体，主要解决"夹心层"住房问题以及各收入群体临时性、周转性、过渡性、阶段性的住房困难，通过梯度消费逐步实现住有所居。部分"夹心层"群体随着收入增长，几年后将具备通过市场解决住房的支付能力。新建的公共租赁房，除了 30% 的高标准公共租赁房和 10% 的永久性质的永租房（类似廉租房性质）"只租不售"外，中间水平 60% 保障性住房可考虑"先租后售"。

公共租赁住房通过新建、改建、收购、长期租赁等多种方式筹集，可以由政府投资，也可以由政府提供政策支持、社会力量投资。公共租赁住房的供地方式是土地划拨和土地出让方式相结合。公共租赁住房的开发建造者、经营者在相关各项税收政策上享有支持，具体来说，对公共租赁住房建设用地及公租房建成后占地免征城镇土地使用税，对公共租赁住房经营管理单位建造公共租赁住房涉及的印花税予以免征，对经营公共租赁住房所取得的租金收入，免征营业税、房产税等。

公共租赁住房的设计标准是单套建筑面积严格控制在 $60m^2$ 以下，例如上海的一居室，面积为 $34—37m^2$，精装修。公共租赁住房重点提供符合"夹心层"特征需求的交通便利的中小户型房源，靠租赁住房的适度标准来自动筛选，避免对公共租赁住房的过度需求。

2010 年 6 月 12 日正式发布的由住房和城乡建设部等七部门联合制定的《关于加快发展公共租赁住房的指导意见》，对公共租赁住房的租赁期限和面积标准都作了规定。公共租赁住房租赁合同期限一般为 3 至 5 年，上海的租赁期限规定是一般不低于 2 年，租赁总年限一般不超过 6 年。租赁合同期满后承租人经资格审核仍符合规定条件的，可以申请续租。2010 年，在各地保障性住房建设规划中，公共租赁房在公共住房体系的发展战略中占据中心地位。2012 年 5 月，住房和城乡建设部公布了《公共租赁住房管理办法》，规定公共租赁住房的分配、运营、使用、退出和管理，弥补了在住房的租赁、销售、经济等领域规范的空白。

公共租赁房在厦门、深圳、青岛、天津、福州、北京、杭州、常州等沿海城市和重庆、成都等少数内地大中城市发展迅速。在一些公共租赁住房发展较快的城市，公共租赁住房已经超越户籍的限制，覆盖到外来务工人员。上海自 2010 年起重点发展公共租赁房，截至 2019 年 4 月，全市累计建设、筹措公共租赁房约 17.6 万套，累计供应约 12.7 万套，覆盖 21.7 万户家庭。包括市筹、区筹公共租赁住房和人才公寓三类。例如上海杨浦区首个大型区筹公共租赁住区——皓月坊，坐落在大桥街道社区，靠近地铁 12 号线宁国路站。杨浦区新江湾尚景园是上海市公积金管理中心利用增值资金投资的首个公共租赁房项目，是上海完善公积金制度的积极探索与实践。新江湾尚景园于 2011 年建成，高层住宅区，占地面积 6.534hm^2，容积率 2.3，共有住户 2203 户。

（5）棚户区改造安置住房

棚户区改造安置包括"城中村"、城镇危旧房、国有林区（场）棚户区（危旧房）、国有垦区危房、中央下放地方煤矿棚户区改造等，尤其是资源枯竭型城市、独立工矿区、三线企业集中地区以及包括央企在内的国企棚户区。棚户区改造安置住房实行原地和异地建设相结合，以原地安置为主，优先考虑就近安置，适当考虑异地安置。

在城市和国有工矿棚户区改造中的安置住房项目，包括经济适用住房和廉租住房的建设，棚户区改造安置住房的用地实行划拨供应，免收土地出让金，免收行政事业性收费，免收城市基础设施配套费、城市教育附加、地方教育附加等政府性基金。

3.1.2 商品房

自 20 世纪 80 年代起，我国城市普遍推行住宅商品化政策，由纯粹的新建商品房构成的商品房社区开始陆续形成。还有一类特殊的商品房，被称作已售公房，指的是城镇职工根据国家和县级以上地方人民政府有关城镇住房制度改革政策规定，按照成本价（或者标准价）购买的公有住房，或者依照地方人民政府规定的住房保障政策购买的经济适用住房。1994 年上海等城市的出售公有住房办法出台，1996 年推出已售公有住房上市试点。这一举措使得城市中原先的单位住房逐渐向商品房过渡。老公房由于建造时间较长、住宅建筑老化、环境设施简陋、配套设施质量等因素都会影响宜居度。

3.1.3 自建房

小城镇、城市中仍有一定的自建房，除了有些仍以城中村的形式存在之外，这些自建房大多是城市发展历史上的产物。例如上海杨浦区杨浦大桥东侧仍存在一定数量规模的自建房社区，自 20 世纪初陆续建成，现在大都属于城市旧改征收的范围。

自建房的土地性质一般为住宅用地、商业用地和商住用地。房主往往拥有自己的土地使用证和房产证。目前城市中已没有新建的自建房；随着城市化的推进，城镇土地日趋紧张，越来越多的城镇提高了拿地门槛，城镇自建房也将会减少，或者禁止建设自建房。

3.1.4 住房类型与社区类型

社区住房与人口、家庭之间存在密切的关联，住房状况在很大程度上间接反映了社区居民家庭的社会经济条件，因此在实际使用以及不那么严格的城市或社区研究中，上述住房类型通常用来对应各自的社区类型。例如"经适房社区"指的是以经济适用住房为住房主体的社区，"限价房社区"指的是以限价商品住房为住房主体的社区，也有小规模的公租房社区。其中例外的是廉租住房类型，由于廉租住房数量小且非集中存在，因此对应的社区类型是空缺的。替代的概念是群租房与外来人口社区。

（1）出租房社区

由于区位、房型、价格等因素，社区中较多数量的房源用于出租，这样的社区被称为出租房社区。据统计，2017 年全国约有 1.6 亿人在城镇租房居住[①]。出租房社区包括市场化租赁房资源社区和公共租赁房资源社区。城市中心区的出租房社区大多区位较好，周围交通、生活较为方便。

由于房屋租赁市场不规范，市场化出租房社区中，有的会出现较多套群租住房，即一套住宅出租给超出规定数量的房客。群租住房常常伴随着出租方"二房东"现象，带来承租方居住条件低下及其他安全问题，租房者的应有权益得不到保障，租房者不能够享有最基本的居住尊严。这些现象的产生通常是由于地方性法规缺少住房租赁的具体规定和实施细则，导致住房租赁无法可依的乱象状态，也给群租房社区的物业安全、运行管理以及社区氛围带来了不安定的因素。

（2）老公房社区

老公房社区在我国大城市中普遍存在，大都是建于 20 世纪中后期的新村式小区。例如上海在 20 世纪 50 年代建成的若干大型住宅基地中的工人新村都属于此类型。老公房社区中老年居民较多，适老设施不足是其中的突出问题。由于住房及社区公共设施普遍存在陈旧老化现象，老公房社区里的居民、特别是老年居民深受"上下

---

① 朱昌俊 . 遏制房屋租赁市场乱象 [N]. 人民法院报，2017–5–23（2）.

楼困难""购物回家难""患病就医难"的困扰。例如在上海鞍山四村第三小区，60岁及以上老年人口占居住总人口的比例已逾 1/3。老公房社区在治安管理等方面压力也不小，部分城市还存在一些"三无"小区，即无物业、无围墙、无业委会的老小区。

对于老公房社区，针对长期以来居民改善居住条件的呼声，首先需要对社区内的住房进行"适老化"改造。例如在不改变承重要求的前提下，对室内户型按照生活需求进行改造，增加电梯、防滑与紧急救援等安全设施。其次是对社区内的公共空间进行"宜老性"改造，例如改造道路无障碍设施、增加休息座椅密度、提升公共绿化品质。此外，一些老公房社区没有建立维修基金，可以通过政府实事项目来解决。通常情况下，老公房社区的技术安防设施的安装费用，可由政府、物业、业委会按照一定比例共同出资。涉及"三无"小区的技防设施安装工程，所需费用可以全部由政府托底。在社区规划或社区更新的前期阶段，应摸清小区住宅单元格局、公共设施状况、人口数量结构、居民经济能力等情况，以便进行针对性的改造。

（3）动迁房社区

由于市政建设、重大项目建设、环境灾害等原因，由政府批准建造形成了一种以动迁房为主的社区。大型动迁房社区用地面积一般在 1km^2 以上，对规划方案、房型设计、房型数量配比等都通过各级政府广泛征求动迁户的意见。大型动迁房社区配套设施比较齐全，包括幼儿园、学校、菜场、超市、文化活动室、老年康体室、车库等。例如自 2013 年 3 月起，上海金山区内一次性搬迁规模最大、涉及动迁人口与住房最多的漕泾镇沿海一带"五村一居"（增丰村、东海村、海渔村、营房村、护塘村和建龙居委会）的 1300 余户居民，因化工区综合整治而搬离世代居住的家乡。除少量另迁他处外，其中 1160 户约 5000 余人迁往"亭林大居"。"亭林大居"大型居住社区，总用地面积达到 509 万 m^2，除常规配套设施之外，还增设一个红白喜事会所，配套设施类型来自动迁农民和义务监督员的建议。90 和 120m^2 的房型占到了 80% 左右[①]。

（4）混合型社区

此外，由于住房性质和来源不同形成了相当数量的混合型社区。其中居民矛盾冲突较为激烈的是商品房和保障房混合社区，社区居民在物业管理费、租金、空间权益范围方面常常无法达成共识。此外就是保障房社区内部不同类型住房之间的混合社区，在日常使用中也易出现不同性质住户之间的矛盾冲突。例如近年来城市虽然加大了廉租房、公租房等的供给，但是公租房总量上仍然有限，只有少数公租房为独立楼盘，还有一些公租房房源与动迁安置房等其他类型的房源在同一个楼盘或地产项目中提供，形成了混合型社区。以上海市杨浦区的区筹公租房项目明月坊、水月坊为例，两个楼盘位置相邻，共推出 112 套公租房屋。其中"明月坊"提

---

① 汤妙兴. 金山"亭林大居"搬迁居民喜上眉梢，上海科技报 [N]. 2017-2-24（2）.

供 108 套公租房屋，65 套面向社会供应（即符合公共租赁住房条件的家庭及单身人士申请入住），43 套作为人才公寓面向单位整体租赁；水月坊住区为动迁安置楼盘，总共 700 多套住房，2016 年仅推出 4 套作为公租房[①]。

这种以住房性质确定社区类型的方法并不严格，上述着重列举的以动迁房为主的社区和不同构成的混合型社区，由于缺少过去的时间维度，并不符合"社区"的初始内涵，而只能算是面向未来的形成中的社区。

3.2 乡村社区的住房

乡村住房大多是乡村社区村民家庭自行建造，受到地域、气候、历史、经济条件等因素影响，往往差别很大。江浙沪等经济发达地区，乡村住房整体建造较好，新建住房大多是低层楼房，有些甚至是多层楼房。而在一些传统村落，留存下来的部分传统住房有着较高的建筑艺术价值和历史价值。

自新农村建设以来，许多乡村开始推进撤村并居，集中新建单元式住房。集中新建的"村改居"社区住房在功能安排、居住品质上都有很大提升，但是在实践当中，部分集中安置住房的设计还需与地方社区乡村居民的劳动方式与生活习惯相结合。

此外，乡村住房还具有特殊的遗产意义。按照《继承法》和房地一体原则，农村宅基地上的房屋所有权和宅基地使用权可以被城镇户籍的子女继承，并办理不动产登记；但宅基地不能被单独继承，如果宅基地上的房屋倒塌或被拆除，城镇户籍的子女就失去了所有的继承权。这意味着，城镇居民为了保留宅基地的使用权，会加固或维修宅基地上的住宅。这为一些城里人"告老还乡"提供了某种可能，也为"逆城镇化"提供了一条潜在而合理的路径。

3.3 城乡社区的实际住房需求

人口流动导致城乡社区住房需求增长的不平衡。乡村年轻人大量向大城市集聚，因为城市里的就业机会更多、公共服务更好，这种流动带动了对城市住房的大量需求。大城市中 20—35 岁的首次购房者的数量比重持续提高，但主要还不是来自乡村的年轻购房者。流动人口的住房需求主要表现在超大城市、特大城市的一些社区外来人口"群租"现象严重。私人房东、"二房东"或房屋租赁中介公司为了使出租利益最大化，往往会出现打隔断、拆设施、招群租等一系列行为。通常一套单元式住房被分隔成十几个"鸽子窝"，甚至有近 20 位租客共用两个或一个卫生间。群租房的存

① 明月坊、水月坊 [EB/OL]. (2020-09-25) [2020-10-30]. http://www.ypgzf.com/col.jsp?id=115.

在和分布决定了外来人口在大城市某一地区的适应程度，群租房往往较多存在于郊区的安置房社区、中心城区的老旧社区或规模较大的社区。例如上海普陀区宜川路街道社区的高层住宅区中远两湾城，是城市内环线以内最大的住区，一度成为"群租房社区"的代名词，有多达600多户群租户。

一些城市对群租房都有不同程度的整治行动。北京市住建委、公安局等部门2013年7月联合印发《关于公布我市出租房屋人均面积标准等有关问题的通知》、上海2014年5月1日施行的《上海市居住房屋租赁管理办法》都对"群租"提出了这两条规定：出租居住房屋，每个房间居住的人数不得超过2人（有法定赡养、抚养、扶养义务关系的除外），且居住使用人的人均居住面积不得低于$5m^2$。违规逾期不改的予以罚款，上海对违规"群租"行为最高可罚10万元。虽然"群租"禁令的出台在一定程度上对"群租"乱象起到规范与威慑的作用，但是群租房屋的主要是年轻人，"群租"是生活所迫，在经济条件没有改善的情况下，短时间内他们不可能主动退出这种生活模式。

通常城乡社区的住房需求在各自的空间范围内讨论，而本质上它们是一个流动的、联动的问题过程：一方面是人口净流入城市的一些社区，因外来人口增加而住房高度拥挤，活力与混乱并存；另一方面是人口净流失地区的一些乡村社区，因年轻人离乡外出而住房长期空置，乡村社区活力衰减。劳动力人口从乡村社区向城市社区的流转，带来了城乡社区住房需求和供应的严重错位。住房供应是社区发展战略中的一个基本组成部分，地方住房决策在未来城乡社区活力中应该发挥重大作用。

第4节 社区的公共服务设施

社区是一个相对独立的社会单元，首先满足社区居民的衣食住行等日常生活的基本功能需要，综合型的社区则能够满足社区居民社会生活的各种复杂需要。这些功能为社区成员提供生存与发展的必要保证条件，通过一整套相对完整的社区公共服务设施来体现和实现。

4.1 社区公共服务设施的等级与类型

社区并非孤立存在，在一个社区的周围，还会存在着其他社区，或边界相邻，或相隔而望。在长期的发展过程中，若干社区可能各自演化或分化，产生特色差异，例如形成复杂的分工和互补的功能，从而共存于一个更大而精密的系统——联合社区。若干社区还可以形成一个相互关联的社区网络，这正是不同等级的城市生成与发展的原理。

因此在社区的地域空间范围内，可以包含不同层级的功能与设施，换句话说，有些社区仅仅包含社区级的公共服务设施，有的社区还同时包含城市级的或镇级的公共服务设施；而后者面向城/镇，可以服务于包括本社区在内的全体居民。这些社区的居民既可能享受"近水楼台"的便利，也可能极少使用更高等级的公共服务设施。例如地处上海市核心区位的南京西路街道社区，拥有豪华的国际化的商业中心，但是社区内的老年居民几乎从不进入这些大型商业中心，因为商品价格昂贵消费不起，他们日常光顾的还是社区弄堂口的烟纸店（小杂货店）。

是否同时拥有两种甚至更多等级（例如社区级、镇级、区级、市级等）的公共服务设施，这取决于社区的区位与规模。从乡村社区到城市社区，所关联的服务设施等级是越来越多。大型社区、联合社区又比小社区的配套服务设施层级要多。

例如上海市1995年颁布了《新建住宅配套建设与交付使用管理办法》，其中第六条规定，住宅所在区域必须按照规划要求配建教育、医疗保健、环卫、邮电、商业服务、社区服务、行政管理等七类公共建筑设施。这意味着，由那时投入使用的住区所形成的社区，当时在这七类设施上是满足要求的。

按照2018年12月中共中央办公厅、国务院办公厅印发的《关于建立健全基本公共服务标准体系的指导意见》，在基本公共服务体系中，与城市土地开发、空间布局以及设施建设相关的基本公共服务体系构成内容主要包括基本公共教育、基本公共医疗卫生、基本社会福利与保障（含养老）、基本住房保障、基本公共文化体育、残疾人基本公共服务六个领域。基本行政管理与社区服务、基本经营性服务则是基本公共服务体系的重要支撑。

以下主要针对社区商业服务业设施、社区基础教育设施、社区卫生医疗设施、社区文化设施、社区体育健身设施、社区老龄化设施、社区行政管理与服务设施七种社区公共服务设施类型分类讨论。

4.2　社区商业服务业设施

社区商业服务业是指以社区居民为主要服务对象，以便民、利民和满足居民生活消费为目标，提供日常生活需要的商品和服务的属地型商业，是最贴近消费者日常生活的商业形态，是社区商业中心、居住小区商业、街坊商业的总称。就特定的社区来说，社区商业服务业设施包括了"为社区"的商业服务业设施（社区级）和"在社区"的商业服务业设施（社区级以上等级）。这里只讨论社区级的商业服务业设施。

4.2.1　社区商业服务业模式与设施的冲击与变迁

自1949年以来，社区商业服务业模式与设施经历过两轮根本性的冲击，并且都相应地发生了重大变化。第一轮是市场经济体制下的商业服务业模式对计划经济体制时代的居住区配套商业服务模式的颠覆，这是经济社会体制改革的结果；第二轮是电子商务形态对传统商业服务业模式的颠覆，这是技术生产方式革新的结果。

（1）从计划经济体制到市场经济体制的商业服务业模式颠覆

传统的居住区配套商业服务业设施是在计划经济体制时代形成的小规模、分散的零售业和服务点，以有限的服务内容、服务范围和单一的经营方式为特征。例如单位社区中，通常配置商店、食堂、小学、幼儿园、教工俱乐部／职工活动中心等，解决职工居民的日常生活需求。市场经济体制下，商业服务业以规模化、连锁化经营为主，由于在价格、货源及服务方面享有显著优势，对原先规划配给的居住区配套商业服务业设施冲击极大。

这一轮的模式颠覆开始于 20 世纪 80 年代后期，并带给了社区极大的丰富感。至 20 世纪末，大城市已经形成了覆盖市区范围的大卖场—超市—便利店的连锁零售网络，商品类型齐全，包括食品，鲜活商品——新鲜蔬菜、水果、水产、禽、肉等，日用百货——服装、家电、通信器材、日用化工等，大型卖场堪比多种行业和领域的家用百货商店，可以实现一次性买齐。餐饮、干洗、维修等服务业也都依托大卖场存在，完善了服务功能。大卖场的步行服务半径接近于 15 分钟生活圈，有些卖场通过免费班车将服务范围扩大至覆盖若干社区的 30 分钟生活圈。

还有一种邻里中心的模式，属于功能比较齐全的社区级商业、服务、娱乐综合体。苏州新加坡工业园区最早引进了新加坡的邻里中心模式，设立了苏州新城邻里中心。其后，许多城市都采用了邻里中心的模式，上海长宁区的九华邻里中心（图 3.2），所在地区是 2016 年全市 17 个"补好短板"暨重点生态环境综合整理区域之一，结合城市局部地区更新，逐步形成集休闲购物、文化娱乐、服务民生为一体的综合服务中心。

图 3.2　上海市长宁区的九华邻里中心

（2）从传统交易到电子商务形态的商业服务业模式颠覆

蔚然兴起的电子商务已经在供货渠道、货币结算、售后服务等环节上清除障碍，居民大部分的日常购物、生活服务需求都可以不出家门轻松解决。在线订购加工食品、水产制品、粮食加工品、乳制品和食用农产品等。电子商务的预期是对用户消费行为进行大数据挖掘，跟踪消费者购买行为，借助大数据做出个性化的建议。但是与电子商务初期的预期不同的是，社区中配建的商业设施总量上并未大幅度减少，只是社区居民增加了选择的自由。更具体地说，电子商务服务的人群以适应网络生活的年轻人为多，老年人由于时间充足，更倾向于人际交往感强的现场零售与服务方式。

第二轮的颠覆大致开始于21世纪之交，并带给了社区极大的便利感。例如盒马鲜生是阿里巴巴对线下超市完全重构的新零售业态，盒马集超市、餐饮店、菜市场于一体，消费者可到店购买，也可以在盒马APP下单。盒马最大的特点之一就是快速配送，门店附近3km范围内，30min送货上门。此外，上海正在推进传统菜市场向信息化、公司化、现代化、集约化市场转变，提升综合服务功能和核心竞争力，发展菜市场新模式、新业态，全面推进菜市场转型升级新模式应用。

延伸阅读 3.1　菜场浓缩"升级版"24 小时自动售菜

改革开放 40 余年来，上海的"小菜场"经历了不断的升级更新，从 1.0 版的马路菜场进入室内，到 2.0 版标准化的便民生鲜菜市场，直至 3.0 版的注入科技"智慧芯"的菜场。

以强丰"便民微菜场"为例，强丰无人售菜智能终端实行的是点对点服务，即由强丰公司自己掌控源头，由自己的配送公司将各类放心农副产品直接配送至智能终端，没有中间环节，其食品安全可直接追溯至源头。经强丰种植基地净菜车间分拣、包装好的各类蔬菜，由全程冷链车运输到社区恒温自助智能终端，解决了最后一公里的冷链保鲜问题。

2014 年 10 月，上海强丰企业将菜市场浓缩进升级版恒温无人售菜终端，并首先落户在上海金山区的金山嘴渔村。在形似自动售卖机的恒温无人售菜终端可提供三四十种荤素搭配菜肴，在 4—12℃恒温条件下的菜品多为小份，价格在 1—50 元左右，其中每份蔬菜均价 3 元左右，为社区居民、上班族提供无障碍、24 小时的自助售菜服务。

2014 年 11 月，无人售菜机被投放在中心城区。像南京西路这样寸土寸金的"黄金地段"，若继续采用传统做法新增菜市场显然不太现实。因而，人口众多与周边菜市场相对较少，越来越成为该地块沿途商业和生活圈的一对矛盾。被市民称为"便民微菜场"的无人售菜智能终端亮相静安区南京西路街道所属的延安中路东方海外大楼旁的人行道边上，客户自主挑选生鲜产品，投币、刷会员卡均可付款，操作非常简易方便。这一举措缓解了周边居民和楼宇白领买菜难的矛盾。同时，终端功能将扩展包括话费充值、信用卡还款、水电煤缴费、银联支付等功能。

社区自动售菜点于 2014 年被列入市政府实事项目申报范围，上海市商务委 2015 年拟建 200 个示范点，考虑在菜市场相对短缺、老百姓买菜不太方便的地区率先进行布点，以方便市民自助买菜。2017 年底，全市已设置 1542 家社区智慧微菜场，2018 年又新建了 500 家。

智慧微菜场正在社区中不断普及。这种网订柜取、自助售菜的生鲜零售新业态模式，将菜市场浓缩成自动售菜点，让市民实现了家门口买菜。

摘编自：陈宗健 . 中心城区首台智能售菜机亮相静安街头 [N]. 东方城乡报，2014-11-25（A2）；邵珍 . 上海小菜场：不仅买菜还能社交 [N]. 文汇报，2018-12-17（4）.

（3）从家庭无酬劳动到社区有偿服务的服务业模式转变

在传统的家庭生活方式中，有相当多的隐性社会劳动，也被称作无酬劳动，包括家务劳动、陪伴照料孩子生活、护送辅导孩子学习、陪伴照料成年家人、购买商品或服务、看病就医、公益活动等。根据国家统计局发布的 2018 年全国时间利用调查公报，我国居民每天用于无酬劳动的平均时间为 2 小时 42 分钟。其中，男性 1 小时 32 分钟，女性 3 小时 48 分钟；居民无酬劳动的参与率为 70.2%，其中男性 55.3%，女性 84.2%[1]。即使拥有全职工作，女性的无偿劳动时间也比男性更多。

这份性别差异显著的数据已经是服务业模式转变后的结果，即从家庭无酬劳动到社区有偿服务模式的转变。随着城市职业女性工作时间的延长和工作强度的提高，家务劳动产生了社会化的需要，餐饮业，如小型快餐店、社区食堂等服务设施在社区中呈现上升的需求趋势。

此外，一些商务服务、网络服务，如复印店、社区网吧等，适应了社区家庭新的需要。其他的花店、咖啡店、书店、银行等服务设施，也都朝着特色经营与专门化的方向发展。作为大型综合商业的补充，这类新型的社区服务设施显示出亲近生活、灵活多样的商业魅力。还有一些与治安相关的美容美发、沐浴足浴等社区生活服务业也在城市社区中大量产生。

从家庭无酬劳动到社区有偿服务的服务业模式转变，在国外社区也有同样的体现。第二次世界大战后，女性控制生育和获得经济独立的能力最终拥有了空间含义。

① 国家统计局 . 2018 年全国时间利用调查公报 [EB/OL]. （2019-01-25）[2020-10-30]. http://www.stats.gov.cn/tjsj/zxfb/201901/t20190125_1646796.html.

随着女性劳动力活动的增加，特别是由工作的母亲所创造的与服务相关的工作倍增，许多迫切的家庭任务被包出去给了收费的专门服务工人。儿童看护、家庭清洁、购物帮助以及草坪护理只是其中的一些服务，它们已经取代了没薪水的家庭劳动力。儿童看护中心、针对老年人的辅助生活设施，以及快餐、餐馆及外卖连锁商店，在过去的数十年里大大地扩张了它们的运作。尽管护理中心、老年住房以及餐馆在20世纪初都存在，只有在20世纪末它们才变得普及。

而所有这些新经济活动已经改变了空间的组织，它们导致了郊区社区的蔓延和边缘城市的增生。无论在城市里，还是在郊区中，专卖店和特色服务到处层出不穷，以迎合那些双收入家庭。像沃尔玛（WalMart）之类的超市和巨型商店使得购物对于顾客来说更富有效率。在提供这些服务的过程中，通过在整个区域内大型购物商场和迷你中心的建设，社区商业服务业已重新定义了大都市空间。

4.2.2　社区商业服务业设施的问题与对策

社区商业服务业的发展不外乎供需平衡。对不同类型的社区来说，它们的商业服务业设施面临的问题略有不同。

（1）城市郊区大型社区的商业设施

城市郊区大型社区的商业设施问题可以概括为供需质、量的社会时空错配。商业运行遵循市场规则，社区商业服务业发展与所服务的社区人口特征存在相互影响的关系。一些新城社区、大型保障房社区等，作为住区，其物质空间完整；但是作为社区，尚处于发育过程，存在时间不长，入住家庭尚未全部到位。另外郊区大型社区居民的消费者结构、日常消费习惯、偏好、意愿、期望等主观因素对社区配套商业服务影响较大。例如上海宝山区顾村镇馨佳园社区是上海市近郊六大保障性住房基地之一，由9个动迁房小区和4个经适房小区构成，馨佳园社区由经济适用房和配套商品房两部分组成，由于区位偏远，初期以老年居民居多，他们的消费意愿不强。因此总体的供需关系难以吸引商家入驻。

受上述因素影响，城市郊区大型社区的商业设施体系存在不少阶段性问题。

1）大型社区建设中缺乏整体业态导向规划和系统性的建设标准，尤其是规划建设中商务管理部门的缺位影响了社区商业的发展。线上订购虽然对郊区大型社区的商业服务有所缓解，但不能替代常规社区商业服务业设施的运营，而且郊区线上订购线下配送有时存在成本高、企业积极性不足的问题。

2）经营成本与满足公共服务之间存在矛盾。社区商业设施用房的租金偏高，经营成本很难得到有效控制，居民需要的公共服务也就难以得到保障。仍以顾村馨佳园（菊盛路）为例，社区商铺在开发商交房后由顾村镇政府统一回购并进行招商管理，主要招商原则是首先满足"开门七件事"。政府意图通过中高档的服务设施吸引中高收入阶层入驻，因此中高档的餐饮、零售连锁企业成为第一批重点招商对象，以"三年免租"的条件引进了肯德基、老顺昌、新雅、85℃等餐饮连锁品牌。由于招商门槛高，居民入住两年后，商铺的整体进驻率仍很低。

3）经营范围过于单一，业态传统，能级不高，布局不尽合理等。例如上海嘉定新城周边居民消费升级需求较大，但是直至2014年，新城中心区还缺少集时尚百货、餐饮、休闲娱乐等业态为一体的大型商业综合体。社区商业属于完全市场经济行为，经营者考虑的是营利，而不是社区居民的基本生活需求，经营中存在"跟风""扎堆"、随意性大等情形。

一方面，随着郊区大型社区趋于成熟，商业服务业品质会逐步改善。另一方面，也可以采取主动措施，改善和提升郊区大型社区的商业服务业水准，吸引大型社区人口尽快集聚。在郊区大型社区规划中，做好商业设施总体规划，与周边地区错位互补发展。提升郊区大型社区的商业服务品质，引导一些市民熟知的老字号搬迁到新社区或者在新区开设分店，布局大型连锁超市在新区开设分店。这些都是促使社区商业服务品质标准化、优质化的较理想的做法。鼓励小区居民经营店铺，初期可给予适当补贴和帮助。

（2）乡村社区的商业服务业设施

乡村社区的商业服务业设施存在严重短板，购物难问题突出。实体零售多以家庭式自营小店为主，在经营规模、货品种类、品质上与城市商业设施的差距极其悬殊（图3.3）。相较之下，美国的乡村则以现代超市为主。

按照民政部、中央组织部、中央综治办等十余个部门联合印发的文件《城乡社区服务体系建设规划（2016—2020年）》，明确提出要推进城乡社区综合服务设施建设，力争到2020年，实现城市社区综合服务设施全覆盖，农村社区综合服务设施覆盖率达到

图3.3 乡村社区小店（上海市崇明区港沿镇园艺村，2018年）

50%。而到目前为止，乡村社区商业服务设施配置普遍缺少标准。在未来的乡村社区规划中，应根据区域条件，按照社区人口分布特点、服务半径确定社区商业的规模以及服务内容，以连锁化、网络化的服务形式不断提高社区商业服务水平，促进乡村社区商业体系的不断完善。此外，要促进电商物流在乡村的普及，促进公共服务普惠化。

4.2.3 社区商业设施的标准与管理对策

为合理设置社区商业设施，完善经营服务功能，满足居民日常生活的需求，应根据城市和社区商业发展的现状和趋势，按照城市商业的结构和定位，制定必要的社区商业设施标准。

例如，上海市地方标准《社区商业设置规范》于 2007 年 7 月开始实施，该标准规定了社区商业的具体设置要求、分级和指标、功能与业态组合。按照此标准，先后命名了近 20 个上海市示范社区商业，并向商务部推荐了 3 个全国社区商业示范社区，即浦东新区联洋国际社区大拇指购物广场、百联西郊购物中心、古北新区黄金城道。这个标准主要适用于上海市行政区域内城镇地区新建的社区商业的布局和设置，调整和改造的社区商业规模可根据规定的指标适当折减，但不应低于规定指标的 80%，也不应小于调整和改造前的规模。

表 3.3 为社区商业服务业的业态组合示意。根据社区的人口结构与消费水平、消费习惯、消费方式以及居民的出行模式、使用配套服务设施的模式，可分为基础型、提升型和完善型三个层级。根据主要功能又分为必备型业态和指导型业态。必备型业态是指社区商业在布局和设置时不能完全通过市场行为进行配置与调节但是必须设置的业态业种，指导型业态是指社区商业在布局和设置时可以通过市场行为进行配置和调节且适宜设置的业态业种。

社区商业服务业的业态组合示意　　　　　　　　　表 3.3

分级		基础型	提升型	完善型
主要功能		保障基本生活需求，提供必需生活服务	满足日常生活必要的商品及便利服务	满足日常生活需求，提供个性化消费和多元化服务
业态组合	必备型业态	菜市场、超市、大众餐饮、大众理发、大众沐浴、维修、废品回收、银行网点	菜市场、超市、大众餐饮、大众理发、大众沐浴、维修、废品回收、银行网点、家政	菜市场、超市、风味餐饮、美容养生、SPA、维修、废品回收、银行网点、家政
	指导型业态	超市、便利店、食杂、中西药、书报、餐饮、洗染	超市、生鲜食品超市、便利店、食杂、面包房、中西药、书报、音像、餐饮、美容美发、洗染、休闲、文化娱乐	超市、生鲜食品超市、便利店、食杂、面包房、中西药、书报、音像、餐饮、美容美发、洗染、休闲、文化娱乐、医疗保健、中介服务、生活用品租赁、宠物商店、宠物诊所

对于调整和改造的社区商业服务业，应遵守以下原则：

·菜市场、浴场、餐饮店等对居住有影响的商业网点应与住宅分开设置，与住宅间距不小于15m。菜市场应设置在运输车辆易进出、相对独立地段，并配有停车、卸货场地。

·社区应优先考虑基础型业态的设置，原有的和按规划设置的菜市场不得挪作他用。

·郊区新城、新市镇的社区商业应具备为周边农村地区服务的功能，设置为农或农业服务的经营项目；国际型社区商业的经营服务项目可根据社区的特点和需求确定。

·社区商业的网点应证照齐全，合法经营，有固定的营业场所（地）。非正规经营应符合公共卫生与健康要求。

·改变社区商业"重商轻文"的倾向，适当增加体育活动、儿童活动、阅览室、卫生服务站、家政中心等建设，促进社区商业的整体繁荣。

4.3 社区基础教育设施

基础教育包括学前教育、小学、初中和高中阶段教育。我国九年制义务教育属于基础教育阶段，它包括六年小学教育和三年初中教育。义务教育均衡发展是当前义务教育城乡一体化改革的方向，也就是努力办好每一所家门口的学校，让市民享受公平而有质量的教育。这对于社区基础教育设施提出了要求。以下着重讨论学前教育设施、乡村教育设施及社区教育支持设施。

4.3.1 社区教育设施的性质、类型

社区教育设施包括正规的学校教育设施和相关的教育支持设施。正规的社区基础教育设施包括学前教育的幼儿园、中小学教育的初级中学、小学，以及高中阶段教育的高级中学。社区教育支持设施是社区为社区成员提供的辅助教育设施。社区教育设施结合幼儿园、学校等的服务半径，在居委会社区或街道社区内平衡布置。

4.3.2 社区学前教育设施

幼儿园是提升学前教育水平的保障，学前教育以发展普惠型幼儿园为主，包括公办和民办幼儿园。从一些城市各类幼儿园数量和各自在园幼儿数量来看，单位、集体以及其他部门办园的均占据主导，民办园占据第二，教育部门办园排在第三。在开放"三孩"政策下，增加教育部门公办园数量和学位，提高公办园在全部幼儿园中的比例，增加普惠园数量和学位，将是不少城市的主要任务。增加幼儿园数量、改善办园条件，吸引更多的适龄幼儿入园是县、区学前教育的当务之急。

例如山西省太原市 2018 年公办幼儿园在园幼儿占全市在园幼儿总数的 58.2%。但是主城区的公立幼儿园远远满足不了儿童入园的需求。因此城市政府可选择将办园质量良好、教育教学规范的民办幼儿园认定为普惠型民办幼儿园，规定这些幼儿园的收费标准，不能超标收费。国家、省市通过财政转移支付，对这些幼儿园进行一定的经费扶持。

目前教育部门对新建住区开发过程中的配套幼儿园建设控制权弱，规划层面用地不独立，导致开发商建设完不愿或无法移交；政府愿意主导建设，但缺少可开发用地。城市外围地区存在违规幼儿园，有些还不满足消防要求，但由于流动人口子女学前教育需求，无法马上全部取缔，只能进行整改。

托儿所并不属于学前教育设施，但是幼托常常可以整体设置。托儿所是计划经济时期，单位为了解决职工实际困难而设立的育儿机构。随着市场经济的发展和社会服务的丰富，社会办园逐渐取代了单位办园，像托儿所这样的公共托幼服务也就消失了。此外，随着人们生活水平的提高，一些家长因为不放心把孩子给别人带，而更倾向于由自己或由祖父母抚养幼儿，也使得公共托幼服务变得不再那么必需。各地城市基本上在 20 世纪初的时候就没有了托儿所。为了保证 3—6 岁适龄儿童都能够入园，北京不少区的幼儿园从 2013 年底已经不再招收 3 岁以下的幼儿入园。托儿所虽然消失了，但并不意味着这样的服务就没有需求了。随着全面开放"二孩"政策，托儿所的服务需求正逐渐上升。

4.3.3 乡村社区教育设施

据统计，2013 年底，我国有 1.6 亿适龄儿童生活在农村[①]，这其中除了一部分流动儿童在城镇化进程中跟随父母到城里上学外，大部分孩子要在乡村学校读书。即使在美国这样的发达国家，到现在也还有 1 万多个乡村教学点。

乡村基础教育设施，含幼儿园、小学、初中共三个等级。由于乡村社区情况的复杂多样，至今，除了由住房和城乡建设部、国家发展和改革委员会批准发布的《农村普通中小学校建设标准》建标 109—2008 外，我国还没有适用于乡村地区的基础教育设施的配置标准，传统模式下形成的自上而下、分级配置的思路造成了基础教育设施配置的城乡割裂，忽视了不同地区乡村居民的需求不同，无法有效地引导基础教育设施向基层乡村延伸。乡村地区发展不均衡，在保持传统村庄聚落形态的前提下，社区由一定范围内经济社会联系密切的若干邻近村庄构成；社区范围受地形地貌及道路交通等众多因子影响。乡村基础教育设施的配置既要考虑数量，也要考虑质量。如果只是从扩大服务半径入手，最大限度地扩大服务人口规模，一定程度

---

① 曾天山. 推进城镇化，绝不能让农村学校边缘化 [N]. 人民政协报，2014–2–19（9）.

上可以实现基础教育资源的集约化和有效使用。然而，随着乡村社区教育设施服务半径的扩大，将出现乡村地区学龄儿童上学距离较远、上学路途艰难等情况。因此，为了能够公平有效地配置乡村基础教育，在适当扩大服务半径的同时应该考虑服务人口规模[①]，即同时考虑基础教育设施服务的空间规模和人口规模。

道路交通的改善，网络科技与在线教育的快速发展，可以帮助乡村家庭克服距离的阻隔，基础教育设施可以摆脱中心集聚的束缚，选择更适宜的地点进行配置[②]。此外，在社会经济整体条件较好的乡村地区，可以积极发展教育支持设施，加强农村社区教育，鼓励各级各类学校教育资源向周边农村居民开放，用好县级职教中心、乡（镇）成人文化技术学校和农村社区教育教学点。例如，自2011年起，上海市教委与市文明办联合开发和启动了乡村学校少年宫的建设，将校内教育与校外教育一体化衔接，发挥学校教育资源的社会化功能。学校少年宫是指依托中小学校现有场地、教室和设施，进行修缮并配备必要的设备器材，依靠教师和志愿者进行管理，在课余时间和节假日向社区未成年人免费开放，组织开展普及性课外活动的公益性活动。

4.3.4 社区教育支持设施

社区教育设施除了满足通常的学校教育外，还应承担不同层次的社区教育活动。完整的教育体系的建构会给社区在功能组成、用地构成等方面提出新的课题：一方面，我国正在推行的全面素质教育对于学校教育设施在规模和内容上提出了更高的要求；另一方面，社区教育设施也会突破目前学校教育设施的概念范围，扩大至非正规性、开放性、综合性的社区教育机构和场所，例如"社区教室""社区课堂"等。

素质教育打破了传统教育中单纯重视书本知识的狭隘范畴，包括思想品德教育、科学技术知识普及教育、体育运动、文化艺术教育、游戏娱乐、劳动与社会实践活动等方面的教育。上述各方面的教育都必须以齐备的硬件器材、充足的场地和稳定的场所为前提才能开展起来。素质教育所要求的设施"质"与"量"的标准的提高，相应地要求学校教育设施规模的扩大。

此外，在知识信息飞速更新的终身学习时代，结合学校教育构建社区教育体系，是当今国内外社区发展的趋势，如建立社区学社等。社区的教育设施应尽可能在功能与空间上与之匹配，为社区居民提供各种可利用的教育机会，如业余教育、就业教育、转岗教育、补充教育、老年教育等，统筹各种教育层次和教育内容并存，形成家庭、学校、社会协同参与的终身教育机制，使社区发挥全方位、整体育人的功

① 蔡辉，王少博，余侃华.公平与效益视角下乡村地区基础教育设施配置初探：以陕西省泾阳县为例[J].现代城市研究，2016（3）：83-91.

② 陈玉娟，曹毓倩.基于新型生活圈的乡村基础教育设施配置研究[J].浙江工业大学学报，2020，48（03）：275-282.

能和效能，体现其作为人类居住基地所必须承担的社会职责。例如上海市虹口区每个街道都设有一所社区学校，除了一所是独立建制，其他七所皆为依托街道的非实体机构，如广中路街道社区学校实际属于广中社区文化活动中心。并辅以行之有效的制度安排，由中小学骨干教师到社区学校担任专职校长。此外，近年来社区内也存在各类营利性的课外教育设施，客观上丰富了教育资源。

4.4 社区卫生医疗设施

社区卫生医疗是城乡卫生工作的重点。社区卫生医疗服务指在一定社区中，由卫生及有关部门向居民提供的预防、医疗、康复和健康促进为内容的卫生保健活动的总称。社区卫生医疗服务主要通过社区医疗卫生机构和设施来提供，这些设施在运行中还存在着一些普遍的问题。

4.4.1 社区卫生医疗设施的性质、类型与特点

社区卫生服务是适应医学模式的转变而产生的，是整体医学观在医学实践中的体现。社区卫生服务属于基层医疗卫生服务，主要内容包括疾病预防、医疗、保健、康复、健康教育和以前的计划生育技术服务等。社区卫生服务提供的是初级卫生保障，是整个卫生系统中最先与人群接触的那一部分，所以社区卫生服务是卫生体系的基础与核心。社区卫生服务是具有连续性、综合性、低成本、高效率、方便群众等特点的卫生服务，即预防、治疗、康复和健康促进相结合，院外服务与院内服务相结合，卫生部门与家庭社区服务相结合。

目前我国的社区卫生服务机构已形成了一个体系，包括社区医院、社区卫生服务中心、社区卫生服务站、乡镇卫生院、村卫生室五种类别（表3.4）。像上海这样

社区医疗卫生设施类型与功能　　　　　　　　　　　　表3.4

层级	设施类型	服务范围	主要功能
街道社区	社区医院	城市层面	集医疗、教学、科研、预防、保健和康复为一体
	社区卫生服务中心/社区健康服务中心	街道社区层面	具有公益性质，承担辖区内居民的预防、保健、医疗、康复、健康教育、计划生育指导"六位一体"的综合服务
	社区卫生服务站	居委会层面	非营利性，集预防保健、全科医疗、妇幼保健、康复治疗、健康教育、计划免疫、计划生育指导为主的卫生服务
镇/乡	乡镇卫生院	镇/乡层面	基本医疗服务、防疫、保健、乡村公共卫生管理
村	村卫生室	行政村层面	基本医疗服务、防疫、计划生育、妇幼保健

的超大城市的街道社区由于规模较大，根据服务范围，一个街道社区可以分设两个及以上的社区卫生服务中心。

以上海市杨浦区控江街道社区为例，控江街道社区面积 2.15km²，下辖 25 个居委，现有 12 余万人口。社区卫生医疗机构分三个层次，即上海市杨浦区控江医院（城市层面，二级乙等综合性医院）——控江路街道社区卫生服务中心（社区层面）——控江路街道社区卫生服务中心 × × 新村（例如控江路控江四村）社区卫生服务站、家庭医生工作站（居委会层面）（图 3.4、图 3.5）。

基层社区医疗卫生服务设施在就近服务社区方面有其优势。其一是方便群众就医。社区卫生服务中心、卫生服务站可以侧重于与老年医护密切相关的服务，包括老年护理、康复、临终关怀等，以及为部分家庭提供上门服务。其二是在特殊应对中具有灵活性。例如在 2020 年的新冠（COVID-19）疫情中，很多病人是通过发热门诊发现的。目前在上海 110 家发热门诊定点医院中，有 34 家社区卫生服务中心设有发热门诊，其中 27 家社区卫生服务中心发热门诊首次开启 24 小时。这就保证了当传染性疾病类型的突发公共卫生事件处于萌芽阶段时，易于在社区层面及早发现和有效控制。

乡镇卫生院是农村三级医疗网点的重要环节，担负着医疗防疫、保健的重要任务，是直接解决农村看病难、看病贵的重要一关。整体来说，我国乡（镇）卫生院的基础设施建设和装备水平不容乐观。村卫生室是一个村级单位的医疗机构，每个行政村有一所标准化的村卫生室，并且每个行政村只设立一个定点医疗机构。以前的村卫生所、诊所、村医疗点、门诊部、医务室等村级医疗机构的各种称呼，在 2009 年"新医改"以后统一称为"村卫生室"。

4.4.2　社区卫生医疗设施与服务的普遍问题

社区医疗卫生服务的普遍问题是与医疗卫生设施、医疗体制以及与医疗发展相关的问题。

图 3.4　社区卫生服务中心
（上海市杨浦区控江新村街道社区）

图 3.5　社区卫生服务站、家庭医生工作站
（上海市杨浦区控江新村街道社区）

（1）与医疗卫生设施相关的问题：社区医疗机构在用地、建筑、设施等方面受到制约，造成社区医疗机构发展较为缓慢和滞后，配置水平参差不齐。如部分社区卫生服务站由于用地得不到落实（社区用房被其他功能占用），导致需要租用商业用房来开展服务，形成了不小的营运压力，降低了设施的环境质量和居民使用的便捷度。

（2）与医疗体制相关的问题：①医疗资源在结构配置上欠合理，存在重医疗、轻防保的问题，二级以上的大中型医疗卫生资源集中，规模较大，承担了大量社区医院可以较低成本诊治的常见病、多发病诊疗工作，一些符合大众利益的基本医疗、基层医疗和具有更大社会效益的预防保健工作，发展相对滞后。②各级医疗机构的功能定位未能有效落实，社区卫生机构服务能力和水平不高。医疗资源整体利用率不高，患者上位就医较为普遍，并且群众自付费用居高不下。

（3）与医疗发展相关的问题：①专科资源供给不足，儿科、精神卫生、传染病、康复、老年护理等专科医院发展缓慢、专科医师缺乏，服务能力较为薄弱。另外家庭医生签约服务效果不佳。②社区卫生医疗机构对全科医生需求旺盛，而人才较为匮乏。

4.4.3 改善社区卫生医疗服务的对策

目前我国改善社区卫生医疗服务的对策主要包括建立分级诊疗制、提供社区医保服务点两项，这两项服务与基层卫生医疗设施也密切相关。

（1）建立分级诊疗制。分级诊疗制是一种由三级医院带领二级医院及社区卫生服务机构紧密发展的模式。2016年10月上海公布了修订后的《上海市因病支出型贫困家庭生活救助办法》，遵循"公开、公平、公正和保障基本生活"的原则，鼓励居民按照"分级诊疗、梯度就医"的原则就医。以上海市长宁区为例，全区没有三级医院，但是探索"三二一"协同的服务模式，通过绿色转诊的通道，就能在第一时间看到华东医院、仁济医院、中山医院等外区三级医院的专科。区二级公立医院推进改革，进一步满足百姓在老年护理、康复、临终关怀等方面的基本医疗需求，推进家庭医生制。又如山西省太原市，2017年8月起全面推行按病种分级诊疗制改革，通过"基层首诊、双向转诊、急慢分治、上下联动"，不但有利于形成科学合理的就医秩序，而且可以有效落实各级医疗设施功能定位，提高医疗卫生资源的整体效益。

针对一些重大突发公共卫生事件中典型的疾病社区传播特征，也可以优化构建合理的分级诊疗机制。特别是当突发公共卫生事件处于萌芽阶段时，易于在社区层面及早发现潜在突发公共卫生事件的疑似病例，并能将某些传染性疾病初期可能出现的交叉传播控制在社区范围内，在最大程度上减少城市层面的扩散。当然这对基层医疗卫生机构的能力提出了要求。分级诊疗制模式在我国的整体推广还需要时日。

（2）设立社区医保服务点。在社区层面设立医保（基本医疗保险）服务点，把医保服务延伸到社区，极大地方便了参保人就医、购药。从2003年开始，上海在各区县街道、镇设立了医保服务点，用了不到一年的时间，设置了全市所有的医保服务点。像社区卫生服务站类型的医疗机构，通过上海市、区两级医保经办机构组织评估后，也可纳入医保定点。例如，图3.5的上海市杨浦区控江社区卫生服务中心控江四村社区卫生服务站于2019年12月纳入了医保定点。

4.5　社区文化设施

繁荣社区文化，积极发展社区文化事业，加强思想文化阵地建设，都离不开社区文化设施，特别是公益性群众文化设施的不断完善。

4.5.1　社区文化设施的类型与等级

社区文化设施涉及类型、等级、需求、空间布局等多个方面。社区文化设施通常按照基层综合文化服务中心—基层综合文化服务站—文化活动室的等级设置（表3.5），并力求覆盖社区，设施的具体名称可能有所不同。以山西省太原市为例，相较于城市级文化设施，街道/社区级文化设施的满意程度普遍较高。基层综合文化服务中心按照山西省建设标准建设，主要用于组织社区活动、广场舞、阅览等活动，文体结合。基层公共文化服务体系完善，建有文化设施、街道办事处（乡镇）综合文化站、居委会社区文化活动室、农村文化活动室、农家书屋，村庄配备村级文化专管员。

城市文化设施类型与等级　　　　　表 3.5

设施等级		设施名称	内容
省/直辖市级		图书馆、博物馆、美术馆、音乐厅、剧院，等	科学、文化、教育
市级		图书馆、博物馆、美术馆、音乐厅、剧院，等	科学、文化、教育
区/县级		图书馆、文化馆、博物馆、美术馆、音乐厅/剧场，等	科学、文化、教育
社区级	街/镇/乡	社区文化活动中心/基层综合文化服务中心、社区图书馆、家庭博物馆，等	文化、娱乐、教育
		基层综合文化服务站/街道文化站	
	居/村	社区文化活动室、农家书屋	文化、娱乐、教育
		专栏、板报	
		社区广场	

社区可以充分利用街道文化站、社区服务活动室、社区广场等文化活动设施，组织开展丰富多彩、健康有益的文化、艺术、体育、科普、教育、娱乐等活动；利用社区内的各种专栏、板报，宣传社会主义精神文明，倡导科学文明健康的生活方式，形成健康向上、文明和谐的社区文化氛围。

4.5.2 社区文化设施的特点

社区文化设施与城市公共文化设施存在层级差别，并形成互补关系。社区文化设施首先满足空间上就近的、底线水平的需求，主要针对活动范围局限于社区的人口。对于社区中高收入人群来说，较多依赖于城市高等级文化设施提供较高水平的文化服务。当社区文化设施能提供基本服务，而高等级文化服务不足时，仍会造成城市居民广泛的"基本公共文化服务"不到位的感受。对一个城市来说，基本公共文化服务提供水平高低与高等级文化服务水平高低具有密切的相关性。

相较于城市公共文化设施，社区文化设施并不等于层次不高，而更应该体现特色差异性。例如德国南部城市斯图加特，一些小型的社区音乐厅，从设施本身到演出节目水准都很高。斯图加特附近的内卡泰尔芬根的社区节日礼堂（图3.6），位于风景优美的内卡河畔，兼作社区音乐厅和活动中心。无论是建筑设计，还是环境设计，都充分体现了文化设施的文化特性，为社区增添了文化色彩。

4.5.3 社区图书馆

社区图书馆是为社区提供科普、文化与教育服务的主要设施类型，在国外社区文化设施中占有较为重要的位置。但在国内社区文化设施中普遍不受重视，特别是随着网络的发达，大众进图书馆阅读的机会日益减少。

图3.6 斯图加特附近的内卡泰尔芬根的社区节日礼堂
（Neckartailfingen Festival Hall）

社区图书馆主要提供基于社区的图书馆服务及信息服务，充分考虑信息系统应用地区的文化、历史和环境特征及被使用人群的人口特征，强调信息系统与社区的融合，同时关注系统的不断完善和发展。社区图书馆可以是真正的社区中心，担负社区建设多种功能。社区图书馆服务与一般的公共图书馆服务的区别，并不在于图书馆的大小或社区人口的规模，而是以其与社区的关系而自立。社区图书馆可以承担社区中的一些社会责任，例如配合相关政策，开展面向社区失业人口、外来人口的系列技能培训、面向社区学前儿童的智力玩具培训和面向社区老年人的社会福利讲解等服务；还可以为社区中行动不便的老人、儿童和残障人群提供服务。

在社会资本的理论视角下，国外 LIS（library information system）的社区实践将社区图书馆视为社区的文化信息中心，它一方面提供信息资源和相关技能的培训来提高社区成员的信息获取和信息素养，另一方面也通过提供物理空间和虚拟空间来加强社区成员间的联系，增强他们之间的信任与合作，进而提高整个社区的社会资本[1]。将信息、知识和社区成员融合在一起，使社区和图书馆共同产出的成果大于他们各自产出的总和。这种关系依然是社区图书馆实践区别于传统公共图书馆服务的基本特征。西方国家的图书馆运动提出了"让图书馆推动社会变革"，这不仅是口号，也成为一种事实，图书馆否定了其长期持守的专业中立性原则，使其优先考虑弱势群体并积极参与社会财富和机会的再分配过程。

4.6 社区体育健身设施

体育健身活动对于建立文明、健康、科学的社区生活有着不可低估的作用，而社区体育健身设施是社区成员开展地区体育健身活动的物质基础，是体育健身活动经常化的重要保证，对于增强居民体质、丰富文化生活、提高身心健康水平和生活质量有着重要意义。

4.6.1 社区体育健身设施整体状况

根据《中国群众体育发展报告（2018）》，截至 2017 年底，我国体育场地已超过 195.7 万个，人均体育场地面积达到 1.66m²，全国各市、县、街道（乡镇）、社区（行政村）已经普遍建有体育场地，配有体育健身设施。全国全民健身站点达到每万人3 个。从整体建设情况来看，城市体育休闲设施在总量上是不断增加的，但在各个层面上分布是不均衡的。从实际使用情况来看，社区级体育休闲设施不够完善，客观上限制了活动内容和活动人群。居民自发的和有组织的锻炼活动内容，如打拳、

① 周文博，于良芝．LIS 的社区实践及其理论遗产——从社区图书馆到社群信息学的理论视角回顾 [J]．中国图书馆学报，2020，46（5）：22–35.

图 3.7　乡村社区健身点（上海市崇明区建设镇社区）

跳舞等活动，以老年人偏多，对场地要求不高，大多借助于社区内游园、闲置空地和楼群间进行；而篮球场、排球场、网球场、游泳池等需要一定资金投入的体育场地及设施远不能满足需要，甚至根本没有，使得偏爱这些活动的青少年和中年居民的需求无法满足。乡村社区则在新农村建设中大都因地制宜设立了体育健身点，为乡村居民提供了基本的健身活动空间（图 3.7）。

4.6.2　社区体育健身设施类型

城市体育健身设施类型丰富，设施分级设置，社区级包括城市街道 / 镇 / 乡层级和居委会 / 村委会层级等（表 3.6）。不同的设施类型适应于不同的体育健身活动，体育健身活动可分为：①自由适应型，例如散步、简易器械活动；②场地依赖型，例如舞蹈、太极拳等团体健身活动；③设施依赖型，例如游泳、篮球、网球、门球等。

4.6.3　社区体育健身设施特点

社区体育健身设施受地域气候、使用人群等因素的影响，而具有一定的特点。在北方寒冷地区，要考虑增加室内体育健身设施，满足居民冬季健身需求。要考虑到不同年龄的正常人群和残疾人等特殊人群活动的需要，设立文体中心、体育指导站、健身俱乐部等就近、方便的体育活动场所（包括学校体育场地设施），为居民提供丰富多彩的体育服务。

目前，一种全时段运营的 24 小时健身房连锁店普遍开设在居民区，规模不是很大，因而场地适应性强，采用共享模式。健身房内通常有跑步机、椭圆机及其他健

城市体育健身设施类型与等级　　表 3.6

设施等级		设施类型	项目内容
省 / 直辖市级		体育比赛场 / 馆，体育训练场 / 馆，专业体育中心，等	综合类、专业类体育项目
市级		体育比赛场 / 馆，体育训练场 / 馆，专业体育中心，等	综合类、专业类体育项目
区 / 县级		体育比赛场 / 馆，体育训练场 / 馆，专业体育中心，等	综合类、专业类体育项目
高校		体育比赛场 / 馆，体育训练场 / 馆，专业体育中心，等	综合类、专业类体育项目
社区级	街 / 镇 / 乡	体育中心、运动公园、体育场、运动城，等	球类、游泳、操类
	居 / 村	健身点、健身场地、健身室、健身房、健身步道，等	球类（乒乓球、羽毛球、篮球、门球，等）、健身器械类、健身舞蹈类、健身操类，等
	中小学校	体育场、馆	田径类、球类（乒乓球、羽毛球、篮球，等）、健身器械类、健身舞蹈类、健身操类，等

身器械，有的还设有饮料自动售卖机。整个健身房采用远程操控的方式，内设 24 小时闭路监控。会员扫码开门，全程自助，价格低廉。时间段比较灵活，是很多下班较晚人群前去锻炼的主要原因。

此外，可考虑健身方式的多样化，扩展社区健身资源。例如，出生于 20 世纪五六十年代的群体，大多习惯集体活动，广场舞则满足了这部分居民的健身和交往需求，帮助他们获得"抱团感"、归属感。社区广场舞场地可以通过广场、公园、建筑周边场地等予以满足。

4.7 社区老龄化设施

目前我国人口呈老龄化率和高龄化率双重上升的趋势，在大城市尤其明显。截至 2019 年底，大城市的户籍人口预期寿命大都在 80 岁左右，上海为 83.66 岁，杭州为 82.95 岁，北京为 82.3 岁，天津为 81.79 岁，重庆为 77.85 岁。随着人口平均期望寿命延长，绝对数量庞大的老龄人口生活在社区中，相应地要求社区能为他们提供足够的服务功能、更多的闲暇活动内容和开展活动的设施场所。不断探索新型养老服务供给模式，充分配置社区老龄化设施，是对老年人关怀的具体体现，也是社会文明进步的体现。

4.7.1 社区老龄化设施类型

构建多层级的养老设施体系、发展养老服务，能够减轻老龄化程度日益加剧带来的压力和挑战。社区养老与居家养老是我国养老的基本模式，社区养老设施可以为老年人提供生活照料、康复医疗等专项或综合服务功能，满足多元需求。应按照"优质 + 均衡"的发展要求，优化为老服务设施和服务资源的均衡布局。

社区老龄化设施类型较多，在设施性质上可以分为综合服务型、专项服务型两个大类，专项服务又分为短期托管型、长期照护型、文体活动型、居住型、卫生医疗型等。主要设施有社区综合为老服务中心、社区睦邻中心、托老所（日托中心）、老年人活动中心/室、老年公寓、老年医疗设施等（表 3.7），这些设施的级别和定位有所不同。相比起远离市区设立的敬老院、老年公寓，社区内的老年设施更易为一般老年人和他们的家庭接受。由于与亲友共居一个社区，能够朝夕相见，老年人在心理上减少了孤独感、被遗弃感，在物质生活上也可以得到家庭的就近关照。

综合性的市级为老服务信息在线平台，有条件的城市可以考虑建设，使之成为为老信息服务的"统一门户"、养老行业管理的"统一入口"，以及涉老领域的"统一数据库"。依托这个平台，可以形成"全市通用版 + 社区特色版"的"养老服务包"，通过"养老服务包"，让全市老年人能够知道自己可以寻求什么样的养老服务，到哪里以及用什么方式能够获得相应的养老服务，解决养老实际问题[1]。例如上海 2016 年 10 月就开始了综合性市级为老服务信息平台上线运行。

社区睦邻中心或睦邻点，在街道社区层面或由若干居委社区联合设立的以各年龄阶段居民需求为导向的社区公共服务机构，在实际使用当中以服务老年人群为主。因此睦邻点也可以纳入政府养老服务体系的一部分。

社区为老服务综合体，即社区综合为老服务中心，提供"一站式"综合为老服务，统筹、链接各类社区为老服务资源，辐射服务社区老年人。

长者照护之家，是一种嵌入式、多功能、小型化的社区养老设施，可以实现居家、社区、机构养老的融合，为老人提供就近、便利、综合的养老服务。"长者照护之家"可以首先在中心城区社区重点推广，然后在全市各街道和部分城市化明显的镇的社区实现全覆盖。

宅基睦邻点，在郊区农村地区以村民小组为单位提供老年村民服务活动的设施，可以通过改造闲置的宅基地建成村民的公共活动空间，推动"不离乡土、不离乡邻、不离乡音、不离乡情"的互助式养老。

社区老年人日间照料中心，又称日托中心或托老所，是为老人提供短期托管服务的社区养老服务场所。

老年助餐点，或称作社区食堂，为高龄、独居、空巢等老年群体提供助餐服务，可独立设置，或包含在社区养老服务中心、社区睦邻中心等综合设施中设置。

① 王毅俊. 到年底本市每条街道都有养老之家 [N]. 上海科技报，2017-5-24（03）.

以社区为主的老龄设施性质与类型   表3.7

设施名称	设施性质	设施服务内容
*市级为老服务信息在线平台	综合信息服务	为老信息服务的"统一门户"、养老行业管理的"统一入口"，涉老领域的"统一数据库"
社区睦邻中心	综合服务	充分考虑从幼儿、学生，到职场青年，再到退休后各年龄段的生活使用需求
社区综合为老服务中心、社区为老服务综合体	综合服务	提供"一站式"综合为老服务，统筹、链接各类社区为老服务资源，辐射服务社区老年人
老年人日间照料中心、日托中心、日间照料站、托老所	托管	短期老人托管服务的社区养老服务场所
长者照护之家	照护	嵌入式、多功能、小型化，融合居家、社区、机构养老特点，为老人提供就近、便利、综合的养老服务
敬老院、养老院	养老服务	专门、集中接待自理老人或综合接待自理老人、介助老人、介护老人安度晚年；收养对象以五保老人为主，为老年人提供养老服务；非营利性质
*老年社会福利院	养老服务	享受国家一定数额的经济补助，接待老年人安度晚年而设置的社会养老服务机构
宅基睦邻点	文体活动	在郊区农村地区，以村民小组为单位
老年人活动中心、老年人活动室	文体活动	力所能及的生产劳动和适合老人特点的文娱体育活动
老年助餐点、社区食堂	餐食服务	为高龄、独居、空巢等老年群体提供助餐服务，可独立设置或结合居家养老服务中心设置
老年公寓	集中居住	提供餐饮、清洁卫生、文化娱乐、医疗保健等综合服务和管理
*老年卫生医疗设施	医疗保健	集老年病医疗、科研、教学、预防于一体的市级综合医院，区级医院，集医疗、康复、护理、临终关怀于一体的护理院，等

注：表中带*的为市级或市、区级设施。

老年公寓，是专供老年人集中居住的公寓式老年住宅，既有老年人居家养老的特点，又能享受到社会提供的各种服务的老年住宅，属于机构养老的范畴。提供餐饮、清洁卫生、文化娱乐、医疗保健等服务，是综合管理的住宅类型。

敬老院，又称养老院，是专为接待自理老人或综合接待自理老人、介助老人、介护老人安度晚年，为老年人提供养老服务的非营利性机构。敬老院的收养对象主要是五保老人，有条件的敬老院还接收享受退休金待遇的自费老人。乡镇普遍设有敬老院；城市街道社区也有兴办敬老院的。

老年社会福利院，是享受国家一定数额的经济补助、接待老年人安度晚年而设置的社会养老服务机构，设有起居生活、文化娱乐、医疗保健等多项服务设施。福利院属于公办公益性质，属于国有资产，也可以公建民营。

表 3.7 中同一性质的设施各地名称可能有所不同。在上述老龄设施提供老年人服务的基础上，社区还可尽力提供老年送餐、入户家务料理、入户医务护理、心理咨询等服务。

4.7.2 社区老龄化设施现状问题

我国社区老龄化设施的需求量大、需求迫切，各地政府也鼓励社会资本参与设施建设和服务提供。从实际状况来看，目前社区层级的老龄设施普遍存在用地缺少保障、配建标准模糊、需求与供给失衡等问题。

（1）用地缺少保障。社区中很难有充足的养老设施用地用于新建老龄设施，主要依靠社区空间更新中的功能置换或废弃空间改造获得，例如一些社区会把人口出生高峰期后处于空置的托儿所、幼儿园拿来改建成社区服务中心或老年人活动中心。

（2）配建标准模糊。受社区现状用地和空间制约，社区公共服务设施的设置往往是因地制宜，很难强求符合规范和标准。包括一些基本生活用房、设施设备和活动场地等都应满足国家环境保护、消防安全、卫生防疫等方面的要求。

（3）需求与供给失衡。一些社区的老龄设施仅仅解决有无问题，而很难满足和具体针对老年居民的多样需求。还有一些乡村福利院床位闲置严重且服务水平不高。

4.8 社区行政管理与服务设施

社区行政管理与服务领域，以社区为依托，以社区成员为管理和服务对象，以社区事务中心与社区服务中心为主要设施，开展社区和谐、社区卫生、社区帮教、法律援助、社会福利服务、优抚对象保障、特殊群体照料、农民工子女服务等项目。

4.8.1 社区事务中心

社区事务中心为居民提供党群、政务、生活、法律、健康、文化和城市管理共七大类服务，破解"服务群众最后一公里"难题。具体功能空间构成包括社区管理办公、党群服务中心、社区警务室、便民服务站、邮政所等。

4.8.2 社区服务中心

社区服务中心一般是由市民政局作为指导单位，由街道办事处出面建设，由街道民政科负责运营。市政府各职能部门在街道办事处一般会设置与他们业务相关的机构，例如社区服务中心对应民政部门，社区绿化机构对应环保部门，社区治安机构对应公安部门。因此一些街道社区服务中心门口可能有若干分职能机构的牌子。

社区服务中心可以建立"一站式"服务大厅，有条件的地方可以整合利用资源，推进城市服务热线向农村延伸，为农村居民提供方便、快捷、优质的服务。社区服务设施辐射半径一般不超过 2—3km。

社区服务中心可以定位为功能层面的社区中心。社区服务中心的功能一般包括老年活动室、残疾人活动室、茶室、棋牌室、图书室、健康体检、唱歌、跳舞等内容，有些社区服务中心还有学琴和练琴的地方，有短时寄托服务，寄托小孩和老年人。社区服务中心应该以满足老年人养老服务需求、提升老年人生活质量为目标，向老年人提供生活照料、康复护理、医疗保健、紧急救援和社会参与等服务。例如社区老年助餐服务点可以为老年人提供很大的便利。社区服务中心服务项目的设置不是由政府定，而是应问需于民，可以每年在社区服务中心 2km² 以内的人群里去做社会调查。

专业社工服务领域包括以城市流动人口、农村留守人员、老年人、儿童青少年、残疾人、社区矫正人员、优抚对象和受灾群众等特殊群体为重点服务对象，针对需求提供的包括困难救助、矛盾调处、人文关怀、心理疏导等专业服务项目。

社区服务中心是社区服务设施的通常名称，在上海一般称作"上海市 ___ 街道社区服务中心"。上海浦东新区金杨新村街道（前身罗山街道）的社区服务中心，经居民讨论后叫作"罗山市民会馆"，并在居民中征集书法馆名题字。罗山市民会馆在建设、筹备的过程中，始终贯彻"居民主体性"理念，使罗山市民会馆在当地居民中获得了很高的认同。1996 年，坐落在浦东博山东路 40 弄的"罗山市民会馆"正式开放运营，委托社会组织上海基督教青年会（YMCA）运营社区公共服务设施，开创了政府购买公共服务的实践典范。[①] 二十几年的实践表明，基层社区服务设施走社会运营、去部门化、需求导向、综合利用的路是可行的。

4.8.3 乡村社区的行政管理与服务设施

乡村社区行政管理与服务的党群、政务、生活、法律、健康、文化和乡村管理共七大类服务功能在空间上是高度重叠的，通常与村委会结合在一起设置。

例如上海浦东新区建立的村居"家门口"服务体系平台——村居综合服务站，做到城乡社区统一服务。村居综合服务站，依托村居党建服务站，集社区事务村居代理室、志愿者服务站、红十字服务站、青年中心（少年之家）、妇女之家、居民活动室、外来人口管理办公室、城市运行综合管理工作站、社区民众安全防护应急站、消费者权益保护联络站、食品安全工作站等站点于一身，把党建资源、公共资源、服务资源、管理资源、自治共治资源等汇集在一处，叠加党群服务、政务服务、为民服务、城市管理等功能，成为一个综合服务平台。

① 政协上海市委员会文史资料委员会，中共上海市委党史研究室、上海市社区发展研究会 . 口述上海｜社区建设 [M]. 上海：上海教育出版社，2015：197–198.

　　同时，村居综合服务站也在重大任务、重大活动和重大项目中发挥作用，确保环境综合整治、住宅小区综合治理、城市运行综合治理、美丽乡村美丽家园建设等工作在村居层面落地，并建立长效机制，实施长效管理。

　　除了设施保障之外，还建立一系列制度保障，如为民负责制、首问负责制、指定负责制、兜底负责制，还有清单管理机制和培训指导机制，保障服务效果[①]。

　　乡村社区村级公共服务设施（表 3.8）以提供村民服务的设施类型为主，可结合原址改建、扩建或新建，包括村委会、医疗室、多功能活动室、公共服务中心、日间照料站、乡村礼堂等；有条件的可以规划建设村史馆、游客服务中心、社会福利设施和文化活动中心，满足村民需求。其他公共服务设施，例如村民需求的便利店、邮政快递服务点等设施可结合部分设施及村宅设置。设置集中的公共服务设施用地，服务于整个村庄，服务半径宜不超过 1000m。其他小型公共服务设施平均分布于整个村庄，为村民提供便利。

乡村社区村级公共服务设施配置一览表　　　　　　　　　　　　表 3.8

类别	项目	中心村	基层村	备注
社会管理	社会事务受理中心	●	○	在公共服务中心集中设置
	警务室	●	○	
	农业科技站	●	—	
	劳动保障服务站	●	—	
公共福利	敬老院、幸福院	●	○	
	日间照料站	●	○	
公共活动	公园绿地	●	○	可与户外体育运动场结合
	公共活动场所	○	○	
	乡村礼堂、礼事堂	○	○	可与村委会结合设置
公共卫生	卫生室	●	○	可进入公共服务中心
文化体育	文化活动室	●	●	可进入公共服务中心，兼具留守儿童之家、会议室等功能
	互联网信息服务站	●	○	
	图书阅览室、乡村书屋	●	○	
	户外体育运动场	●	●	兼对外停车、集会、文化活动等
教育设施	幼儿园	●	○	
	小学	○	○	

---

① 陈烁. 浦东将建居民"家门口"服务体系 [N]. 浦东时报，2017-5-12（5）.

续表

类别	项目	中心村	基层村	备注
商业服务设施	农贸市场	○	○	
	餐饮店	●	○	
	便民超市	●	●	可结合公共服务中心设置
	邮政所	○	—	
	游览接待设施	○	○	
生产服务设施	供销社	○	○	
	兽医站	○	○	
	农机站、场	○	○	
	晒场	○	○	可结合硬质活动场地、道路设置

注："●"表示必须配置，"○"表示可选择配置，"—"表示不须配置。
资料来源：参考《山东省村庄规划编制导则（试行）》（2019.9）"表2村庄公共服务设施配置一览表"整理

　　乡村社区公共服务设施配置可参照各地实际制定标准，表3.9为山东省农村新型社区公共服务设施配置一览表。当然，乡村社区除了公共服务设施建设以外，还要积极推动基本公共服务项目向农村社区延伸，探索建立公共服务事项全程委托代理机制，促进城乡基本公共服务均等化。

　　在乡村社区规划与建设中，要健全农村社区服务设施和服务体系，整合利用村级组织活动场所、文化室、卫生室、计划生育服务室、农民体育健身工程等现有场地、设施和资源，推进农村基层综合性公共服务设施建设，提升农村基层公共服务信息化水平，逐步构建县（市、区）、乡（镇）、村三级联动互补的基本公共服务网络。

农村新型社区公共服务设施配置一览表　　　　　　　　　　表3.9

类别	序号	项目名称	千人指标（m²/千人）		一般规模（m²）		配置规定
			建筑面积	用地面积	建筑面积	用地面积	
社区管理	1	公共服务中心	—	200	—	≥500	包括行政审批、社区警务、人口管理、计划生育、人民调解、劳动就业、社会保险、社会救助、农村信息技术服务、劳务招收机构等
	2	物业管理	15	—	50—100	—	包括房管、维修、绿化、环卫、安保、家政等

续表

类别	序号	项目名称	千人指标（m²/千人）		一般规模（m²）		配置规定
			建筑面积	用地面积	建筑面积	用地面积	
教育设施	3	幼儿园	100—150	100—150	6班 600—800	6班 ≥1500	详细配置内容参照《山东省幼儿园基本办园条件标准》执行
					9班 1200—1500	9班 ≥2000	
					12班 2000—2500	12班 ≥3000	
	4	小学	400—600	600—800	教学点 ≥1500	教学点 ≥3000	详细配置内容参照《山东省普通中小学基本办学条件标准》执行
					12班 ≥3000	12班 ≥6000	
文体设施	5	文化活动站	100	—	300—1000	—	可与公共服务中心结合设置
	6	文化活动场地	—	200	—	500—2000	包括青少年活动、老人活动、体育康乐等设施，与公共绿地集合建设
卫生设施	7	卫生室	20	—	80—200	—	宜结合公共服务中心建筑一体设置
	8	幸福院	≥150	≥400	≥400	≥1400	应满足日照要求，并配置独立活动场地
商业服务	9	农贸市场	50	—	—	200—500	批发销售粮油、副食、蔬菜、干鲜果品、小商品
	10	其他商业	350	—	—	1000—3500	可包括农资站、品牌连锁超市、邮政所、银行储蓄所、理发店、饭店等，规模与内容以市场调节为主
其他	11	农机大院	—	200	—	600—2000	农机大院也可作为粮食晾晒场地使用
	12	礼事堂	—	—	100	300	用于农村居民集中举办红白喜事的公共场所

资料来源：山东省自然资源厅 . 山东省村庄规划编制导则（试行）[Z]. 2019

4.9 社区公共服务设施的社会时空效应

社区作为一个生活共同体的特殊性，决定了社区公共服务设施不只是单一功能，社区公共服务设施的布局、形态，所提供的空间与场所，与社区行动者的空间实践（例如消费活动等）之间形成互动关系，并具有显著的社会时空效应。

4.9.1 社区设施提供的"弱联系"与"强联系"

在传统的社区交往模式中，邻里交往属于一种强联系，邻居之间低头不见抬头见，相互知根知底。而现代社区中，功能齐全、服务便捷的社区公共服务设施产生的社会效应之一是社区传统的"强联系"转向当下的"弱联系"，这种由弱联系（weak ties）[①]取代了强联系（strong ties）的演变在社区内邻里交往的特征中可以明显观察到。

现代城市社区中，居民不是与邻居之间，而是与社区服务设施之间形成了一种接近于弱联系的关系。社区服务设施有明确的空间范围，服务半径确定，主要顾客群稳定，店主或店员与顾客之间的日常互动，可能产生消费活动以外的松散社会关系。以作者个体的经验，大约在21世纪的前十年里，清晨在去"新亚大包"（上海的一家中式快餐连锁店）买早点的路上会遇到在附近"吉买盛"大卖场工作的收银员；"新亚大包"店里的收银员见到我时会说"最近好久没来了"；类似的还有同一街区里的书报亭、理发店等日常设施，摊主、店主很容易与居民建立起某种松散的、不那么密切的关系，感到面熟，或打照面时点头、微笑，甚或闲聊几句，是一种让双方觉得安定、亲切的感觉，甚至于其中某一方搬离该社区时，其他的人还会想起这位不知名的"熟人"。但是在21世纪的第2个十年里，社会经济生活变化很快，社区里的"新亚大包"门店歇业了（上海的"新亚大包"门店数量锐减），书报亭废弃了，与它们相关的这一类"弱联系"随之也断了。

社区各类公共服务设施与社区生活、消费行为与社区文化背后具有千丝万缕的联系。社区内的非正规经济形式，例如流动摊点，带来了丰富的社会结果。摊主们自由选择地点，吸引摊位聚焦，形成规模效益或良性竞争。一定程度上解决了农民或其他人口的就业问题，对于社区居民来说，可商议的价格、新鲜的菜品、安全开敞的空间环境可能都是大部分居民更喜欢的体验。

社区公共设施除了满足人们特定的功能需求之外，还增加了社会连接和社会联系。通过社区公共服务设施中的各种日常行为，居民之间可能形成较为密切而稳固的社会关系，社区公共服务设施与场所也因此成为地标式的日常生活的活动场所和信息交换地。例如社区图书馆有助于把不同的人聚集在一个安全的空间内，让他们有机会互相观察、交往和了解，并能够通过举办各种活动加强他们之间的合作，从而有助于将他们凝聚在一起。社区广场上的舞伴，可能会进一步组织参加集体旅游；社区中的茶室、咖啡馆、酒吧，虽然在不同的时代，介质、形态不同，但本质上并未发生变化，都是社区群体相识、交往、交换信息的场所，是产生"弱联系"的场所。

---

① Mark S. Granovetter. The Strength of Weak Ties[J]. American Journal of Sociology，1973，78（6）：1360–80.

"弱联系"的特点是互动次数少、感情较弱、亲密程度低、互惠交换少而窄。但是"弱联系"在社会结构中起着非常重要的作用，是不同社会集群之间传递信息的有效桥梁。对一些特殊群体，例如外来人口、失业本地人口、新中产阶级来说，是获取谋生和发展社会关系的有效途径。各种公共服务项目和服务设施可以为社区成员之间的交流提供更便利高效的通道，进而巩固社区的结合型资本，还可以促进社区成员与陌生人或其他机构之间的互动与合作，增强他们之间的桥接型资本（bridge capital）。在社会资本理论中，信息交换一直被视作创造社会资本的重要途径。

4.9.2 社区设施由"单一体"转向"功能簇"

在前面几节中虽然将社区公共服务设施分类论述，但现实中的突出趋势是社区公共设施的功能形态日趋复合。由于整体社会对时间与效率内涵的理解，生活节奏的加快，以及新的技术形态，事实上，社区各类功能形成了各种"功能簇"，例如商业服务—文化体育、商业服务—卫生保健、行政管理—服务、养老—医疗等，都以功能兼容、空间整合的形态出现。在一些社区里，社区健康服务中心、老年人日间照料中心毗邻设置，充分考虑到了老年人的健康状况和实际需求。

而新的服务需求、设施与空间类型又不断衍生出来，与各种"功能簇"一致，社区在服务空间、服务时间、服务形式上出现了各种混搭。但是服务目标是明确的，即方便社区使用者，带动社区发展；服务理念是清晰的，即更多关注弱势群体。流动人口在就业、社会保障、就医、定居、子女义务教育等方面的实际困难也逐渐被纳入城市社区。

社区公共设施功能的"混搭"与社区用地和空间的制约也有很大关系。成熟社区中很难有充足而恰当的场地来安排各项功能，因此公共服务设施不强调独立占地，而是注重用地性质兼容，功能用途混合安排，功能复合、分时使用都是适应性的选择，是不同使用者对于时间和空间的妥协，并在不同人群之间达成的谈判。在社区空间场地资源极其有限的情况下，有些街道社区服务中心将具体功能的牌子做成多用途可插换的，轮换使用，例如上海黄浦区瑞金二路街道社区服务中心门口有 23 个机构的牌子。图 3.8 是上海市中心黄浦区豫园街道社区下辖的侯家居民区的社区服务中心，共有 20 个机构的牌子，可谓功能高度集聚、时间空间的利用高度复合。

图 3.8　多功能的社区综合服务中心
（上海市黄浦区豫园街道社区）

4.9.3　社区设施促进安全社区

一些社区公共服务设施兼有保持社区秩序和保障社区安全的功能。尤其是一些夜间开放的公共场所、24小时便利店商店、非正规经济的街头食摊等，这些设施的店主和小业主本身就是社区秩序和安全的坚决支持者。反过来讲，一旦社区中的各个分工个体之间，在多样化的功能活动中，在多样化的场所空间中，在较均匀的时段中，能够形成充分的联系和接触，在不断接触中形成相互依赖的关系，在不断的交往中能够形成牢固的相互需要的团结关系，就不太可能出现社区（社会）的失范。

第5节　社区的基础设施

社区的基础设施是社区生活品质的基础保障，可以促进社区经济发展，扩大社区发展机会，并推动公平发展。社区的基础设施包括道路与交通设施、市政基础设施（给水排水、电力电信、宽带网络、燃气等）、安保设施，以及绿色基础设施。

5.1　社区道路与交通设施

社区道路与交通设施是城乡道路与交通设施网络的组成部分，由不同等级的城市道路、住宅区内部道路及交通设施组成，包括社区范围内的轨道交通站点、公交线路及站点、慢行道等。由于车行交通由城镇整体交通系统决定，在社区层面主要考虑慢行交通和停车设施。

5.1.1　社区慢行交通

社区慢行交通指的是社区内采用步行、自行车等慢速出行方式，社区慢行交通强调贯通性和舒适性两点。

贯通性，亦即提供连续、安全、无障碍的住区慢行系统，强调社区与城市的联系，保证人行出入的便捷以及紧急情况发生时的疏散要求。①相邻的住区人行出口的间距不大于200m，有助于形成和完善慢行网络，提供连续、便捷的步行环境，促进绿色低碳的生活方式。②慢行系统应将社区范围内及周边的城市公共服务设施、社区配套公共服务设施、公园绿地等公共空间、停车场所、各类建筑出入口和公共交通站点等各类目的地联系起来，方便居民日常使用，增加地区活力，减少日常长距离出行的需求。③慢行系统与城市公共交通系统应有良好衔接，社区步行出入口与公交站点步行距离不应大于1000m。

舒适性，体现在慢行道的宽度、断面设计，路面材料、色彩，以及遮阴、路边设施等方面。①为了提升慢行系统的环境品质，增强慢行空间舒适性，慢行系统应有绿化遮蔽，避免日光暴晒造成紫外线晒伤、中暑等健康问题。2019 年 LEED 颁布的《城市与社区：规划和设计标准》中规定，社区遮阴路段长度宜超过慢行系统道路总长度的 40%。行道树可选择速生落叶树种。②沿慢行系统布置的底层商业、服务业等公共功能的建筑，宜采用连续透明的外窗设计；夜间应提供室外灯光照明。③路面铺装宜选择适宜的透水材料，并采取防滑措施。④公交站点应有遮蔽及休息设施，公交站点处人行道有效通过宽度不宜小于 1.5m。

5.1.2　社区停车设施

社区停车包括机动车停车和非机动车停车。由于小汽车产业是我国重要的支柱产业之一，政府鼓励家用汽车工业的发展；各地政策是限制小汽车使用，但不限制拥有。小汽车进入家庭的实质就是小汽车进入道路网，占用停车场。相对于汽车快速的、大批量的增长需求，道路和停车设施供应受到土地供应的限制，无法保持与之匹配的增长速度，必然是供不应求。在大城市社区中，小汽车停车难是个普遍问题，社区空间更新中往往出现停车场蚕食空地与绿地的问题。一些社区正在尝试设置立体停车设施。此外，电动车的推广使用对社区的停车设施与场所提出了新的要求，即要考虑提供公共充电桩、公共充电站。

5.2　社区安保设施

安全的社区环境是居民安居乐业的基础和保障，包括社区治安、消防安全、地质灾害安全等，以及对与社区相关的事故灾难、公共卫生事件、社会安全事件的预防和处置能力。

社区治安可通过多种途径加强，作为软件的社区安保制度建设涉及建立社会治安综合治理网络，有条件的地方，可根据社区规模的调整，按照"一区（社区）一警"的模式调整民警责任区，设立社区警务室，健全社会治安防范体系，实行群防群治；组织开展经常性、群众性的法制教育和法律咨询、民事调解工作，加强对刑满释放、解除劳教人员的安置帮教工作和流动人口的管理，消除各种社会不稳定因素。

此外，作为硬件的社区安保设施包括与社会治安相关的门禁、闭路监控系统等，与自然灾害或人为技术灾害防备相关的应急避难场所、紧急疏散通道、人防设施等，与公共卫生事件相关的社区安全隔离场所等。

5.3 社区市政基础设施

社区市政基础设施是城市和农村市政基础设施的构成部分，包括给水排水、电力电信、通信网络、燃气、环卫、配电室、变电房、煤气调压站、雨水泵站等。社区市政基础设施主要面临两方面问题，一是由于长期使用而产生的设施老化，二是新的功能升级要求。因此，当前社区基础设施升级改造的重点任务是加强供水、污水、雨水、燃气、供热、通信等各类地下管网建设和改造。

5.3.1 环卫设施

目前国内许多城市正在推行垃圾分类收集，力求建立完善的生活垃圾分类和处理体系，实现分类投放、分类收集、分类运输、分类处理的全程分类体系，以提高城镇生活垃圾的无害化处置和资源化利用水平。目前部分城市社区已做到生活垃圾"定时定点投放、日产日清（运）"。农村社区尤其要改善环卫设施规划建设，分级建立污水、垃圾收集处理网络，健全日常管理维护，促进农村废弃物循环利用，重点解决污水乱排、垃圾乱扔、秸秆随意抛弃和焚烧等脏乱差问题。具体来说，①将规划范围内的村民生活垃圾进行集中分类收集处理，对于农作物秸秆、菜叶、畜禽粪便等，采用农田免耕技术、发酵堆肥、沼气净化等方式进行处理，还田还园；对于可回收废弃物，由废旧物资回收企业进行回收再利用；不可回收利用的垃圾，由垃圾处理厂进行填埋处理。垃圾收集点、垃圾收集站（箱房）实现垃圾分类化、容器化、密闭化和机械化。②将污水纳入污水管网。③乡村社区范围内设置独立占地的公共厕所，在公共设施用地内结合设置公共厕所，公厕服务等级力争达到三类公厕标准及以上。

5.3.2 能源设施

社区层面的能源结构加速转型和新能源利用具有广泛而深远的意义。新能源应用对于全球"气候保卫战"影响至关重要，所谓新能源，一般是指在新技术基础上加以开发利用的可再生能源，包括太阳能、生物质能、风能、地热能等，还有氢能、沼气、酒精、甲醇等。推动使用再生能源，减少燃烧化石燃料而排放到大气中的二氧化碳，从而达到碳中和，这是当今世界最为紧迫的使命。尤其是在乡村社区，可以充分利用农村地区的优势，鼓励使用新能源，如太阳能（太阳能热水器、太阳能路灯等）、生物质能（农作物秸秆、农作物加工过程中剩余的稻壳、畜牧业生产过程中的畜禽粪便等）等。

5.3.3　社区智慧基础设施与新基建

新型基础设施建设（简称"新基建"）与传统基建相比，内涵更加丰富，涵盖范围更广，与大多数社区直接相关的有新能源汽车充电桩，至于 5G 基站建设、城市轨道交通可能涉及部分社区。

智慧基础设施是物理基础设施和数字基础设施相结合的结果，以信息网络为基础，旨在提供改进的信息，以便使用者和供应者做出更好、更快和成本更低廉的决策。物理基础设施包括能源设施、水利设施、电力设施、通信设施等，电子基础设施包括传感器、物联网、BIM/GIS、大数据、机器学习等。例如智慧基础设施引入社区水电设施系统后，用水用电的物理设施里都嵌入了传感器和监测装置，可以直接通过智能化的设备去读取使用数据，而无需传统的物理表读取方式，也可以更好地了解运行状况。智慧基础设施可以依据大量传感器采集的信息，实时地监控、测量、分析，并依据检测结果进行反应。智能基础设施利用数据的反馈回路，为后续决策提供信息支持。因此智慧基础设施可能颠覆部分基础设施领域的管理模式和运营方式。

结合农村地区的实际需求，推进"智慧乡村"社区建设。智慧乡村由智慧村务管理、智慧农业、智慧农村交通、智慧农村能源、智慧农村家居等方面组成。

5.3.4　市政基础设施规划建设原则

社区市政基础设施需遵循以下原则：①节约土地资源，实现公共基础设施集约共建、资源共享，例如大型景观路灯、广告牌与移动通信基站等可以结合设置建设，并采取适当的措施，避免各种系统之间的干扰；②支持公用设备设施的智能化改造升级，加快实施智能电网、智能交通等工程建设。

5.4　社区绿色基础设施

社区绿色基础设施是社区的自然生态支撑系统，由水系、绿道、湿地、公园或游园或花园、树林和其他保护区域等组成的维护生态环境与提高社区生活质量的相互连接的绿色空间网络。社区绿色基础设施是城乡绿色基础设施的有机构成部分，起着稳定生态系统的作用。通过绿色基础设施框架的构建，可以保护社区生态环境，以实现社区生态、社会、经济的协调和可持续发展。

社区绿色基础设施规划建设的重点在于以生态绿地、林地等构建以社区主要道路、河道水系为主的生态廊道，种植以乡土树种为主，植物品种宜选用具有地方特色、多样性、经济性、易生长、生态习性好的品种（图 3.9）。在部分易遭受自然灾害的社区，探索基于自然的解决方案和绿色基础设施的潜力，可以减少洪涝灾害等对地方社区的影响。

图 3.9　乡村社区绿色基础设施
（上海市崇明区城桥镇利民村社区）

第 6 节　社区组织

社区组织是社区的社会要素。社区组织与我们的社区生活一样古老，因为无论人们一起生活在哪里，都需要某种组织。而当生活变得更加复杂时，便成立了一些正式组织来解决社区中碰到的问题以及为社区谋福利。

6.1　社区组织的概念和目标

现代社区组织兴起于英美，我国的社区组织则是在推行社区建设以后逐步成形。

6.1.1　英美的社区组织的定义

从历史上看，英国伊丽莎白女王时代的贫民法（救济穷人的法案）（Elizabethan poor law，An Act for the Relief of the Poor）是为有需要的人提供服务的最早努力之一。慈善组织社团是现代社区组织的先驱，于 1869 年在伦敦首次成立，以消除当时救济机构提供的歧视性施舍。在美国，第一个慈善组织社团于 1877 年在纽约州布法罗成立，后来扩展至美国其他城市。慈善组织运动是社区组织兴起的影响因素。

社区组织也被视作一个过程。在英国，社区组织很大程度上等同于社会工作；在美国则作为社区工作的三大分支之一，指的是联系和统筹不同的地区组织，共同为社区提供各种服务，满足社区多样化需求的一种组织活动。后来，扩展至包括一系列促进社区利益的其他工作。M.G. 罗斯（Ross）给出了社区组织被广泛接受的定义①，它表明"社区组织是一个过程，通过该过程，社区可以确定其需求或目标，建立信心并为这些需求或目标而努力，找到内部和 / 或外部的资源处理这些需求或目标时，应针对它们采取行动，并以此在社区中形成通力协作的态度和实践"。社区组织者会专业地发展社区，以发现问题并在解决问题的过程当中建立他们的信心，同时他们会使用社区资源和计划来实现社区福利。

6.1.2　我国社区组织的定义

社区组织与社会组织关联密切。广义的社会组织是指人们从事共同活动的所有群体形式，包括氏族、家庭、秘密团体、政府、军队和学校等。狭义的社会组织是为了实现特定的目标而有意识地组合起来的社会群体，如企业、政府、学校、医院、社会团体等。它只是指人类的组织形式中的一部分，是人们为了特定目的而组建的稳定的合作形式。社会学研究的社会组织主要指狭义的组织。按照我国民政部的定义，社会组织包括社会团体、基金会、社会服务机构等。

为了提升社会服务可及性、服务利用率、服务效果，社会组织的重要发展取向为"社区化"，遵循社区为本（based-on community）的方向，"嵌入"城乡社区而成为社区组织。换言之，社区组织是以社区为本的社会组织，社区化是其典型特质标志，以应对服务"在社区"（in community）的需求，实现服务就近、就便、直接、高效的供给。社区组织同样体现一般社会组织的民间性、非营利性、志愿性、服务性等特征。从"嵌入"的主客体关系视角来考察，社区组织是"嵌入主体"，"嵌入"于"社区场域"的客体之中；社区作为社区组织"嵌入"的客体，它不仅是一个地域概念，还可被视为各功能要素的集合，表现为一类"场域"形式。社区作为场域的集合，是社区组织孕育发展、扎根成长的土壤②。社区组织"嵌入"的特征表现为：作为一种社会组织，发展模式上"嵌入"于政府主导的服务系统中，形成一类"政治性嵌入"；作为一种社区公共服务设施，地理位置上"嵌入"于城乡社区内部，形成一类"地域性嵌入"。

社区组织除了社会组织之外，在乡村社区还包括生产组织、经营组织等，这些组织同样可能会演变为社区组织，或由社区组织采用。

---

① Murray G. Ross, B. W. Lappin. Community Organization: Theory, Principles, and Practice (Second Edition) [M]. New York: Harper and Row Publishers, 1967.

② 易艳阳. 社区组织"嵌入"发展的多维"场域"要素 [J]. 南京大学学报（哲学·人文科学·社会科学），2019，56（03）：71-79.

6.1.3 社区组织的目标

社区组织本质上关心通过批判性地分析社区的社会状况并发展与外界（资源）的关系来促进社区的发展，从而为社区带来社会变革。它有三个主要行动目标：①使社区成员民主参与决策、规划和积极参与影响其日常生活的服务的发展和运作；②组织成员个人实现归属社区的价值；③考虑一类人或一个群体的问题与困难，并满足他们作为一个人的需求，而不是基于一系列不相关的个人单独的需求和问题。社区组织会尝试开发各种服务或计划来满足指定区域中目标人群的需求。此过程也可能包括协调在该社区或地区提供服务的各个机构，以及产生新的计划和服务。

6.2 社区组织的构成和作用

社区组织是在行政机构（街道）之外创建社区的自治模式。按照我国《民政部关于在全国推进城市社区建设的意见》，城市社区组织和队伍建设主要包括三部分：①社区党组织；②社区居民自治组织；③社区工作者队伍。除此之外，还包括其他社会力量，例如社区内的机关、企事业单位，以及社区内外的志愿者等。

目前我国形成的社区整体工作模式是——党委和政府领导，民政部门牵头，有关部门配合，社区街道或社区居委会主办，社会力量支持，群众广泛参与，共同推进社区建设。本书将社区组织分成三类：①以社区为目标的各类社会组织（for the community），包括非政府组织与志愿组织。例如 1982 年英国图书馆协会成立的"社区服务小组"（Community Services Group），其宗旨就是"为那些传统图书馆服务无法触及的社区提供图书馆和信息服务……对图书馆员灌输新理念，为他们提供新技术和培训"[①]。②社区中产生的组织（by the community），例如社区居民自治组织，包括居委会。③分布在社区内的组织（in the community），包括社区内的机关、团体、部队、企业事业组织等。

6.2.1 社区各类组织

社区的各类组织包括下列四类：政治组织和团体、分布在社区内的组织（驻区单位组织）、非政府组织（NGO）与非营利组织（NPO）、志愿组织等。

（1）政治组织和团体

政治组织和团体是由政党和政府主导的，例如我国的党委/党支部、工会、共青团、妇联、残联以及老龄委等。这些组织和团体在推进社区建设中可以发挥重要

---

① 周文博，于良芝 .LIS 的社区实践及其理论遗产——从社区图书馆到社群信息学的理论视角回顾 [J]. 中国图书馆学报，2020（5）：22-35.

作用。社区党组织是社区组织的领导核心，在街道党组织的领导下开展工作，团结、组织党支部成员和居民群众完成本社区所担负的各项任务；支持和保证社区居民委员会依法自治。在政府主导型的社会治理阶段，政府在（社区）社会组织发展过程中处于关键地位，是推动（社区）社会组织发展的重要主体。

（2）分布在社区内的组织（驻区单位组织）

社区内的组织如机关、企事业单位、社会组织等也是社区的组成元素。共同的地域使得其与社区之间天然存在着很多共同利益，例如良好的社区治安、整洁的社区环境等，这意味着这些机构、组织一方面分享了社区治理的成果，一方面也有参与、帮助社区自治的责任。应充分实现社区内的机关、企事业单位、社会组织等对所在社区的深层次嵌入和回归[①]。例如商务写字楼大厦内企业在参与社区活动、提供资源支持等方面，可以发挥作用，增强企业的社会责任感。

（3）非政府组织（NGO）与非营利组织（NPO）

20 世纪 80 年代以来，非政府组织（NGO）与非营利组织（NPO）越来越多地成为在公共管理领域包括在社区事务中发挥日益重要作用的新兴组织形式。非政府组织（NGO）对应于民间组织，是现代社会结构分化的产物，是一个社会政治制度与其他非政治制度不断趋向分离过程中所衍生的社会自组织系统的重要组成部分。我国非政府组织包括事业单位、社区管理型组织、社会团体、民办非企业单位四类。

其中，社区管理型组织是随着我国改革的深化和政府职能的转变而发展起来的一种非政府组织。社区管理型组织坚持社区服务社会化的原则，在职能上承担了政府转移出来的部分职能；在性质上具有明显的社会性、福利性和保障性的特征。社区管理型组织可以为社区提供各类专业的服务。例如上海社区服务的两个品牌，"上海华爱社区服务管理中心"承接运营几十家社区服务设施，"上海乐群社工服务社"为社区提供专业的社工服务与社工培训。

深圳市民政局 2016 年曾调研走访了全市 28 个社区，这些社区中总共只有 64 家社区社会组织，其中公益慈善类、便民利民和服务类、环境保护类等社区社会组织数量较少[②]。

在社区的社会服务机构是提供服务以造福社区的非营利组织（NPO），例如基金会（慈善基金会）。社会服务机构通常是由社团、担保或信托有限责任公司成立的，三者在法律结构上存在区别。慈善组织是专门为慈善目的而成立的非营利组织，并为实现这些目的而开展的活动使公众受益。公共性质的机构（Institutions of a Public Character, IPC）是获豁免缴税或注册的慈善机构，能够为合格的捐赠者开具可抵税的收据。

---

① 杨燕 . 探索加强基层建设的新途径 [J]. 上海民进，2014（4）：13–15.

② 王若琳 . 街道社区职能定位不清权责模糊 [N]. 深圳特区报，2016-04-26（A05）.

（4）志愿组织

志愿组织，是指无论其成员是有薪还是无薪的、都是由其自身成员发起和管理、不受外部控制的组织（Sundagram，I.S.，1986）。志愿组织是在自己喜欢的任何给定领域中为社区的福利而工作的机构。志愿组织可以只是独立的个人，即只有一个人，也可以是组织和机构的联盟，可能具有更正式的亚文化。基本上，志愿组织是一群经过专业培训，对社会敏感和有奉献精神的人，争取社会公益，存在着共同的价值观，他们与社区人们打交道并与他们互动。例如在 2010 年上海世博会后，上海全市启动了在街道和镇的层面建立社区志愿服务中心。志愿组织在其工作方式上具有特殊的素质，例如创新、操作的灵活性以及对不断变化的需求的敏感性和工作人员高度的积极性。一个志愿组织旨在帮助人们自助，通过调动自己的资源，挖掘他们的潜力，发现问题，找到解决方案以实现目标。

志愿者自身的动机，主要是寻求实现自我价值的机会。对于中华人民共和国成立初期上海中产阶层家庭妇女参与居委会基层工作情况的研究表明，这些妇女经济上有家庭保障，对于在街道里弄做义务工作没有怨言。她们从事无报酬的劳动，一方面与她们所在的中产阶级家庭的理念并不矛盾，另外还获得了消息来源通道，客观上为她们的家庭增加了一道虽不坚实但亦可能发挥作用的政治屏障，因此家庭至少不太干涉和反对。当时的志愿者参与居委会工作的出发点还是有区别的，基层民众与政府的合作，更多地需要政府给予经济方面的现实回报，而高级里弄居民与政府的合作，则更多期待政治方面的回报[①]。

6.2.2　居委会

1949 年后，为了解决城市基层管理的问题，应运而生的居委会不仅成了居民福利组织，同时也是非单位人群的政治生活组织，为国家与社会在里弄空间找到了结合点[①]。通过居委会，我国城市实现了对基层社会秩序的建构、对基层社会的掌控，同时为其他各项社会改革、改造运动提供了坚实的基础。

当前居民委员会的根本性质是党领导下的社区居民实行"自我管理、自我教育、自我服务、自我监督"（简称"四自"）的群众性自治组织。社区居民委员会的成员经民主选举产生，负责社区日常事务的管理。例如上海，从 2000 年开始在居委会换届选举中逐步推进直接选举。

但是在实践中也存在不少问题。首先，居委会长期被纳入政府行政体制内作为准行政组织，被附加了行政和服务职能，成为街道办事处的"执行机构"。居委会的"四自"体制基本失去了"四自"的功能，失去了社区自治职能，自治职能出现空心化

---

① 阮清华. 在城市中找朋友 [J]. 读书，2016（3）：174–175.

和边缘化的趋势。其次，一些居委会的换届选举基本是按街道的意志进行的。从候选人的产生到实际的选举，居民的参与非常有限，导致基层"四自"中来自居民的主体意识和最宝贵、最原始的参与动力缺失。再者，社区成员对待居委会有不同的态度，既有认真对待、积极参与的，也有对居委会的日常活动不屑一顾、敷衍应对的。

2016年3月的《深圳市社区治理体系建设调研报告》显示，深圳市居民的社区居委会参选率不高，如某届居委会选举，在符合选民条件的200多万户籍居民中，自愿登记的选民只有50万人，占社区总人数的1/4；在参与调查的居民中，有65.9%的居民表示没有参加过居委会选举[①]。

6.2.3 社区组织的作用和意义

社区组织可分为正式组织和非正式组织两大种类。正式组织包括社区内的机关、团体、部队、企事业单位，例如学校、医院、生产部门、商业服务部门、党政机关等。非正式组织是指以情感、兴趣、爱好和需要为基础，以满足个体的不同需要为纽带，没有正式文件规定的、自发形成的一种开放式的社会组织，包括家庭、邻里、未在社会部门注册登记过的团体等。无论是正式组织还是非正式组织，一旦形成，都会产生各种行为规范，以制约组织中的成员。

社区组织的发展具有重要的意义和作用，整体上社区组织起着中介作用，具体在三个层面上体现：

（1）正式组织帮助社区参与社会的整合作用，主要涉及社区与政府和其他利益群体之间的连接关系。

社区是城乡空间与社会的基本构成单位，社区组织可以帮助国家、城市、社会建立稳定的社会控制、社会调节职能，从而使就业、社会保障、收入分配、教育、医疗、住房、安全生产等方面的职能摆脱无组织状态。社区组织起到的是中介作用。以下对于解放初期上海城市社会各种组织、各部门、各条线的作用描述颇为生动：

> 形形色色的或固定或临时的组织网络一层复一层地建立起来。这些组织网络都是从上到下，从市到区到街道再到里弄进行纵向编织，然后从各单位、各界别、各系统进行横向编织。每张网都有特定的任务和目标，但又都以不同理由覆盖全上海每一个角落。通过这样的纵横交错的编织，基本上可以把绝大部分人口网罗进这张网中，然后再通过这张网进行相应动员和发动工作，同时也可以通过这张网来筛选和淘汰那些被认为有问题之人，像农妇筛米一样将米糠、灰尘以及碎米筛掉。
>
> ——阮清华. 在城市中找朋友 [J]. 读书，2016（3）：172.

---

① 王若琳. 街道社区职能定位不清权责模糊 [N]. 深圳特区报，2016-04-26（A05）.

直至 20 世纪 80 年代初期改革开放，我国城市基层社会的整合和控制主要通过单位制度实现，对更大农村的控制则通过政治化、集体性组织公社及下属机构大队来实现，相应地，公共事务和公共问题的发生概率也保持在低水平。2000 年社区在全国推进建设后，社区组织也开始逐步形成。社区组织在组织内部以及组织与社区之间必须建立起积极有效的沟通渠道，寻求支持和加强其在合作工作中聚集的团体。整体而言，社区组织是具有现代社会意义的建构国家与个人关系的中间群体，可以发挥处理现代个人与民族国家之间各种连带关系的中介整合作用。通过建立完善的社区组织把社区个体整合于社区与社会架构之中，并逐渐形成相互制衡的社区与社会结构体系。

（2）非正式组织帮助社区包容个体的保护作用，主要涉及社区的个体与群体、个体与个体之间的关系。

现代社会的利益冲突和社会矛盾不断涌现，并越来越复杂，这种复杂性在一些社区中也会突出地体现出来，例如社区的异质性日益鲜明，个体的自主意志增强。但是个体的自由与利益边界又是相互依赖、相互决定的。以社区为基础的非正式组织（例如社区志愿者服务中心）是一种中介结构，可以作为社区日常运行的缓冲器，起到调和矛盾的作用，达到"求大同、存小异"或是"和而不同"的境界。社区中非正式组织建立起来的联结关系，既可以建立在共有的情感体验、共有道德情操和共同理想信念之上，也可以建立在因为生活需求、功能依赖而形成的相互依存关系之上，也就是达到第 1 章中讨论的涂尔干的"有机团结"状态。社区内的民间非正式组织在社区中的主导地位同时也成为保障个人权利的手段。

（3）正式或非正式的社区组织帮助社区维护整体社会利益的促进作用，主要涉及社区与公众利益（例如生态环境）之间的联结关系。

社区是一个与"职场"相对的地方，居民不应该因身份（社会地位、家庭状况、种族状况）平凡而被社区忽视，这使得社区也成为一个使个人得以在其中发挥潜力的框架。社区中个体的自主性、能动性、个人意识可以被完全地释放出来，在此基础上，通过形成非正式组织（例如志愿者组织、社区居民自治组织），或加入社区中介组织（包括专业机构），可以起到非常重要的促进社区参与的作用。对于现代社会原子化进行矫正的途径就是各种各样的志愿者组织中个人的积极活动，志愿者组织提供了社区新成员见面和建立关系的机会，扩大社区整合和社会整合，发展社区居民参与的技巧，促进社会支持。参与的人趋向于更多地参与，并且具有更多的社会和政治参与机会。志愿者组织层面的参与，增加了参与的层次，帮助社区居民积累参与经验，有助于实现更高层面的公众参与，在基于社区的生态环境保护、社会治安等关系到包括本社区在内的公众切身利益的领域可以有更好的作为。

延伸阅读3.2　社区基金会的培育与运作模式的个案

最早的社区基金会于1914年成立于美国俄亥俄州的克利夫兰，主要监管该地区非宗教性的公益活动，并从事必要的集资，强调专业性和企业化管理。根据社区需求把钱用在需要的地方。社区内部的成员也可以根据需要，加入到这个社区基金会中来，建立属于自己的基金，由社区基金会进行统一管理。社区基金会由一个地区的居民为解决本地区的问题而成立，与私人独立基金会同样是非营利公益组织。

目前中国社区面临的问题是社会治理里面的关键问题。社区基金会是社区治理里面一个很好的切入点，可以起到一个社区资源平台和支持性平台的功能，在一定程度上它也是社区私立基金会的培训基地和孵化器。社区基金会在解决社区问题上可以扮演举足轻重的角色。

目前两种模式：深圳桃源居模式——开发商出资，社区居民、政府共建的社区公益基金会模式；上海洋泾公益基金会——街道出资，公益支持机构指导，政府支持，居民参与，社会化运转的模式。

深圳桃源居模式——全国首家社区非公募基金会

深圳桃源居坐落于深圳宝安区，占地面积1.16km^2，建筑面积180万m^2，现已入住5万余人。20多年前，顺利开发了房地产项目，但当时地处偏僻，配套设施都没有跟上，入住居民碰到大量问题。开发商没有建完房子即撤走，借鉴西方经验，结合具体情况，在各级政府尤其是民政部门的领导下，主动承担起社区建设探索的使命和跟业主共命运的责任。以社区居民需求为导向，逐渐建立了10个社区公益组织及民非社团为社区居民服务，构建起以公建设施为基础、以服务为载体、以文化为支撑、以教育为特色、以环境为依托的社区公益事业发展体系。

2008年，全国首家以培育社区组织和社区资本为使命的全国性非公募基金会——桃源居公益事业发展基金会成立，促进社区更快地积累公益资产，培育社区公益组织参与社区建设。积累一些社区资本后，形成由社区基金会管资本、公益中心管社区资产、社团与民间非政府组织（NGO）提供社区服务、服务与福利循环的公益生态服务链。

社区基金会是一个资源来源本土化，通过本土化的途径，去解决本土化的社会问题的基金会。而非空降式地解决社区中的问题。桃源居是自下而上发起的，政府、社会组织、市场三位一体的治理模式。

社区基金会归根结底是社区服务的一种，最本质的还是要发动居民参与，在理事会的治理结构中得到体现，把在社区中有号召力和影响力的居民纳入其中。在这个过程中，政府发挥引导作用，而不是去支配机构。政府职能转变，可以通过购买服务来处理和提供大量的公共服务，把社会组织放在第一线，有利于消弭大量的社会矛盾和冲突。

上海洋泾公益基金会——全国首家社区公募型基金会

上海洋泾社区公益基金会成立于2013年8月9日，是全国首家社区公募型基金会，亦是《中华人民共和国慈善法》后上海最先被认定为具有公开募捐资格的慈善组织之一。作为上海探索社区治理改革创新的全新尝试，本着立足社区、服务社区的理念，聚焦社区发展，力求动员社区内外部爱心资源，培植社区公益力量，以满足社区多元发展需求的同时，推动社区公益生态的可持续发展。基金会以"社区因你而美丽"为口号，努力营造互爱互助、和谐共融的幸福家园，先后获得多项殊荣，是上海民政培育发展社区基金会的对外展示窗口，基金会执行团队获得了"2015—2016年度上海市三八红旗集体"称号，2018年6月通过规范化评估获评了4A等级社会组织，2015年以来中国基金会中心网上透明度指数一直保持满分。

洋泾街道是一个典型的居住型社区，7.38km^{2}的行政区域内，拥有常住人口16.3万，38个居委会、117个居民小区，社区老龄化程度较高，60岁以上老人占街道总人口的24.5%，并且比例还在不断增高。另外，街道历史人文厚重，辖区内拥有教育资源比较丰富，儿童、青少年服务需求占比很高。五年来，基金会坚持多元治理结构、多重资金渠道、多样公益项目"三多"原则，着力耕耘洋泾社区，现已经成为一家具有洋泾地域特色、具有优质公益品牌、具有较高公信力和影响力的社区枢纽型、资助型社会组织。

建章立制，多元治理。基金会9名理事来自公益界、法律界、企业界及居民区，均为体制外公益爱心人士，通过定期召开理事会，建立专业委员会、项目顾问机制，完善理事会内部治理有效运作，较好地发挥了理事会的领导决策和资源引流作用。

内外动员，多元筹资。社区基金会作为社区的"公益蓄水池"，逐渐摸索出一套"1+3"筹资机制（"1"是非定向的公众捐赠，"3"是项目筹资、专项基金、在线众筹）。一是充分挖掘内生资源。作为上海市唯一一家具有公募资质的社区基金会，通过公益市集、项目菜单等形式向机关、企事业单位、居民募集资金。洋泾街道携手基金会推出的洋泾慈善公益联合捐，每年的募资总额已累计达到216万余元。二是拓展与外部资本的合作。洋泾基金会通过先发优势、品牌项目的影响力，吸引外部资金的注入。五年多来，先后获得深圳桃源居社区基金会捐赠

20万元，成立洋泾社会组织能力建设专项基金；中国扶贫基金会和民生银行发起的 ME 十大创新项目，三年累计资助"少年志"项目 50 万元。三是积极探索线上众筹。社区基金会连续两年和点赞网合作，共同发起"点赞洋泾社区微公益"计划。其中，"泾水舞动——首届洋泾广场舞公益展示众筹"项目，一个月吸引了 17000 多人在线点赞支持，为 12 支队伍筹集到 2 万多元公益资助。

呼应需求，打造品牌基金会以满足社区需求为己任，目前每年运作的实操和资助两类公益项目，已经达到 31 个，形成了社区"小小志愿军"系列、"少年志"等公益品牌项目。"社区少儿阅读推广"项目，基金会作为第三方协助政府完善社区服务，通过自身资源平台的链接，帮助新落成的社区图书馆少儿馆设计了专业管理及项目购买模式，在一年内，与街道社会组织服务中心合作，成功孵化一家由全职妈妈发起的专做少儿阅读推广的民非机构，并引入了企业基金会的资源支持，弥补了洋泾街道儿童服务社会组织的空白。

"传家宝——关注中国阿尔茨海默病"专项基金项目，通过调研沟通，2015年底由万欣和（上海）企业服务有限公司捐赠 14 万元，与基金会共同发起了街道、企业、基金会三方联手共同营造"失智友好社区"，之后更获得了上海联劝公益基金会的支持，开发了鼓励青少年关爱长辈记忆健康的《生命之书》，已经累计发放 1000 册。

创新社区参与式资助，培养了社区公益的专业化。社区基金会成立前，街道对社区的善款主要用于扶贫救困的普惠式慈善服务，资金来源和运作模式都较为单一，基金会成立之后将更加广义、创新的公益理念带入社区。

2015 年，基金会正式推出"一日捐——洋泾社区微公益创投"资助平台，以"培育项目、培育组织、培育捐赠人"为目标，探索大众评审也就是居民捐款人评审制度，让老百姓与专家评审共同审议决定资助项目，培养居民的社区参与意识和能力，倡导正确的公益认知，一方面体现"取之于社区，用之于社区"的公平、公正、公开；另一方面也是希望通过培养居民对资助项目的认同度，形成捐赠的良性循环。三年多来，共资助 26 个项目，其中 6 个项目获得持续资助，资助金额共计 216 万余元，累计服务 89415 人次。更可喜的是，通过"一日捐"平台，很好地激活了在地社会组织的自身发展，推进了社区社会组织和公益项目的专业提升。

摘编自：周旭峰．社区基金会，中国公益的下一个趋势？[J]至爱，2017（6）：6-8；杨静．上海洋泾社区公益基金会引导社会力量参与社区治理[J]．中国社会组织，2018（21）：17-18。

6.3 乡村社区组织

乡村社区存在各类组织，包括自然组织（家族）、行政组织、社会组织、经济组织、群团组织等。自然组织是乡村原有的群体组织。行政组织是政府设置的机构，以执行行政制度。社会组织大多受政府领导，例如中华人民共和国成立之前乡村中的乡学乡约等组织的领导人即使不是官方指派，也需要获得官方的认可，甚至宗族组织内也设立了"族正"之类正式的官方领导职位[①]。在当前我国乡村，社区基层党组织起着核心作用，自治组织起着基础作用。

相对于城市社区来说，乡村经济组织、群团组织等各类组织及其成员的积极性、主动性和创造性所发挥的作用和产生的影响更为突出。其中，乡村经济组织包括乡村集体经济组织、乡村社区合作经济组织、农村合作金融组织等。

6.3.1 乡村集体经济组织

我国的乡村集体经济组织产生于 20 世纪 50 年代初的农业合作化运动，承担集体经济经营管理事务的职能。乡村集体经济组织以集体所有制为基础，以乡村土地作为主要生产资料，以成员为创造主体和价值主体，担负着组织农民和发展农民的重任，在历史演进过程中，不单单具有经济功能，还具有政治和社会治理的功能。

乡村集体经济组织不同于一般意义上的农民合作经济组织或其他乡村专业合作组织，其经营收入首要用来保障村级机构组织运转，为社区提供公共服务等。乡村集体经济可以把分散的农户的力量组织起来办大事，例如从 20 世纪 50 年代到 80 年代末的农田水利灌溉设施的建设和维护，主要是由农村集体经济组织牵头，动员和组织各家各户参与具体实践。家庭联产承包责任制推行以后，家庭经营不断强化，集体经营却日渐式微。农村土地实际上已经出现所有权虚置的情况，农村集体经济组织缺乏对土地完整的处分权能，农村集体经济组织功能弱化，农村集体经济组织的动员能力显著下降，削弱了农村建设的集体化机制，村庄共同体渐趋消解[②]。对于乡村集体经济的"统"怎么适应市场经济、规模经济，在大部分乡村社区都没有得到很好的解决，只有极少的成功案例，例如江苏无锡江阴市华士镇华西村，遵循"宜统则统，宜分则分"的原则，开辟了适合华西村的集体经济道路。

农业农村的发展需要加强集体化机制的建设，以集体经济为基础把原子化的农

---

① 何江穗，方慧容.萧公权《中国乡村》刍议 [J].读书，2017（09）：110–119.

② 张晖.乡村治理视阈下的农村集体经济组织建设 [J].广西社会科学，2020（11）：68–70.

民组织起来，解决现实背景下单个农户自己做不了又必须做的大事。乡村集体经济组织对集体土地的分配使用拥有决定权和经营管理权。村组集体经济组织依法预留的机动地，由集体统一经营管理，按照法定程序由村民会议审议同意后，可依法承包给农户。未经法定程序审议，农户私自抢种的集体机动地、开垦占用的集体土地，农民私自开垦占用的集体田间道路、沟渠等土地，属农村集体经济组织统一管理使用的建设用地，不能确定为农户家庭承包地进行确权登记颁证。对其承包经营权依法不予土地确权登记颁证，由集体收回统一经营管理。

6.3.2　乡村社区（专业）合作经济组织

乡村社区合作经济组织是现阶段农村合作经济的基本形式，它是在一定的地域范围内，以经营土地为基础，实行集体统一经营与农户分散的双层经营的合作经济组织。具有地域上的社区性、经营上的双层性、功能上的多样性的特征。这种合作组织是20世纪80年代初期，改革人民公社体制、实行家庭联产承包责任制和政社分开而发展起来的，是我国农业合作化的继承和发展，标志着农村合作经济进入了一个新的发展阶段。

乡村社区合作生产组织[①]是新时期农业生产的一种新型组织形式和经营方式。通过改革村庄生产组织和经营方式，来解放和发展乡村社区生产力，将社区资源进行优化重组，提高经济效益，为改善村庄的社会结构和社会形态提供支撑。例如在一些乡村社区，村民以现金、土地、贷款等方式入股专业合作组织，或者发展蔬菜大棚、水果业，或者投资小水电等，通过激活土地资源及其他可利用资源，探索股份合作，集体走上增收致富道路。

乡村社区合作生产/经营组织的生产组织关系大致可以分为以下四种类型：①合作社—农户模式，通过政府等公共力量组织起村民进行生产；②农企公司—农户模式，允许土地流转，依靠外部资本和技术进行合作开发；③种植/养殖大户—农户模式，通过鼓励村民强弱结对帮扶进行生产；④"外部组织—政府—农户/村民—乡村社区集体"的多元参与开发模式，适用于一些拥有旅游资源或其他特殊资源的乡村社区。

理论上，社区合作组织应该具有如下功能：一是服务功能；二是协调功能；三是管理功能，四是组织功能；五是监督功能。功能上的多样性决定了社区合作组织行为目标的多重性，即社区合作组织的行为目标包括社会目标、经济目标和自身的组织目标。[②]

---

① 王平、刘立彬. 农村合作制理论与实践教程 [M]. 北京：中国环境科学出版社，2010.
② 第3章农村社区合作组织 [EB/OL].（2020-08-15）[2020-08-30].https：//wenku.baidu.com/view/451848500266f5335a810 2d276a20029bc64636e.html.

6.3.3　乡村经营型服务组织

乡村经营型服务组织包括在农村社区开展经营服务的企业和供销合作社等。其经营服务内容包括农村社区商业和物流服务、养老服务等，其经营服务形式包括开展连锁经营、采取购买服务等方式。

6.3.4　乡村公益服务组织

乡村公益服务组织包括农村社区自身成立的社会组织或到农村社区开展服务的专业化社会服务组织，通过购买服务、直接资助、以奖代补、公益创投等方式，社区社会组织可以积极参与乡村社区公共事务和公益事业。

第7节　社区的资产、资源与资本

社区要素如何成为资源？资源如何成为资本？资本如何创造资产？对于社区规划来说，资源则是相对更加关注的对象，自然资源是空间规划的直接对象；资本是社区发展的基础，包括经济资本、人力资本及文化资本，是社区规划与实施的保障；资产是社区发展的成果积累，也是社区福祉的利益源泉。

7.1　社区资产、资源与资本的基本概念与内涵

社区的资产、资源、资本是现代社会必不可少的生产或再生产的基本要素，也是在许多应用场合中容易混淆的概念，三者之间既相关联又有区别，在概念的角度、范围、内涵或外延上都有所不同。

7.1.1　社区资产

资产是会计最基本的要素之一，与负债、所有者权益共同构成现行的会计等式。社区资产（community asset），指的是社区由于过去的交易或事项而获得或控制的可预期的未来经济利益，包括各种财产、债券和其他权利。社区资产是可以计量的，具有时点性，即社区资产价值可能随着时间和行情产生减值或升值，具有市场价值属性。社区的整体资产价值、资产价值变动对所有者权益不产生影响。

社区资产可分为个人资产、社区组织资产、社区团体和部门资产以及自然和物质资产，从微观到宏观，从个人到社区，都可囊括进来。举个例子，最早兴起公共图书馆事业的英国和美国都将公共图书馆视为社区资产。社区对图书馆的利用情况，某种程度上可以理解成对社区资产的利用情况，在对公共图书馆这一社区资产的利用中，又有可能增加社区的资本，例如人力资本。

社区中不乏丰富的资产，从个人的才能、各类社区组织到社区中的公共资源，都是可利用的资产。但是具体到特定社区，资产状况和资产动员的状况则大不相同。

乡村社区资产，包括村集体所有的房屋、土地（包含尚未开发的村留地、尚未征收的集体土地等）、设施设备、存款、债权以及自然资源等（表3.10）。

社区资产类型与组成 表3.10

类型	组成
城市社区资产	个人资产、社区组织资产、社区团体和部门资产以及自然资源和物质资产
乡村社区资产	村集体所有的房屋、土地（包含尚未开发的村留地、尚未征收的集体土地等）、设施设备、存款、债权以及自然资源等

在美国纽约，社区资产包括的主要设施类型有公立学校、公立图书馆、医院和诊所、公园等，这些设施类型衍生自城市规划中的设施数据。

7.1.2 社区资源

社区资源（community resource），指的是社区拥有的物力、财力、人力等物资要素的总称，分为自然资源和社会资源两大类。自然资源包括阳光、空气、水、土地、森林、草原、动物、矿藏等，也就是我国自然资源部纳入统一管理对象的"山、水、林、田、湖、草"等全民所有自然资源资产。虽然山水林田湖草是一个生命共同体，但它们又具体存在于不同的城乡社区地域内。

关于社区社会资源的分类方法较多。对照社区的构成要素，社区社会资源包括人力资源、经济资源、组织资源、文化资源等。有些更仔细的分类法，例如从人力资源中细分出智力资源，从经济资源中细分出财力资源、设备资源、信息资源等，从组织资源中可细分出卫生、养老、健身、文化、教育等多样化公共资源。社区资源根据其归属，可分为正式资源和非正式资源。正式资源一般包括政府财政资源或者经过合法登记注册的非政府组织的资源，其特点是需要通过正式的申请程序才能够获得和使用。社区内的医院、学校、企业等都是社区的正式资源。社区资源的分类方法取决于社区规划、社区治理、社区工作等不同任务需要。社区建立资源库，并理清资源库的类别，可以提高社区资源的有效利用。

相较于城市社区来说，乡村社区资源中自然资源占有较大的比重，是乡村社区的优势资源。根据《中华人民共和国宪法（2018修正）》[①]第九条规定，"矿藏、水流、森林、山岭、草原、荒地、滩涂等自然资源，都属于国家所有，即全民所有；由法律

---

① 现行有效法律，由全国人民代表大会于2018年03月11日发布实施。

规定属于集体所有的森林和山岭、草原、荒地、滩涂除外。"第十条规定，"城市的土地属于国家所有。农村和城市郊区的土地，除由法律规定属于国家所有的以外，属于集体所有；宅基地和自留地、自留山，也属于集体所有。国家为了公共利益的需要，可以依照法律规定对土地实行征收或者征用并给予补偿。任何组织或者个人不得侵占、买卖或者以其他形式非法转让土地。"宪法上述两条规定中的"集体"，可以理解为乡村社区集体。

社区资源也被延伸扩展至精神方面，例如政治思想资源、制度资源。又如法国著名的学者与政府官员阿兰·佩雷菲特（Alain Peyrefitte）坚持将信心与信任这样的非物质因素作为经济增长中的资源要素，他认为发展的重要资源就是社会成员对彼此的信心，以及所有人对他们所将共享的未来的信任。[①]

从广义上说，所有一切自然形成的或人类社会创造的可供利用的生产生活要素，都可以成为社区资源，如自然资源、人力资源等。只是在不同的时代或者场景，有不尽相同的具体含义。

7.1.3 社区资本

资本是政治经济学或经济学的基本概念，简单地说是用于投资以获取利润的本金或财产，它是投资者对企业的投入，出现在资产负债表的右侧，分为债务资本与权益资本。简单地说，资本是固有资产及资源转化为资产的总称。马克思主义经济学中的"资本"概念，于 1980 年由法国社会学家皮埃尔·布迪厄（Pierre Bourdieu）扩展成为内涵更丰富的一组社会学概念，包括经济资本、文化资本、社会资本和复合资本四种类型。

社区资本（community capital）是社区为谋取社区福祉的投入，可相应地包括社会资本、经济资本、文化资本和复合资本。社区资本中讨论得最多的是社区的社会资本，或者说，对于社会资本的理解和定义更适合立足于社区。20 世纪 90 年代以后，罗伯特·帕特南（Robert Putnam）将社会资本定义为"社会组织（社区）内部能够通过促进成员之间协调的行动来提高社会效率的特征，比如信任、责任、规范和关系网络等。"[②]为了描述不同类型的关系和社会网络，帕特南将社会资本划分为结合型资本和桥接型资本。结合型资本（bonding capital）是指同质性程度比较高的社会资本，它通常被嵌入在亲密的关系网络中，比如宗亲社区和较为封闭的传统村落，这种资本具有一定的封闭性和内聚性，能够强化社区内部现有的网络关系；桥接型资本（bridge capital）则指异质化程度较高的社会资本，通常嵌入在陌生人或零星联系

---

① （法）阿兰·佩雷菲特. 信任社会 [M]. 邱海婴，译. 北京：商务印书馆，2005.

② Robert D. Putnam.. Bowling Alone：The Collapse and Revival of American Community. New York：Simon & Schuster，2000.
　 （美）罗伯特·帕特南. 独自打保龄：美国社区的衰落与复兴 [M]. 刘波，译. 北京：北京大学出版社，2011.

的关系网络中，比如行业协会或者商业会议。比起结合型资本，桥接型资本更有利于不同观点和信息的交换，而信息交换是创造社会资本的重要途径，对于扩张个体或社区的社会资本具有更重要的意义（表3.11）。

不同学科对于社区资本类型的侧重不一样。社会学领域的研究者较多关注人力资本，将其作为主要且动态的资源，便于调动起来服务社区居民，同时人力资本更能联动其他资源，活化社区各方面的资源。目前上海的一些社区配有规划师、政工师、健康师等，这些专业人才可以首先在社区内部挖掘。这将有助于社区自身能力的发展，并有助于实现长期可持续性。

建成环境学科领域侧重文化资本的物化形态，并将其扩展，指涉具有一定历史文化价值的城市、乡村、地方或社区的空间和场所，它们能够凝聚或浓缩某个特定地方的历史、文化、生产或生活方式，因而值得保留和传承，并可以与更广泛的人和地区共享。这种以物质形态客观存在的文化资本——城市和乡村的空间和场所，是可以直接传承的。传统的城市空间和场所构成城市的建成遗产，并可作为一种重要的地方文化资本而存在[①]。布迪厄在文化资本理论中指出，在当代社会，文化

社会资本的两种类型比较　　　　　　　　　　　　　　　表 3.11

结合型资本（Bonding social capital）	桥接型资本（Bridging social capital）
内部的（Within）	之间的（Between）
在内部的（Intra）	在……之间的（Inter）
排斥的（Exclusive）	包容的（Inclusive）
封闭的（Closed）	开放的（Open）
内向的（Inward looking）	外向的（Outward looking）
"通过获取"（"Getting by"）	"取得成功"（"Getting ahead"）
水平向的（Horizontal）	垂直向的（Vertical）
强联系（Strong ties）	弱联系（Weak ties）
相似的人们（People who are alike）	不同的人们（People who are different）
高度信任（Thick trust）	浅薄信任（Thin trust）
网络关闭（Network closure）	结构洞（Structural holes）
公共物品模式（Public-good model）	私人物品模式（Private-good model）

资料来源：Tristan Claridge. What is the difference between bonding and bridging social capital?[EB/OL].（2018-01-02）[2020-10-30]. https：//www.socialcapitalresearch.com/difference-bonding-bridging-social-capital/.

---

① 黄怡，吴长福，谢振宇. 城市更新中地方文化资本的激活——以山东省滕州市接官巷历史街区更新改造规划为例[J]. 城市规划学刊，2015（2）：110-118.

已渗透进所有领域,并取代政治和经济等传统因素跃居社会生活的首位。也就是说,现代政治已无法仅凭政治手段解决问题,而现代经济也无法只依靠自身的力量而活跃。假如没有文化的大规模介入,那么无论是政治还是经济都是缺乏活力的。

就当前的资本类型分布来说,城市社区是人力资本、经济资本和文化资本集聚的地域,乡村社区则是人力资本严重流失的地域,但是一些传统的乡村社区却拥有丰富的潜在文化资本,某种意义上说,传统乡村社区的文化资本是它们历史上的人力资本与经济资本的结合与转化形态。例如堪称传统民居建筑文化宝库的"黄白"徽州,恰是其"金银气"的积累升华[①]。

社区资本对社区发展具有极其重要的价值,一个健康的、可持续的社区,不仅仅表现为经济的发展,也表现为社会资本、文化资本及其复合资本的丰富。

7.2 以社区为基础的自然资源管理

以社区为基础的自然资源管理(Community Based Natural Resource Management,CBNRM)是指以人为本、将自然资源基础(水、土壤、树木和地方生物多样性)的养护与社区发展相结合以克服贫困、饥饿和疾病的方法,是以社区为主体的所有利益相关者,对社区内自然资源进行有效保护、合理利用、利益共享、风险共担的管理[②]。这一方法正成为国际上自然资源管理和利用研究的趋势性的方法或分析路径。

7.2.1 CBNRM 的产生背景与国际发展

CBNRM 产生的背景是日益加剧的全球气候变化,由于刀耕火种对环境的破坏,农药的过度使用,以及许多其他原因,依靠土地为生的人们正在遭受苦难。气候变化往往使生态系统的可预测性降低,使依赖这些生态系统的人们容易受到伤害。自然环境在那些依赖其作为唯一收入和食物来源的人们的健康和福祉中发挥着巨大作用。对于全球许多居住在偏远地区、几乎无法进入外部市场的村庄居民来说,情况就是如此。他们依靠土地为他们提供足够的食物来全年供养家人,并有足够的钱来负担医疗、衣物和住所的费用。

CBNRM 的探讨始于 20 世纪 80 年代中后期,至 90 年代趋于成熟。CBNRM 分析的概念框架是,将物质环境视为社区的一部分,并将社区视为景观的一部分。CBNRM 认识到社区福祉与生态系统健康之间的相互依存关系,加强了社区在就影响

---

① "欲识金银气,多从黄白游",出自明代剧作家汤显祖《游黄山白岳不果》。
② 刘刚,孔继君,韩斌,等.国外以社区为基础的自然资源管理进展[J].广东农业科学,2011(01):254–255.

到他们的初步保护行动进行规划和设计的决策中表达意见的能力。

目前，在发达世界与不发达世界都有较多的 CBNRM 实践，取得了一些经验，也面临着挑战。在发达世界，例如美国，以社区为基础的规划与自然资源管理有着成功的实践，以社区为基础的自然资源管理已成为环境政策的主要发展，包括草根生态系统管理、社区为基础的环境管理和合作的资源管理等许多方面，它们带来地方以场所为基础的项目、计划和政策，目标是整合生态、经济和社区的需要及寻求共生的可持续性。在不发达世界，如野生资源丰富的非洲国家，像坦桑尼亚，有着社区森林的管理实践，他们的实践表明，以社区为基础并不等同于社区参与。中美洲危地马拉对于森林的经营活动表明，以社区为基础的森林经营是可以获得收益的；此外，适当借助社区的信仰来进行社区资源管理会获得更好的效果。

以社区为基础的自然资源管理（CBNRM）观点认为，当地居民在持续利用资源方面比政府的或距离远的组织在具体实施上更有优势，更具支持性；当地社区居民更深刻地认识到当地生态过程和实践的错综复杂性；他们更有可能通过地方的或"传统"的方法形式来有效地管理资源。

以社区为基础的自然资源管理（CBNRM）面临着资源权属和获得途径、社区集体行动能力、生计空间和不同利益群体之间的伙伴关系等方面的问题和挑战。以社区为基础的自然资源管理（CBNRM）是一个复杂的多方协作的过程，该方法的关键要素包括：①多方利益相关者合作，涉及社区、政府、非政府组织的所有参与者，并促进他们之间的协调；②冲突管理机制，支持利益相关者之间自然资源冲突管理的过程；③参与式行动研究，协作式事实调查和分析产生双方一致同意的行动观点；④协作管理计划，通过自然资源的联合管理计划，在所有的利益相关者之间建立共同的责任和决策；⑤参与式监测和评估，通过监测自然资源基础和实施管理计划，促进学习、信任和问责制。

7.2.2　我国 CBNRM 的现状

我国的以社区为基础的自然资源管理（CBNRM）工作才刚起步。CBNRM 在中国实践中的挑战，包括政府分权、对社区的财政支持、资源的权属安排、社区能力建设以及促进参与等[①]。这些挑战与社区规划和空间规划均密切相关。

目前我国由城乡规划体系向国土空间规划体系的调整，以及国家部门调整，对于推进以社区为基础的自然资源管理（CBNRM）是相当有利的。2018 年 3 月，国务院组成部门调整，组建自然资源部，在国家层面，整合国土资源部的职责，国家发

---

① 　左停，苟天来. 社区为基础的自然资源管理（CBNRM）的国际进展研究综述 [J]. 中国农业大学学报，2005（6）：21–25.

展和改革委员会的组织编制主体功能区规划职责，住房和城乡建设部的城乡规划管理职责，水利部的水资源调查和确权登记管理职责，农业部的草原资源调查和确权登记管理职责，国家林业局的森林、湿地等资源调查和确权登记管理职责，国家海洋局的职责，国家测绘地理信息局的职责。目的是统一行使全民所有自然资源资产所有者职责，统一行使所有国土空间用途管制和生态保护修复职责，着力解决自然资源所有者不到位、空间规划重叠等问题，实现山水林田湖草整体保护、系统修复、综合治理。自然资源部的主要职责是，对自然资源开发利用和保护进行监管，建立空间规划体系并监督实施，履行全民所有各类自然资源资产所有者职责，统一调查和确权登记，建立自然资源有偿使用制度，负责测绘和地质勘查行业管理等。

2011 年 5 月，国土资源部、财政部和农业部下发了《关于加快推进农村集体土地确权登记发证工作的通知》，开始在各省区分批试点、逐步推进农村集体土地所有权证，至 2018 年年底基本完成确权登记颁证工作。对于以社区为基础的自然资源管理来说，明确了利益相关方，为后续保护中政府、社会企事业单位、社区集体、农户的协作提供了清晰的权益边界范围。

从世界范围的 CBNRM 实践来看，现行的社区资源保护制度尤其是在土地重分配上还存在许多漏洞，诸如相关法律法规不全、利益分配不均，缺乏补偿制度以及权力过于分散等，造成保护制度未能取得预期的成果。

7.3　社区资产、资源及资本的整合与优化

就建成环境学科的立场来说，社区资源与社区的规划、设计关联较多，资产和资本则与社区发展、社区治理联系更为密切。通过社区规划和设计，可以创造新的社区资源，并可将社区资源转变为社区资本，从而创造更多的社区资产。

7.3.1　相关概念

对于社区的资产、资源与资本，有一些处置方法，例如评估、整合与优化。

社区资产评估，就是评定和估算社区资产的价值。根据特定的目的，按照一定的原则，遵循法定或公允的标准和程序，运用科学的方法，评定和估算社区各项资产的现时价值。社区中不乏丰富的资产，关键是如何动员和利用社区的资产，使其为社区发展提供基础。

社区资源配置，主要指社区现有的经济资源和人力资源的配置，自然资源则是天然形成的。优化资源配置是经济快速、协调发展的基本条件，其要求是：①资源用于社区最需要的重点建设；②资源用于经济效率最高的领域；③资源在社区内部和社区间进行合理分布。

社区资源整合，是指开发、利用、调整、优化与重组社区资源，这个过程可以在同一社区内部进行，也可以在不同社区之间进行，目的是促进各级社区系统内要素的渗透、协同与融合，从而提升系统的整体效益。对不同社区在资源激活后的主要能力与专门趋向进行分类、统筹，可以促进或催化城乡地区发展。

社区资本整合，涉及以其最小的投入产生最大的价值和社会影响力。关于个体的社会网络与社会资本关系的讨论较多，可以适用于社区中。

7.3.2　社区资产、资源及资本的转化

简单地说，社区资产就是具有市场价值的社区资源和社区资本的总和，社区资源就是社区有形的资产与无形的资本（关系网络）的总称，社区资本则是社区固定资产及资源转化为资产的总称。三者之间具有复杂的转化关系，存在于具体的情形之中。

（1）社区本身作为资本的补充，社区亚文化被资本化

尽管社区和资本被解释为独立的甚至对立的领域和原则，社区本身也可以作为资本的一种补充，产生转化为交换价值的使用价值。如果社区的人口构成倾向于某一特定群体时，可能产生一种亚文化，而这种亚文化有可能被资本化。例如东伦敦的斯皮塔菲尔兹（Spitalfields）地区，作为历史上的工人阶级区以及移民避难所，自20世纪70年代开始成为欧洲最大的孟加拉人聚居地之一，一个贫困和被认为危险的地方、一个"黑暗角落"，但是在21世纪已变成了伦敦时尚的地区之一。

（2）社区资源转换为社区资本

社区资源与社区资本是有区别的。资本是一种可以带来剩余价值的价值，能够带来新增价值的社区资源可以被称作社区资本。但并非所有的社区资源都能直接被称作社区资本。例如，社区内富有特色的市井生活空间和民宅，可以被认定为社区内具有地域个性的文化资源，但不能直接算作社区文化资本。对居民来说，只有当文化资源变成文化资本时，才能使他们获得实实在在的利益。

（3）社区资产转换为社区资本

社区资产与社区资本存在类似的关系。例如住宅是居民的资产，但不是资本[①]（德·索托，2003）。在城市社区更新中，每一幢得以完整或部分保留的建筑的价值都可在正式规划文件中得到表述，而当实物资产中蕴含的经济潜能被确定性地表达为某种信息时，相关经济主题就可以安全地加以运用，包括居民在内的经济主体就能够发现和运用资产中的潜能，以创造新的价值。这就是用地方的资产创造资本。

---

① （秘鲁）赫尔南多·德·索托.资本的秘密[M].王晓冬，译.南京：江苏人民出版社，2005.

通过保护性的更新改造规划后，绝大多数的居民住宅得以保留，作为承载生活历史和凝聚地区文化的"有历史的"建筑与场所保护下来，同样的房屋就具有了在前述土地价格和私房建造价格之和以外的历史文化资本的附加价值。也就是说，因为对该社区进行的具有价值判断与认定性质的更新规划，首先被认定为文化资源，街区的建筑和环境产生了居住功效以外的附加功能和价值，资产的经济潜能被确定，街区的生活历史和物质景观得以"资本化"，居住方式和住房特征也能成为"文化资本"，并可进入更大的交易圈流通与交换，主要是通过吸引旅游消费乃至投资活动得以转化实现。

（4）社区资本转化为社区资产、社区资源

社区资本转化为社区资产、社会资源主要是针对社区的社会资本而言，并且以强调社会资本的集体特征为前提，即社会资本是为整个社会或社区所共同拥有、而不是由社区成员所独享的社会资源。这种转化情形包含于一些社会学家对社会资本的论述中。法国社会学家皮埃尔·布迪厄认为，社会资本是由确定的团体的成员所共享的集体资源，团体为其成员提供集体共有的资本[1]。当某一个体拥有不同群体的成员身份时，其现实或潜在的所有资本有可能成为不同集体共享的资源。科尔曼（Coleman）将社会资本定义为"个人拥有的社会结构资源"[2]。波茨（Portes）认为社会资本是"个人通过他们的成员身份在网络中或者在更宽泛的社会结构中获取稀缺资源的能力"[3]，获取能力（社会资本）不是个人固有的，而是个人与他人关系中包含着的一种资产，是嵌入或植入的结果。林南（Lin）则将社会资本定义为嵌入于一种社会结构中的可以在有目的的行动中摄取或动员的资源[4]。但是由于集体社会资本测量方面的进展不尽如人意，这种情形也仅存在于理论层面。

7.3.3　乡村社区的资产、资源及资本

社区的差异往往体现在社区资产、社区资源和社区资本的差异。社区资产缺乏、社区资源贫乏、社区资本匮乏的社区，很难发展得好。但是只有极少的社区同时缺乏资产、资源和资本，即使是没有很多资产的社区也可能有大量的人力资源，没有很多资本的社区也可能有丰富的自然资源，关键在于社区资产、资源及资本的匹配链接、整合优化，既涉及社区内生的资源激活，也有社区外部的资本和制度支持。

① P.Bourdieu. The forms of capital. In：J. Richardson. Handbook of Theory and Research for the Sociology of Education[C]. Westport，CT：Greenwood，1986：241–58.

② James S. Coleman. Foundations of Social Theory[M]. Cambridge，MA：Belknap Press of Harvard University Press，1990：302.

③ Alejandro Ports.Economic Sociology and the Sociology of Immigration：A Conceptual Overview.[C]// Alejandro Portes.The Economic Sociology of Immigration：Essays on Networks，Ethnicity，and Entrepreneurship. New York：Russell Sage Foundation，1995：12–13.

④ Nan Lin. Building a network theory of social capital[J]. Connections，1999，22（1）：28–51.

对于我国乡村社区来说，村改为社区后，村委会被撤销，原村集体所有的房屋、土地（含尚未开发的村留地、尚未征收的集体土地等）、设施设备、存款、债权等资产，由原村（股份）经济合作社继续负责管理、经营；原已签订的各类有效经济合同不变；原集体经济组织成员身份不调整；社员（股东）继续享有集体收益分配权、选举权、表决权、监督权；原村（股份）经济合作社社管会（董事会）和社监会（监事会）成员、社员（股东）代表继续履行职责；原村级公共设施，继续保持公益集体性质。农村土地未来将会经历的一系列变化、一系列改革举措等，最终目的都是为了盘活农村的土地资产。

农户分散生产，收益归于个人。乡村土地归于个人的权利有两项，即农田的承包经营权、住宅宅基地的无偿使用权。在国家完成对农村土地、宅基地的确权后，随着城乡土地统一市场的逐步建立完善，乡村土地资源的有限权益入市已成为可能。正是因为农田的承包经营权、宅基地的无偿使用权是村民个体的基本生存保障，许多农民进城务工后并未放弃也不打算放弃乡村土地资源，从而造成了乡村土地资源的闲置，他们是将土地资源当作社会保障的根本依赖，作为应对城市社区生活不确定性的最终保险。

 小结

第二篇"理解社区"着重剖析社区的要素构成与价值构成。社区是具有相对完整的功能结构的有机整体，由社会经济、空间、时间向度的要素组成，具体包括人口、地域、物质设施、组织或制度，以及文化或生活方式。

人口是社区的基本社会要素，国家人口总量及人口政策的动态变化最终会反映在社区，人口统计变化的总体挑战会对社区产生整体影响，而潜在的婴儿潮与社区适幼化建设、积极老龄化与社区适老化建设分别对应。

住房是社区的生态因子，也是社区的限制因子。从社区的基本物质要素住房出发，将住房性质与城市社区类型对应起来概略地进行讨论。本章突破了将城乡社区的住房需求在各自地域空间范围内分别讨论的通常视角，将它们本质上视作一个流动的、联动的问题过程，以人口从乡村社区向城市社区的流转为联系，形成了城乡社区住房需求和供应的错位。

社区的物质要素主要从两方面讨论。社区的公共服务设施具体阐析了社区的七类设施，涉及商业服务业设施、教育设施、卫生医疗设施、文化休闲设施、体育健身设施、老龄化设施、行政管理与社区服务设施的等级、类型、特点及趋势与问题等，并概括分析了社区公共服务设施的社会时空效应。社区的基础设施着重阐析社区的道路与交通设施、安保设施、市政基础设施以及绿色基础设施，在市政基础设施中突出了环卫设施、能源设施和社区智慧基础设施的趋势与建设原则。社区绿色基础设施是城乡绿色基础设施的有机构成部分，起着稳定生态系统、促进社区生态可持续发展的作用。

社区组织是社区的社会要素，主要阐述了社区组织的概念和目标，对社区组织的构成类型分别讨论，阐明社区组织的作用和意义，并对乡村社区组织单独论述。关于社区组织这一要素的讨论为本书后面的社区建设、社区治理的理念与实践分析奠定了基础。

最后一组基本概念的讨论涉及社区的经济向度，虽然在社区构成要素中并未单独列出，而是融合在社会要素、空间要素与文化要素之中。社区资产、社区资源与社区资本既有区别又相关联，在特定的情形下可以相互转化。结合国土空间规划的特点要求，引入了一种以社区为基础的自然资源管理方法。

总之，社区的构成要素虽非等价，但各有其重要性而无法相互替代。

 **关键概念**

社区要素

婴儿潮

积极老龄化

住房类型

弱联系与强联系

绿色基础设施

社区组织

社区资产

社区资源

社区资本

 **讨论问题**

1. 社区包括哪些基本构成要素？

2. 简述社区公共服务设施的类型、等级、特点及现状问题。

3. 简述社区要素、社区资源、社区资本以及社区资产之间的关系，并举例说明。

第 4 章

社区的发展与历史

导读

　　本章侧重从社会—历史—文化维度来看待、理解我国社区的建设发展进阶，通过物化的要素（风物、空间、场所）来探讨社区意识、社区认同与社区历史记忆，提出地方社区的耐久性（durability）价值。本章帮助读者在情境中理解社区的制度与历史建构、社区的凝聚力、意识和认同感的形成。本章与第三篇的第7章相呼应，回答社区规划为何要认真对待社区历史、社区认同及社区记忆。

　　在一种"自上而下"向"自下而上"转型的行政与社会模式里，社区的发展可能会经历这样三个阶段（图4.1）：第一阶段——提供社区服务，建立社区意识，强化社区管理；第二阶段——开展社区建设，形成社区认同，促进社区参与；第三阶段——推动社区发展，构建社区历史，协同社区治理。每个阶段均以社区的行动为

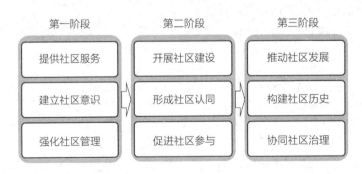

图4.1　社区发展进阶示意

起点，其后是社区居民的心理转变，再其后是社区的组织与制度建构。这是一个循环的历程。社区服务、社区建设及社区发展都是基于社区的基础功能、初级组织开始，在上述循环的过程中，社会生活逐渐丰富，社区运行逐渐复杂，社会事务进一步细分，社区制度进一步完备。社区的发展进阶是社区的社会、经济、文化体制按自身节奏各自转型的整体结果，也是社区成员改变认知、自我调适的结果。

从1986年民政部提出"社区"概念以来，我国的社区实践就大体经过了这样三个发展阶段。

第1节　社区服务

社区服务在硬件上以社区公共服务设施（第3章）作依托，在软件上以第三篇"规划社区"中的空间场所及社区设计（第7章）为载体，与社区能力提升（第8章）成呼应。本节侧重于我国社区服务情形的探讨。

1.1　我国社区服务的背景

十一届三中全会之后，我国整体改革开放的力度加大，市场经济体制对计划经济体制形成巨大冲击，全社会的流动性增强。原先社会成员"从一而终"就业、固定从属于一定社会组织的管理体制被打破，在城市中表现为大量"单位人"转为"社会人"，在乡村表现为大量农业人口离开土地劳作转而涌入城市寻找就业机会。社会流动人口的快速增加，使得原先"超静定"的社会管理体系一时难以适应，城市社会人口管理薄弱且滞后的问题集中暴露，亟需建立一种新的管理模式。

出于市场体系下增强竞争力的需要，各类单位逐渐与原先附着于自身的各种社会服务功能和社会福利脱钩，而被剥离的社会需求和相当一部分社会事务有赖于社会化、市场化的机制来解决，需要新的载体来承接。当时基层社会面临的突出问题如失业、贫困、医疗、经济发展缓慢等，仅仅依靠政府力量解决是远远不够的。在社会部门之外，还得采用社区模式，运用民间资源，发展社区自助力量以求突破。这是我国推动社区建设（或社区重建）和社区发展的背景。

但是实质意义上的社区建设、社区重建涉及大量硬件设施的投入，而推动硬件设施的投入，在民政部职责范围内是有很大局限性的。因此国家民政部当时没有轻易地提"社区建设"，而是结合民政部门的工作实际，于1986年首先提出了"社区服务"的概念，是根据民政部的职责与优势提出来的。在充分总结全国各地城市社区建设探索实践经验的基础上，2000年中共中央办公厅、国务院办公厅转发了《民政部关于在全国推进城市社区建设的意见》。这一文件的出台标志着我国城市社区建设工作开始进入了规范化、系统化的时代。

上海的例子颇能说明问题。20世纪90年代,作为全球化浪潮的一部分,上海经历了产业结构大调整、城市功能大转换和百万工人大转岗。由历史原因造成债务重、冗员多的国有企业面临着"钱从哪里来?人到哪里去?"的大难题。很多工业企业在关、停、并、转、改的过程中,总体产生了多达百万的下岗工人流向社会,"人到哪里去"的矛盾尤为突出。

对此,上海一手抓再就业问题。上海于1996年在全国率先探索建立再就业服务中心。针对下岗职工相对较集中的纺织、仪电两个行业,1996年7月,上海市政府下发《关于推进纺织、仪电控股(集团)公司再就业工程试点的通知》,率先试点建立再就业服务中心。至2000年,再就业服务中心完成其使命退出历史舞台,100万下岗职工通过再就业服务中心这座"桥"实现了再就业的大转移,也让"下岗"成为了历史名词。另一手抓社区服务。上海按照市级、区级、街道、居(村)委会"四个层次一条龙"社区服务的总体设想,开展了养老服务、助残服务、就业服务、烈军属服务、社会救济、儿童日托服务等社区服务工作。

1986—1996年10年间,在国家民政部的推动下,包括上海在内的全国各大城市,社区服务得到了快速发展。从1985年到2000年,社区服务连续15年被上海市政府列为实事项目,很多街道的社区服务中心就是在这10年间建造起来的[①]。自1986年开始,由民政部门推动的社区服务,切实承接了由单位转制后留给社区的大量事务,在转型的年代,对社会的"震动"起到了很好的缓冲和兜底的作用,传播了社区理念,培养了骨干,达成了共识,为之后大规模社区建设奠定了基础。

延伸阅读4.1 上海的再就业服务中心

1995年"三八"国际妇女节,18位纺织女工被上海航空公司录用,从"纺嫂"转岗为中国民航史前所未有的"空嫂"。这一新闻事件也拉开了上海探索建立再就业服务的序幕。

再就业服务中心究竟如何运作?这一模式在今天看来仍充满温情:它建立了行业与困难企业共同负责,政府与社会共同资助,对下岗职工进行托管的创新模式。此举让企业得以"减负",转换经营机制,同时又给予下岗职工一定的缓冲时间,由中心保障其基本生活,并组织开展职业培训,从技能上和心理上帮助他们实现再就业。

当时采取的分流措施是一套"组合拳",根据下岗职工特色度身定制、综合

---

① 政协上海市委员会文史资料委员会. 社区建设[M]. 上海: 上海教育出版社, 2015: 190-191.

施策：对年龄大的采取提前退休或协保；对年纪轻的通过职业培训或直接推荐实现市场化就业；对想创业的给予非正规就业的优惠政策；对就业困难的用政府购买公益性岗位的办法实施就业托底。

明确了"阶段性""过渡性"的理念。再就业服务中心与业已培育成熟的劳动力市场相配套，转换成职业介绍和技能培训中心，开始履行新的社会服务职能。为此，正式挂牌运作仅半年，就有11.5万下岗职工进入两个中心，其中5.8万人实现了再就业。试点取得初步成效，"再就业服务中心"在全市全面铺开。

上海也为如何形成促进就业的长效机制进行了有力探索，不少探索成为长效之策。比如1998年开始创建的职业技能实训基地，如今已遍地开花，在重视和呼唤"工匠精神"的今天，为上海职业培训事业奠定了基础；1998年起，上海通过政府购买公益性岗位安置就业困难人员的就业托底政策，最多时曾满足了20余万困难群体的需求，如今这一政策业已演变为就业援助政策，具有长久的生命力。

摘编自：周渊. 百万工人再就业，稳住产业结构大调整步伐 [N]. 文汇报，2018-9-14（2）.

1.2 我国社区服务的内容

按照2000年中共中央办公厅、国务院办公厅转发《民政部关于在全国推进城市社区建设的意见》（简称《意见》），在"三、促进城市社区建设各项工作的开展"的第（一）项就是"拓展社区服务"，要求"在大中城市，要重点抓好城区、街道办事处社区服务中心和社区居委会社区服务站的建设与管理"。

2017年3月国务院印发的《"十三五"规划纲要》[①]在第十七篇"加强和创新社会治理"第七十章"完善社会治理体系"第二节"增强社区服务功能"中要求，完善城乡社区治理体制，依法厘清基层政府和社区组织权责边界，建立社区、社会组织、社会工作者联动机制。健全城乡社区综合服务管理平台，促进公共服务、便民利民服务、志愿服务有机衔接，实现一站式服务。实现城市社区综合服务设施全覆盖，推进农村社区综合服务设施建设。提升社区工作者队伍职业素质。注册志愿者人数占居民人口比例达到13%。相较于2000年的《意见》，这份规划纲要在社区服务性质、服务设施类型、服务主体上都进一步提出了明确要求。

---

① 中华人民共和国国民经济和社会发展第十三个五年规划纲要，简称"十三五"规划（2016—2020年），依据《中共中央关于制定国民经济和社会发展第十三个五年规划的建议》编制，主要阐明国家战略意图，明确政府工作重点，引导市场主体行为，是2016—2020年中国经济社会发展的宏伟蓝图，是各族人民共同的行动纲领，是政府履行经济调节、市场监管、社会管理和公共服务职责的重要依据。

从社区服务的目标对象来看，主要开展下列重点服务：①社会救助和福利服务——面向社区内的老年人、儿童（农村留守儿童、困境儿童）、残疾人、青年、社会贫困户、优抚对象；②便民利民服务——面向社区居民家庭；③社会化服务——面向社区单位；④再就业服务和社会保障社会化服务——面向下岗职工。面对上述类型多样的目标群体，解决城乡社区居民最低生活保障、特困人员救助供养、临时庇护救助、残疾人集中就业扶持等工作，以及医疗、住房、教育、就业、司法等救助。社区服务是社区建设重点发展的项目，在改善居民生活、扩大就业机会、建立社会保障社会化服务体系、大力发展服务业等方面可以发挥更加积极的作用。

当前我国城乡社区的功能可概括为以下7个方面：①管理服务功能；②社会交流功能；③社会服务功能；④教育培训功能；⑤文化娱乐功能；⑥医疗保健功能；⑦市政公用事业服务功能（图4.2）。社区服务要想提高服务品质，行业标准化、社会化、市场化、产业化是其发展方向，以及将"自上而下"的政府主导行政管理模式与"自下而上"的社区自治和居民需求结合起来。

社区服务是社区发展的一个促进因素和稳定机制。以图4.2中的社会服务功能来讲，社会和社区服务机构提供各种福利性的社会和社区服务，目前已形成了一些较为完整的社区服务体系，包括为婴幼儿服务、青少年服务、有心理健康问题的人（精神卫生）服务、老年人服务、残疾人服务、拥军优属服务、社会救助服务、便民生活服务、民俗改革服务提供的九个服务系列，来应对社会服务挑战，并建立强大的社区。

图4.2　我国城市社区主要功能构成

2018年12月31日起施行的民政部的主要职责[①]表明了民政部职能转变的方向：①强化基本民生保障职能，为困难群众、孤老孤残孤儿等特殊群体提供基本社会服务；②积极培育社会组织、社会工作者等多元参与主体；③推动搭建基层社会治理和社区公共服务平台；④促进资源向薄弱地区、领域、环节倾斜，也就是缩小社区之间服务水平和服务能力的差异。上述四个方向中，除了后两个直接针对社区服务（公共服务平台、服务水平和服务能力），前两个最终也须落实到社区服务，而社区服务质量和社会与社区的管理水平密切相关。表4.1表明了民政部与其他部门的职责分工，这也说明社区工作是各部门协同的领域。

我国民政部与其他部门的职责分工[②] 表 4.1

职能内容	工作内容	负责部门
养老服务	统筹推进、督促指导、监督管理养老服务工作，拟订养老服务体系建设规划、法规、政策、标准并组织实施，承担老年人福利和特殊困难老年人救助工作	民政部
	负责拟订应对人口老龄化、医养结合政策措施，综合协调、督促指导、组织推进老龄事业发展，承担老年疾病防治、老年人医疗照护、老年人心理健康与关怀服务等老年健康工作	卫生健康委员会
行政区划	会同组织编制公布行政区划信息	民政部
		自然资源部

在乡村社区，国家对发展社区服务有各项扶持政策。对政策调整前的独生子女家庭和农村计划生育双女家庭，继续实行现行各项奖励扶助政策，在社会保障、集体收益分配、就业创业、新农村建设等方面予以政策倾斜。完善计划生育家庭奖励扶助制度和特别扶助制度，加大对残疾人家庭、贫困家庭、计划生育特殊家庭、老年空巢家庭、单亲家庭等的帮扶支持力度，实行扶助标准动态调整，妥善解决他们的生活照料、养老保障、大病治疗和精神慰藉等问题。

1.3 我国社区服务的设施与机构

社区服务必须依托一些实体机构和场所开展。第3章社区空间要素部分所详细介绍的各类公共服务设施可以提供相应的社区各类服务。除此之外，在社区服务实践中还形成了一些综合的服务机构与设施，适应性地解决了社区多样化、精细化的服务需求。

---

① 主要职责 [EB/OL].（2018–12–31）[2020–10–26]. http://www.mca.gov.cn/article/jg/zyzz/.

② 主要职责 [EB/OL].（2018–12–31）[2020–10–26]. http://www.mca.gov.cn/article/jg/zyzz/.

1.3.1 社区服务机构的灵活多样与创新

各地社区服务设施与机构的名称和内容略有差异。例如上海杨浦区，在街道社区层面，一个街道社区可以拥有若干社区睦邻中心[①]，还有街道社区文化活动中心、街道社区事务受理服务中心、社区公益卫生保洁服务社等设施。在居委会层面，每个居委会都设有老年活动室、居民区总支部委员会。这些设施是整合社区资源与外部资源的重要据点，是开发社区居民潜能的促进者，也是在社区服务具体实践中的创新（表 4.2）。

上海街道、居委层级的社区服务机构类型及示例 　　　　　　表 4.2

层级	设施与机构	服务内容	案例
街道社区层面	社区事务受理服务中心	前台一口受理、后台协同办理的"一门式"工作机制；社会救助、劳动保障、计划生育、医疗保险、职工互助、社保卡、居住证、社区服务（长护险）、社会保险、住房保障、档案查询等 169 项涉及群众基本生活和保障的社区事务	九里亭街道社区事务受理服务中心：使用面积近 1000m²，其中服务大厅 250m² 左右
	社区文化活动中心	健身锻炼、文艺团队、影视放映、游艺活动、体育团队、文艺演出、书报阅读、网络信息、展览展示、体育活动及其他	延吉新村街道社区文化活动中心：面积大约 3700m²
	社区睦邻中心	老年活动、幼儿托管、休闲活动、健身、阅览、课外学习、零售等便民服务项目，以及社区办公	四平路街道抚顺路睦邻中心：建筑面积 570m²
	社区综合为老服务中心	为社区老年人提供 24 小时托养、日间照护、居家护理、助餐（食堂就餐或餐食外送）、助浴、助发、康复训练等"一站式"服务	临汾路街道社区综合为老服务中心建筑面积 2240m²
	社区公益卫生保洁服务社	社区环境卫生整治、有害生物控制、卫生防病	静安区全区范围内 100 人，原则上每个社区事务所一名社区保洁员，每个保洁服务社安排 2—3 名巡检机动管理人员
	长者照护之家	集 24 小时中短期住养、日间托养、居家服务、家庭援助等多功能为一体的综合型、嵌入式社区托养机构。主要为周边 10—15 分钟半径内的失能或失智长者提供灵活变通的"一站式"综合照护服务	陆家嘴长者综合照护家园：长者照护之家床位 32 张，日间照护中心托位 30 张
居委会层面	居委社区老年活动室	提供老年人交流、娱乐、健身、活动场所与服务	
	居民区总支部委员会	政治学习、组织生活	

资料来源：作者绘制

---

① 赵德余.社区睦邻中心：基层公益服务提供的杨浦模式 [M].上海：上海交通大学出版社，2017.

在表 4.2 的街道社区层面的设施与机构中，社区睦邻中心、社区综合为老服务中心、长者照护之家等在第 3 章第 4 节中对其性质已略有阐述，这里着重其功能构成。

（1）社区事务受理服务中心。社区事务受理服务中心是直接为广大居民群众提供服务的窗口单位。开展前台一口受理，后台协同办理的"一门式"工作机制。可集中办理社会救助、劳动保障、计划生育、医疗保险、职工互助、社保卡、居住证、社区服务（长护险）、社会保险、住房保障、档案查询等 169 项涉及群众基本生活和保障的社区事务。在建设上，中心内部通常设置有前台引导咨询区、综合受理区、休息等候区和后台协同区共四大功能区域。服务大厅内和后台各设有若干服务窗口，涉及民政残联、劳动保障、医疗保险、计划生育、社会保险等条线。

（2）社区文化活动中心。社区文化活动中心可以为群众提供公益性文化服务和组织策划各类文化活动，通常可设置健身锻炼、文艺团队、影视放映、游艺活动、体育团队、文艺演出、书报阅读、网络信息、展览展示、体育活动及其他等十多项功能活动，对应的有图书馆、健身房、室外器材健身场、体质测试站、排练厅、桥牌室、电子教室、团队活动室、多功能厅等设施。可根据社区的基础条件及居民需求选择确定文化活动内容，例如文艺演出可以包括器乐、声乐、舞蹈、戏曲等。

（3）社区睦邻中心。社区睦邻中心或睦邻点，在街道社区层面或由若干居委社区联合设立的以居民需求为导向的社区公共服务机构，是创新社区公共服务载体、积极整合社区资源的综合性场所，旨在更好地提升社区公共服务效能，加强社区公共服务能力。睦邻点既可以纳入政府养老服务体系的一部分，也可以承担自愿、自主运行的自治功能。例如 2017 年上海市民政局出台《关于培育发展上海社区老年人示范睦邻点的指导意见》，规定每建成一家睦邻点，给予一万元补贴。以上海市杨浦区为例，每个街道下面设若干睦邻中心或睦邻点。上海市政府计划在 2014—2020 年间建成 2000 家睦邻点。

（4）社区公益卫生保洁服务社。社区公益卫生保洁服务社主要是为社区公共卫生、除害防病、公益卫生保洁工作而整合队伍、设置岗位。积极参与社区环境卫生整治，加强巡视，及时处理社区环境卫生中存在的问题。做好有害生物的日常控制工作和各专项突击活动的投药、喷药工作，协助做好有害生物的密度监测。配合做好重大突发疾病和公共卫生突发事件的控制工作，做好对社区公共场所的预防消毒；协助社区事务所开展爱国卫生宣传和健康教育工作。具体运作：由街道直接管理和统一调配，由居委会负责安排具体工作和考勤。服务社人员分布于各居委会；或按街道地域划块设点，由街道统一管理和安排工作，各块之间相对独立开展业务工作。

（5）居委社区老年活动室。全天开放的社区老年活动室可以成为辖区老年人交流、娱乐、健身、活动的好去处，让社区成为老年人求知的学园、健身的乐园、温馨的家园。

社区综合为老服务中心类型将以上海的社区养老服务设施与机构为例详细解析。

1.3.2　上海社区养老服务设施与机构的创新实践

上海早在 1979 年率先进入老龄化，是我国最早进入老龄化、也是全国老龄化程度最高的城市。截至 2019 年底，全市户籍人口 1471.16 万人，其中 60 岁及以上老年人口 518.12 万人，占总人口的 35.2%；80 岁及以上高龄老年人口 81.98 万人，占 60 岁及以上老年人口的 15.8%，占总人口的 5.6%[①]。而 2016 年底，上海 60 岁及以上户籍老年人口为 457.79 万人，占户籍总人口的 31.6%。其中 80 岁以上的高龄人口也达 26 万，占总人口的 2%。也就是说，上海的老龄化率正以每年大于 1 个百分点的速率在上升。上海户籍人口的预期寿命 1998 年为 77.03 岁，2019 年则已达到 83.66 岁（图 4.3）。可见上海所面临的养老服务需求复杂，且具有巨大的挑战性。

正因此，上海在发展社区服务、建立养老服务体系、开展社区养老服务工作方面进行了持续的创新和探索，例如覆盖全市的社区综合为老服务中心、社区睦邻中心、

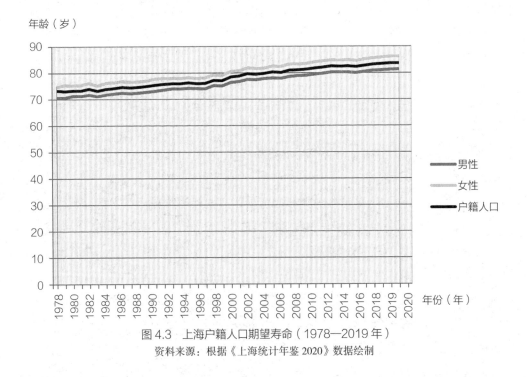

图 4.3　上海户籍人口期望寿命（1978—2019 年）

资料来源：根据《上海统计年鉴 2020》数据绘制

[①]　顾杰.上海 60 岁及以上户籍老人超过 518 万　户籍人口预期寿命为 83.66 岁 [N]. 解放日报，2020-5-24.

长者照护之家以及居家养老支持。整体而言，上海的社区为老服务体系的发展可分成下列三个阶段。

第一阶段（2013—2015年），启动街镇建设社区综合为老服务中心。

从2013年开始，上海推动街镇建设"社区综合为老服务中心"，打造一个枢纽式的为老服务综合体，为社区老年人提供生活照料、康复护理、精神慰藉、文化娱乐、紧急援助等方便可及的"一站式"服务。至2016年底，全市已建成30多家。

与此同时，自2014年下半年起，试点建设嵌入式、多功能、小型化社区养老设施，为老人提供就近、便利、综合的养老服务。至2016年底，上海全市已建成73家。

第二阶段（2016—2018年），评估社区综合为老服务中心工作，确立建设标准。

按照上海市民政局和上海市老龄工作委员会办公室"关于开展本市2016年社区综合为老服务中心评估工作的通知"[①]，社区综合为老服务中心的建筑面积一般在1000m^{2}左右，能够实现"一站式综合服务""一体化资源统筹""一网覆盖的信息管理""一门式的办事窗口"等功能。其具体功能设施应包括：1处为老年人提供日托或全托服务（如长者照护之家）的场所设施、1处具备医疗服务资质的机构、1处为居家老年人提供助餐或助浴服务的场所设施，以及为家庭照料者提供支持服务的场所设施等。

到2017年底，嵌入式、多功能、小型化社区养老设施实现中心城区和郊区城市化地区的街镇全覆盖[②]。

第三阶段（2019—2022年），实现社区综合为老服务中心全覆盖，探索特色社区养老服务，构建为老服务"一站多点"体系。

2019年5月，上海市人民政府印发《上海市深化养老服务实施方案（2019—2022年）》，提出三年目标，到2022年，社区嵌入式养老服务方便可及，机构养老服务更加专业，家庭照料能力明显提升，与上海国际大都市生活品质相适应的老年人长期照护服务体系进一步完善，养老服务更加充分、均衡、优质，并有具体的"增量、增能、增效"工作目标。

2020年，社区综合为老服务中心实现全市各街镇基本全覆盖，在中心城区重点推广社区嵌入式养老服务机构——"长者照护之家"。至2022年，社区综合为老服务中心（分中心）在街镇全覆盖的基础上数量将实现"翻番"，不少于400家；社区老年助餐服务场所总量实现"翻番"，达到1600家；养老机构床位数在确保不低于全市户籍老年人口3%（17.5万张）的基础上，护理型床位数达到总床位的60%，标准化认知障碍照护床位数达到8000张。

---

① 上海市民政局，上海市老龄工作委员会办公室.关于开展本市2016年社区综合为老服务中心评估工作的通知 [Z].2016–12–05.

② 2020年上海"社区综合为老服务中心"基本全覆盖 [EB/OL].新民网.（2017–01–11）[2018–01–01].

此阶段将由街道社区综合为老服务中心、社区长者照护之家、老年人日间照护中心、各居委老年活动室等设施一同构成社区为老服务的"一站多点"体系，打造社区"15分钟为老服务圈"，实现"一站式综合服务""一体化资源统筹""一网覆盖的信息管理"和"一门式的办事窗口"四大功能。

以下结合上海的社区综合为老服务中心、长者照护之家、社区睦邻中心以及居家养老服务支持的一些案例和实践，具体分析上海的社区养老服务探索。

（1）社区综合为老服务中心

社区综合为老服务中心是指社区内各类为老服务设施相对集中设置，并依托信息化管理平台，统筹为老服务资源、提供多样化服务、方便群众办事的为老服务综合机构。上海的街道社区综合为老服务中心可辐射周边多个（社区）居委会，并有下面两类分化。

专业复合型。用地和空间条件许可的社区综合为老服务中心都尽量将各类为老服务设施整合设置，以实现资源共享、便于专业团队集中运营服务。例如杨浦区14家社区综合为老服务中心，除了3家例外，其余都包含长者照护之家。

化整为零型。一些街道社区由于服务范围均衡或用地与空间紧张的关系，增设社区综合为老服务分中心，或以多个社区为老服务站取代社区综合为老服务中心；例如南京东路街道社区由于地处城市核心区，地价昂贵，空间受限，故而因地制宜，以分散的为老服务站代替集中的为老服务中心，在2019、2020年分别改造建设并开放了为老服务站—重庆北路助浴点、为老服务站—宁波路助浴点，在一定程度上缓解了街道南、北部片区老人的洗浴困难（表4.3）。

（2）长者照护之家

长者照护之家是一种嵌入式、多功能、小型化社区养老设施，为社区老年人提

上海社区综合为老服务中心概况（部分区） 表4.3

区	数量（家）	示例名称	户籍/实有人口总数（万人）	户籍老年人口占比（%）	面积（m²）；床位（张）	功能构成及服务特色
黄浦区	10（截至2018年11月）	小东门街道综合为老服务中心分中心	7.5（2010年六普）	—	343	（一层）日间照料、老年助餐点、家庭助浴室、医疗卫生服务、康复理疗、食品快检、小家电维修、钟表维修、理发服务、书籍阅览以及各类咨询服务等；（二层）多功能活动室、讲座、团队文体、家庭照料实操训练、辅具展示和培训等

续表

区	数量（家）	示例名称	户籍/实有人口总数（万人）	户籍老年人口占比（%）	面积（m²）；床位（张）	功能构成及服务特色
静安区	14（截至2019年1月）	大宁路街道综合为老服务中心	7.77（2010年六普）	—	2117.55（总面积），其中公共活动场所800	公共接待区、阅读室、卫生服务站、心理咨询室、健身房、音乐舞蹈室等；老人活动中心、社区卫生站点、多功能健身康复中心、老人日间照料中心、长者照护之家、居家养老服务站等功能模块
长宁区	10（截至2019年1月）	虹桥街道社区综合为老服务中心	5.96（2010年六普）	—	3072	失能/半失能长者
		江苏路街道社区综合为老服务中心——申宁苑	>5	39.27	2000；床位54	乐龄活动、长者托养（8小时日间托养、24小时全天短期护养）；认知症照护、医养结合、体医结合、智慧养老
		仙霞新村街道社区综合为老服务中心（覆盖辖区23个居民区）	8.47（2010年六普），其中2.87万60周岁以上老年人	33.88	2008；标准床位40，日托席位23	长者照护之家、日间照护中心、社区长者食堂等功能设施以及卫生服务站、护理站、居家养老服务站等"三站合一"的服务功能，为社区长者提供24小时短期住养、日间照护、医疗保健、康复护理、居家服务、事务办理、生活照料、文化娱乐、教育学习、家庭支持等枢纽型、多功能、嵌入式社区养老服务
杨浦区	14（截至2020年7月）	五角场街道综合为老服务中心	14.9（2010年六普）	—	>1800（建筑面积），近600（花园）；住养床位40	一门式办事服务窗口、综合助餐点、日间照料服务、住养服务、康复理疗室、影音室、阅读区、电脑区、健身区及公共开放空间展示区、种植区等；专业化养老运营服务；一楼700m²的灵活多用途大厅，二楼和三楼是养老院，含喘息式服务

资料来源：根据相关信息整理绘制

延伸阅读 4.2 虹桥街道社区综合为老服务中心

上海市长宁区虹桥街道社区综合为老服务中心，项目面积为 3072m²，服务人群为失能/半失能长者。

一层提供综合养老服务，设有助餐点、卫生服务站、护理站、居家养老服务站、市民美好生活服务站、养老顾问站、智慧养老微展厅等功能站点。悠乐茶餐厅中午时段提供老年助餐服务，老人可以选择堂吃或送餐两种方式，其他时段还提供下午茶等服务，供老年朋友休闲、交友、聊天。卫生站、护理站和居家养老服务站"三站合一"是为老中心的一大特色。其中，康乐卫生服务站共 150m²，开设西医全科、中医全科、中医针推、康复治疗四大科室，服务辐射周边 7 个居民区。同时还设有药房，提供 180 余种老年病常见药品，方便居民就诊后就近取药。久乐护理站提供医疗照护、生活照料、远程监护等居家养老服务。家乐养老顾问站为社区老年人提供养老政策咨询、居家养老、助餐/日托需求登记、志愿者报名等服务。智乐微展厅是首批上海市设立的 10 家"5+5"老年福祉产品应用推广基地之一，也是全市第一个在综合为老中心落地的项目，展厅模拟居家场景，遴选出的各类优质康复辅具、适老化软硬件产品，提供展示、体验、销售、租赁、科普等服务，打造家门口的"迷你"老博会。美乐教室定期开展老年美学教育，比如开设了美甲、美妆、摄影等课程。这里还是一个充满设计感的市民美好生活服务站。在为老服务中心，就连拐角处都有暖心设计，心愿筒成了老人们拍照打卡的"网红"地标。

二层是虹桥敬老院，提供保基本机构养老服务，着力打造"适老化、家庭化、共享化"的温馨氛围。敬老院分为北、中、南三个区域，每个区域还设置了一个公共空间，方便长者和家属、朋友沟通交流。同乐客厅就是其中的一个。宁乐餐厅是敬老院老人和日托中心全托老人的就餐区域，也是室内多功能活动区。二层还有老人们都很喜欢的阳光露台，天气好的时候，老人可以在露台晒晒太阳、做做操，进行户外活动。

三层提供日间照护服务，设有日间照料、康复运动、认知症家庭支持、科技助老、助浴护理等功能。日间照料中心提供全托、半托、项目化服务三种服务模式。日间服务中心的老人可开展丰富多彩的活动（图 4.4）。知乐认知症家庭支持中心总结出全链条服务模式，可提供认知功能评测、干预训练、认知症照料者培训等服务。酷乐科技小馆小屋主要配置了一些科技助老产品，老年人可以在这里上网、健康检测、互动游戏、体验 VR 等智慧养老设备。沐乐助浴室配置了三种不同类型的助浴设备并对社区开放，老人可以根据需求选择不同助浴方式。

图 4.4　虹桥街道社区综合为老服务中心室内

摘编自：福孝善. 参加完陆家嘴峰会的嘉宾，去看了这家新落地的社区养老机构 [EB/OL].（2019-03-29）[2020-8-25]. https：//baijiahao.baidu.com/s?id=1629350077524677853&wfr=spider&for=pc.

供就近、便利、集中、综合的照护服务，功能介于社区日间照料中心和敬老院、护理院之间，融合了机构养老、养老家庭、社区养老的优势，使得老人既能在熟悉的社区环境里享受到专业的养老服务，也能获得其家属子女日常的探望照顾。

一些长者照护之家与智慧健康服务[①]相结合，可满足社区老人照护服务的全天候需求，并可形成"机构—日托—居家"三位一体的嵌入式社区居家养老模式。例如"爱照护"居家养老健康智能化管理系统，已在不同城市社区连锁开设了70多家小型线下服务网点设施（图 4.5）。

（3）社区睦邻中心

社区睦邻中心是以街镇为主体，按照 3—5 个居委会划分一个片区的原则，由街道探索建设"一站式"的涵盖多种社区服务功能、覆盖社区全人群的社区服务综合体。上海的社区睦邻中心首先在杨浦区创建。

2010 年 1 月，杨浦区延吉新村街道第一睦邻中心建成，这是具有标志性的为民实事项目。延吉新村街道以政府购买服务的方式，委托社会组织知行社工师事务所对睦邻中心进行管理。从 2010 年到 2013 年，第二、第三、第四睦邻中心相继建成投用，街道又先后引入多家社会组织参与管理和服务，形成了街道"掌舵"，社会组织

---

① 智慧健康服务是基于信息通信（ICT）技术、物联网，利用人工智能和大数据技术实现社区居家感知神经网络，将社区的"医"和"养"资源智能匹配、有效整合，尤其可满足社区老人照护服务的全天候需求，实现老年人照护服务需求和供应的全服务链生命周期可视化管理，并可形成"机构—日托—居家"三位一体的嵌入式社区居家养老模式。

图 4.5 "爱照护"长者服务之家（上海市杨浦区江浦路街道社区）

"划桨"的社区治理新格局。延吉新村街道的 4 个睦邻中心，建立了"睦邻家园居民自治理事会"。理事会成员由居委会、居民代表、社会组织负责人、社工代表组成，由社会组织托管和运营。据不完全统计，4 个睦邻中心每年吸引社区居民 20 余万人次[①]。

目前杨浦区全部 12 个街道（镇）都实现了社区睦邻中心全覆盖，居民在离家不远的地方就能找到适合自己的社区互动服务。上海市杨浦区睦邻中心，形成了独具特色的社会公益服务经验模式，通过社会公益服务供给系统的建立和完善，在一定程度上有效地弥补了个性化社会服务供给中政府缺位的问题，在很大程度上满足了居民多样化的社会服务需求，同时为杨浦区的社区治理与服务创新试验提供了重要的理论价值与经验启示。

（4）居家养老服务支持

居家养老服务是指政府和社会力量依托社区，为居家的老年人提供生活照料、家政服务、康复护理和精神慰藉等方面服务的一种服务形式。它是对传统家庭养老模式的补充与更新，是以地方社区为基础的住房、照料和社会支持设施的紧密结合，也满足了老年人或老年家庭独立生活的愿望。在我国当前推行的"9073"养老模式中，良好的居家养老服务支持将部分地打通 90%（家庭自我照顾）、7%（社区居家养老服务）之间的界限。

目前上海相当数量的街道社区综合为老服务中心为社区居民家庭提供"喘息服务"（respite service）。"喘息服务"在欧美一些国家是常见的社会服务，由政府或民间机构牵头，成立专门的队伍，例如居家护理公司。经过一定培训后，护士和护理团队能提供临时照顾老人的服务，给照料老人的家属一个喘息的机会。这项人性化的服务被比喻为"养老救火队"。我国的北京、上海、杭州等大城市已经开始提供喘息式服务，即政府花钱为长期照料失能、失智老人的家庭提供帮助，或是请专业人员去家中照料，或是把老人接到养老机构照看，既让家属喘口气，也让老人康复得更好。上门服务内容涵盖康复锻炼、基础护理、心理保健、喘息照顾等多个方面，使自理有困难、生活质量差的老年人在护士们的协助下，增强他们的日常生活的活动能力，逐步提升整个家庭的生活质量。

1.3.3　我国农村社区服务及其机构与设施

农村社区是农村社会服务管理的基本单元。农村社区服务包括农村社区扶贫、社会救助、社会福利和优抚安置服务、养老、助残服务和"救急难"服务等。目前我国农村社区的服务方式主要有依托社区服务中心（站）的一站式服务、依托现代信息技术的网络式服务、依托营利组织的政府购买式服务、依托非营利组织的志愿式服务四种。

社区服务中心（站）一站式服务意味着只要乡村居民有需求，进入所在的社区服务中心，所有的问题基本都可以解决或者由社区服务中心工作人员代办，社区居民本身没有必要亲自再找其他政府机关办理服务。

如湖北鄂州市建立的"1+8"社区综合服务中心。"1"是指社区综合办公场所；"8"是指社区综合服务中心具有便民服务、综治维稳、文体活动、就业培训、卫生服务、计划生育、农村党员群众电教培训、村级综合服务8项服务功能。近年来，该市"1+8"社区综合服务中心不断创新服务方式，形成了以公共服务为重点、以生产生活服务为补充的社区综合服务体系。

又如湖北黄石市的农村网格化管理。2012年，黄石市根据街巷定界、规模适度、无缝覆盖、动态调整的原则，在不打破现有行政区域的前提下，实施城市社区网格化管理的同时开展农村网格化管理。在城区按每格300户左右的标准设置，将中心城区共划分为260个单元网格，农村每格则按130户左右的标准设置，如大冶市保安镇芦嘴村（617户）12个村民小组划分为5个单元网格，每个网格配备一名网格员，并建立全市"1+X"社会管理综合信息平台，实现动态管理。同时，各社区公共服务站将为居民提供社会治安、社会保障、公共卫生等"一站式"便民服务。

深圳实施织网工程，出台社区家园网建设实施方案、社区党风廉政信息公开平台建设规范和社区党风廉政信息公开平台目录等文件，建成社区综合信息平台。温州实行多村一社区，在社区设立一站式社区服务平台，向居民提供一站式服务[①]。

---

① 小艾带你游乡村. 农村社区建设进入地方自发试点阶段，这建设概念你有了解吗？[EB/OL]．（2019–07–19）[2020–10–28]. https://baijiahao.baidu.com/s?id=1639461303715527173&wfr=spider&for=pc.

1.4 美国的社区服务

美国的社区服务是西方社区服务的一个缩影，其服务构成和演变对于我国有借鉴和警示意义。

1.4.1 强制型的社区服务

社区服务（community service）有各种各样的内容，涉及家政、教育、卫生、治安、福利、慈善等，多为公益性质。美国的社区多为居民自发性组织管理，社区环境、设施的建设和维护也以社区组织为基础。美国几乎所有的公立和私立高中都会要求学生在毕业前必须参加规定小时数的社区服务工作。大多数高中会强制要求学生每学期完成一定时间的社区服务。学校会为学生提供一些参与社区活动的机会，学生可以自愿报名参加。服务的形式有多种，包括经由学校安排，学生去图书馆、医院、街道等进行服务，去海边或者山里捡垃圾、种树等环境保护类的服务。一些私立教会学校还会组织学生参加一些教堂服务，例如礼拜时进行协助，提供餐食，给流浪汉发放食物等。

社区服务是大学申请时考查学生的一个点。大多数美国大学也会提供社区服务奖学金，并且会在奖学金的项目中提到，如果学生每年能保持多少小时的社区服务，则可以每年都会获得学校发放的奖学金。评价社区服务的价值和意义，时间是很重要的一项指标，因此热情和持久性是非常重要的。

在美国，社区服务有时是作为惩罚罪犯而不是将其送进监狱的无偿工作，例如以社区服务 100 小时代替 30 天监禁。

1.4.2 衰退的社区精神和服务

睦邻运动（settlement movement）是一场改革派的社会运动，属于民间自发性质的慈善事业，19 世纪 80 年代起源于英国，20 世纪 20 年代于英国和美国达到顶峰，直至第二次世界大战期间仍较为活跃，此后运动的影响逐渐减弱。睦邻运动曾得到政府和居民的支持，它的目标是使社会上的富人和穷人在物质空间上邻近，并保持社会联系。睦邻运动的主要目标是在贫困的城市地区建立"安置房"（settlement houses），中产阶级志愿者将定居在这些住房中，希望与他们的低收入邻居分享知识和文化，并减轻他们的贫困。定居点提供日托、教育和医疗保健等服务，以改善这些地区穷人的生活。这项旨在服务于社区弱势群体、减轻社会弊病的睦邻运动，随着社区精神的衰退也趋于没落。

关于美国社区精神的衰退，罗伯特·帕特南（Robert D.Putnam）在《独自打保龄球》中有着详尽的阐述[①]。当初托克维尔（Tocqueville）[②]在《论美国的民主》中所描述的 19 世纪美国社区生活正在逐渐衰落，那种喜好结社、喜欢过有组织的公民生活、关注公共话题、热心公益事业的美国人不见了；今天的美国人，似乎不再愿意把闲暇时间用在与邻居一起喝咖啡聊天，一起走进俱乐部去从事集体活动，而是宁愿一个人在家看电视，或者独自去打保龄球。帕特南指出，在 20 世纪的前 2/3 时期里，一种强大的力量促使美国人更加深入地参与到社区活动里，不过就在几十年前，一股悄然的潮流毫无预警地逆转了这个浪头。在没有遭遇任何强制干预的情况下，在这个世纪的后 1/3 时期，美国人渐渐疏离了亲友和社区生活。帕特南认为，"独自打保龄"的现象意味着美国社会资本的流逝，造成这种现象的原因可能是复杂而不易确定的，但后果却是明确的，那就是公民参与的衰落。

在帕特南认为的"复杂而不易确定的原因"中，城市规划和技术可以提供一些重要的解释。前期由于工业化、城镇化，出于效率人们被集中紧凑地组织在城镇的社区生活中，社区精神茁壮成长，社区服务充实。而自 20 世纪 50 年代开始的白人迁徙（white flight）以及由此形成的郊区化（surburbanization）则是导致社区精神衰落的主要原因。郊区化使得人们在工作日早出晚归，花费大量的时间和精力在通勤路途中，在休息日则忙于打理自家的宅院。此外，从电视到网络的现代技术越来越加剧人们逃离现实压力、沉迷虚拟世界的程度。传统社区生活中频繁的夜间聚会、周末集体活动已基本消失。因此，在郊区只有有限的邻里交往，但已失去有组织的社区生活。美国富裕阶层、中产阶层对私密性、低密度的追求，最终以 20 世纪后 1/3 时期以来社区精神的衰退为代价。社区服务也不可避免地深受影响。

第 2 节　社区建设

社区建设（community building）包括抽象与实质两重意义，也就是国内语境中常说的精神文明建设和物质文明建设。抽象意义上的社区建设，主要指向精神文明建设，包括制度建设，可以对应于第一篇"认识社区"的文化、社会组织，对应于第三篇"规划社区"的社区参与和社区治理。

实质意义上的社区建设，主要指向物质环境建设，可以对应于第一篇"认识社区"的社区住房、公共服务设施、基础设施，对应于第三篇"规划社区"的社区住房与公共环境品质规划提升。这一节以论述我国的社区建设情形为主。

---

① （美）罗伯特·帕特南.独自打保龄：美国社区的衰落与复兴[M].刘波，译.北京：北京大学出版社，2011.
② 阿历克西·德·托克维尔（Alexis-Charles-Henri Clérel de Tocqueville，1805—1859），法国历史学家、政治家、社会学（政治社会学）的奠基人。

2.1 社区建设的概念与行动

社区建设的概念侧重于过程，社区建设实质上是由社区成员或社区外部力量参与和共享的社区的社会空间发展过程。

2.1.1 我国的社区建设概念

我国的社区建设概念具有制度特色，按照 2000 年中共中央办公厅、国务院办公厅转发的《民政部关于在全国推进城市社区建设的意见》，"社区建设"是指在党和政府的领导下，依靠社区力量，利用社区资源，强化社区功能，解决社区问题，促进社区政治、经济、文化、环境协调和健康发展，不断提高社区成员生活水平和生活质量的过程。

2.1.2 我国的城乡社区建设行动

随着改革开放的不断深入，特别是社会主义市场经济体制的初步确立，包括街道办事处、居民委员会在内的城市基层社会结构面临改革和调整的任务，社区的地位和作用显得十分重要，社区建设的要求非常迫切。1999 年底，我国有 667 个城市，749 个市辖区，5904 个街道办事处，11.5 万个居民委员会。在总结 26 个城市社区建设实验区一年多试点经验的基础上，2000 年，民政部开始在全国范围内积极推进城市社区建设，全国各地启动了大规模的、目标明确的社区建设。

而从 2001 年起，农村社区作为一种新农村建设方式开始在全国各地尝试，农村社区建设进入地方自发试点阶段。2006 年 10 月，党的十六届六中全会通过的《中共中央关于构建社会主义和谐社会若干重大问题的决定》首次完整地提出了农村社区建设的概念。这份决定还做出了全面开展城市社区建设，积极推进农村社区建设，健全新型社区管理和服务体制，把社区建设成为管理有序、服务完善、文明祥和的社会生活共同体的重大决策。

从理论和实践意义上来说，上海在全国率先将"社区建设"作为一个总体性与综合性的概念提出来，而且注重了与改革完善城市管理体制相结合[①]。20 世纪 90 年代中前期，上海浦东在上海率先提出"小政府、大社会"新体制的目标模式，并启动了现代社区建设。在 1995—1996 年上海形成了"两级政府、三级管理、四级网络"的新体制并投入实行，这意味着基层社区层面的社会整合已经非常紧迫。出于政府配置公共资源的有效性考虑，上海将社区设在街道层级。

---

① 政协上海市委员会文史资料委员会，中共上海市委党史研究室，上海市社区发展研究会.口述上海丨社区建设 [M].
上海：上海教育出版社，2015：297.

社区建设是在我国城市经济和社会发展到一定阶段后提出的一项新的工作；反过来讲，大力推进社区建设，也是我国城市经济和社会发展到一定阶段后的必然要求，是面向新世纪我国城市现代化建设的重要途径。

2015 年 5 月，中共中央办公厅、国务院办公厅印发了《关于深入推进农村社区建设试点工作的指导意见》[①]，要求创新农村基层社会治理，提升农村公共服务水平，促进城乡一体化建设，并就深入推进农村社区建设试点工作提出指导意见。

2.2 社区建设的指导思想、基本原则和主要目标

在 2000 年《民政部关于在全国推进城市社区建设的意见》和 2015 年中共中央办公厅、国务院办公厅印发的《关于深入推进农村社区建设试点工作的指导意见》中，对于城乡社区建设的指导思想、基本原则和主要目标有着较明确的陈述。

2.2.1 城乡社区建设指导思想

城市社区建设的指导思想是：从基本国情出发，改革城市基层管理体制，强化社区功能，加强城市基层政权和群众性自治组织建设，提高人民群众的生活质量和文明程度，扩大基层民主，维护社会政治稳定，促进城市经济和社会的协调发展。

农村社区建设的指导思想是：①主动适应农村经济社会发展新要求、顺应农民群众过上更加美好生活的新期待，增强做好农村社区建设工作的责任感和紧迫感。②在行政村范围内，依靠全体居民，整合各类资源，强化社区自治和服务功能，促进农村社区经济、政治、文化、社会、生态全面协调可持续发展，不断提升农村居民生活质量和文明素养，努力构建新型乡村治理体制机制。③以全面提高农村居民生活质量和文明素养为根本，完善村民自治与多元主体参与有机结合的农村社区共建共享机制，健全村民自我服务与政府公共服务、社会公益服务有效衔接的农村基层综合服务管理平台，形成乡土文化和现代文明融合发展的文化纽带，构建生态功能与生产生活功能协调发展的人居环境，打造一批管理有序、服务完善、文明祥和的农村社区建设示范点，为全面推进农村社区建设、统筹城乡发展探索路径、积累经验。

2.2.2 城乡社区建设基本原则

城市社区建设的基本原则是：①以人为本、服务居民。把服务社区居民作为社区建设的根本出发点和归宿。②资源共享、共驻共建。最大限度地实现社区资源的

① 新华社. 中共中央办公厅、国务院办公厅印发《关于深入推进农村社区建设试点工作的指导意见》[EB/OL].（2015-05-31）[2020-07-01]. http://www.gov.cn/xinwen/2015-05/31/content_2871051.htm.

共有、共享，营造共驻社区、共建社区的良好氛围。③责权统一、管理有序。改进社区的管理与服务，寓管理于服务之中，增强社区的凝聚力。④扩大民主、居民自治。在社区内实行民主选举、民主决策、民主管理、民主监督，逐步实现社区居民自我管理、自我教育、自我服务、自我监督。⑤因地制宜、循序渐进。一切从实际出发，突出地方特色，从居民群众迫切要求解决和热切关注的问题入手，有计划、有步骤地实现社区建设的发展目标。

农村社区建设的基本原则是：①以人为本、完善自治。坚持和完善村党组织领导的充满活力的村民自治制度，尊重农村居民的主体地位，切实维护好保障好农村居民的民主政治权利、合法经济利益和社会生活权益，让农村居民从农村社区建设中得到更多实惠。②党政主导、社会协同。落实党委和政府的组织领导、统筹协调、规划建设、政策引导、资源投入等职责，发挥农村基层党组织核心作用和自治组织基础作用，调动各类主体的积极性、主动性和创造性。③城乡衔接、突出特色。加强农村社区建设与新型城镇化建设的配套衔接，强化农村社区建设对新农村建设的有效支撑，既注意以城带乡、以乡促城、优势互补、共同提高，又重视乡土味道、体现农村特点、保留乡村风貌。④科学谋划、分类施策。把握农村经济社会发展规律，做好农村社区建设的顶层设计和整体谋划，提高试点工作的科学性、前瞻性和可行性、有效性。加强分类指导，统筹考虑各地农村社区的经济发展条件、人口状况及变动趋势、自然地理状况、历史文化传统等因素，合理确定试点目标和工作重点，因地制宜开展试点探索。⑤改革创新、依法治理。坚持和发展农村社会治理有效方式，发挥农村居民首创精神，积极推进农村基层社会治理的理论创新、实践创新和制度创新。深化农村基层组织依法治理，发挥村规民约积极作用，推进农村社区治理法治化、规范化。

上述城乡建设基本原则阐析详尽，覆盖了建设制度、建设主体、建设特色、建设路径、社会治理等各个方面。

2.2.3　城乡社区建设主要目标

城市社区建设的主要目标是：①适应城市现代化的要求，加强社区党的组织和社区居民自治组织建设，建立起以地域性为特征、以认同感为纽带的新型社区，构建新的社区组织体系。②以拓展社区服务为龙头，不断丰富社区建设的内容，增加服务的发展项目，促进社区服务网络化和产业化，努力提高居民生活质量，不断满足人民群众日益增长的物质文化需求。③加强社区管理，理顺社区关系，完善社区功能，改革城市基层管理体制，建立与社会主义市场经济体制相适应的社区管理体制和运行机制。④坚持政府指导和社会共同参与相结合，充分发挥社区力量，合理配置社区资源，大力发展社区事业，不断提高居民的素质和整个社区的文明程度，努力建设管理有序、服务完善、环境优美、治安良好、生活便利、人际关系和谐的新型现代化社区。

农村社区建设的主要目标是：①完善在村党组织领导下、以村民自治为基础的农村社区治理机制。②促进流动人口有效参与农村社区服务管理。③畅通多元主体参与农村社区建设渠道。依法确定村民委员会和农村集体经济组织以及各类经营主体的关系，保障农村集体经济组织独立开展经济活动的自主权，增强村集体经济组织支持农村社区建设的能力。④推进农村社区法治建设。探索整合农村社区层面法治力量，加强农村社区法律援助工作，推动法治工作网络、机制和人员向农村社区延伸，推进覆盖农村居民的公共法律服务体系建设。建立健全农村社区公共安全体系，建立覆盖农村全部实有人口的动态管理机制。指导完善村民自治章程和村规民约，支持农村居民自我约束和自我管理，提高农村社区治理法治化水平。⑤提升农村社区公共服务供给水平。健全农村社区服务设施和服务体系，整合利用村级组织活动场所、文化室、卫生室、计划生育服务室、农民体育健身工程等现有场地、设施和资源，推进农村基层综合性公共服务设施建设，提升农村基层公共服务信息化水平，逐步构建县（市、区）、乡（镇）、村三级联动互补的基本公共服务网络。积极推动基本公共服务项目向农村社区延伸，探索建立公共服务事项全程委托代理机制，促进城乡基本公共服务均等化。加强农村社区教育、提高农村社区医疗卫生水平。做好农村社区扶贫、社会救助、社会福利和优抚安置服务，推进农村社区养老、助残服务，组织引导农村居民积极参加城乡居民养老保险。⑥推动农村社区公益性服务、市场化服务创新发展。完善农村社区志愿服务站点布局，搭建社区志愿者、服务对象和服务项目对接平台，开展丰富多彩的社区志愿互助活动。⑦强化农村社区文化认同。发展各具特色的农村社区文化，丰富农村居民文化生活，增强农村居民的归属感和认同感。健全农村社区现代公共文化服务体系，整合宣传文化、科学普及、体育健身等服务功能，形成综合性文化服务中心，开辟群众文体活动广场，增强农村文化惠民工程实效。⑧改善农村社区人居环境。强化农村居民节约意识、环保意识和生态意识，形成爱护环境、节约资源的生活习惯、生产方式和良好风气。发动农村居民和社会力量开展形式多样的农村社区公共空间、公共设施、公共绿化管护行动。加快改水、改厨、改厕、改圈，改善农村社区卫生条件。积极推进"美丽乡村"和村镇生态文明建设，保持农村社区乡土特色和田园风光。

2.3　社区建设的内容及特征

城乡各项建设工作的重点最终都会落实到社区，社区建设涉及社区政治、经济、文化、教育和社会稳定等社会生活的方方面面。包括硬件设施建设、软件制度建设和人员人才培养建设等方面。表4.4大致分类列举了城乡社区建设的主要内容。

城乡社区建设主要内容 表 4.4

类型		城市社区	农村社区	目标
社区行政服务设施	硬件设施建设	街道办事处社区服务中心；社区居委会社区服务站	社区居委会社区服务站；农村社区司法行政工作室	构建新型城乡现代化社区
	软件制度建设	拓展社区服务，包括面向老年人、儿童、残疾人、社会贫困户、优抚对象的社会救助和福利服务，面向社区居民的便民利民服务，面向社区单位的社会化服务，面向下岗职工的再就业服务和社会保障社会化服务	—	
社区教育	硬件制度建设	略	乡（镇）成人文化技术学校；农村社区教育教学点	—
	软件制度建设	略	—	
社区卫生服务	硬件设施建设	社区卫生服务中心	社区卫生服务站点；乡（镇）、村卫生和计划生育服务机构的设施改造、设备更新	方便群众就医；提高医疗资源效率
	软件制度建设	分级诊疗制；疾病预防、医疗、保健、康复、健康教育和计划生育技术服务	人员培训	
社区文化活动	硬件设施建设	街道文化站；社区服务活动室；社区广场	文化设施工程（社区服务活动室、社区广场）	完善公益性群众文化设施
	软件制度建设	社区志书、年鉴修编	社区志书、年鉴修编；文化资源、文化人才、文化活动	营造社区文化氛围；存史、育人、资政
社区人居环境	硬件设施建设	净化、绿化、美化社区	改房、改路、改给水排水、改厨、改厕、改圈、改灶、改庭院	整治社区人居环境
	软件制度建设	—	分级建立污水、垃圾收集处理网络；农村废弃物循环利用	
社区安全	硬件设施建设	社区警务室	村镇警务室	改善社区安全
	软件制度建设	"一区（社区）一警"模式[①]；全部实有人口的动态管理；综合防灾体系（防火、防自然灾害、地质灾害）	"一（多）村一警"模式；全部实有人口的动态管理；综合防灾体系（防火、防自然灾害、地质灾害）	

资料来源：根据《民政部关于在全国推进城市社区建设的意见》（2000 年）、《关于深入推进农村社区建设试点工作的指导意见》（2015 年）概括整理绘制

[①] 2006 年公安部颁发的《关于实施社区和农村警务战略的决定》要求，在城市原则上以社区为单位划分警务区、配置社区民警，在农村以一个或多个行政村划分一个警务区、配置驻村民警。

从表4.4可以看出社区建设的以下三个重要特征：

（1）社区建设的内容具有综合性，涉及社区物质环境、文化教育、安全卫生等各个方面的建设。例如世界卫生组织（WHO）关于建设老年友好环境（age-friendly environments）的行动，要求以下八类部门共同采取行动，包括：医疗卫生，长期照护，交通，住房，劳动就业，社会保护，信息和交流，社会参与[1]。老年友好环境涉及老年友好城市和老年友好社区（age-friendly cities and communities）的整体创造，老年友好社区建设正是上述各项内容的综合性建设。

（2）社区建设的内容具有地域性。表4.4列出了城乡社区建设发展的一般内容，不同的城乡社区宜因地制宜地确定重点建设内容。各地区在推进城市社区建设的过程中，应根据本地经济和社会发展的水平与现有工作基础，从实际出发，具体问题具体应对，渐进提高标准，项目由少到多，不断丰富内容。例如社区安全建设中，各地警力普遍不足，特别是在农村乡镇派出所，不足10人的派出所占了半数以上，警务室设置太多，会使原本警力不足的派出所警力更加分散。一些城市派出所由于警务室设立多而警力不能保障，导致警务室长期关门，形同虚设。面对这种情况，社区建设就要求建立社会治安综合治理网络，加强群防群治。

（3）社区建设的内容具有计划性。城市社区建设已被纳入当地国民经济与社会发展计划，各地区根据国家以及地方政府的经济和社会发展规划，在进行深入细致的社区调查、摸清底数、科学论证的基础上，制定城市社区建设五年规划、年度实施计划以及社区规划。无论是街道办事处社区，还是社区居委会社区，都应以规划为依据，有计划、有步骤地进行建设发展。制定社区（建设）规划要立足于长远，具有前瞻性；实施计划要着眼于现实，注重可操作性。社区建设内容的计划性，不但体现在相关政策、规划（例如民政事业发展规划）上，还相应体现在社区硬件设施建设的配置标准（例如民政基础设施建设标准）上。例如社区养老服务体系的建设需要通过政策、标准、规划的计划性、连贯性才能予以体现和保障。

2.4　社区建设的实施模式

社区建设涉及方方面面，在具体实施中，需要许多行动者的支持，包括政府、社区服务提供者、社区成员等。社区建设的整体合力包括以下部分：①党政部门，党委和政府——领导作用，民政部门——牵头作用，相关部门——协调配合；②工会、共青团、妇联、残联以及老龄等组织，在推进社区建设中可以发挥重要作用；③社

---

[1] What WHO is doing to create age-friendly environments[EB/OL]. [2020-10-31]. https：//www.who.int/ageing/age-friendly-environments/en/.

区居委会，主要行动机构；④社会力量，支持作用；⑤社区成员，广泛参与。社区建设要注重对基层社区建设一般规律的不断认识、理解，合理制定规划，并不断探索创新社会管理。社区建设具体有以下两种导向的实施模式：

（1）政府授权模式。城市和城区的党委、政府切实领导社区建设工作，帮助解决推进社区建设中的困难和问题。民政部门在同级党委和政府的领导下，积极发挥职能作用，主动地履行职责，把社区建设作为城市民政工作的主要依托。在总结试点经验的基础上，开展社区建设示范活动。

（2）社区自治模式。以社区生产生活资源为基础，以社区成员为主体，以社区需要为导向，以社区自治为特征，以社区服务为内容，以社区发展为目标。例如社区历史的书写是社区文化建设中的一项基本建设，包括为社区修志、编鉴、著史等，可以发挥存史、育人、资政的作用。社区志涉及社区地理、人文、人物、事件等，可以从地方社区历史文脉的角度来研究，如果可能，最好由社区内部的成员或与社区相关的人员来开展研究和普及宣传。社区志书、年鉴可以整理成通俗化的小册子，还可以利用信息化的电子传播，这样才可能使其大众化、通俗化，为社区广泛的成员接受，既具备晓谕社区成员的民俗文化史料性的价值，又能发挥提醒、启示、建构认同的意义，并可进一步激发社区成员对社区的关注、参与和主体意识。

在推进社区建设的工作中，政府授权模式与社区自治模式是紧密结合的，并且混合的采用可能取得更好的社区建设成效。

第3节　社区发展

社区发展既是一个理论研究领域，又是一个实践探索领域。社区发展是社会学、政治学、经济学、法学、伦理学多个学科门类的知识和研究交叉的领域。在社会学领域，尤其是社会工作领域，将社区发展看作社区工作的一个分支（N，Rose，1955）、一个工作实践类型（J.Rothman，1968）[①]。

社区发展对应于第三篇"规划社区"中的社区规划的价值与目标（第6章）。就建成环境领域来说，社区发展还意味着社区发展的具体项目，如住房，文化体育、医疗卫生设施等。

3.1　社区发展的概念与内涵

社区发展是一个来自西方的概念，包含了丰富而特定的内涵。

---

① 任建忠. 社区工作理论与实务 [M]. 山西经济出版社，2013：17.

3.1.1 社区发展的概念基础

社区发展最早讨论的对象是美国乡村社区，社区俱乐部和"有组织的社区"成为20世纪20年代美国农村社区发展的主要工具。弗兰克·法灵顿（Frank Farrington）是最早的社区发展作家之一。他1915年出版的《使小城镇成为更好的生活场所和更好的经商之地》（*Making the Small Town a Better Place to Live and A Better Place in Which to Do Business*）一书，是社区发展与社区组织的手册和指南，它强调社区改善商业和商业组织的经济方面，以及服务俱乐部[①]的功能和重要性。

3.1.2 社区发展的通常概念

社区发展指的是社区成员通过民主参与和自助将社区组织起来以改善社区的有目的尝试与工作方式。社区发展是一个长期的基于价值的过程，旨在解决权力不平衡问题并实现基于社会正义、平等和包容的变革。作为一个过程，社区发展包含几个关键要素：①参与，这是前提，促进、支持和保障个人及小组能够真正成为社区的成员，开发和加强社区居民参与和自力更生的能力；②合作，即社区与各级政府及其他外部组织形成合作，获得技术和其他服务；③共济，内生式与外源式发展的结合，一方面动员社区内的资源，激发社区内部的力量，鼓励居民的自主、自助和互助，另一方面积极获取外部支持与援助，促进社区各方面的改善机会。④提升，以实质性的进步为标志，社区经济、社会与文化状况得到改善，社区成员的生活水平和机遇环境得到提高。

3.1.3 社区发展的内涵

社区发展又是一个具有阶段性成果的过程。社区发展的内涵体现在社区的构成要素功能得到强化，具体来说就是：①社区人口的发展——社区的人口素质与能力（受教育水平、专业技能或社会技能）提升，包括成员参与社区事务的能力获得提升；②社区地域特征的强化或地位的提升——社区对地域物质空间特征的积极塑造，或者对所在城乡地区在经济、社会、制度等方面特征的贡献增加；③社区物质设施的品质提升——包括社区的住房、公共服务设施、基础设施的改善，整体体现为社区环境品质、服务水平和运行条件的提升；④社区组织的培育与加强——社区组织在结构与规模上得到优化和强化，能力得到提升，或培育产生了新的社区组织；⑤社区文化或生活方式的丰富——社区具有文化氛围，社区提供其成员精神生活的物质和思想空间（图4.6）。

---

① 服务俱乐部是一个自愿的非营利组织，通常由商界和专业人士组成，会员定期聚会，促进成员之间的友谊，通过直接动手或筹款的方式，致力于社区志愿服务。

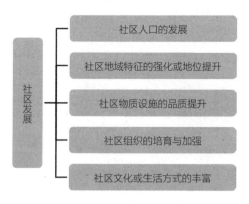

图 4.6　社区发展内涵图示

社区发展以往在社会工作中提及较多，在建成环境学科中往往与城乡发展的整体目标结合在一起，与可持续发展、绿色发展、低碳发展等密切联系，更侧重其技术品质方面的提升和由物质环境推动的社区生活方式方面的变革。技术品质是物化的、外在的体现，社区居民行为的生活方式则是催生、维持与推动变革的内在驱动力量。

3.2　我国社区发展的当代轨迹及动力

虽然我国行政语境中的"社区"概念直至 2000 年才正式提出，但是当代学术语境中作为城乡社会空间基本构成形态的"社区"却一直存在，且随着复杂而不断变化的城乡综合条件和动力因素而发展演进，并构成城乡发展的实质部分。

3.2.1　我国城乡社区发展的当代整体轨迹

在时间维度上考察我国城乡社区自 20 世纪以来的发展轨迹，大致可概括为三种阶段形态。

（1）乡村宗族社区与城市街坊社区

20 世纪伊始至 1949 年之前，乡村以宗族社区为主要形态，城市以街坊社区为主要形态。关于乡村宗族社区与城市街坊社区，在本书的第 2 章"社区类型"中各有一节专门论述，故而不再赘述。

这里简略叙述一下根植于我国乡村宗族社区和城市街坊社区的一种社区管制形态——保甲制度。1935 年南京国民政府时期，南京、北平两大城市先后推行保甲制度；1937 年 2 月由行政院公布修正《保甲条例》，并推行全国。保甲制的基本形式是 10 进位制，在村以 10 户为甲，10 甲为保，10 保以上为乡镇。在城市以每一门牌为一户，如同一门牌内有两家以上，仍以一户计，编为第几保第几甲第几户，设户长。户长由此门牌内各家互推一人充任。后来鉴于各地地理、交通、经济情况各异，在实行"新县制"时采取了有弹性的办法，规定"甲之编制以十户为原则，不得少于六户、多于十五户""保之编制以十甲为原则，不得少于六甲、多于十五甲""乡（镇）之划分以十保为原则，不得少于六保、多于十五保"。根据《南京市城区编组保甲暂行办法草案》的规定，南京城区"二十五户为一甲，二十五甲为一保""编余之户十五户以上另立一甲，十四户以下并入邻近之甲；十五甲以上另立一保，十四甲以下并入邻近之保"。保甲本质上是一种行政组织，在乡村实际上也并不是按照近似十进制方式进行刻意的划分，而是与乡村生活中已有的村庄、宗族等自然组织高度重合。

保甲制度本身的设计有其合理之处，便于基层行政组织。这一时期的城市由于人口流动频繁，社区的共同体意识并不都很强烈，却在安全利益上被迫捆绑在一起，保甲制度更成为一种社会统治手段。这在当时的相关政策文件中得以一窥。1938年2月国民政府行政院颁布《非常时期各地举办联保联坐注意要点》规定："在城市地方邻居多不相识，或其地客民多于土著，良莠难分，彼此不愿联保者，得令就保内各觅五户签具联保，或由县市内殷实商号或富户，或现任公务员二人，出具保证书，其责任与联保同。"保甲制度推行情况并不理想，收效甚少。[1]

（2）城市街坊社区与单位社区

城市里原先的街坊社区仍旧延续下来，居委会制度实际上替代了中华人民共和国成立前的保甲制度。保甲制度通过"联保连坐"特征来实现邻里相互监视、确保社会秩序稳定的功能，但都市社会居民流动不居的特点却又使得这种"联保连坐"无法实现。中华人民共和国成立后城市基层管理的问题马上提出来了，"建立什么样的组织，既有别于保甲，又能有效地掌控社会，依靠哪些人去取代保甲，去建立与运行这样的组织。"[2]大都市上海的答案是：妇女实际上成为上海城市基层社会的主要管理者。居委会不仅成了居民福利组织，同时也是非单位人群的政治生活组织，为国家与社会在里弄空间找到了结合点[3]。通过居委会，我国城市实现了对基层社会秩序的建构、对基层社会的掌控，同时为其他各项社会改革、改造运动提供了坚实的基础。

仍以上海为例，居委会下面设立居民小组，通常一条支弄被划为一个居民小组。日常的清洁维护、费用缴纳等事务都由居民小组组长通知到各户，并具体监督执行。居民小组组长一般由里弄中无业在家的年长妇女担任。

① 其原因是"一般公正人士多不愿担任保甲长，一般不肖之徒又多以保甲长有利可图，百般钻营"，"正人不出，自然只有坏人的世界，良好的制度也就变成剥削人民的工具，因此民众怨声载道"。
② 张济顺. 远去的都市：一九五○年代的上海 [M]. 北京：社会科学文献出版社，2015.
③ 阮清华. 在城市中找朋友 [J]. 读书，2016（3）：174-175.

与此同时，在中国的计划经济体制下，城市中集中形成了企业与事业单位社区，对于我国城市居住空间格局产生了巨大的影响。自 20 世纪 50 年代起，城市中开始建设新村。工业城市，尤其是拥有大型国营企业的城市，例如上海、太原、马鞍山等，往往形成大量的工人新村、工厂生活区。其次是省会城市，拥有省市两级机关事业单位，例如南京、西安、合肥等，在城市中形成众多的机关事业单位大院，大学则毗邻校园形成教职工生活区。典型的如合肥老城区的庐阳区、包河区，聚集了较多的企事业单位大院，尤其是机关事业单位大院占比较高。

新村的概念和实体自 20 世纪 20 年代初进入我国大城市。例如上海的大陆新村建成于 1931 年，由大陆银行上海信托部投资，是砖木结构、红砖红瓦的 3 层新式里弄房屋，著名作家鲁迅、茅盾都曾寓居于此。因此"新村"概念具有外来的基因，也带有当时知识分子对"新社会"乌托邦式的想象。中华人民共和国成立以后，"工人新村"既包含"新社会"工人阶级翻身得解放的自豪感，又带有社会主义建设改造的色彩，纯粹的理想主义的成分已转变为"重生产、轻生活"发展纲领下基于居住关系所衍生的集体性认同。

中华人民共和国成立之后的城市"新村建设"本质上是对当时工业发展条件和住房短缺矛盾的一种响应。大城市中大型的住宅基地建设以及单位兴建的员工新村，一方面是通过集体群居来培养对单位或集体的认同，从而建立其特有的身份标识，另一方面，也是方便生活与管理，提高社会生产效率。

延伸阅读 4.3　上钢新村——一个单位社区

上海第三钢铁厂位于上海市南市区浦东周家渡黄浦江畔。它的前身是和兴化铁厂，筹建于 1913 年，1922 年易名为和兴钢铁厂。解放前，上海浦东周家渡辖区仅有上南路、耀华路两条道路。上钢新村辖区原为农田，种植稻、棉、麦、蔬菜等。1952 年，位于上海的第三钢铁厂在此兴建工人新村，首批建造 5 幢工房，总建筑面积 2735m²，有 100 户职工搬入工房，后定名为上钢一村。此后陆续建造工房。1960 年，市房管部门分配住房 2.7 万 m²，分布在全市多个新村，解决职工住房难问题。从 20 世纪 80 年代开始，上南地区兴建大批职工住房。至 1992 年底，共建职工住房 2000 余幢。

至 1987 年时，上海第三钢铁厂厂区面积 1.62km²，共有全民职工 21500 多人，大小集体职工 3300 多人，是全国冶金行业的重点骨干企业之一[1]。上钢社区内街道宽阔，基本生活设施一应俱全，有医院、职工子弟学校、职业学校、职工医院、

[1] 徐仁秋. 在改革中前进的上海第三钢铁厂 [J]. 上海企业，1987（01）：10-12.

食堂、托儿所、幼儿园、运动场、商场等。三年困难时期，为改善职工生活福利，厂部成立了副业组，饲养生猪和塘养活鱼，并建立副食品基地。1960年成立了畜牧场，共有猪舍135间，1961年养猪1200头。1961年成立一支渔轮船队出海捕鱼，仅1962年即捕鱼70多万斤[①]。现在位于昌里路上的浦东商场，原先叫作"三钢商场"，有"浦东中百一店"之称。当地的老居民，还会习惯性地称之为"三钢商场"，这家商场过去曾对附近的钢厂员工提供许多折扣福利，反映了当时社区所具有的浓厚的单位色彩。

与同一时期上海的其他工人新村相比，上钢新村的特点来自钢铁工业特殊的群聚文化，单位完全是一个大包大揽的大家庭、大家长，解决了员工的就业、生活全部问题。而普陀区的曹杨新村是通过选拔的先进模范员工入住，其他的如杨浦区的控江新村是多个单位的员工混合居住。

改革开放之后，工人新村的性质逐渐和工人身份脱离关系。2010年世博会，上海第三钢铁厂整体搬迁至宝山区罗泾地区。2007年7月，上钢三厂停产。

世博会之后，改造建设了"三钢里"休闲街，这个商业空间多少带有为纪念钢铁厂而建的意味。目前"三钢里"休闲街已和更有历史的昌里路夜市一样闻名。

从上钢新村及周边地区的发展来看，单位社区是其社区发展中的一个重要阶段，并且与我们以往对城市单位社区特征的分析不同，这个独特的单位社区在特定历史时期（三年困难时期）表现出了乡村社区的某些特征，在其工业生产职能之外，集农林牧副渔生产和生活功能为一体。

摘编自：《三钢人的足迹——上海第三钢铁厂发展史（1913—1989）》

（3）市场逻辑的社区

1978年以后，随着中国经济社会快速发展和城市化进程的持续推进，城市规模不断扩大，城市人口急剧增加；越来越多的人逐渐与"单位"脱离，社会自由流动资源增多，社会自主空间逐渐扩大；城市管理体制改革深入推进，城市社区出现了许多新的领域、新的组织、新的群体，非公经济和新社会组织加快发展；社会经济成分、组织形式、利益关系、分配方式等日益复杂化和多样化，基层社会形态发生深刻变化，城市生活内容在社区内高度压缩。就业、社会保障、社会救助服务等越来越多的社会性、群众性、公益性事务逐步向社区延伸，建立在传统单位制基础上的城市管理模式开始逐步向以社区为基础的管理模式转变，以社区为主的新型城市基层管理体制已初步形成。

[①] 中国企业发展史丛书编委会. 三钢人的足迹——上海第三钢铁厂发展史（1913—1989）[M]. 北京：中国经济出版社，1991：3，70，445，449–450.

社区是市民生活、城市社会建设和管理的最基本单元，它日益成为民众参与社会事务、表达个人诉求的重要平台，成为各种社会组织的落脚点、各类社会群体的聚集点、各种利益关系的交会点、各类社会矛盾的易发点，成为整个社会的缩影。

由于住房福利制度的改革，1998 年全国停止福利分房，停止单位集中建房。住房供给进入商品化时代，市场化逻辑下的社区逐渐形成。社区居民的集聚经过住房市场的筛选，通过房价区分出高档住宅区、中高档住宅区、中低档住宅区和低收入住宅区。市场逻辑对"社区"的原始内涵形成较大冲击，城市家庭迁徙进入什么样的社区，是个体偏好和市场能力的整体结果，邻里之间大都建立在陌生的基础上，人们可以选择交往或不交往，这对于个体自由是进步与发展，对于社区的"集体"内涵则是削弱和伤害。因此，"至于较新的住宅区，正如它们的自然环境的成熟需要时日一样，其社会结构性的障碍必须被克服，才能成长为真正的社区。"①

此外，市场逻辑也使得城乡社区的发展完善过程受到外界极大影响，尤其是在经济发展与社会发展失配、相对矛盾凸显的阶段。例如在城市扩张、乡村缩减的郊区交汇地带，大量被征地的农民离开村庄，迁入集中新建的住区；大量市中心动迁出来的居民，进入保障房住区。对这两类社区来说，具体问题虽有差异，但市场的利益决策机制决定了无论是硬件配套和软件服务，它们在初期常常跟不上，居民的出行、生活、就业、就医、就学、物业管理等往往遇到困难。从这层意义上讲，此时的社区尚处于从住宅区向社区转化的过程中。

城市中原先同质性较强、流动性较小的单位社区，或者说单一社区，也因人员流动、家庭迁徙、出租房屋增多，逐渐转变为契约性较强、流动性较大的复杂社区。市场逻辑下的社区的主要特征是，社区利益主体多样化，社区成员权利意识增强，社区居民构成复杂化，社区物质空间差异显著。

3.2.2 我国城乡社区发展的动力

从漫长的社区发展演变阶段来讲，社会外部型动力是主因，发挥了主要作用。时代的政治、经济、社会生产方式构成了社区发展的系统背景，社会经济转型压力迫使社区做出改变，推动传统的乡村宗族社区逐步瓦解，推动传统的城市街坊社区转变为城市单位社区，又推动城市单位社区解体，走向市场逻辑的社区。

然而社区内生型动力也不可忽略，深植于社区的传统组织方式、文化和习俗等，既是在社会平稳时期促成社区缓慢演化的力量，更是在社会剧变时期帮助社区对抗外部震荡的重要"阻尼器"。来自社区内部的力量，使得社区成其为社区，使得原有的社区形态得以延续。这在乡村宗族社区、城市街坊社区以及单位社区中均有充分的体现。

---

① 黄怡 . 社区与社区规划的时间维度 [J]. 上海城市规划，2015（4）：20—25.

3.3 社区发展的目标与功能

社区发展的目标有不同的分类：①从时间上，可分为直接目标和终极目标。直接目标就是近期的、当下的，终极目标则是远景蓝图。②从性质上，可分为任务目标（task goals）和过程目标（process goals）。任务目标以事件来考核，过程目标以阶段来论定。③从类型上，可分为空间目标和社会目标。社会目标可以通过数据指标来体现，空间目标通过社区环境品质来反映，无论是社会目标还是空间目标，都包含了居民的主观认同。

2015年9月，联合国（UN）提出了可持续发展（Sustainable Development Goals，SDGs）的17个目标，旨在指导2015—2030年的全球发展工作。这17个目标是：1. 无贫穷；2. 零饥饿；3. 良好健康与福祉；4. 优质教育；5. 性别平等；6. 清洁饮水和卫生设施；7. 经济适用的清洁能源；8. 体面工作和经济增长；9. 产业、创新和基础设施；10. 减少不平等；11. 可持续城市和社区；12. 负责任消费和生产；13. 气候行动；14. 水下生物；15. 陆地生物；16. 和平、正义与强大机构；17. 促进目标实现的伙伴关系[①]。这17条全面涵盖了人类世界的经济、社会、环境、文化等所有方面，对人类世界的价值、行为与行动提出了具体要求。其中第11条是直接关于城市和社区的可持续发展目标。

延伸阅读4.4 城市发展的事实和数据

◇ 目前，全球有一半人口，即35亿人居住在城市，到2030年预计会增至50亿。

◇ 在未来几十年，95%的城市扩张会发生在发展中国家。

◇ 目前，有8.83亿人住在贫民窟，大多数分布在东亚和东南亚。

◇ 城市只占全球土地面积的3%，但却产生了60%—80%的能源消耗和75%的二氧化碳（CO_2）排放。

◇ 快速城市化给淡水供应、污水处理、生活环境和公共卫生都带来压力。

◇ 截至2016年，90%的城市居民呼吸着不符合安全标准的空气，420万人死于空气污染问题。全球超过半数的城市人口呼吸着污染级别高于安全标准2.5倍的空气。

引自：可持续城市为何重要 [EB/OL].（2017-03-01）[2020-10-30].https://www.un.org/sustainabledevelopment/zh/cities/.

---

① 联合国. 可持续发展目标 [EB/OL].（2015-9-25）[2020-08-26]. https://www.un.org/sustainabledevelopment/zh/cities/.

延伸阅读 4.5　目标 11：建设包容、安全、有抵御灾害能力和可持续的城市与人类住区

全球城市化程度越来越高。自 2007 年以来，全球已有超过一半的人口搬到城市中，预计到 2030 年，这个比例将上升至 60%。

城市和大都市区是经济增长的动力，贡献了约 60% 的全球生产总值。但是，与此同时，这些地区的碳排放量占世界总排放量的约 70%，资源使用量占 60% 以上。

快速城市化正在导致越来越多的问题，包括贫民窟居民的数量增加，垃圾收集、供水系统、卫生系统、道路和交通运输等基础设施和服务不足或负担过重，空气污染加剧，城市无计划扩张等。

2019 冠状病毒病造成的影响在贫困且人口稠密的城市地区最为严重，世界各地非正规住区和贫民窟中的 10 亿居民首当其冲。这些地方人满为患，居民难以保持社交距离和采取自我隔离等防疫措施。

联合国粮食机构粮食及农业组织警告，如果不采取措施确保贫困和弱势居民的粮食供应，城市地区的饥饿和死亡人数可能会大幅增加。

引自：可持续发展目标 [EB/OL].（2020-02-01）[2020-10-30]. https://www.un.org/sustainabledevelopment/ zh/cities/.

延伸阅读 4.6　目标 11 的具体目标

11.1　到 2030 年，确保人人获得适当、安全和负担得起的住房和基本服务，并改造贫民窟。

11.2　到 2030 年，向所有人提供安全、负担得起的、易于利用、可持续的交通运输系统，改善道路安全，特别是扩大公共交通，要特别关注处境脆弱者、妇女、儿童、残疾人和老年人的需要。

11.3　到 2030 年，在所有国家加强包容和可持续的城市建设，加强参与性、综合性、可持续的人类住区规划和管理能力。

11.4　进一步努力保护和捍卫世界文化和自然遗产。

11.5　到 2030 年，大幅减少包括水灾在内的各种灾害造成的死亡人数和受灾人数，大幅减少上述灾害造成的与全球国内生产总值有关的直接经济损失，重点保护穷人和处境脆弱群体。

11.6　到 2030 年，减少城市的人均负面环境影响，包括特别关注空气质量，以及城市废物管理等。

11.7 到 2030 年，向所有人，特别是妇女、儿童、老年人和残疾人，普遍提供安全、包容、无障碍、绿色的公共空间。

11.a 通过加强国家和区域发展规划，支持在城市、近郊和农村地区之间建立积极的经济、社会和环境联系。

11.b 到 2020 年，大幅增加采取和实施综合政策和计划以构建包容、资源使用效率高、减缓和适应气候变化、具有抵御灾害能力的城市和人类住区数量，并根据《2015—2030 年仙台减少灾害风险框架》在各级建立和实施全面的灾害风险管理。

11.c 通过财政和技术援助等方式，支持最不发达国家就地取材，建造可持续的、有抵御灾害能力的建筑。

引自：可持续城市为何重要 [EB/OL].（2015-09-25）[2020-10-30].https：//www.un.org/sustainabledevelopment/zh/cities/.

《2030 年可持续发展议程》提出的城市和社区的可持续发展目标，是全面整体的，又是具体的，必须分解到所有的社区，不论是贫穷、富裕还是中等收入的国家，也不论是贫穷、富裕还是中等收入的城市。只有释放不论城乡地域、规模大小的所有社区的全部潜力，才能真正实现可持续发展的目标，在促进经济繁荣的同时保护地球。消除贫困与一系列战略齐头并进，包括促进经济增长，解决教育、卫生、社会保护和就业机会的社会需求，遏制气候变化和保护环境，等等。

3.4 社区发展的功能

社区发展的功能，也就是社区发展的作用，包括就社会而言的整体功能和就社区自身而言的局部功能。在社区层面，社区发展的功能涉及社区民主制度的建设、社区成员助人自助的能力提升、社区安定的力量维护、社区革新的方法提供等。在社区发展的过程中，社区成员与整个社区合作，明确社区的问题和目标，并促进制定集体决议或战略；为实现这一目标，确定利益相关者，基于调查形成咨询策略，规划并促进小组工作，通过有效沟通处理社区内部与外部相关问题和冲突，建立社区支持机制，培养和提升成员的参与和领导技能。

就社会整体来说，社区发展是解决社会问题的很好的思路，是在发展中解决问题。社会问题错综复杂，涉及面广，但是如果将其在空间上落实到各个社区，在时间上划分成各个阶段，通过社区发展，在过程中解决问题，则就有了解决社会问题的切实路径。目前,我国已将促进社区发展列为促进经济发展和社会稳定的基本政策，逐渐实现居民利益的社区化，社会福利各项措施的落实也放在社区这个层面上。

3.5　社区发展的实践模式

20 世纪 50 年代，联合国开始倡导社区发展运动，20 世纪 80 年代，全球范围内社区发展计划广泛运用，各种社区模式层出不穷，并被迅速应用到社会实践中去。1993 年，约翰·克雷茨曼（John Kretzman）和约翰·麦克奈特（John L.Mcknight）在其《社区建设的由内而外：寻找和动员社区资产之路》[①] 中，总结了通过研究美国数百个社区中成功的社区建设动议而吸取的经验教训，并概述了地方社区可以采取哪些行动来开始自身以资产为基础的发展道路。这本指南中提出了两种模式。

3.5.1　需求驱动的社区发展模式

一种是需求驱动的（the needs-driven）社区发展，克雷茨曼和麦克奈特称之为"社区需求或社区不足"取向的社区发展模式（Needs-Based or Deficits-Based Approach），这是传统社区发展的理念，从社区中居民的需求和问题介入出发。本质上这是一种问题导向的思路模式。基于需求为本的模式存在的缺陷是，在这样的发展模式影响下，社区往往一开始就聚焦在问题和居民的需求上，而忽略了社区自身所拥有的资源，导致居民因为无力解决问题而放弃或者漠不关心，最终影响社区的发展。

3.5.2　资产取向的社区发展模式

另一种是资产取向的社区发展，"以资产为本的"社区发展模式（Asset-Based Community Development，简称 ABCD 模式），支持和发展社区优势，是新兴的社区发展实践，也是参与式社区发展的一个分支。这是从社区本身出发，动员社区的资产、优势、能力，促进社区发展。该模式的提出为社区工作的发展带来了新的活力。根据国际社区发展协会（International Association for Community Development，IACD）的调查，"以资产为本的社区发展模式"在当今发达国家如美国、加拿大、澳大利亚和发展中国家如埃及、印度及菲律宾都有广泛的应用实践，是一种外生型的社区发展模式。

资产取向的社区发展理论模式提出应以社区资产或社区优势为介入重点，其主要特点表现在三个方面：一是资产为本，即强调不是由社区问题或需要出发，而是由社区拥有的资产或优势出发来介入社区；二是内在取向，即强调社区居民自身参与社区发展的能力；三是关系构建，即强调居民和社团之间的接触，以及各种网络关系的建立[②]。"资产为本"的社区发展是一种以内生发展为核心的社区发展理论与实践模式，强调以社区资产为出发点，激活社区发展的内在动力，重视社区内所有资

① 　John Kretzman, John L.Mcknight. Building Communities from the Inside Out: A Path Toward Finding and Mobilizing a Community's Assets[M]. ACTA Publications，1993.

② 　文军，黄锐 . 论资产为本的社区发展模式及其对中国的启示 [J]. 湖南师范大学社会科学学报，2008（6）：74-78.

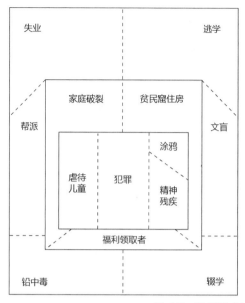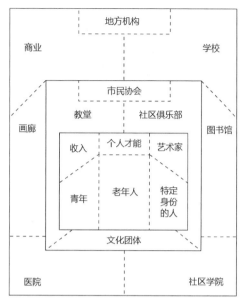

图 4.7　社区需求地图和社区资产地图

源与关键力量，发挥社区组织和机构的主导作用 [1]。对于改进我们以往传统的社区发展理念和介入方法具有重要启示。"资产为本"的社区发展是一个社区系统自我强化、自我建设的过程，通过发掘社区内部资源，动员社区内部力量，实现社区发展的目标。

从上面两种社区发展模式来看，需求驱动的社区发展类似于"短板理论"，本着短什么补什么的要求，千方百计地去补齐社区的短板。而"以资产为本的"社区发展模式接近于"长板理论"，着眼于充分发挥社区的优势之处，从而找到社区发展的机遇和空间。在具体比较两种社区发展模式时，可以通过绘制社区需求地图和社区资产地图的方法（图 4.7），帮助进行全面的社区分析 [2]。

3.6　社区发展的社会原则与路径选择

可持续发展战略的实施，重要环节在于全民参与。应将居民"自下而上"的参与和政府"自上而下"的推进有机结合，使得可持续发展内涵渗透进社区成员的日常生活，形成社区可持续发展的内在动力。

3.6.1　社区发展的社会原则

社区发展具有一系列核心价值或者说社会原则，通过社区发展可以促进社会进步。这些社会原则至少包括下列三点。

---

① 周晨虹.内生的社区发展："资产为本"的社区发展理论与实践路径 [J]. 社会工作，2014（4）：41-49，153.

② Rhonda Phillips，Robert H. Pittman（Eds）. An introduction to community development[M].Routledge，2009：40.

（1）公平正义。从整体社区层面来说，促进处境不利和脆弱社区的自主声音，这在支持积极的城乡社会民主生活中起着关键作用。应采用"以资产为本的"社区发展理念，利用资产，促进社会公正，并帮助改善社区生活质量。

（2）集体行动。该过程可以使社区成员组织起来，促使社区和公共机构共同努力，以确定自己社区的需求和愿望，决策并采取行动对影响他们生活的决定施加影响，从而改善他们自己的生活、所生活的社区以及所在社会的质量和可持续性。

（3）集体赋权。通过优先考虑社区的行动，以及对这些行动在城乡卫生医疗、社会、经济和环境政策发展中的轻重加以权衡，来加强城乡社区，支持建立强大的社区来支持人们认识并发展其能力和潜力。寻求赋予地方社区权力，包括各类社区，例如地理意义上的社区、利益或身份的社区、围绕特定主题或政策倡议组织起来的社区。

3.6.2　社区发展的路径选择

社区发展有不同的路径，可以大致概括为以下三种。

（1）自救自助路径及其实际运用

自助自救指的是，通过社区团体、社区组织和社区的社会网络，增强社区成员活跃程度和贡献程度的能力。鼓励社区成员的自主意识、自助和互助行动，以提高社区的价值创造能力。很多情况下，仅仅出于政府的责任和社区外部的义务，并不能从根本上或完全地满足社区日益增长的多样化需求，也不能有效地解决他们所碰到的日趋复杂化的社区问题，而自助自救是更可依赖的路径。例如，应对全球气候变化寻求可持续发展似乎是一个宏大的话题，却与社区的自助自救密切相关。联合国"即刻行动"（ActNow）气候运动，是联合国针对气候变化和可持续性动员采取个人行动的运动，而在社区层面鼓励人们参与其中，从日常衣食住行的方方面面做出改变是最广泛、最切实的自救自助途径。

（2）技术支持路径及其实际运用

外部的技术力量总是比较受重视。但是社区发展中，最了解情况的是社区成员，并且在许多情况下，他们具有外部专家所缺乏的地方知识和智慧，他们有自己的"土办法"，常常是低技术方案，当然来自外部的优秀专家拥有经验和视野。例如经美国规划协会（APA）提议，自 2006 年起，每年 10 月在美国举办为期一个月的全国社区规划庆祝活动。"全国社区规划月（National Community Planning Month）"既是提高规划知名度的一个机会，人们会庆祝规划在创建大型社区中所扮演的角色；也可以让规划人员通过全面的视角，与社区成员一道，共同寻找社区仍将面临的挑战，致力于改善社区所有人的福祉，这种外部技术支持和社区内部智慧结合的方法将导向更安全、更富韧性、更公平和更繁荣的社区。

（3）冲突处理路径及其实际运用

社区是社会的缩微，社会问题会在社区中直接或间接体现出来，但是反过来，一些社会矛盾的解决也需要从社区着手，将系统的、大尺度上的城乡矛盾分解到边界相对清晰的社区范围中，许多难以把握和控制的问题则变得易于把握和相对可控。一些社会矛盾可以通过社会福利社区化政策得以化解或缓解。例如一些地处工业产业或大型市政设施周边的社区，易受到周边环境污染，社区居民与企业之间往往存在持续的矛盾冲突。在有的社区，居民们为了自己的利益组织起来，积极与企业沟通谈判，促使项目搬迁或加强污染治理，从而有效处理冲突。冲突处理路径有赖于社区支持机制、社区领导技能以及社区民主制度的建设，也是帮助社区自助、促进社会安定、推动社区革新的方法。从另一种意义上说，社区的冲突和对抗也能促进城乡基层社会的进步和国家的发展。

3.7　乡村社区的发展

乡村社区的发展和"三农"（农村、农业、农民）问题密切相关，牵涉到民生、产业、福利、环境等跨领域专业的议题。乡村社区的发展会经历阶段性的困境，更需要把握着眼方向，也可参照借鉴其他国家的发展状况。

3.7.1　乡村社区发展的阶段困境

当一个国家的城镇化发展到一定程度以后，乡村社区的发展程度影响和决定了整个国民生活状态的平均水平。随着城镇化的快速推进，通常会带来几重结果：

一是乡村剩余劳动力增加，促使乡村青壮年人口持续流向城市，导致乡村地区普遍出现人口结构失衡，留守农村的老年人、儿童、妇女比重提高；

二是空间资源浪费，乡村社区住房并未减少，但是空置率增高；

三是产业空心化，农业生产以老年人、妇女耕种为主，农业产业缺少发展、提升与优化；

四是生态环境恶化，污染型工业迁离城市侵入乡村，农药的广泛使用带来面源污染，城市生活方式渗透进乡村而乡村的基础设施不匹配，这种种问题叠加会给农村生态环境带来严重的破坏。

我国自 1978 年开始实行改革开放政策，对内改革首先从农村发轫。40 余年来，我国乡村社区有了巨大的发展，但是也遭遇了发展过程中的上述普遍问题，并且乡村社区发展的地域不平衡状况严重，这有待在国家与区域层面进行政策、资金的整体协调。总之，乡村社区的发展既面临严重的挑战，又具有举足轻重的意义。

3.7.2 乡村社区发展的着眼方向

面对乡村社区发展中的问题，应充分研究和遵循乡村社区的空间发展趋势、收缩演变机制，合理制定乡村发展计划和乡村规划。乡村社区的发展需要着眼于以下6个方面：

（1）社区区位和空间结构的优化。梳理乡村社区空间发展的关键问题，合理制定道路与对外交通规划，提高乡村现有空间的利用率。

（2）社区建设与人口管理。实行人口动态管理，合理调整住房建设用地，改变空余住宅用途，改善农村服务设施，保持社区活力。改善留守居民的生产生活条件。

（3）社区安全防范和社会稳定机制的建立。制定防灾（地质灾害、洪涝灾害）规划，开辟自然廊道，防御各类自然风险。提高社区社会保障，通过社区组织作用，化解社区内的矛盾和社会矛盾。

（4）改善社区经济，促进社区生产和服务产业化。以农业生产为集体经济支持的村庄，耕地集约化、产业规模化、生产现代化是经济发展的普遍选择。

（5）促进社区管理的科学化。开展乡村环境、资源、设施等要素协调配置和布局的针对性研究，为乡村的发展、建设、规划及管理提供针对性的指导，健全乡村社区发展机制。

（6）吸引志愿服务，促进社区发展。

在这些发展任务中，有些任务是乡村社区很难独立完成的，必须得到国家政策、城市和社会力量等各方面的援助。

3.7.3 美国乡村社区发展的参照

在美国，美国农业部的基本职能定位是负责农村经济和社区发展，每年也会制定一些专项政策，对农村地区的社区发展、能源、水、住房、基础设施建设、商业、旅游、环境以及财政援助等方面都做出具体的计划规定，主要针对以下议题：农业家庭经济和繁荣；农村服务设施；农村发展战略；农村人口和迁移；农村劳动力和教育；土地使用、价值和管理；农村收入、贫困和福利；以及农业结构等。农业部为此还成立了一个农村发展（Rural Development）机构，旨在促进美国农村经济发展和提高农村生活质量。美国联邦法律《住房和社区发展法案》（*The Housing and Community Development Act*）中包含了对于农村社区住房与发展的专门法规内容。

在美国，还有一个突出的特征是，农村社区的发展基本上通过对政府援建资金的控制来加以引导。地方上成立有一些非营利性组织和指导委员会，这些组织负责对具体的农村地区以及具体项目提供技术咨询和资金援助，同时也会制定相关援助标准和建设规范。由于所提交的项目是自下而上地直接来自农村社区，所以能够比较准确地反映农村社区的实际需求。

加利福尼亚州圣华金县在社区发展政策中还对农村社区集约化发展有专门的规定，如不鼓励农村社区进一步扩张，并要求农村社区规模保持最小增长。将农村社区按户数和人口数量划分成非常低密度、低密度、中等密度、中高密度和高密度的社区，按照由低到高的社区密度级别，政府给予的建设资金也逐级提高，尤其是高密度社区可获得一笔丰厚的建设资金和奖励。

第4节　社区意识与社区认同

社区意识、社区认同是社会心理学、文化人类学的主要研究内容。既与社区要素中的文化、组织要素（第3章）相关，也与第三篇"规划社区"中的社区规划价值（第6章）有密切的关联，还是社区参与和社区治理的心理与情感基础（第8章）。

社区意识和社区认同是在社区服务、社区建设与社区发展中随着时间和精力的投入而逐渐形成的一种心理认知与情感认同。这种时间和精力的投入可以来自政府、外部团体和社区成员自身，其中社区居民自身对社区的奉献所产生的社区意识与社区认同最强烈、最持久。

4.1　社区意识的概念

社区意识指心理学意义上的社区主体意识，即居住在某一社区的人对于这个社区产生一种心理上的结合，也就是我们常说的社区归属感（sense of community belonging）。社区归属感意味着某一个体感受到自身被接受为社区的成员或部分。归属感是人类的基本需求，就像对食物和住房的需求一样。通俗地讲，就是社区居民能坦然地讲"我是某社区的"，或"我的家在某社区"。这种归属感可以表现为：以我是某地某社区居民而感到自豪；离开社区时的依恋感；回归社区时的亲切感；乡土观念；与其他社区成员共同的意识，如共同的价值观念、共同的荣辱观等。

4.2　社区意识（归属感）的评价

社区意识（归属感）虽然是抽象的变量，但也可以通过社区居民的主观评价获取，例如通过对单个问题进行分级评估，通常分为四级（非常强，有些强，有些弱，非常弱），以此来衡量个人对自己地方社区的整体归属感的看法。研究表明，社区归属感与身心健康高度相关，可以改善居民的生活动力、身心健康和幸福感。

根据加拿大统计局（Statistics Canada）进行的2014年加拿大社区健康调查

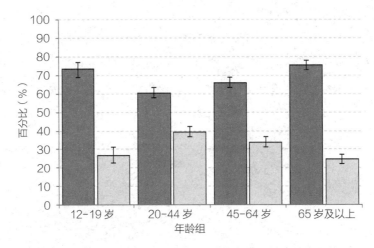

图 4.8　锡姆科—马斯科卡地区的社区归属感
（2007—2014 年，12 岁及以上，按年龄分组）
资料来源：加拿大统计局、加拿大 2007—2014 年社区健康调查（CCHS）、
安大略省共享文件，由安大略省卫生和长期照护部发布

（Canadian Community Health Survey，CCHS）[①] 结果，在 12 岁及以上的居民中，安大略省有 68.2%（67.1%，69.4%）自我报告有非常强烈或有些强烈的社区归属感，在位于多伦多北方 150km 处的安大略省锡姆科—马斯科卡（Simcoe-Muskoka）地区，则为 64.4%（59.9%，68.8%）。

对 2007—2014 年锡姆科—马斯科卡地区人口的细分调查结果表明：

按照年龄分组考察（图 4.8），自我报告的社区归属感随年龄而变化。有 73.3%（69.0%，77.1%）的年轻人（12—19 岁）感到非常强烈或有些强烈的社区归属感，大大高于 20—44 岁的人口的 60.5%（57.7%，63.3%）。在 20—44 岁年龄段以后，自我报告的社区归属感随人口年龄的增长而增加，其中 75.4%（72.8%，77.8%）的老年人（65 岁及以上）具有很强的社区归属感。

按照性别考察，男性和女性自我报告的社区归属感相似。有 66.5%（64.1%，68.7%）的男性（12 岁及以上）感到自己有非常强烈或有些强烈的社区归属感，这与女性人口（12 岁及以上）的 66.5%（64.3%，68.6%）相似。

按照受教育程度考察（图 4.9），自我报告的社区归属感随着被访者受教育水平的提高而增加。具有学位或更高文化程度的成年人（20 岁及以上）的 70.2%（65.8%，74.2%）报告的社区归属感非常强烈或有些强烈，而高中或以下文化程度的成年人（20 岁以上）为 63.5%（61.0%，66.1%）。

[①] Simcoe Muskoka Health Stats.Sense of Community Belonging[EB/OL].https：//www.simcoemuskokahealthstats.org/topics/determinants-of-health/socioeconomic-characteristics/sense-of-community-belonging.

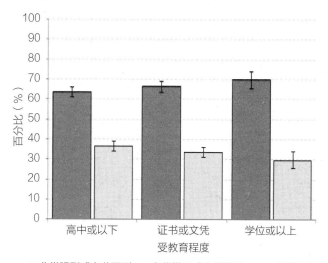

图 4.9　锡姆科—马斯科卡地区的社区归属感
（2007—2014 年，20 岁及以上，按受教育程度分组）
资料来源：加拿大统计局、加拿大 2007—2014 年社区健康调查（CCHS）、
安大略省共享文件，由安大略省卫生和长期照护部发布

　　按照收入五等份考察（图 4.10），自我报告的社区归属感也随着家庭收入水平的提高而略有增加。收入最低的 1/5 人口中，63.7%（60.2%，67.7%）的居民（12 岁及以上）将其社区归属感评价为非常强烈或有些强烈；而高收入的 1/5 人口中，有 70.3%（66.4%，74.0%）的居民的评价为非常强或有些强烈。

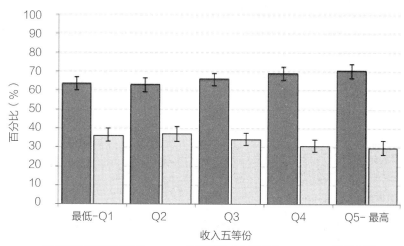

图 4.10　锡姆科—马斯科卡地区的社区归属感
（2007—2014 年，20 岁及以上，按收入五等份分组）
资料来源：加拿大统计局、加拿大 2007—2014 年社区健康调查（CCHS）、
安大略省共享文件，由安大略省卫生和长期照护部发布

上述按照年龄、性别、受教育程度以及收入五等份分组对社区意识（归属感）进行分类评价的方法具有一定的参考性，年龄、教育程度以及收入与社区意识（归属感）的相关性都可以获得较为满意的经验解释。尽管受到社区不同背景条件的影响，相关程度上可能存在一定差异。此外，在大量劳动力人口的流出社区与流入社区，居民的社区意识（归属感）情况则比较复杂。

4.3　社区认同的概念

社区认同（community identity），指的是某一社区的成员或外部社会对这个特定社区的成员身份、社区特征的认同，社区认同通常随着时间的流逝而真实形成，而很难从头开始创建这种标识。因此，了解并保护社区的重要特征非常重要。

社区认同定义并塑造了社区的内部动力。个体居民在社区中存在浅层和深层的社区联系，培养与社区的深层联系是建立社区认同的基础。在一个高度重视个人主义的社会中，建立积极的社区认同的能力与建立自我认同一样重要。社区认同本质上是将个体成员嵌入某个特定的社会时空环境，并可成为社区成员身心安宁或精神秩序的锚固点，也就是用社区价值来抗衡社区外部世界的不确定、不稳定性，这也与后工业社会重拾社区价值的趋势一致。

4.4　社区认同的建构要素

建构社区时间与空间的延续感和连续性，是社区认同的基础。与建构社区认同相关联的要素众多，包括社区的空间场所、社会身份、生命周期、经济价值、历史以及主体的角度等。所有这些要素都可归入社会、时间与空间维度。对于特定社区来说，有时仅仅突出地具备其中一个要素，也足以使社区成员或社区外部世界对其产生认同感。

4.4.1　社区认同与空间场所

社区认同是一种主观情感选择，是个体与社区联系程度、对社区价值肯定程度的反映。对儿童来说，意味着长大后对社区的记忆，知道自己是谁，来自哪里，以及属于哪里。儿童时期的价值判断标准尚未社会化，原始情感比重较高。许多家长致力于为孩子提供尽可能多的社区"深度"体验，参加社区的户外游戏活动，与社区内的同龄儿童成为伙伴等，这些都有利于帮助儿童建立社区认同，并使他们终身受益。

对成年人来说，情况则复杂得多。更多时候，居民对社区的认同包含了对于社区区位、资产资源、环境风貌等社会空间综合条件的理性思考与选择。具体如社区

图 4.11 楠溪江畔的芙蓉村社区（浙江省温州市永嘉县岩头镇）

在城市中的地段优劣、住房价格高低、社区声誉好坏、交通出行便捷与否、服务设施配置完善程度、生活成本高低、邻里素质与关系如何等，都是影响居民对社区认同的因素。社区认同在居民迁移决策中最能集中表现，对社区认同度低的会迫切希望逃离社区，反之则会对社区有留恋之意。

在传统乡村社区中，尤其是在那些经过精心规划和保护的古村落中，村民的社区认同通过村庄的空间场所充分反映出来。公共设施无论是建筑质量还是建造水准都属于村庄中的上乘之作，结合公共设施和自然条件形成的公共空间也都富有特色，村庄的公共设施与公共空间在很大程度上决定和维系着一座村庄的社会空间秩序。这些传统的公共设施包括了庙宇、宗祠、戏台等，公共空间则可以是村头空地、河口、井台、桥廊等。这些公共设施与公共空间的存在，在乡村生活与社会交往方面发挥着重要作用，起到了加强地方感、统一信仰、团结情感的纽带作用，正所谓"村村皆有庙（阁），无庙（阁）不成村"。浙江温州永嘉县芙蓉村的芙蓉亭上悬挂着一条庆贺本村学子考入大学的横幅（图 4.11），这一场景恰似古训"耕读传家久，诗书继世长"在当代社区生活中的延续与传承。

在更微观的层面，社区认同与居民在社区中的位置也有关系。社区内场所的可达性在一定程度上反映了社区社会活动的重要性，住宅到重要公共建筑（例如祠堂）的距离设定是家族对于场所可达性及家庭在社区中位序的反映。在浙江黄岩乌岩传统乡村社区中，各户住宅到村庄祠堂的路径距离计算结果可以揭示村民生活场所和公共祭祀活动之间的户外空间关系[①]。

社区中的纪念场所和仪式则可以将普通社区居民与整体社区乃至社会紧密地关联在一起，由此形成的"集体认同"可以显著地呈现为一种超越个体经验之上的地

① 杨贵庆，蔡一凡. 浙江黄岩乌岩古村传统村落空间结构与家族社会关联研究 [J]. 规划师，2020（03）：58-64.

图 4.12　电影《八佰》中的"四行仓库保卫战"

方主义乃至爱国主义。例如上海静安区下辖的北站街道（原闸北区下辖街道）内的四行仓库旧址，是"四行仓库保卫战"真实历史事件的发生地——在抗日民族统一战线和全面抗战背景下，1937 年"八一三"淞沪抗战后期，中国军队第 88 师 262 旅 524 团 1 营 420 余名官兵（外界称"八百壮士"）奉命固守四行仓库，英勇抗战。随着电影《八佰》热映（图 4.12），四行仓库旧址及其西侧新建成的四行仓库纪念馆与晋元纪念广场的凭吊游客骤增，游客们自发的凭吊仪式强化了这一旧址作为爱国主义教育基地的功能，也使得当地社区获得了来自社区内外的更大的社区认同。

4.4.2　社区认同与社会身份

社区居民的社会身份也是形成社区认同的重要因素。这涉及空间的社会属性问题，谁来使用它决定了空间的文化意义，这意味着一群人和某个空间形成的固有联系。人们常说故土难离，不但指难于离开故乡的土地，更指向割舍不了与故土上的社区、家乡或祖国的人与生活方式的关联。

一些社区具有鲜明的社会身份，这是由其成员的社会身份决定的。例如中华人民共和国成立后，于 20 世纪 50 年代在一些大的工业城市建成了大量工人新村社区，当时以及以后的居民对这类社区的认同，重要原因是社区居民的工人阶级身份。如下文呈现的上海的工人住宅新村：

在全国重生产轻生活、优先发展重工业的战略思想指导下，上海市委和市人民政府贯彻为生产服务、为劳动人民服务，首先为工人阶级服务的方针，有步骤、有计划地解决工人住宅问题，着手兴建工人新村。但是，上海的住宅建设以政府统建为主，单位自建所占的比例很小。而且，新建住宅区是结合市区工业分布和职工就近工作、就近生活的要求来确定布局的。20 世纪 50 年代初期在沪东、沪西等工业区附近兴建两万户工人住宅。……20 世纪 50 年代后期到 60 年代初期，为配合近郊工业区的开辟及卫星城镇的建设，在近郊区和卫星城镇"成街成坊"地建设了大批住宅新村。

从居住主体来说，这一时期上海新建工人住宅区之间的差异不大，由于业缘关系人们聚居在一起，会表现出一些与职业、受教育程度、生活方式相关的共同特征，但不足以归入单位制引起的居住隔离。如第一个工人住宅新村——曹杨新村，第一批入住的是沪西地区纺织、五金系统的部分劳动模范和先进工作者。20 世纪 50 年代后期至 60 年代初，在近郊工业区兴建的工农新村，原来是上海柴油机厂、化工研究院、港务局、水产局的职工宿舍，因与农村相连故名工农新村。由此可以看出，以统一建造为主的住宅建设方式对于融合跨行业的职工的居住是有益的，避免了住宅区的单一的社会构成和由此引起的居住隔离。

——黄怡. 城市社会分层与居住隔离 [M]. 上海：同济大学出版社，2006：149.

如果说工人新村社区中，第一代工人居民为他们的工人身份而骄傲的话，随着时代的变迁和社会经济整体环境的改变，第二代居民则为他们消隐的工人身份而倍感无奈，对社区的认同也建立在更为务实的基础上。第一代（新村）工人对新村的归属感来自对"新村工人"的身份认同，第二代居民则更加看重新村 60 年形成的社区资源，尤其是在单位制解体和失去工作岗位之后，缺乏经济和社会资源的第二代工人只能依靠家庭和社区网络来维持他们的日常生活。这些社区网络包括亲属、单位同事、邻里提供的生活帮助和就业信息，新村周边价格便宜的生活服务设施（菜场、理发店、浴室、餐馆等），以及 20 世纪 90 年代后期在新村兴起的各种互助组织（如癌症协会、宗教团体）[1]。

上文提及的曹杨新村于 1952 年建成，作为上海解放后兴建的第一个工人新村和中国工人阶级翻身当家作主的标志，曹杨新村接待过来自波兰、德国、古巴、巴基斯坦等国家的代表团的参观访问，改革开放以后，曹杨新村开始向普通外国旅游者开放，成为世界了解中国，尤其是了解中国普通百姓生活的一扇窗口。对于曹杨新村的第一代工人居民来说，他们对自己的社区有着高度的社区认同。整个城市以及更广泛的外界对于曹杨新村也形成了较高的社区认同。

此外，曹杨新村是经过规划的，由同济大学金经昌教授借鉴了现代主义规划思想设计而成，作为中国第一个现代意义上的住宅区规划，在专业圈内具有高度的认可。2004 年曹杨一村被上海市规划局列入"上海市第四批优秀历史建筑"，具有特

---

[1] 杨辰. 从模范社区到纪念地——一个工人新村的变迁史 [M]. 上海：同济大学出版社，2019：133.

定的历史文化价值。但是普通的社区居民对于建筑的专业价值往往缺乏足够的敏感，与其说是对建筑历史价值的认可，毋宁是说作为生活环境，邻里交往的场所，它承载了居民漫长的生活记忆。

由于社区认同与社会身份的对应关系，当原有的单位社区空间置换成自由买卖的居住空间后，虽然空间还在，但是只剩下了一个舞台布景，舞台上的角色已经更换，原先的社区认同也就难以维系。城市里大学的教职工社区典型地存在这种变化。例如同济新村原本是同济大学的教职工社区，与同济四平路校园一路之隔，但是作为售后住房上市后，如今原先的教师居民已为数不多，住房大多被出租或转售，社区物业虽然正常运行，但早已物是人非，知识分子社区的认同感不复存在。

4.4.3 社区认同与生命周期

社区认同与居民个体的经历不无关联。居民及其家庭进入社区的时间点，在其个人或家庭生命周期中的阶段，以及居民在社区中的居留时间长度，对于社区认同也有很多影响。通常，处于儿童时期与老年阶段的居民日常在社区停留的时间较长，对社区有更多的认同感。此外，在某一社区中经历步入工作岗位、结婚、生子等重要人生事件的居民，对社区的认同感也相对较高，对社区的认同某种程度上包含了居民对以往生活经历的怀念。

无论是城市社区，还是乡村社区，那些存在较高社区认同的社区都具有一些共同的特征，即社区居民在工作场所的人际关系与生活空间的人际关系是基本一致的，换句话说，围绕着社区居民们形成了相对稳定的社会网络。空间场所与社会网络共同促进建立了社区认同。这种社区认同在许多工矿城市社区、城市企事业单位社区里都有广泛的基础，在文献中也有许多类似的结论。

4.4.4 社区认同与经济价值

社区的经济价值或经济地位也是影响社区认同的现实因素。社区的经济状况通过社区居民的社会经济地位和社区的物质空间环境以及区位得到体现。富裕社区的社区认同是否高于经济状况相对不利的社区，以及富裕社区的经济资本在社区物质空间环境中如何呈现对于形成社区认同是否至关重要，对此尚无充分的研究文献，但是可以借鉴源于芝加哥学派的社会地区分析法。上海浦东新区金桥瑞仕花园，2010年竣工，小区绿化率达80%，社区内的喷泉、凉亭、桥梁等通过古典风格元素的设计运用（图4.13），加强了社区的"历史感"，当然也提升了社区的房价。社区内部居民与外部人群对该社区形成了以经济因素为基础的社区认同，并相对高于其周边社区的认同度。在此居民对社区的认同，更多的是基于现实利益之考量，而这一现实利益又更多是与经济相关的利益。

图 4.13 金桥瑞仕花园（上海市浦东新区金杨新村街道社区）

　　在美国波士顿市的绝对中心，靠近闹市地区，公园、公墓以及构成市中心社区最初"公地"的一块 48 英亩的地区从未被开发，一直保留作为非经济用途。1945年沃尔特·菲雷（Walter Firey）发表了关于波士顿土地使用的研究成果，题目为"作为生态变量的情感和象征主义"[①]，他指出，"情感"和"象征主义"是重要的生态因素，它们影响城市空间的发展模式。这片非经济用途的"城市情感象征"区位却意味着高度的经济价值，并由一个被称作灯塔山（Beacon Hill）的上层阶级的居住社区充分彰显（图 4.14—图 4.16）。灯塔山堪称波士顿的象征；而灯塔山社区环境静谧、尺度宜人，有着砖砌的人行道、老式煤气灯式样的路灯，装饰豪华、精心维护的住宅带有凹入式的门廊，充满了欧洲风情。这是在此生存和繁衍的富裕的波士顿上流家庭的一个中心地，保持着它的特权地位。在灯塔山社区，社区认同是与社区的经济价值及由此而衍生的社会地位、家庭地位、特权高度一致的。

　　在灯塔山社区的例子中，社区的经济价值与历史价值已经融为一体，对于形成社区认同来说，经济富裕的社区与有历史的社区并不对立，恰恰是，有历史的社区中很多是富裕的社区，富裕的社区中很多是历史相对较长的。因此对于这一类社区的认同，社区居民的功利主义的考量是否超越历史情感因素很难截然剥离；但是如果与曹杨新村社区案例中居民对社区历史认同却难以对社区现状认同的情况对照来看，还是可以清楚地看出社区经济价值在社区认同中的重要性。

①　W. Firey. Sentiment and Symbolism as Ecological Variables[J].American Sociological Review，1945，10：140−148.

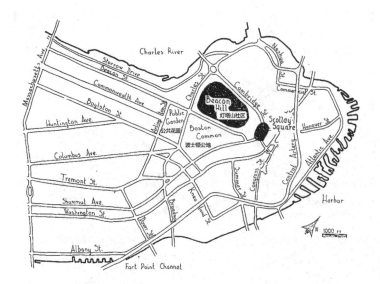

图 4.14　美国波士顿
市中心布局示意

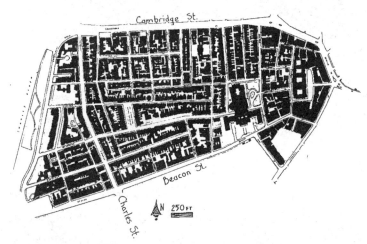

图 4.15　美国波士顿
市中心灯塔山社区平
面示意

图 4.16　美国波士顿
市中心灯塔山社区

图 4.17　上海市静安区南京
西路街道社区的新式石库门
里弄

4.4.5　社区认同与历史

在乡村社区中，社区认同很大程度上以社区的历史秩序为基础。家族谱系尤其意义显著，辈分排位、辈距等家族社会结构因素，以及传统观念、房族规模大小等，在社会经济地位之外，影响村民的社会行为特征。家族成员之间除了血缘联系外，通过共同信仰相互约束和联系。旧时的宗教礼俗传统中，单姓的家族村落重视以祠堂作为家族权利和纽带的载体，这种空间所体现的意识形态是在特定时期形成的，同时在单姓家族中也是群体意识形态的体现。祠堂是乡村社区历史的物化象征，例如婺源县东北 28km 的汪口村俞氏宗祠[1]。

由社区历史产生的社区认同，不仅存在于社区内部的精神，而且存在于外来者的情感中，并可能成为社区的文化资本，带来广泛的文化旅游效应。例如，上海市静安区的南京西路街道社区，就城市历史来说是有重要地位的，作为曾经的公共租界地区，街道社区范围内拥有欧陆古典式、西班牙式、中国传统式等风格各异的众多历史建筑，包括马勒别墅、静安别墅、张园、四明邨、慈惠里等，吸引着慕名而来的市民和游客前来探访（图 4.17）。

鉴于社区历史对社区认同的重要意义，在当前的城市更新和乡村振兴中，保护和延续社区的历史成为城乡社区建设的重要任务。一些社区空间更新项目，虽然项目就商业价值和城市片区发展来说是非常成功的，但对于社区历史本身的文化承载还是有遗憾的，在实际操作中需要把握好社区的商业价值追求和历史文化意义的平衡，因为社区认同的构建是缓慢而不易的。

---

[1]　俞氏宗祠是始建于清代的家族祠堂建筑，属于俞氏家族祭祀祖先和先贤的场所。由朝议大夫俞应纶（正三品）入宫后省亲回乡时捐资兴建，是一座以细腻的木雕闻名于世的祠堂，现为江西省文物保护单位。

4.4.6 认同者的角度

社区认同还涉及主体的角度。社区认同主要关乎社区内群体对自身社区的认同，也涉及社区外部的社会对某一社区的认同。在没有生活体验的条件下根本不可能去讲认同，因此简·雅各布斯（Jane Jacobs）在写作《美国大城市的死与生》时，其写作角度并不是职业的规划师或城市管理者（她确实也不是），而是普通的城市居民；不是基于官僚的或墨守成规的城市空间塑造者的角度，而是基于有诉求、有批判精神的城市空间使用者的角度，这也是此书获得社会广泛认同的真正原因。

因此，城市管理者对管理对象的认同，规划师、建筑师、景观设计师对设计对象的认同，是社区治理、社区规划的前提与价值基础。这种认同，来自对社区可见的物质形态与不可见的精神状态的整体认知与深入理解。而且必须意识到，服务于社区居民才是城乡治理、城乡规划的根本目标，让社区居民认同的发展才是高质量的发展。

社区认可的核心内容与社区的"文化本位"密切相关，简单地说，文化本位是社区的主要文化特征。吴文藻曾将这个文化本位定义为"文化的重点"，他指出，"在考察某一社区之初，所必先试用的有效策略，便是探索那实在的文化重心。功能的任何一方面，或多方面，都可以为文化的重心。普通功能与结构两方面的重心是合一的，譬如以宗教为本位的社区，其意识形态必偏于精神方面；以知识技术为本位的社区，其意识形态，必偏于物质方面。总之，各社区的文化重心不同，组织材料应以本社区的文化重心为出发点。"[①] 职业的规划师或城市管理者应该努力理解社区的"文化本位"，尽力捕捉与保护社区的主要特征。

社区意识与社区认同是社区成员互动与交流的心理基础，是社区组织也是社区建设、社区发展、社区振兴等的心理基础与精神支撑。一个社区意识与社区认同强烈的社区，往往是一个拥有丰富社区历史与记忆的社区。

4.4.7 社区认同的定量分析

由于整体上与社区相关的概念性困难，以及对个人层面心理变量的限制性强调，社区认同这个重要研究领域长期未能产生切实可行的测量和比较分析手段。20 世纪90 年代，英国学者约翰·帕迪福特（John E. Puddifoot）通过对英国社区认同的广泛研究，确定了社区认同的一些维度，他将社区认同划分为"居民对社区生活质量的评价、居民对社区情感联系的感知"等 14 个维度 [②]。国内学者在此基础上通过定量分析的手法提出了社区认同量表的两个维度（功能认同和情感认同），认为社区认同

① 吴文藻. 人类学社会学研究文集 [M]. 北京：民族出版社，1990：223.

② John E.Puddifoot. Some initial consideration in the measurement of community of identity[J]. Journal of Community Psychology，1996，24（4）：327–336.

与社区参与、邻里互动、人际信任、幸福感等紧密相关 ①。国内社会学学者对社区认同的研究涉及普通城市社区、老旧里弄社区、乡村社区、少数民族社区及单位制社区等类型，而规划领域对社区认同的研究相对较少。

第 5 节　社区的历史、记忆与意象

社区历史、社区记忆是文化人类学、历史学的主要研究内容，城市意象是建成环境领域学科的主要关注。本节对应于第一篇"认识社区"的社区文化要素（第 3 章），对应于第三篇"规划社区"的社区公共场所规划营造与活动策划（第 7 章）。

5.1　社区历史与记忆

历史与记忆有着密不可分的关联性，可以说，历史本质上也是一种记忆，只是对二者考察的角度和出发点有所不同。社区的历史与记忆则更是水乳交融。

5.1.1　社区的历史

在现代学术框架内，历史是一个复杂的概念，一是指那个过去的存在（past being），二是指文字记载的历史。社区历史是社区的发展在时间维度上的整体呈现，是社区政治的、经济的、社会的、宗教的、文化的与精神的要素的综合史。对一个特定的社区来说，社区历史是从其形成开始，由不同时期的人、物、事（件）整体构成的。

如果着眼于社区概念中的空间地域范围，那么社区的历史应该是连贯的，直至其中不再有人类活动，包括以居住为主的活动，或者当土地使用性质或功能类型发生变化时可能出现的生产活动。如果着眼于社区概念中的人群，大体包括下述三种情形：最初的群体共同创造了社区的部分或整体历史；对于中途进入的成员来说，以往的社区历史更多是一种地方知识的传承；对于中途离开社区的个体来说，他 /她仅参与构建了社区的部分历史。

社区的历史可以通过社区的史书、方志、年鉴记录下来，20 世纪早期中国的社会学者曾强调社区史、社区志的研究，通过理论联系实际，探索社会学中国化的道路。社区历史还可能以故事、传说的形式流传，包括人物传说、地方传说、史事传说、风物传说等，性质上可归类于民间口头散文叙事文学，一般意义即指传述者自己并未亲历、而仅为耳闻的故事。另一种是口述史，一般是讲述者对自己亲历的事情的回忆。传说和历史有时纠缠在一起，历史文本中也记载有传说。

---

① 辛自强，凌喜欢. 城市居民的社区认同：概念、测量及相关因素 [J]. 心理研究，2015，8（5）：64-72.

5.1.2　社区历史记忆

社区历史记忆有着丰富的概念内涵、特殊的属性与价值，以及独特的表达。

（1）历史记忆的概念与内涵

历史记忆（historical memory or memory for the past）指的是个人或集体对过去的记忆。社区历史记忆，包含了狭义和广义两个层面，狭义的是指社区成员基于集体层面对于过往社区日常生活和重要事件的记忆，记忆的内容可以是与社区相关的人、物、事件、场景，甚至于气味、色彩、情感等，着重强调与社区主体特征的直接关联；广义的则还包括与社区相关的、在时间上更久远的、通过口头流传或书面记载的传闻典故或史实带给人们的较为持久的心理识记与回忆，更强调与社区自身地理、场所与空间特征的关联。在认识论层面，历史记忆实际上是历史与传说二者之间的一个桥梁，或者说是二者背后的共同本质。因为无论是历史还是传说，它们的本质都是历史记忆。

历史记忆是对于过去的记忆，历史本身就具有明确的时间指向。历史记忆也直接显示或潜藏着与空间、地点及至地域相关的特征，因为所有的事件都必然发生在特定的空间环境里，所有的人、物也都存在于其中，甚至于对味道的记忆，似乎是感官的，却也可能与空间、地点联系起来，例如法国作家马塞尔·普鲁斯特在其著作《追忆逝水年华》中从对玛德莱纳小甜饼味道的回忆引出了对于孩童时代生活过的社区场所与城市的记忆[①]。普鲁斯特的记忆原本属于个体记忆，进而成为某地的历史记忆。这一切足以说明普遍的记忆与空间场所的关联，在历史记忆中蕴藏着地域的维度。

（2）社区历史记忆的属性与价值

社区历史记忆更多是一种集体记忆，是社区内的成员对与本社区相关的历史的记忆，包括了这样的情形，即在社区的历史上发生过，或者在社区存在之前在社区所处的特定空间领域内曾经发生过，而社区居民可能都并未经历，因而社区历史记忆具有下列属性：①具有一定的空间属性，与社区的物质环境边界或特征密切关联；②具有一定的社会属性，不但个体对历史事件的记忆具有社会性，而且极可能社区群体当中对某一事件的记忆大体上是相同的，这是因为在很多时候，集体记忆是一个社区群体当中表达能力较强的个体的记忆被大家接受认可，进而强化成为共同的

---

① ……一旦辨认出姨妈给我吃的在椴花茶里泡过的小玛德莱娜的味道……那座临街的灰色老房子立即浮现在我的眼前，就像是舞台上的布景那样，姨妈的卧室就在这栋房子中临街的那一侧，而房子的另一面则连接着一个小楼房，朝向花园，那是为我的父母亲特意在老房子后面建造的……随着房子而浮现出的，有城市，从早到晚的、时时刻刻的城市景象，有广场，他们打发我去那里买东西，有一条条的道路，天气晴朗时我们就去那里散步。还有……我们花园中所有的鲜花，以及斯万先生大花园中的鲜花，还有维沃纳河上的睡莲，还有村子里善良的居民，还有他们小小的住宅，还有村里的教堂，还有整个的贡布雷，还有它周围的地方，所有这一切，城市和花园，全都渐渐构成形状，变得坚实起来，从我的茶杯中飘了出来。

记忆。③具有延续性和传承性。个体的自然记忆时间跨度受生命周期的自然限制，在个体自然记忆的制约之外，可以通过集体记忆的创造、再现、重构等不同方式不断传承、延续历史记忆。历史记忆的载体可以是史料文献，也可以是传说、故事、曲艺等口头文艺形式，还可以是具体的物质空间载体。

社区历史记忆某种程度上也是社区历史的一部分，并且使社区历史在其本体之外呈现出更多的丰富性和复杂性。因此社区历史记忆几乎同社区历史一样赋予社区厚重的根基感，有的还可以增添社区居民的自豪感。但是记忆和身份认同本身是十分主观的，可谓因人而异。因此也存在一种倾向，即只有那些得到集体认同的个体记忆才能进入社区历史记忆，流传下来的社区历史记忆基本上是亲和性选择过的某些历史记忆，像人物传说、地方传说、史事传说、风物传说等常常免不了美化或夸张。至于对工人新村的历史记忆的梳理，则是对特定时期国家与社区关系的探讨，是试图把新村的历史变成国家历史的缩微，是力图用一个地方史隐喻一个跨地方的历史进程。

5.1.3 社区历史记忆的表达

社区历史在当代条件下有其独特的表达。只要记忆在，过去就不会消失。20世纪70年代在美国加州伯克利市创办了第一个针对社区的BBS——社区记忆（Community Memory），社区成员可以在当地的两家商店和公共图书馆利用公共电话网络进入这个BBS，并且花费很低的费用在上面浏览和发布信息。社区网络是免费的或者费用很低，其运行和管理主要依赖公共机构（如图书馆和大学）、非营利组织、地方政府和志愿者，其首要目标是为当地社区提供支持，建立包含本地区丰富信息的在线信息中心。

对于社区历史的态度，可以采用通俗的口号式表达：不让历史溜走！具体的手段包括：①社区历史记忆的挖掘梳理。在社区概况调查中搜集和整理有关社区的史地背景、地区或社区习俗、冠婚丧祭诸礼俗（主要就乡村社区来说）、节序、文化娱乐、卫生教育、社区人口、社会组织、社区产业（家庭手工业）、宗教、信仰、教训及仪式等方面的大量资料。更重要的是，社区的历史记忆能够通过具体的社区日常空间予以"物化表达"，即在社区中尽量能够发掘一些重要的旧址或遗迹。②社区中历史记忆主题的素材征集活动。征集内容可以围绕地区内历史上的空间环境风貌，要求能够反映地区内各类建筑物的历史旧貌、历史演变、位置布局、风格特点等。其他的征集内容还包括相关的重大事件、趣闻逸事、民间工艺、民俗风情、社会生活等历史信息。通过社区成员参与对社区旧址上的文史线索情报的收集，有助于挖掘、修复与重构社区的历史记忆。

社区规划中的社区日常空间与历史记忆，本质上是在探讨社区日常空间的即时性与历时性的共存，或者说社区历史记忆的现实空间的呈现与感知空间的表现，尤其是在当前城市更新的商业开发运作模式和快速的城市建设背景下。大多数的现实是，以改善居民的生活居住环境为缘由，城市旧区成片被拆除，居民大量被动迁，日常生活空间被抹除，社区历史记忆被中断。无论从城市空间和时间的延续性来讲，这种模式的不合理是显而易见的，充分反映出非居民的行动者们对于社区日常空间及历史记忆的忽略或极度不重视。而在社区规划中，社区日常空间与历史记忆的保留，对社区这样一种独特的社会生命体的发展具有至关重要的意义。

5.2 社区意象

社区意象既是社区形态的整体感知，也是社区历史的空间载体。在社区规划中对社区意象的精心塑造和维护，可以维护和增强不同社区的城市特征。

5.2.1 社区意象的概念

借用凯文·林奇在《城市意象》一书中确立的营造城市意象的 5 个元素，社区的意象也可以由路径、边界、区域、节点、标志物构成。社区的结构与个性差异产生了社区各自独特的意象。例如当上海人提到淮海路上的社区时，人们脑海里浮现的是两侧栽种着葱茏的法国梧桐的林荫道、质量良好的住宅。这个意象的产生既源于实际景象，也与其法租界的历史相关联，可以说，社区历史赋予了社区空间意象以时间的进深感（图 4.18）。

社区意象是社区经由物质的、非物质的意象的综合呈现。物质的意象如建成环境，是可以接触的实体；非物质的意象就是文字、传说、壁画、插图等，是通过视

图4.18 老上海淮海路步高里的意象

觉、听觉等感知建构出来的社区。具有一定历史的意象常常被视作文化遗产，当与社区物质的、非物质的意象对应起来时，就是社区的物质文化遗产与非物质文化遗产。城市和乡村社区的意象，既包含了那些和普通百姓生活息息相关的、与鲜活的日常生活有关联的空间社区意象，还蕴含着那些凝聚在这类历史性空间后面的深层文化意义、情感价值与思想投射。

5.2.2 社区意象与社区历史

学者看待历史有不同的角度，有的定义历史为分析，有的定义历史为叙事，还有一种是让历史复活。朱尔斯·米什勒[①]对于历史的核心态度"让历史复活"相对更适用于社区历史，按照米什勒的理解，档案馆的"这些文献不是文献，而是人们的生活、各省的生活、民族的生活。"问题是，如何让社区历史复活？

社区意象是一种有效的手段。社区意象可以成为社区历史记忆的空间载体。历史记忆和空间环境之间存在着较为紧密的关系。历史记忆如果能在具体的物质形态和空间环境中有所附丽，则历史记忆不太容易中断，所谓抚今追昔、凭吊怀古，物质形态空间起到了历史记忆激活器的作用。如果与历史记忆相关的痕迹能在同一个空间形态里（例如社区）不断叠加，不同时期的空间变化能够以各种各样的方式留存延续，则历史记忆就实现了在同一空间中的历时性共存，社会生活的延续性也得以充分体现。

反过来，如果物质空间要素是历史上留存下来的，并且凝聚了集体记忆的特征，则很容易成为社会心理上的地标。留存的物质空间环境不仅支持了对历史的空间想象，空间本身也在对历史的想象中延续了历史的内涵。那些在岁月中销蚀的历史上的空间，它所承载的历史记忆须得借助其他形式上的流传（文献史料、传说故事、习俗仪式等），否则历史记忆也可能与空间一起逐渐湮灭。

社区意象的塑造以社区文化遗产挖掘与保护为基础。对于社区内一些特别有纪念价值的建筑，即使变成了废墟也有保护的必要。一些历史积淀下来的空间符号，一旦空间载体不复存在，它蕴含的文化意义也就被一次性地抹杀了。

5.3 社区历史记忆与日常空间意象

社区历史记忆是关于社区乃至社区形成之前该地区的历史、特征的记忆留存，这意味着社区历史记忆中可能存在着与当地绝大多数居民日常生活无关的内容，或者与部分居民（例如不同时期搬迁到社区的居住者）无关的内容。鉴于历史记忆的

---

① Jules Michelet（1797—1874），法国著名历史学家。

鲜明的时间维度，以及个体记忆在时间进程中的不稳定性，"把时间赋予形体，不仅是对美，也是对记忆的追求。因为没有形体的东西是抓不住也无法记忆的"①。而特定的社区历史记忆是否与社区中的空间要素形成关联，亦即社区历史记忆有无以物质形态客观存在的空间载体，对于这部分社区历史记忆的传播和延续至关重要，因为在没有生活体验、没有具体认知的条件下，社区居民根本不可能去认同一段社区历史（记忆）并内化成为他们自己的记忆。

因此，社区历史记忆的留存与传播有赖于在社区中留下记忆的痕迹——社区日常空间及景观，那些有着连续完整的历史记忆的社区，必定是那些日常空间要素特征保留完好的社区。但是由于时代的变迁，很多的社区物质空间要素未能完好保存，那么借助于一些物质形态的手段保留记忆也是极为必要的，诸如一块名人故居的铭牌、一段残垣断壁、甚或一棵古木，对于丰富社区日常空间的历史记忆与文化内涵也是大有裨益的，这些痕迹、纪念物不是记忆的"手段"，而是记忆的"化身"。例如上海市静安区静安寺街道社区的愚谷村，这里有中共中央上海局机关旧址，也曾是20世纪许多文化界名人的居住地，愚园路上愚谷村入口处墙壁上的各式铭牌也铭刻了社区不同时期的历史记忆（图4.19）。

社区历史的意义及书写、呈现与修复，在两个层面上进行，物质环境层面和非物质层面。文字、影像都是有效的手段，当然物质空间的手段更实在，可触及。社区规划可以成为营造社区记忆的环节之一，即成为城乡与社区记忆的规划书写手段。项目规划的实质是通过更新改造，将社区的历史记忆转化为可以标识历史的具体物

图4.19 愚谷村的机构旧址和名人故居铭牌（上海市静安区静安寺街道社区）

① （德）G. 奇美尔. 桥与门——奇美尔随笔集 [M]. 涯鸿，宇声，等译. 上海：上海三联书店，1991：73-74.

质空间形态。对于城市和社区日常空间与生活的尊重,与对于城市和社区历史记忆与特定历史文化价值的关切,在本质上是统一的。

 小结

　　对于并非自然形成的社区来说,社区服务是让社区成员感受到社区、产生社区意识的功能基础。社区服务应能覆盖社区所有人群的需求,故而社区服务内容日渐呈现复杂性和多样性,社区服务设施和服务机构也在实践中不断创新,灵活求变。社区养老设施和养老服务是当前社区服务中的典型类型。社区建设是手段和途径,社区发展是目标和结果。社区建设与社区发展相互联系,主要表现在:二者都是一个有计划的社会变迁过程;二者都是一项全方位的社会系统工程;二者都强调政府行为与社区成员参与的有机结合;二者所服务的对象包括全社区的居民,并致力于社区居民的社会福利;二者都注意发现和培养社区领导人才。社区建设涉及具体的物质空间建设,包括社区公共服务设施、住房和社区公共空间。社区发展具有实在的内涵,体现在社区五个构成要素的实质性提升或改善,包括社区地域特征的强化或地位的提升、社区物质设施的品质提升。我国城乡社区发展有着特定的轨迹,从乡村宗族社区、城市街坊社区,到城市单位社区,再到市场逻辑的社区,随着城乡社会发展而逐渐演变。可持续发展是社区发展的根本目标,以需求驱动的社区发展模式和以资产驱动的社区发展模式是当前的两种模式。社区建设和社区发展都强调居民的社区意识、社区精神的培育,社区意识和社区认同既是社区建设和社区发展两个过程的产物,又会反过来进一步促进社区建设和社区发展。社区认同的建构与社区社会时空的诸多因素相关,在社区规划和建设中对这些因素有意识的强化,有利于社区认同的形成。社区意象的塑造,则有利于社区历史和历史记忆的延续。本章所讨论的社区意识、社区认同感、社区归属感、社区历史记忆、地域性等社区相关要素都是在社区文化这个要素下面,它们之间存在着相互关联相互作用的复杂多重关系。而地方社的持久性(durability)价值是社区文化的根本,并且很大程度上基于与社区空间场所的联系。

 **关键概念**

　　社区服务

　　社区建设

　　社区发展

需求驱动的社区发展模式

资产取向的社区发展模式

社区意识

社区认同

社区历史

社区历史记忆

社区意象

社区价值

 讨论问题

1. 从城乡基本公共服务均等化角度讨论如何进一步提升农村社区服务。

2. 从本专业的角度谈谈社区建设的内容。

3. 选择你熟悉的一个社区，了解其发展历史，分析这个社区发展的路径特点。

4. 建构社区认同有哪些要素？试结合具体案例，分别从空间场所、经济社会、历史人文等角度加以分析。

第 5 章

社区生活的本质与
当代挑战

导读

　　本章主要探究社区在功能、结构、生活与空间形态方面变化的特征与所面临的主要挑战，通过政策、人口、技术、文化等影响要素来阐析社区生活变化与联系的本质，展示了在社区的历史与现在之间、在不同问题与领域之间如何建立动态联系的观点。

　　自 20 世纪 90 年代以来，伴随着我国一系列市场化改革，社会急剧转型，城乡社区生活面临着前所未有的、持续变化的当代挑战。在一个更广阔的视野版图里，一边是乡村地区的空心化、乡村社区的衰落，另一边是城市外来人口社区、出租房社区、拆迁安置社区以及城中村社区的兴起；在一个更纵深的视域，城市中心的老旧社区在城市更新中相继消失，中产阶层的住区次第崛起，社区成为城市空间再生产中阶层特定化过程及其社会物质结果的一部分。在技术领域，覆盖城乡的电商经济，通过人流、物流、资金流、信息流又前所未有地在城乡社区间构建各种联系，形成了前所未有的巨大而潜在的城乡社区网络。

　　城乡社会生活的丰富性在一些方面得到了检验的同时，城乡社区生活也面临着问题和挑战。以下从制度、经济、社会、人口、技术、文化心理等方面剖析社区生活的本质——变化和联系的社区，涉及现代化、城镇化进程中城乡社区生活状态、生存感受、情感世界以及社会面貌的更迭。

第1节 社区职能形态和政策变化

社区的内核是相对稳定的，即某些群体在一定地域内的共同生活；但城乡社区的职能形态、性质却处于动态变化之中，这很大程度上与政策制度、社会经济有关。

1.1 社区的性质与功能变迁

从时间维度上考察，在近40年中，或者说，从20世纪80年代我国民政部推广社区概念以来，城乡社区在性质、功能、规模与结构上都发生了较大的变化。概括起来有以下几种类型：

1.1.1 从单一功能社区转为综合功能社区

城市社区的构成差异较大，有的社区具有突出的城市功能特征，典型的如深圳市福田区华强北街道的社区、南山区粤海街道的社区，北京市海淀区中关村街道的社区，上海市浦东新区陆家嘴街道社区等混合功能型社区；大量的则是以居住功能为主的普通住区。那些具有突出的城市功能特征的社区，在过去的几十年里，经历了较为剧烈的功能扩张变化，从原先的单一功能社区发展成综合功能社区。

例如华强北街道，地处深圳市核心区，是深圳市乃至中国最繁华的街区之一，下辖福强、荔村、通新岭、华红和华航5个社区工作站。1982年，华强北只是荒郊野岭，是政府划拨给中电、赛格等几家央企开发建设的工业区（上步工业区）。1988年，赛格集团在当时7层高的赛格大厦一楼开办电子市场，标志着华强北由工业区向商业区逐步转型。1994年，万佳百货、顺电等零售百货公司相继进驻，华强北也逐步发展成为综合性商圈。随着各地商圈崛起，华强北的光芒似乎开始暗淡。2006年下半年，华强北电子市场的发展提速，以打造中国电子第一街为目标转型升级，并在差异化竞争中重新崛起。2008年华强北商业街被中国电子商会正式授牌"中国电子第一街"，标志着行内确认了华强北商业街在全国电子商业界的龙头地位。

又如深圳市南山区粤海街道，位于南头半岛，深圳湾后湾湾畔，30多年前这里还是一片滩涂，现已发展成高新技术产业聚集区、高校和科研机构聚集区、现代服务业聚集区和新型高端社区聚集区，诞生、成长并走出了华为、中兴、腾讯等众多国内外知名企业。粤海街道办事处成立于1991年2月。1996年，街道辖区面积9.6km²，辖7个社区居委会；户籍人口1.4万，暂住一年以上的外来人口6.2万。截至2017年，街道辖区面积约20km²，下辖16个社区，包括3个农城化社区和13个社区工作站。常住人口24.56万人，其中户籍人口14.48万人。深圳高新技术产业园区、深圳大学、深圳虚拟大学园、南山商业文化中心区、深圳湾公园、深圳湾体育中心都坐落在这里。

随着保利剧院、海岸城等国际一流设施聚集后海，大沙河创新走廊、后海商务金融总部、深圳湾科技生态城、华润总部、大冲旧改等重大工程项目相继建设，粤海已成为人流、物流、信息流聚集的旺区，并跃升为南山区宜居宜业、自主创新的国际化社区标杆。

从上述几个街道案例可以看出，社区所在地区用地性质发生了变迁，功能发生了裂变，而社区则产生了聚变效应。

1.1.2 从乡村社区转为城镇社区

上述从单一功能社区成为综合功能社区的类型案例中，很多同时包含了直接从乡村社区转变为城市社区的类型，即城边村社区转为城市社区。这对应于《乡村振兴战略规划（2018—2022年）》中的城郊融合类村庄，城市近郊区以及县城城关镇所在地的村庄，具备成为城市后花园的优势，也具有向城市转型的条件。一些土地价值较高、土地利用集中的集约型村庄，或是撤村并居的社区，改为城市社区，村民变为城市居民；也有的城边村在城市快速扩张后被包围，成为城中村社区，村民不再从事农业，但仍旧是农民身份。

乡村社区转变为城市社区后，原先的村民除了谋求就业岗位外，很大一部分家庭以住房出租为业，为流动人口提供临时居住地。最引人注目的是深圳的城中村社区，例如深圳市福田区南面的水围村，毗邻福田口岸。村内居住人口以外来人口为主，原村民800余人，外来人口约12万。城中村部分用地面积为4.9万 m^2，建筑面积达27.2万 m^2，容积率为5.5，平均层数8层。经过多年的文化综合场所建设，水围村由过去的小渔村变成了一个环境优美、文化气息浓郁的现代化城市社区（图5.1）。

也有相当数量的"村改居"社区，原本应该是熟人社会，但是由于社区内的利益纷争，往往村庄内部派系复杂、纠纷不断。这给后续社区治理带来了隐患。

图5.1 深圳市城中村社区——水围社区

1.1.3　从农村分散社区转为撤村并居社区

搬迁撤并类社区涉及下列情况：位于生存条件恶劣、生态环境脆弱、自然灾害频发等地区的村庄，因重大项目建设需要搬迁的村庄，以及人口流失特别严重的村庄，通过易地扶贫搬迁、生态宜居搬迁、农村集聚发展搬迁等方式，实施村庄搬迁撤并，统筹解决村民生计、生态保护等问题。

拟搬迁撤并的村庄，原则上严格限制新建、扩建活动，需统筹考虑拟迁入或新建村庄的基础设施和公共服务设施建设。由于各地政策差异，撤村并居类村庄社区具体情况不一样，一般有这样两类：第一类，镇、村统一安排，提供集中建设用地，村民自己建造住房，新建住房在宅基地大小、住宅面积、高度上有严格规定，住宅外观形态也有引导要求。例如上海市崇明区的乡村。在这一种做法下，居民仍有一定的自主性。

第二类，镇村集中建造低层（2—3层）或多层楼房（大多5—6层），村民直接入住。在这一种做法下，居民们有不同的反应。积极的评价比如"能住上这样的新房，过和城里人一样的生活"，"住楼房真好，冬天取暖好，又干净，还通了天然气，做饭烧水都方便！"，"之前村里房屋破败，年轻人在外务工时间长了，看着外面的高楼大厦都不愿意回村了。如今搬进了高大上的住宅小区，变成了人人羡慕的社区人。"[1] 但是也可能面临一些现实的困难与问题。生产与生活空间的分离，导致居民产生了类似上班的通勤需求，因此会出现"骑着摩托去种地"的情况。如果种地的以老年人为主，这种模式的适应性就比较有限。此外，社区生活空间应考虑农业器具的统一安放和管理，避免住户家庭因存放农具的储藏空间缺少而私自占用社区空间[2]。此外，由于经济方面的考虑，撤村并居社区的新建多层住宅基本没有电梯，给老龄化程度较高的乡村社区带来了与城市老旧社区一样面临的缺乏无障碍设施难题。

集中建造楼房类型的撤村并居社区，具备了一定的过渡性质，即从乡村生活方式向城市生活方式的过渡，但城市生活方式的成本需要有经济收入来平衡。因此，地方政府在进行撤村并居的乡村改革行动的同时，必须发挥当地产业优势，拓展二、三产业发展渠道，确保能够直接提供一些数量的二、三产业就业岗位，让社区内的搬迁家庭能够支付得起新增的生活成本。这也对乡村社区的规划提出了要求，即促使地方政府积极探索社区产业、社区就业一体融合模式，并在空间布局上促进产业空间和社区生活空间紧密结合。

山东省济宁市汶上县东北部军屯乡[3]，属于原生农业型乡村。军屯乡撤村并居点

---

① 济宁焦点房产网 . 高高兴兴过大年！锦绣佳苑社区 560 户村民喜迁新房 [EB/OL]. （2019-01-18）. https：//jining.focus. cn/zixun/1a2596403476c184.html.

② 在山东平原地区的农田里，常常设置简易的小平房，用来存放各自的农具。

③ 山东省济宁市汶上县东北部军屯乡，原生农业型乡村，农业生产以平原旱地耕作方式为主。经济相对落后，尤其是乡域内部经济发展动力不足，人口外流严重，常住人口占户籍人口的比例多数村庄达 60% 左右，其中云尾街达 42%；宅基地空置率在 10% 以上。魏艺，宋昆，李辉 ."精明收缩"视角下鲁西南乡村社区生活空间响应现状与策略分析 [J/OL]. 中国农业资源与区划：1-11.（2020-07-30）[2020-11-05]. http：//kns.cnki.net/kcms/detail/11.3513.S.20200729.1731.002.html.

图 5.2　山东省济宁市汶上县军屯乡撤村并居点——锦绣佳苑社区

"锦绣佳苑"社区涉及徐村、白店、齐村 3 个村共计 560 户的安置，村民于 2018 年末选房、装修、入住，老村也复垦回填。锦绣佳苑社区由物业公司提供日常维护服务，水、电、暖、通信等配套设施建设齐全，各项服务设施也都到位。驻地政府发挥当地服装加工的传统优势，在社区内新建服装加工厂，安置社区内有劳动能力和劳动经验的妇女、老人在社区就业。社区食堂设在厂房和住宅区中间，形成了社区内产业、生活融合布局的模式（图 5.2）。

1.2　社区性质与行政管辖变迁

社区的性质、功能与利益也受政策及相关行政区划调整的影响，体现在以下两个方面：

1.2.1　社区的性质与规模定位

2000 年 11 月民政部发布《关于在全国推进城市社区建设的意见》后，开始推行社区体制改革。国内绝大多数城市都按照民政部这份意见的精神，将社区设定在作了规模调整的居民委员会辖区。

（1）街道社区定位的特例

上海的情况是例外。早在 20 世纪 90 年代上海开始社区建设探索时，首先在街道层面进行。1996 年 1 月，上海确定了人民广场、五里桥、新华路等 10 个街道[①]，作为上海城市管理综合改革试点街道。1996 年 3 月，上海召开了第一次城区工作会

---

① 包括人民广场（黄浦区）、五里桥（原卢湾区）、新华路（长宁区）、静安寺（静安区）、豫园（原南市区）、临汾路（普陀区）、长寿路（原闸北区）、殷行（杨浦区）等 10 个街道。

议，正式提出"两级政府、三级管理"的体制构想，给街道居委会界定新功能，形成社区管理建设新体制。将社区定位在街道办事处层级虽然与社区的初始内涵有些不一致，因为街道不是自治组织，却是以实践为基础，以公共服务职能发挥和公共资源配置为出发点，因此民政部同意进行这样的探索，将社区建设在街道（对应于上海城市管理体制中的"三级管理"）和居委会（对应于上海城市管理体制中的"四级网络"）两个层面同时开展。从长期的实践成效来看，街道社区也是与超大城市性质规模相适应、相匹配的有效做法。

（2）完整社区的概念提出

2019年全国住房和城乡建设工作会议提出"完整社区"概念，2020年8月，《完整居住社区建设标准（试行）》由住房和城乡建设部、教育部、工业和信息化部、公安部、商务部、文化和旅游部、卫生健康委、税务总局、市场监管总局、体育总局、能源局、邮政局、中国残联等13家部委联合发布，但是却不涉及民政部，这一做法颇耐人寻味。这部建设标准某种程度上是对全国范围内将社区定位在居委会层面所带来的物质建设制约上的一种纠正。而上海从一开始就经过深入的实践思考，选择了合适的社区层面，因此整体上不存在补短板建设"完整社区"的问题。

在此之前，2014年1月，福建省人民政府曾发布《关于实施宜居环境建设行动计划的通知》，提出在省内打造100个城市完整社区的目标，同年厦门提出将打造6个以上的完整社区示范典型、6个以上的美丽乡村示范村。

"完整社区"的概念初见于2010年上海世博会闭幕日召开的"城市创新与可持续发展"高峰论坛上吴良镛院士的演讲，他指出：

> 社区本身是一个社会学概念，人是城市的核心，社区是人最基本的生活场所，社区规划与建设的出发点是基层居民的切身利益。不仅包括住房问题，还包括服务、治安、卫生、教育、对内对外交通、娱乐、文化公园等多方面因素，既包括硬件又包括软件，内涵非常丰富，应是一个"完整社区"（integrated community）的概念。在社会整体转型的今天，建设"完整社区"正是从微观角度出发，进行社会重组，通过对人的基本关怀，维护社会公平与团结，最终实现和谐社会的理想。
>
> ——吴良镛. 后单位时代需大力建设"完整社区"[EB/OL].（2010-10-31）
> [2020-10-31]. https://2010.qq.com/a/20101031/000379.htm.

作为社会学意义上的社区，与城市居委会和自然村就可以匹配；而作为行政管理学意义上的社区，从行政效率来看，则与城市街道办事处和行政村契合度较好。因此社区性质规模的定义、行政管辖的限定，对于社区的实际存在与运行状态具有相应的结果影响。

1.2.2 社区的性质与附带利益

隶属不同的行政辖区，社区的附带利益也不一样。行政区域的重新划分调整，是城市发展过程中常会面临的情形。由于行政辖区的区位、条件差异，当社区所属行政辖区变迁时，社区不可避免地在相关性质利益方面受到影响。广州、北京、上海等城市都可观察到此类案例。

2005 年 5 月，广州市老四区之一的东山区撤销并入越秀区。东山区曾经是广州最富裕的老城区。合并之后，除了行政管理之外，原辖区内的社区资源利用也出现新的特点，原东山区的重点学校数量最多，合并之后越秀区则占据了广州 80% 的基础教育重点学校。这意味着，隶属于原东山区各社区的基础教育资源可为越秀区各社区拥有。

2010 年 7 月，北京市政府调整首都功能核心区行政区划，撤销东城区、崇文区，设立新的东城区；撤销西城区、宣武区，设立新的西城区。老北京城的四区，区域面积都较小，东城、西城、宣武、崇文四区面积分别为 25.38km^2、31.62km^2、18.91km^2 和 16.52km^2，且南城两个区的经济发展与北城两个区经济发展差距明显[1]。四区合并后，原先各自所辖社区的条件差异趋于缩小，社区公共资源利于整合，区域公共服务的整体性和服务水平可以提升，也利于区域均衡发展。

2016 年 3 月，上海市调整部分行政区划，原静安区和闸北区"撤二建一"，成立新的静安区。截至 2019 年 4 月，静安区下辖 13 个街道 1 个镇，包括静安寺街道、曹家渡街道、江宁路街道、石门二路街道、南京西路街道、天目西路街道、北站街道、宝山路街道、芷江西路街道、共和新路街道、大宁路街道、彭浦新村街道、临汾路街道、彭浦镇。原先两区的邮政编码不变，在各自境内仍保留使用。原静安区位于上海的核心区，是上海面积最小的区，社区福利好。合并后，原闸北区境内的社区住房价格迅速上涨，而新的静安区在社区福利上短时期内极有可能被摊薄。

1.3 社区之间的"人户分离"

由于我国特有的户籍制度，不同区域、不同城市、同一城市的不同地区的人群被分别标签化和赋予了不同的社会地位和经济福利。在大城市内部，户籍人口在市内迁移过程中"人户分离"的现象非常普遍，即户口所在（登记）地与现居住地（特别是常住地）不一致的情况。例如 2012 年上海全市户籍人员中，"人户分离"的达到 490.2 万人，占户籍人员总数的 34.5%。其中在本区（县）内"人户分离"（即户籍地与实际居住区在同一区、县内）的有 306.9 万人[2]。

---

① 孟斯硕. 北京四区合并：宣武并入西城 崇文并入东城 [N]. 第一财经日报，2010-7-2.

② 刘子烨. 上海逾 490 万市民"人户分离" [N]. 联合时报，2012-5-4（1）.

1.3.1 两个"人户分离"的社区

每一个"人户分离"样本后面对应的往往是两个社区，联系两个社区的是人口的流动。"人户分离"整体带来的是社会经济发展、公共资源配置、社区参与、社区管理与决策等一系列问题。例如沈阳市的两个社区，都位于主城区，规模差不多，"人户分离"的情况恰好相反，具有一定的代表性。

沈阳市和平区和平新村社区，交通便利，周边配套齐全。社区有9000多名居民，辖区内多是老旧小区，社区中60%的居民"人户分离"，大多是"户口在人不在"。社区内住房为学区房，有对应的中学、小学，所以很多人买房落户只是为了让孩子上学，实际并不在此居住。"家长提前两三年买房，然后把房子租出去，等孩子一上学，就转手把房子卖了。虽然是老房子，但这里的房价，每平方米能达到1万多。"因为和平新村社区内实际的居民多是租客，社区开展活动居民不愿参与，社区也很难掌握居民的真实情况。"一个院里可能只有十多个'坐地户'，社区开展活动都是六七十岁的老人来参加。"这也符合市中心地区老社区中"人户分离"的一般过程，总是较年轻的人口率先迁居，而原户口登记地则多由家庭中的长者继续留守。

沈阳市沈河区松泉社区也有9000多名居民，辖区内有别墅、商品房、单位职工住房、弃管楼，社区中30%的居民"人户分离"，大多是"人在户口不在"。一部分是动迁之后来社区居住的，但是户口没有迁过来；一部分是"挂户"的，"比如原来的房子卖了，为了孩子上学等原因，户口还在原来的房子那边。或者户口落在父母的房子那边。"另外，松泉社区离浑南不远，"户口在浑南农村的村民，虽然已经搬到城里生活，但是他们并不想失去土地，所以并没有迁户口。"还有一些外地打工者在社区租房[①]。

1.3.2 "人户分离"社区的管理

"人户分离"现象的形成原因较复杂，在社区层面，这是由社区的区位、性质、与户籍相关的附带利益、住房条件等因素的多重不一致造成的，而主要是随着城市层面的更新改造、拆迁以及中心城人口的郊区化扩散进程呈现出来，也与个体及其家庭的移居、择业、就学等活动密切相关。

对于"人户分离"的社区来说，其日常管理面临着挑战，需要在社区人口登记、服务需求、参与范围、社区建设与发展方面采取相应的应对措施。例如自2011年开始，上海的若干街/镇社区，像杨浦区五角场镇、宝山区庙行镇、大场镇，嘉定区马陆镇、安亭镇等，都开展了本市户籍"人户分离"人员的居住地服务和管理试点工作，在社区事务受理中心设立居住登记窗口，市民在居住地办理居住登记后，就能享受与民生有关的公共服务。2012年，上海建立起本市户籍"人户分离"人员

---

① 两个社区近2万人超3成"人户分离"[N].沈阳晚报，2015-6-18.

居住地服务和管理的长效、常态工作机制，以区（县）内的常住人口为基数，配置相关的公共服务资源，并将这项政策纳入区（县）社会事业发展整体规划。

1.4 社区职能的演变

马克·戈特迪纳与雷·哈奇森曾这样论述美国社区的职能，"社区被最佳地描述为大都市区域的一个地区，至少有一个机构把重心放在地方的福祉。……内城地区一律地由城市规划师和政府官员提供了一个社区结构。……城市的这些部分包含了街区委员会、地方规划机构、政治行政区和强大的宗教机构。所有这些要素都有助于创造一个社区，具有当地居民承认的名称和政治影响。"① 由此看来，社区必须将地方的福祉作为最主要的职能，这些职能由不同的机构来承担。

在我国，自从民政部在全国推行社区体制，经过30多年的探索发展，社区职能在制度设计、机构、主体各方面正日趋完整，但仍然存在一些过程中的问题。

1.4.1 我国社区职能的国家与地方法规

在我国，关于社区职能，国家和地方都制定了相应的政策规章。在国家层面有推进社区建设、开展社区工作的方式以及社区工作职责安排的政策意见；在城市层面，分别有针对社区工作站的管理办法（深圳），社区工作者的管理办法（上海、太原、成都），社区管理（北京）、社区建设和社区发展治理（成都）的规定条例等，有些处于试行阶段，也就是关于社区履职机构、履职主体以及履职内容的法律规章的探索。由于存在街道社区和居委会社区的区别，因此国家层面有针对城市居委会组织的法律，部分城市（如上海）有针对居委会工作的规章（表5.1）。

1.4.2 社区职能机构形式

各地在社区履行职能的机构模式上有差异，涉及社区管理、治理的体制与机制。以下是三种具有一定典型性的社区履职模式：①"街道办事处—社区工作站/居委会"模式，或称之为"深圳模式"；②"街道办事处/社区—居委会"模式，或称之为"上海模式"；③"街道办事处—社区中心—居委会"模式，可称为平顶山模式。这三种模式在实践中形成了各自的特色。

（1）深圳模式："街道办事处—社区工作站/居委会"模式

社区定位于居委会层面，这是全国普遍的做法。但是在深圳模式中，专门设立了社区工作站。而针对社区工作站和部门（主要是街道办事处）之间的权责，现行

---

① 马克·戈特迪纳与雷·哈奇森. 新城市社会学 [M]. 4 版. 黄怡，译. 上海：上海译文出版社，2018：259–260.

国家与地方有关社区的政策规章　　　　　　表 5.1

社区相关政策规章		居委会相关法律法规	
国家层面	城市层面	国家层面	城市层面
•民政部《关于在全国推进城市社区建设的意见》（2002 年） •中共中央办公厅、国务院办公厅《关于加强城乡社区协商的意见》（2015 年 7 月） •民政部、中共中央组织部《关于进一步开展社区减负工作的通知》（2015 年 7 月）	•《成都市城市社区建设管理规定》（2003 年 7 月） •《深圳市社区建设工作试行办法》（2005 年 2 月） •《深圳市社区工作站管理试行办法》（2006 年 9 月） •《深圳市社区服务中心设置运营标准（试行）》（2011 年 10 月） •《北京市社区管理办法（试行）》（2011 年 5 月） •《上海市社区工作者管理办法（试行）》（2014 年） •《太原市社区工作者管理办法（试行）》（2020 年 8 月） •《成都市社区专职工作者管理办法》（2018 年 4 月） •《成都市社区发展治理促进条例》（2020 年 12 月）	•《中华人民共和国城市居民委员会组织法》（2018 年修正）	•《上海市居民委员会工作条例》（2017 年 4 月）

的《深圳市社区工作站管理试行办法》并没有进行明确的规定划分。近几年强调政府工作重心下移，街道办事处由"三定方案"（即定职能、定机构、定编制）明确的 10—12 项主要工作变成目前实际承担几十项工作，特别是综合执法机构和专业执法机构之间的执法权限划分不合理，出现新的多头管理。工作下沉结果成了工作任务下压，虽然并不应该如此。

　　从实践过程来看，这种社区职能模式在执行中往往存在的主要问题是：

　　1）街道与社区的职能定位不清，职责和权限不清，"有权无责与无权有责""职能部门用权不担责，而基层担责却无权"等现象在基层不同程度地存在着。街道本身普遍存在牌子多、临时机构多、考核多的情况。为了协调和做好上级部门或领导指派的工作而设置的临时机构达到数十个。而一些专业性强、技术性强及执法类的部门也以"属地管理""工作进社区"为名，不管社区工作站是否具备承接的能力和条件，强压给社区，并签订责任书，制定考核指标。

　　2）社区工作站工作量超负荷。《深圳市社区工作管理办法》规定，社区工作站有 42 项职责，但实际承担了 100 多项具体工作任务。考评、创建、指标多[①]。

　　3）自治空间不足。现有的社区社会组织对基层治理的参与程度较低，在激发

---

① 王若琳. 街道社区职能定位不清权责模糊 [N]. 深圳特区报，2016-04-26（A05）.

居民关注公共议题、实施集体行动、建立公共精神方面能力较弱。业主大会发展不完善，居民缺少一定的自治空间，这导致居民普遍缺乏社群观念，很难把社区当作"自己家"，更缺乏依法参与社区建设的主观意识。这也是阻碍基层治理法治化建设的突出问题。

4）基层法治意识整体薄弱。目前我国在基层治理法治化建设方面还存在一些立法冲突现象，如目前一些社区承担的部分行政事务尤其是一些审批事项与社区的基本定位相背离，或者不同部门规范性文件相互矛盾冲突，在某些领域还存在立法漏洞，已经存在的社会关系没有法律法规来调整。基层学法、守法、用法氛围不浓。有些综合执法类的工作，社区工作站根本没有法律资格作为行为主体参与执行，也被硬性要求参与。由于居民自治空间有限，难以依法行使参与社区建设的权力。

5）居委会被弱化、边缘化[①]。在这种模式中，社区工作站的职能实在，传统的居委会既失去了原先街道办事处下的"准执行机构"职能，又未能实现"四自（自我管理、自我教育、自我服务、自我监督）"功能的回归，因而无所适从。

延伸阅读 5.1　深圳市街道办事处主要职能

街道办事处是区人民政府的派出机关，受区人民政府领导，行使区人民政府赋予的职权：

总体定位： 贯彻落实党的路线方针政策和法律法规，执行区委、区政府和上级单位的决定、命令、指示，结合本街道实际，制定辖区发展规划、工作计划，并组织实施。

基层建设工作： 负责加强辖区的基层组织和基层政权建设。指导、支持、帮助社区工作站、社区居委会，加强思想、组织、制度建设，充分发挥其职能作用。支持和促进居民依法自治，动员社会力量参与社区治理。

城市建设和管理工作： 负责辖区的市政建设、街道改造、物业管理；协助有关部门监督管理公共建筑、市政配套设施的使用，助力实现住有宜居；协调街道土地报建、征用等工作；负责辖区内环保、园林绿化、市容环境管理、爱国卫生、排洪、排污、环卫监督等及其他城市管理工作。

综合治理管理工作： 负责辖区内综合治理工作，组织实施辖区平安建设工作，推动落实大数据智能化建设应用，加强社会治安综合治理、维护社会稳定团结，做好辖区司法、信访、人民调解、治安保卫、出租屋管理、网格管理等工作。

应急管理工作： 负责辖区的防灾减灾、森林防火、"三防"等工作。协助做

---

① 刘敏. 新形势下社区居委会转型与重塑——以深圳市宝安区为例 [J]. 广州社会工作评论，2016（01）.

好救灾救援、消防、食药安全监管、道路交通安全管理等公共安全工作。

社区服务工作：负责辖区的公共服务工作，统筹辖区服务资源，做好辖区政务服务、人口计生、优置安抚、社会救济、残疾人就业、对口帮扶、养老助残、"双拥"、退役军人服务管理等社区服务工作。负责辖区内住宅小区业主委员会管理、对台事务、宗教事务等各项社区服务工作。维护老年人、妇女、未成年人和残疾人的合法权益。负责征兵、民兵训练、人防管理、国防教育和宣传等工作。

社区发展工作：负责辖区内精神文明建设，发展社区群众性科技、教育、文化、体育、卫生健康事业。

社区保障工作：检查、督促驻辖区内单位，协调解决有关社区管理和社区服务方面的问题，做好劳动就业、再就业和社会保险服务有关工作。

监察执法工作：根据法律授权或区政府委托，在权限范围内开展综合执法。负责辖区内安全生产等城市管理行政执法、规划土地监察工作。

经济工作：协助做好优化营商环境工作，做好为企业服务及统计工作，规范、监管集体经济企业，协助营造法治化营商环境，促进辖区经济发展。

临时工作：完成区委、区政府交办的其他工作任务。

资料来源：根据深圳市福田区福田街道、南山区粤海街道、罗湖区黄贝街道等多个街道办事处主要职能归纳整理

http：//www.szft.gov.cn/bmxx/qftjdbsc/zwxxgk/jgzn/zyzn/content/post_8098111.html.（2020-09-15）[2020-10-31].

https：//wenku.baidu.com/view/4b7a76d51be8b8f67c1cfad6195f312b3069eb6a.html.（2020-04-16）[2020-10-31].

http：//www.szlh.gov.cn/ydb/jm/jdbscylb/content/post_7404479.html.（2019-11-14）[2020-10-31].

（2）上海模式："街道办事处/社区—居委会"模式

社区对应于街道办事处层级，目前国内只有上海采取了这种做法。在这个模式中，街道工作委员会、街道办事处与社区并列挂牌，相当于"一个机构、一套班子，两块牌子"。社区主要职能集中在街道办事处层面。街道办事处层面的主要职能可以概括为加强党建、统筹社区发展、组织公共服务、实施综合管理、监督专业管理、动员社会参与、指导基层自治、维护社区平安等方面。各职能部门在社区设立工作机构，加挂各种牌子。社区的体制则相对较虚，社区的主要工作任务下沉至居委会。这是一种"街道、居委会——实，社区——虚"的模式。

在实践中，这种社区职能模式在执行中往往存在的主要问题是：①居民委员会

承担的行政事务过多、盖章证明的事项过多，"万能居委会"成为突出问题。②居委会自治功能的发挥和自治能力的提高受到严重影响。③社区服务功能发挥受到制约。人权、事权、财权、物权等方面还很不够，服务与管理能力有待提高。

在各地的具体实践中，成都、武汉、太原等城市也都形成了各自的具体工作方法和特点。整体而言，各地在社区治理体制、机制建设上取得了很大成效，但仍面临诸如权责模糊、基层工作负担过重、自治空间不足以及基层法治意识整体薄弱等问题。

（3）平顶山模式："街道办事处—社区中心—居委会"模式

平顶山市是河南省的地级市，1953 年平顶山煤田开始勘探开发，1957 年经国务院批准正式设立平顶山市。由于城市发展起源于煤炭开采工业，因此城市社区具有典型的单位社区特征。

进入 21 世纪后，中央、国务院国资委要求逐步推进企业办社会职能的移交，先后于 2015 年 8 月、2016 年 3 月下发两份重要文件[①]，要求"三供一业"分离移交，加快剥离国有企业办社会职能，解决历史遗留问题，这项工作成为中央和国务院部署的一项国有企业重大改革任务。"三供一业"分离移交指的是企业职工社区供水、供电、供气及物业管理由国有企业统包统揽转为市场化、专业化运营。

2002 年，平顶山市就已统一设置"社区中心"作为社区管理机构，将原有的 4—5 个居委会整合为一个管理单元，作为街道办事处的下派机构对城市社区进行管理。"三供一业"改造后，社区公共服务的提供、公共活动的组织同时移交给"社区中心"进行日常监管。"三供一业"改造政策的出台极大地推动了社区生活社会化的进程，企业逐步撤出社区日常管理。

从实践过程来看，这种社区职能模式在执行中往往存在的主要问题是：

（1）基本经费托底保障问题。原先的工矿社区移交给地方管理后，失去了原有企业的资金拨付和人员支持，社区活动的开展遇到了极大的困难。之前时常开展的社区篮球赛、消夏演出、象棋比赛、合唱队等难以持续，仅有极个别受到关注的"模范社区"才能勉强维持。

（2）现在的社区中心主要负责党建管理、办理各种证明文件（准生证、就业、失业登记证等）。物业管理、活动组织等涉及资金的工作由业主委员会具体执行，即使物业公司与业主闹得不可开交中途跑路，社区中心也只能尽量协调，不参与直接管理。对习惯了单位社区组织管理模式的居民来说，目前的社区职能管理模式改变降低了居民参与社区公共活动的机会和热情，短期内对职工社区邻里满意度及社区凝聚力带来了较多负面影响[②]。

---

① 2015 年 8 月中共中央、国务院下发《关于深化国有企业改革的指导意见》（中发〔2015〕22 号），2016 年 3 月 9 日，国务院下发《关于印发加快剥离国有企业办社会职能和解决历史遗留问题工作方案的通知》（国发〔2016〕19 号）。

② 李光雨，黄怡. 工矿社区的空间变迁及社区认同感探析 [M]// 中国建筑口述史文库（四）. 上海：同济大学出版社，2021.

1.4.3　社区经济职能退出

社区职能受时间与政策影响也是动态变化的。21世纪初我国城市社区的职能曾被概括为"社区经济、社区公共设施、社区规划整治"[①]。2015年，民政部、中央组织部《关于进一步开展社区减负工作的通知》明确指出，社区承担的招商引资、协税护税、经济创收等任务指标，以及社区作为责任主体的执法、拆迁拆违、环境整治、城市管理等事项，原则上一律取消。职能转变的核心是四个字：管理、服务。

街道招商引资，有其历史发展的缘由，但是逐渐弊大于利，与城市未来产业结构的方向不相符合，街道干部也难以集中精力履行好群众要求的管理服务职能。自2015年起，上海全面取消街道招商引资职能及相应的考核指标和奖励，街道经费支出由区政府全额保障；机构实施调整，街道不再设有经济科、招商分中心和承担招商职能的公司。由此社区经济基本不存在。实行区级国资的统一管理，原先由街道承担的促进经济发展的功能、招商引资职能，整合至区一级统一运作。浦东新区则早在2007年各街道办事处就全面退出直接招商引资活动，街道的功能重点转变为优化公共服务，为自然人和法人提供良好的公共环境。

由此，我国城市社区的主要功能是服务于社区就业、社会稳定、社会养老及改善综合环境等社会事务。街镇作为城市日常服务和管理的基础单元，是社会治理中服务群众的"最后一公里"。街镇体制调整改革，必须先转职能，再调机构，确保基层工作平稳有序运行[②]。

第2节　社区结构形态和人口变化

城乡社区生活的本质很大程度上就是城乡生活的本质。在社会剧烈变化的年代，当代社区呈现出不同于传统社区的结构形态特征，这在很大程度上是由于显著的人口代际差异造成的。

2.1　竞争的城市社区人口

按照帕克的观点，社区生活在生物层面和文化层面这两个性质不同的层面上被组织起来。生物层面指的是由物种对稀有环境资源的竞争产生的组织形式。文化层面指的是符号的与心理的适应过程以及按照共享情感的城市生活的组织。生物的层面强调生物学因素对于理解社会组织和城市经济竞争结果的重要性。作为对照，城

---

① 孙施文，邓永成.开创具有中国特色的社区规划——以上海市为例[J].城市规划汇刊，2001（6）：16–18，51.

② 谈燕.街道停止招商 是硬任务没例外[N].解放日报，2014–12–27（01）.

市生活的文化构成在社区中起作用，社区通过有着相似背景的人们之间涉及共享文化价值的合作联系被维系在一起。社区的基础主要是社会的文化的，但是成为社区成员的过程中仍然存在着生物学的竞争，通过竞争获得资源，通过斗争获取平等。

2.1.1 潜在的新社区的资格竞争

在当代社区中，竞争加强了，合作减弱了。这种竞争体现在进入社区的过程中，通过住房价格排除了承担不起房价的家庭，包括在住房一级市场中对一个新的潜在社区的整体地域（专业术语是"新建住区"，或者是市场语汇，新建楼盘）的市场竞争，以及在住房二级市场对一个较成熟的社区的竞争。这种竞争还体现在成功进入潜在社区的家庭之间，房价、时机、运气等决定了这些家庭在社区内部的微观区位竞争，例如住宅楼、住宅单元的具体位置、楼层、房型等，是潜在社区的成员的地理与空间定位。之所以称之为"潜在社区"，是因为"我们不能建成一个新社区，而只能建成一个定居点或住宅区，在时间的维度上它有可能成长为一个真正意义上的社区。"[①]

早期芝加哥学派的其他成员将帕克的模型中隐含的社会达尔文主义转化成了一个空间调和分析。1924 年，罗德里克·麦肯齐（Roderick Mckenzie）（帕克的学生之一）发表了一篇题为"人类社区研究的生态学方法"的文章，对这一方法给出了明确的陈述：对个体、群体或像企业公司这样的机构来说，生存斗争的根本性质是位置，或者说区位。空间位置将由经济竞争和生存斗争决定。成功的群体或个体占领城市中较好的位置，例如最优良的商业区位，或最受人喜欢的邻里。那些不太成功的将不得不设法将就不太理想的位置。按照这种方式，城市人口在经济竞争的压力下，在城市空间内分类安排它自身。

对于潜在的新社区，它们的主要任务是融合生长，逐步磨合成一个成熟的社区。

2.1.2 分裂的老社区的生存竞争

住区是新的好，社区是老的好。住区是建成的，社区是形成的。但是人们往往不自觉地将老社区与老旧小区联系在一起。住区建成多长时间算老旧？对此并没有一致的规定，就当前一些已列入待改造计划的既有住区来说，其建成时间长的大约 30 多年，短的也将近 15 年。而"老社区"并不都意味着衰退破旧，有些社区虽然历史相对较长，但由于得到精心的维护和修缮，仍然保持着整洁的外观和正常的功能，例如位于上海市中心区的一些里弄住宅，像静安区南京西路街道社区的静安别墅、静安寺街道社区的愚谷村（图 5.3）等。而大部分的老社区确实或多或少地存在老旧问题，包括与物质空间形态相关的老旧问题，以及与人口结构相关的老龄化问题。

---

① 黄怡. 社区与社区规划的时间维度 [J]. 上海城市规划，2015（4）：20–25.

图 5.3 愚谷村（上海市静安区静安寺街道社区）

城市中的老社区往往也是老龄化程度较高的社区，老龄化社区与老旧小区常常是相互伴生的，这一点不难解释。由于住房建造年代早，建造标准低，或者房型标准低，有经济能力的年轻人家庭大多搬离了，剩下的大多是不想走或走不了的老年人家庭。

另外，城市中的老社区 / 老旧小区往往区位较好，对新迁入或是想迁入的居民来说颇有吸引力：第一，有可以获得的就业岗位；第二，房价和租金较低，适合过渡居住；第三，一些原单位制社区的教育、医疗等社区配套服务设施较齐全，适合家庭迁居。也因此，相当数量的流动人口综合考虑其家庭收入、就业、求学等状况，被吸引进入此类社区。少数老社区甚至成为城市的"门户社区"，即城区整体层面迁居的结构性"过渡"社区，也是最重要的"媒介"社区，是城市内部迁居的第一站，城市中外来的个人和家庭，往往以此社区为出发点或跳板，进入城市其他区域。例如安徽省安庆市大观区石化街道的天桥社区，是安庆石化企业于 20 世纪 70 年代始建的生活社区之一，也是安庆市的门户社区[①]。

更严重的情形是，城市中还存在一些贫困群体，从正规的土地、住房或就业门路中被边缘化，在一些城市的老社区里非正式地生活与工作。虽然是少数，却有些极端的例子，例如存在于深圳龙华新区龙华街道的景乐社区（图 5.4），建成于 20 世纪 80 年代初期，因附近的"三和人才市场"为世人所知，曾是"三和"青年的容身之地。这个社区曾存在"四无四多三差一大"的问题，即"无围合、无物业、无公共配套、无视频门禁；职介众多、网络出租房多、旅业出租房多、求职人员多；治安差、秩序差、卫生差；消防隐患大"[②]，社会管理难度大，且滋生了非法招工、诈骗、

① 黄怡，侯伟.社区网络视角下的中心城迁居特征探析 [J].城乡规划，2019（6）：105–113.

② 高婷婷，齐阳，刘家胜.赶走"三和大神"迎来景乐净土 [N].深圳都市报，2017-9-11（7）.

图 5.4　深圳市龙华新区龙华街道景乐社区（景乐新村北区与三和人才市场）

盗窃、赌博、非法办证等各类违法犯罪活动，安全问题突出。

在上述诸多情况下，老社区的人口是多元的，流动性高的，他们的活动是混杂的。更深层次地讲，老社区的内涵中所隐含的人口同质性很多已被高度异质性替代，这类老社区面临着由人口流动性诱发的社会地域关系的接合、断裂、再接合的复杂过程。

2.1.3　人口迁徙的地域社区竞争

社区乃至城市的兴衰史本质上是出于各种因素的人口聚散史。移民支边、战争、自然灾害、气候、经济都是驱动人口迁徙的重要因素。

（1）从东北雪带至南方阳光地带的迁徙

中国人口的迁徙，在近代以前，其大方向主要是由北至南，其中主要原因是战乱、天灾。而随着我国户籍制度的改革，人口由北方向南方的迁移再度出现。统计数据表明（表 5.2），自 2014 年以来，东北三省的人口数量整体持续下降，其中黑龙江省人口自 2014—2019 年连续 6 年下降，辽宁省人口 2015—2018 年连续 5 年下降，吉林省自 2016—2018 年连续 4 年下降，北方城市的收缩态势明显（图 5.5）[1]。除了生育率不断下降之外，人口也大量流失。究其原因，由于重工业生产排放、供暖期污染排放、秸秆焚烧等，东北地区秋冬春季节近年来持续出现区域性大气重污染，总体程度为重度污染，部分城市达到严重污染。加上冬季严寒，户外活动受限，所以一旦条件允许，相当数量的北方人纷纷迁往气候宜人的南方。伴随着这个趋势就出现了人口收缩的北方社区与人口扩张的南方社区。

---

[1]　上海、北京的人口总数下降，是城市通过各种政策限制和空间管治方式严格控制的结果。

全国部分省份年末人口数（2007—2019年）（万人）　　　表 5.2

省/自治区 年份	广西	贵州	辽宁	黑龙江	吉林	上海	北京	海南
2007	4768	3632	4298	3824	2730	2064	1676	845
2008	4816	3596	4315	3825	2734	2141	1771	854
2009	4856	3537	4341	3826	2740	2210	1860	864
2010	4610	3479	4375	3833	2747	2303	1962	869
2011	4645	3469	4383	3834	2749	2347	2019	877
2012	4682	3484	4389	3834	2750	2380	2069	887
2013	4719	3502	4390	3835	2751	2415	2115	895
2014	4754	3508	4391	3833	2752	2426	2152	903
2015	4796	3530	4382	3812	2753	2415	2171	911
2016	4838	3555	4378	3799	2733	2420	2173	917
2017	4885	3580	4369	3789	2717	2418	2171	926
2018	4926	3600	4359	3773	2704	2424	2154	934
2019	4960	3623	4352	3751	2691	2428	2154	945

注：表中有底色的格子表明当年末人口数较上一年末出现下降。
资料来源：根据《中国统计年鉴 2019》《中国统计年鉴 2020》人口 2—6 分地区年末人口数
绘制，http://www.stats.gov.cn/tjsj/ndsj/2019/indexch.htm

　　与我国近年来从东北雪带向南方阳光地带的迁移相类似，美国早已出现从东北雪带向西南阳光地带（美国南部 13 个州）的迁徙。人口和活动向阳光地带的迁移是美国自 20 世纪 50 年代以来最重要的历史事件，在 1945—1975 年间，阳光地带区域人口翻了一番。而我国早在 20 世纪 60 年代末，"珍宝岛战役"后，东北人口为了支援"三线建设"[①]迁徙到大西南地区，尤其是贵州的很多城市。从 20 世纪 70 年代末下岗潮开始，许多东北人陆续选择到南方工作和定居，据报道近年来三亚涌进了 100 万东北人，而广西的北海、防城港市的东北定居人口或"候鸟型"居民数量也在持续增加。伴随着南方城市人口扩张的社区，是人口收缩的北方城市社区。

　　鹤岗是一个以煤炭立市的城市，曾经是黑龙江省的四大煤都之一，煤炭开采已有百年历史。丰富的煤炭资源成就了鹤岗，也使这座城市形成了围绕着煤炭而产生

---

① "三线建设"是中国经济史上一次极大规模的工业迁移过程，在 1964—1980 年，贯穿三个五年计划的 16 年中，400 万工人、干部、知识分子、解放军官兵和成千万人次的民工迁到祖国大西南、大西北。

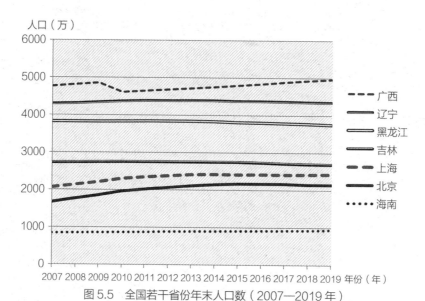

图 5.5　全国若干省份年末人口数（2007—2019 年）

注：2010 年数据为当年人口普查数据推算数；其余年份数据为年度人口抽样调查推算数据。
　　各地区数据为常住人口口径。

资料来源：根据《中国统计年鉴 2019》人口 2—6 分地区年末人口数绘制，
http://www.stats.gov.cn/tjsj/ndsj/2019/indexch.htm

的单一经济模式。当煤炭资源出现枯竭的时候，近年来鹤岗的许多煤矿因为无煤可挖而关闭，这不仅导致当地的经济增长失去了支撑，也导致了人口、社会结构的失衡。有统计资料表明，最近几年，因为经济转型的滞后，鹤岗的常住人口正在逐年减少，这显然限制了包括住房在内的整个城市的消费。一个城市的常住人口减少之时，房价自然会出现下跌，这是正常现象。低于 10 万元一套的房子在鹤岗很常见，当然这些房子大多远离市中心，基本上是近几年建造的保障房，折算下来，这些住房的价格每平方米大概不到 300 元[①]。对迁徙的人口来说，当家乡的经济发展受到阻碍之时，到外面的世界寻找机会是一种理性的选择。但对当地政府来说，随着常住人口的不断流失，城市的社会经济发展出现停滞甚至后退，需要警醒；如何维持可持续发展的社区和城市，对社区成员、对城市政府都是一项严峻的挑战。

（2）从"空心村"至"城中村"的迁徙

据近年来对河北、广西、山东、江苏等省市的研究[②]，农村转移人口定居城（镇）的意愿较强，相较于中小城（镇），大城市对其更有吸引力。但是将户口转到城市的意愿并不强，农户参与宅基地退出的意愿不高，参与程度偏低[③]。转移人口的矛盾心

---

① 周俊生. 误解鹤岗房价背后的真问题 [N]. 中国青年报，2019–4–23（02）.

② 时金芝，苏志霞，杨忠敏. 进城农民工定居和转户意愿及其影响因素研究——基于河北省的调查 [J]. 现代经济信息，2016（04）：109–111，113.

③ 黄贻芳. 农户参与宅基地退出的影响因素分析——以重庆市梁平县为例 [J]. 华中农业大学学报（社会科学版），2013（3）：36–41.

态根源有三方面。其一，普遍共同的因素，例如户籍管理、社会保障、土地管理等相关制度之间的复杂利益关联；其二，转移人口的个体差异因素，比如性别、年龄、知识水平、职业技能、在城市工作时间、职业性质、社会保险、是否全家外出等非群体共性因素；其三，当前农村户口含金量不低，与城市户籍各有可以比较的附加值。作为村民主观意愿与现实状态的矛盾，也是上述因素共同作用的结果，农村的"空心村"大量存在。

对应于"空心村"的人口流失，是"城中村"的人口接纳。经济发达或经济发展迅速的城市中，大都有"城中村"的存在。"城中村"是快速城镇化的产物，并日益成为一种非正规居住的模式。例如北京在 2010 年整体腾退改造之前的海淀区西北旺镇唐家岭村，曾因"蚁族"[①]聚集而全国闻名，聚集了 5 万名以上外来人口，包括 1.7 万名大学毕业生；又如北京大兴区西红门镇新建村，在 2017 年大兴"11·18"火灾事故中，一幢集生产经营、仓储、居住等功能于一体的"多功能合一"建筑中，租住了 400 余人；再如深圳罗湖区的泥岗村，是深圳流动人口比例最大的城中村，毗邻人才市场，交通发达，其廉价的房租备受打工者的青睐。原住民人口有 1400 多人，常住人口却有 5 万多人，其中上万的人口流动性很强，导致村里的新面孔总是很多，是典型的移民城中村社区。

用联系的眼光来看，农村中"空心村"的低密度与城市里"城中村"的高密度，"空心村"的"空心萎缩"与"城中村"的"实心膨胀"看似城乡各自独立存在的问题，究其实是一个问题的两端，是流动的劳动力人口对城市社区和乡村社区的选择。类似的抉择在 1898 年埃比尼泽·霍华德的三磁体图以及 1998 年彼得·霍尔（Peter Hall）在此上发展形成的三磁体图里早有概括（图 5.6、图 5.7）[②]，又或者说，是城乡社区对劳动力人口竞争的结果。

2.2　城市社区居民：交往与隐私的代际选择

在当代我国城市社区，一些既有的社区理论，包括来自西方的相关理论，在现实中遭遇了挑战。邻里效应与社会距离、在场社交（在场交往 / 在场互动）与在线社交、公开性与匿名性、权利与志愿等议题，都值得探讨或重新探讨。各阶层的生活方式和交往模式独特形成，各阶层内部的联系网络日益紧密，各阶层之间的生活方式与消费的分层日益明显[③]。

---

① 指受过高等教育、聚居在城乡结合部或者近郊农村，在大城市就业打工的年轻人。——现代汉语词典（2012 年版）。

② （英）彼得·霍尔，科林·沃德. 社会城市 [J]. 黄怡，译. 北京：中国建筑工业出版社，2009：17，92.

③ 南京市政协理论研究会课题组. 新时期人民政协的功能定位与调适 [J]. 中国政协，2013（1）：44–47.

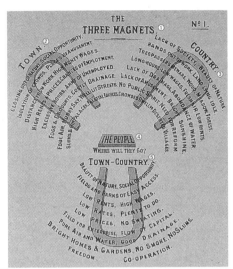

图 5.6　三磁体，霍华德，1898 年

注：①三磁体。②城镇——与自然隔绝，社会机会，人群的隔离，娱乐场所。远离工作岗位，高工资。高租金和价格，就业机会。过度的工作时间，失业大军。烟雾和干燥，昂贵的排水系统。污浊的空气，阴暗的天空，良好照明的街道。贫民窟和小酒馆，宏伟的建筑物。③乡村——社会生活缺乏，自然美景，失业的人手，土地生活空闲。提防侵入者，树林、草地、森林。长工时、低工资，新鲜空气、低租金。缺少排水设施，水源丰富。缺少娱乐，明亮的阳光。没有公共精神，需要改革。拥挤的居住者，荒弃的村庄。④人们，他们将去向哪里？⑤城镇一乡村体——自然美景，社会机会。容易到达的田野和公园。低租金，高工资。低税收，充足的活儿。低价格，没有剥削。用于兴办企业的田地，资本的流动。纯净的空气和水，好的排水设施。明亮的家和田园，没有烟尘，没有贫民窟。自由，合作。

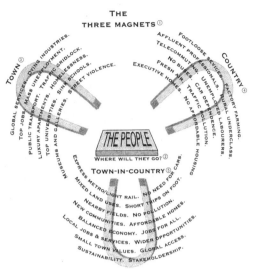

图 5.7　三磁体，霍尔，1998 年

注：①三磁体。②人们——他们将去向哪里？③城镇——全球服务。衰退的工业。高端岗位。大量失业。公共交通。交通堵塞。豪华公寓。无家可归。顶尖大学。质量下降的学校。博物馆和画廊。街道暴力。④乡村——随心所欲的服务。工厂农业。富裕的专业人员。乡村下层阶级。电信通勤。失业的劳动者。没有巴士。小汽车依赖。新鲜空气。交通污染。行政住宅。没有可支付得起的住房。⑤乡村里的城镇——高速地铁 / 轻轨。无小汽车需求。混合土地用途。短程步行。农田近在咫尺。没有污染。新社区。可支付的住房。平衡的经济。所有人都有工作；地方就业岗位和服务。较广泛的机会。小城镇价值。全球通道。可持续能力。风险共担，利益共享。

2.2.1　社会距离与邻里需求

社会距离（social distance），又称社交距离，由于新型冠状病毒（COVID-19）大流行，在 2020 年已成为世人皆知的一个热词，指的是自己和他人之间需要保持的距离，以减少与那些已知或不知情携带疾病的人接触的机会[①]。这恰恰成为当代社会关系、社区关系状态的一个隐喻。

按照德国社会学家格奥尔格·西梅尔（Georg Simmel）的阐释，在城市里，人们受到过度的刺激，因而需要做出防御反应，城市人将形成他所称的"麻木的态度"（Blasé attitude），将喧嚣的和具有侵犯性的且与自己个人需要无关的一切过滤掉。情

---

① 为了帮助阻止冠状病毒（COVID-19）的传播，WHO（世界卫生组织）建议人们避免大型集会，并与其他人保持 6 英尺（1.8m）的距离。

感的自制和中立代替了对环境细节的敏锐关注[①]。这种情形似乎更符合当代城市人的生活状态。城市人在工作场所、社交媒体和外部环境中接受到过量信息，处于信息"冗余"和情绪"饱和"的状态，以至于在社区生活世界已厌倦和疲于进行近距离交往。这尤其契合当下处于在职状态的城市人。

欲求降低，是另一个新的趋势。我国传统邻里倡导"出入相友，守望相助，疾病相扶持"[②]的价值，这与来自西方的"社区"概念的内涵是相似的。但是我国自改革开放以后，城市社会的物质富裕、设施便捷、服务完善程度整体提升，使得大多数城市家庭对邻里和社区中其他家庭的依赖度降低。在大城市，在同一商品房社区里，家庭的经济条件大多相当，因为住房价格发挥了天然的筛选机制作用。大多数邻居们会保持礼貌，互打招呼，但不会过度家长里短地询问或深谈，重视和恪守社交距离，这些举动尊重和保障了各自的隐私。不可否认，在当代城市社区中，邻里互动呈现出日益减少的趋势，而邻里关系也不再是个人社会网与社会支持网的主要组成部分。

这与西方发达社会的社区解放论（"community liberated" theory）观点颇为类似。美国社会学者费希尔（C. S. Fischer）指出，电话、电视和汽车等现代社会中的交流与交通技术使我们摆脱了邻里的束缚[③]。韦尔曼和雷顿（B. Wellman and B. Leighton）于1979年提出了一种针对社区问题的网络分析方法[④]，以将社区研究与邻里研究区分开来。他们认为，尽管公共关系仍然蓬勃发展，但它们已经分散到邻里之外，不再聚集在实体的团结的社区中。韦尔曼和雷顿的"社区解放论"，也将长期以来的社区研究从社区地域中"解放"出来，使得社区生活和人际关系的研究突破了在同一地域的邻里关系的局限。在当下的现实解释是，由于人口受教育程度的整体提高、工作地点的分散，导致城市社区的社会网络凝聚力削弱；人口的高流动性，也使得邻里之间的联系无法密切。由于技术发展和社会家庭的演变，因物理或空间上的接近而形成的传统的家庭、邻里、社区初级群体关系，可能让位于在家庭、邻里、社区以外建立的新的初级群体关系。这意味着，传统社区中居民之间的深层次互动将部分被浅层次互动替代。

邻里之间的互动与联系，是互惠和信任的载体，也是传统的社区共同体赖以存在的基础。然而，在以自由市场经济为主体的城市社会中，对商品房社区与里弄、大院、单位制社区等传统结构形态的社区社会关系进行比较，无论是经验感受，还是实际

① （美）马克·戈特迪纳，雷·哈奇森.新城市社会学[M].4版.黄怡，译.上海：上海译文出版社，2018：71-72.

② 出自《孟子·滕文公上》，原句为"死徙无出乡，乡田同井，出入相友，守望相助，疾病相扶持，则百姓亲睦。方里而井，井九百亩，其中为公田。……"。

③ Claude S. Fischer.America Calling：A Social History of the Telephone to 1940[M]. University of California Press，1992.

④ B. Wellman，B. Leighton. Networks，Neighborhoods and Communities：Approaches to the Study of the Community Question[J].Urban Affairs Review，1979，14（3）：363-390.

调查结果都表明，商品房社区的人际关系更为淡漠。已有的大量实证调查表明，尽管一些以老年人和低收入人口占比较多的街坊式小区，在一定程度上还保留着社区共同体的某些要素，但是整体趋势是邻里互动日益减少，邻里关系已不再是个人社会关系网的重要构成部分。一方面，居民的需求可通过社会化、市场化的方式得到满足；另一方面，与信任程度无关，只是觉得没有交往的必要。也就是说，无论在物质上，还是在精神上，相比老年居民，年纪越轻的一代，对于社区的依赖性越弱。邻里中的地缘关系对年轻人来说不再具有重要意义。

随着时代发展和技术关联，社会对于社交距离和私密性的认知逐步重视，对于以地缘关系为基础的邻里交往预期逐渐降低。在此意义上可以预测，与其说"随着城市社会的发展与商品房小区的增多，城市社区的共同体色彩可能会进一步消退"[①]，不如说，随着社会物质文明程度的提升和人口的代际更替，社区共同体的"亲密关系"会让位于"松散关系"。以居民之间互助和邻里回报预期为基础的利益社区，转向以共同的物业预期为基础的利益社区。

至于乡村的社会距离，我国村庄营造中的地方智慧颇能说明问题。浙江兰溪诸葛村，又名八卦村，是迄今发现的诸葛亮后裔的最大聚居地，长期以来形成了一些与众不同的生活方式。村庄窄巷中，两户人家相对，大门却并不直接对开，而是一律错开。当地人俗谚"门不当，户不对"，意思是大门开法不当，徒增住户不和。如果"门当户对"，两家人家每天进出，交往过多难免产生龃龉。发生矛盾仍要每日面对，积怨更深，难以解决。这种朴实的规划设计手法，在保持乡村社区的社交距离方面却简单有效。

2.2.2　社区的交往成本与资源依赖

所有的社会交往都需要投入成本来维系，这些成本包括一段交往所需要的时间、精力、金钱、场所等。这也意味着，社会交往与交往者所拥有的资源或者所愿意付出的成本密切相关。在社区的各种交往关系中，社区居民和社区组织的交往属于比较重要的一种类型，这种交往也是开展社区参与的基础。

就我国城市社会来说，个人社会经济地位变量与社区参与和邻里交往普遍存在负相关性。从社区中的实际情况来看，高收入社区与低收入社区具有显著的差异。相对来讲，低收入社区的居民与居委会等社区组织的联系更为频繁，他们更乐意响应社区组织的号召，更有可能成为社区参与中的积极行动者。而高收入社区的居民则与居委会等社区组织联系较少。这可以从资源拥有程度上加以解释，低收入家庭

---

① 桂勇，黄荣贵. 城市社区：共同体还是"互不相关的邻里"[J]. 华中师范大学学报（人文社会科学版），2006，45（6）：36-42.

的居民在活动场所、活动组织以及其他物质补贴或救助上对社区组织有一定的依赖。这种依赖使个人与社区的利益关联更密切，并从这种密切联系中更容易建立起获得后续帮助的信息与人际渠道。

高收入社区对于与社区组织的联系则存在一定的惰性甚至排斥性。上海南京西路街道社区位于上海核心区，高档住区和老旧住区并存。在2012年社区规划过程中开展整体调查时，居委会工作人员反映，他们平时要进入高档住区登门开展工作都很困难，高收入家庭的资源自足与高水平的服务物业使得他们对社区居委会的依赖较少。这也多少反映出，社区中的社会交往具有一定的功利目的，在一定程度上，社区参与、邻里交往是满足个人需求的一种隐性的、辅助的手段。在观察到的社区交往中，一部分社区成员是以时间、精力为成本来置换物质或经济的补助。

从社区组织的角度来讲，能否提供社区成员所需要的资源和服务，是维持其吸引力、影响力的关键。如果社区组织自身的资源匮乏，则社区居民与社区组织之间缺乏紧密的联系几乎是必然结果。在低收入社区中，社区组织或社区组织资源的匮乏，还会削弱社区成员对社区的满意度和归属感。前面提到的"三供一业"分离具体实践中，原先福利良好的工矿企业社区或其他大型国企单位社区在转型为市场化社区时，社区居民往往会经历巨大的心理落差，原先的社区关系网络也会受到影响而趋于衰退。

2.2.3 从"在场交往"到"在线社交"

世代更替，人群在变动，人类的情感变化并不大，共情的能力并未丧失，但是快速变化的外部环境影响了人们的生活方式和社会交往方式。在时间轴向上，社会交往的理论应该也将会随着交往主体的改变而适时变迁。这其中包含了邻里与社区交往理论。而在空间视域中，在相对低密度的西方城市社会中构建起来的交往理论框架也不能机械地植入高密度的我国城市社会。

技术的发展给予社会一种万物互联的错觉，然而不同物质与文化环境下成长起来的一代代人的信念和生活轨迹完全不同，信息与网络时代现实与虚拟世界的并置，使得当今我们生活的这个世界看似万物互联却又高度割裂。信息技术某种程度上已在代际之间划出了鸿沟，无人银行、无人营业厅等设施的使用和平台网约车、防疫健康码等措施的采用，并未带来整体的社会便捷度，都是为一部分人群提供了方便，却为另一部分人群制造了困难和麻烦；而当其强制使用时，则彻底剥夺了一部分人选择生活方式的权利。看似生活在同一时空的不同人群，却真切地生活在不同技术时代、不同社会空间。

社会人际交往方式发生了重要转变，人际关系中的相互依赖性，从"在场社交"转向"在线社交"，从"面对面"交流转向"网络表情包"交流。一方面"手机依赖症"绑架了城市社会，另一方面快节奏、高压紧张的生活方式驱使人们逃遁到手机当中。

2.2.4 公开性与匿名性

匿名性本来是属于城市生活尤其是大城市生活的好处，而互联网络和社交媒体又提供了个体充分曝光自我的平台，看似矛盾的曝光度与匿名性，使得不同的人各得其所，也使得当代生活在社会时空维度上取得了前所未有的整体平衡。从"在场交往"转向"在线交往"，社区居民对在网络社区空间里和地域社区邻里中发生的交往已没有特定的需求，被称为"无地点的社区"（community without locality）或"不受限制的社区"（community without propinquity）。这种方式某种程度上可以理解成个体在防御外界和控制与保护自我方式上的更好升级。通过网络，人们可以选择性地隐藏完整的自我或塑造自我的形象。

2.2.5 社区生活中的权利与志愿

归因于改革开放和法律制度建设的成就，我国社会的权利意识整体不断增强。2007年10月1日《物权法》的实施，以及取而代之的《民法典》自2021年1月1日起的施行，都进一步帮助社区居民明确权益的边界。在社区内部，空间的公私性质界定越来越清晰，模糊空间减少；空间的契约性增强，竞争性减少。在传统社区密切的人际交往中，并不总是古道热肠，也有锱铢必较，在物质资源和空间匮乏的状态下，居民对社区中公共空间的侵占与争夺是生存的本能反应。这些现象和问题在改革开放后建成的商品房住区中相对较少，在物业规范的社区中则基本不会出现。

在权益意识下，社区居民因为日照权、噪声和其他环境污染，将规划部门诉诸法律的情况并不罕见，事实上地方规划部门的行政应诉已成为一项常规业务。社区里的广场舞噪声扰民，宠物狗随地排便都成为社区日常管理的事务。而20世纪70年代，美国纽约州通过了一项《州健康法1310》（1978），明令在公共场合，主人必须跟在他们的宠物狗后面收拾干净粪便。由于"狗粪铲"法令（the Pooper-Scooper Law）的存在和强制执行，不遵守此法规的市民或行为可能受到犯罪指控。其他州执行这项法律的城市包括休斯敦、洛杉矶、芝加哥、迈阿密和华盛顿特区等。例如华盛顿特区的居民如果有狗，就必须保持高度的环境卫生，如不遵守法律就有可能被处以150至2000美元的罚款[①]。

---

① Mimi. Is not Picking up Dog Poop Illegal in Public and Private Property?[EB/OL]. [2020–10–31]. https：//www.organizedworktips.com/is-not-picking-up-dog-poop-illegal/.

大量人口生活在同一定居空间中必然产生许多问题，政府必须产生积极的公共政策来应对处理。对保护公共资源来说，必需的政策、法律或规章固然重要，但是毕竟有限，形成一个承担保护环境资源义务的公众文化更为现实。

城市里，与公民的权利意识对应增长的是公民的义务意识。在不同阶层、不同年龄的人群中，逐渐显现出日益上升的公共服务意识，形成了越来越多的志愿者群体。例如，在2019年7月上海正式推行的垃圾分类行动中，广泛的社区动员与社区志愿者行动发挥了重要作用。在社区空间微更新中，也都离不开志愿者的劳动和付出。

以南京市为例，据市民政部门统计，截至2019年4月底，南京市已有4个区、16个街道、62个社区开展时间银行试点，共招募了15万名志愿者，直接服务2.9万名老人，账户余额14.4万个小时（存储54.7万个小时，支取40.3万个小时）。时间银行的核心内容是：广大志愿者自愿参加社会助老服务，其服务时间按一定规则被记录并存储下来；这些志愿者年老后，可将所存时间提取出来，换取他人为自己提供助老服务[①]。

当前我国社区中正在出现的现象趋势是，争取和维护正当权益，与志愿工作、义务奉献并行不悖，这是新的价值观，也是新的社区秩序，可以说是朝向社区民主与现代性的进步。

延伸阅读 5.2　上海浦东新区"爱陪伴——社区互助会"

这是一个大重病关爱项目。"社区互助会"由手牵手生命关爱发展中心于2012年年初创立，集聚了一批社工和社区志愿者，以及众多重大疾病患者。他们互助互爱，使病友们直面癌症、重建生活信心。

"爱陪伴——社区互助会"成立的目的，就是让大重病患者能够重建生活信心，让有限的生命活得更有质量。"爱"这个字，谐音就是"癌"字，"爱陪伴"就是用爱陪护癌症患者。

"手牵手"培养了一批社工，对患者进行心理辅导，调整他们的心态，使他们树立正确的人生观，从而恢复正常社交；"互助会"里聚集了大批患者和家属，有共同经历的人交流起来更容易，效果也会更好。

"互助会"还培养了60名"社区志愿领袖"，个个都具有号召力、组织管理能力、人文关怀素质和责任心。通过他们的服务与倡导，受助者获得的不只是物质上的帮助，还有精神上的安慰与关怀。很多受助家庭所渴望的获得"正常人"的待遇

---

① 梁圣嵩，马道军．这个"银行"不存钱，只存时间 [N]．南京日报，2019-8-9（A04）．

和被社会"正常"接纳的愿望，也因为"互助会"的建立与服务，得以实现。

2013 年，街道通过购买服务的方式，委托手牵手生命关爱发展中心关心并服务"空巢"老人。志愿者开始定期探访老人。"手牵手"还主动寻找政府与社会组织的经济、资源支持，协助受助家庭申请救助补贴，解决经济难题。

至 2016 年 8 月，"爱陪伴——社区互助会"项目已经覆盖浦东的 24 个街镇，社区资源被进一步激活，社区互助网络得到进一步完善，病友们重建生活的信心也被进一步点燃。

摘编自：司春杰. 再大的困难我们一起扛——社会力量参与社区治理系列报道之二 [N]. 浦东时报，2016-8-31（6）.

2.3 乡村社区居民：处境与身份的代际差异

2011 年，中国城镇化率超过 50%，漫长历史的乡村中国开始向现代的城市中国转型。而乡村社区也面临着由于人口结构变化带来的乡村社区复杂分化，乡村社区居民面临着处境与身份的代际差异以及必要的调适。

2.3.1 人口流失地区的乡村社区

我国中部、北方省市的乡村社区，多年来由于外出跨省流动的青壮年劳动人口数量较多、距离较长，留守的多为老弱妇孺，乡村社区在物质环境上则呈现明显的衰退迹象。而随着近年来回流城镇化的趋势，乡村外出人口较多在县城集聚，与乡村社区仍可保持一定的联系，今后的乡村衰退趋势会有所减缓。

乡村大量流失的是 20 世纪 80 年代、90 年代出生的人口，也就是通称的 80 后、90 后。这两代人口虽然户籍在乡村，但他们中的很多人从小跟随打工的父母在城市生活，在思想意识上与城市同龄人的差距并不远；相较而言，他们的父辈则与其城市同龄人群之间差异悬殊。来自乡村的 70 后、80 后、90 后、00 后大多不会务农，越来越接受城市生活观念，并注重个人的职业发展和生活质量。生长环境的改善、消费主义文化的浸染使得他们对物质文化的眼界和要求颇高，而乡村家庭出身的社会经济背景对他们的发展又形成诸多制约，他们中的很多人没有受过良好的教育，在城市就业或游荡，距离乡村社区非常遥远。

如果联系地、整体地加以考察，与人口流失地区的乡村社区相关联的是城市外来人口聚居社区，外来人口在这里租房定居，他们的生存空间虽然拥挤狭仄，可能远不如在乡村社区家里的住房宽裕，但是他们的日常生活背景却更大，是扩大的城市环境。

在大量流失的乡村社区人口中，很多新生代农民从出生到现在，都没有分到土地，而农村土地二轮承包期将延长三十年，也就是说，在这段时间内，这些人还是分不到土地。另外，在许多乡村地区，绝大多数的青壮年农民常年在外面打工，很多人即使过年过节宁愿待在出租屋，也不愿回偏远山区的家里，过惯了城市生活的他们，已经不愿意过偏远的农村生活了。

乡村青壮年人口的流失，不仅带来了乡村社区空心化等建设问题，还带来了相对突出的乡村老龄化、家庭分离与儿童留守等严重的社会问题。农村青壮年外出打工改变了农村传统的"男耕女织"格局；儿童缺少了父亲的关爱，可能变得沉默寡言、孤独内向，健康状况变差甚或叛逆而误入歧途；妻子缺乏丈夫的支持，独立支撑整个留守家庭，承担照顾老人、子女、农活，维持家庭生计，还可能忍受着孤独与寂寞；老人可能独自生活，缺乏经济支持和精神支持，有可能还要照顾留守的孙子孙女[1]。

更严重的是，乡村社区人口结构不健全，还导致了部分乡村社区的失序，例如针对老年人、妇女和儿童的犯罪率以及留守儿童自身犯罪的比率上升。截至2017年，四川留守儿童总数超过93万，占全国留守儿童总数的1/10[2]。2013年，最高人民法院研究室有过相关统计，截至当年，我国各级法院判决生效的未成年人犯罪平均每年上升13%左右，其中留守儿童犯罪率约占未成年人犯罪的70%，还有逐年上升的趋势[3]。无论是迁徙到城市生活在城中村的儿童还是留守在乡村社区的儿童，这一代人注定要艰难地面对处境和身份的自我认同。

但是从另一个方面讲，乡村人口收缩并非都是坏事，要想整体提升乡村社区生活水平、改善乡村社区环境质量，乡村人口大量减少是必然趋势，直至乡村人均用地能养活每个村民。不妨对照一下美国的情况。据美国住房与城市发展部（HUD）和人口普查局统计[4]，2002年约有79%的人口集中居住在占国土总面积2.6%的城市地区，21%的人口（5900万）居住在农村地区；美国从事农业的人口仅有600万左右，也就是说美国仅靠2.8%的农村人口养活着97.2%的城市人口[5]。相比之下，我国目前在乡村社区生活从业的人口比例还相当之高。

2.3.2 人口稳定地区的乡村社区

青壮年劳动人口离开乡村社区在外就业打工是普遍现象，但是乡村社区所处的区域不同，性质不尽一致。人口稳定的乡村社区在东部沿海省市分布较多。由于这

① 李强. 大国空村：农村留守儿童、妇女与老人 [M]. 北京：中国经济出版社，2015.

② 农村留守儿童现状：犯罪率居高，心理问题突出 [EB/OL].（2017-06-19）[2020-10-11]. 腾讯大成网·公益频道.

③ 赵晓丽，杨玲，雷鸣杰. 浅谈农村留守儿童的教育问题 [J]. 新教育时代·学生版，2017（7）.

④ Urban and Rural Residential Uses[EB]. Major Uses of Land in the United States, 2002/EIB-14, Economic Research Service/USDA.

⑤ 黄怡，刘璟. 北美农村社区规划法规体系探析——以美国和加拿大为例 [J]. 国际城市规划，2011（3）：79-86.

图 5.8　山东省平度市大泽山镇乡村社区

些省市区域经济发达，地区产业基础良好，能够提供足够正式和非正式的就业岗位，可以就近消化乡村剩余劳动力人口。因此，这些乡村社区常住人口数量虽然下降，但乡村社区在空间环境上并未呈现严重的衰败趋势。此外，人口稳定的乡村社区大多处于那些拥有某些自然资源优势的乡村。由于乡村拥有一定的资源和产业基础，许多青壮年劳动力选择在家乡附近打短工，这些劳动力人口往往是离社不离镇、离社不离区或不离市，因而整体上村庄并没有明显的人口流失。

　　例如上海远郊区奉贤、崇明、金山的乡村社区；又如山东青岛的代管市胶州、平度、莱西的乡村社区。山东平度的大泽山镇，属于农业大镇，农产品主要以葡萄、樱桃、桃子、苗木为主，发展一村一品专业村。大泽山镇也是国家农业部命名的首家"中国葡萄之乡""中国鲜食葡萄第一镇"；域内还有"全国重点文物保护单位"天柱山魏碑、岳石文化等古文化遗址，以及葡萄观光园等农业景观，还是全国休闲农业与乡村旅游示范镇、山东省风景名胜区、省级自然保护区、省级森林公园、省级旅游强镇。种植业、加工业与旅游服务业的一二三产业融合发展，使得大泽山镇的社区人口能够保持稳定（图 5.8）。

　　此外，较富裕地区的乡村也为农民工返乡创业、乡村养老等提供了经济和社会条件。乡村振兴以乡村富民安居为根本目标，而乡村人口稳定又为提升留存居民的生产生活水平、促进乡村可持续发展提供了可能。

2.3.3　拥有历史文化资源遗存的乡村社区

　　迄今尚能拥有历史文化资源遗存的乡村社区，无非下列两类情况：第一类是地理区位偏远，经济条件有限，还没有能力进行新的村庄开发建设因而免遭人为破坏，例如中部农村地区的一些村庄社区。第二类是经济条件较富足，且经过了一定的规

图5.9 安徽省泾县桃花潭镇查济古村

划保护的乡村社区，如东部地区的一些乡村社区。

对于第一类历史乡村社区来说，需要完成从资源到资产和资本的转化，将乡土特色生活环境、村庄历史文化遗存、地方民俗文化、生活方式加以悉心维护，寻求村庄可持续发展的具体路径。单靠乡村自身很难完全做到这些，需要来自政府、社会、专业界的政策、资金与技术支持。

对第二类社区来说，需要进一步提升保护理念和保护技术，将乡村的传统与当代的生活需求结合起来，优化乡村空间资源的利用效率，维护居民自足、自治的生活组织方式，形成文化资本优势，并减少来自城市建设方式的冲击。

乡村历史文化遗存是富足文明时代的产物，是文化与资本/资产的结晶，而要维系下去，需要对于历史文化遗产的欣赏与投入。乡村历史文化遗存并不仅仅属于这些具体的村庄，而是全社会的共同遗产，是我国文化自信、文明自信的传统物质根基与载体（图5.9）。乡村历史文化遗产和乡村历史文化传统依靠的是代代传承，延续的历史文化价值观在村庄人口中的传承是历史文化资源遗存保护的根本，因此新的乡规民约内涵与方式、较富足的物质生活水平都是前提。

2.3.4 城乡社区的结构形态与精神联系

中华人民共和国成立以后，受限于当时历史背景，服从当时国家建设的整体需要，城乡二元割裂，农民没有取得与城市居民享有的同等权益。进入21世纪后，国家先后提出了城乡统筹发展对策和乡村振兴战略，并推动成都、重庆成为国家城乡统筹发展综合改革试验区（成渝特区），其目的都是缩小城乡在物质生活水平上的差异，让更多的农村劳动力、农村居民进入城市，让更多的资金、技术、人才流向农村。

城乡要素的流动，将在城乡社区之间建立起各种显性与隐性的联系，并最终促使城乡社区结构与文化精神的理性平衡。人口、商品与物资的流动是显性的，而生活观念、价值与精神的联系是隐性的。

在现今的农村电商物流带动下，城乡社区的居民有了前所未有的时空关联。当城市居民在时令季节品尝着快递送达的来自各地的农产品时，快递标签上的某个乡村社区的地址和某位种植者与某个城市社区的地址与某位市民之间形成了某种似乎"不相干的"联系，这对于城乡社区居民来说都是一种眼界与精神时空的拓展，是物质与劳动相互依存关系的具体体现。城乡社区参与的这种物质与资金的流动越多，隐性的联系也越强，社区之间潜在的能量传递也越多，长远地将改变城乡社区的相互认知与自我认知。

这种联系在20世纪30年代就已存在，正如1933年美国记者埃德加·斯诺走访定县（今河北省定州市）后撰写的发回美国的通讯中所写："定县人民，从外表上看，和中国其他各地农民并没有什么不同，但形成他们许多不同的地方，在于他们的心灵以及其整个生活的前景……"定县距离北京200多公里，是晏阳初开展实验性平民教育的地方。晏阳初1918年取得耶鲁学士学位，他立志把终生献给劳苦大众，1929年从北京举家迁移河北定县，率领中华平民教育促进总会的知识分子，在这里开始了著名的"定县实验"（图5.10）。而1929—1931年，先后有近百位当时的社会精英举家搬到定县。换句话说，当时的社会精英搬到了乡村社区。这给予当代城乡社区的启示是清楚明白的，城乡社区的结构形态、人口变化及精神是联系的、动态的。农业、工业和服务业一体的多元混合经济格局，将产生新的乡村生产环境、生活环境、生态环境，并共同塑造出新的乡村精神和乡村文明。

图5.10　河北省定县（今定州市）晏阳初乡村建设学院

第3节　社区生活形态和技术变化

社会技术视角强调技术与情境的互动。技术塑造并影响着社区的物质与生活形态，一些重要技术的产生繁荣，最终都深刻地改变了社区的发展。大规模的建造技术，造成了旧社区的快速消亡，也改变了大量社区的物质空间形态与结构方式，这在城乡社区形态上可以清晰分辨。交通技术，引导了城市道路长度的不断增加、路网的加密、机动车数量的快速增长以及大运量捷运线的延长，极大地改善了社区的可达性。信息技术，毫不夸张地说深刻改变了各行各业的发展模式。新一轮科技革命和产业变革大潮带来了新的发展红利，新技术、新业态层出不穷，信息化、网络化促进了智慧社区的建设。

3.1 技术对社区生活及空间形态的影响

互联网技术、交通技术等给人类社会带来了前所未有的变局，AI、大数据、云技术、物联网等前沿技术的新产品或研究进展，快速转化成为日常生活的一部分，这些都体现在社区居民的生活方式变化上，以及社区物质设施的规划设置要求上。扁平化、去中心化、互动性和共享性，这些互联网技术的特征，对社区的生活形态及空间形态都产生了显著的影响。社区的智慧化改造，也成为智慧城市建设的一个组成部分。

3.1.1 智慧商务末端设施

电子商务通过线上交易和线下配送的便捷体验，改变了居民的日常消费模式，由此也产生了电子商务末端配套服务亦即"物流最后100米"的问题。目前在城市社区中，除了人工直接上门送货服务，或设置人工快递收发点之外，标准化的智能快递储物与提货柜已普遍出现，24小时开放快递柜自助收寄件端口，灵活设置在住区公共空间、物业管理设施、社区服务设施内部或附近（图5.11）。以快递末端服务平台"丰巢"为例，截至2018年，已覆盖全国100多座城市的75000个社区，用户规模达到1.3亿，智能柜数量达到10万以上，这种"微仓"模式，通过自身物流优势与信息化的对接，形成了提供开放共享自助的标准化服务的末端智能网点。

图5.11 "丰巢"自助快递储物提货柜与微型消防站结合布置在小区入口处
（长城大厦，深圳市白沙岭社区）

还有一种"前置仓模式"，就是在离消费者最近的地方建立实体仓库，辐射周边1—3km区域，后台设立总仓。总仓和前置仓的配置，是货品快速流动的关键链条，也是品质控制过程中的重要节点。平台根据消费者需求预测数据，提前将新鲜菜品由总仓配送至前置仓，待用户下单后立刻送货上门。生鲜电商是消费互联网与产业互联网的结合，以大型现代化农业企业为基础。数据显示，2020年一季度，上海市生鲜电商销售额达88亿元，同比增长167%；日订单量约50万笔，同比增长80%。同时，受到疫情影响，客单价①从40元提升至100元以上，活跃用户数同比增长127.5%。

例如生活服务类自营生鲜电商平台"叮咚买菜"，主要提供蔬菜、豆制品、水果、肉禽蛋、水产海鲜、米面粮油、休闲食品等产品，提供全城无门槛配送服务。该平台在上海建有7个总仓、257个前置仓。这种"自来水模式"的优势，一是极其便利，居民不需要花长时间等待；二是对选址的依赖程度低，而传统零售商业线下选址对区位的抉择要求非常高，区位往往决定了实体零售门店的存亡兴衰；三是可以全城覆盖②。2019年，叮咚买菜营收达到50亿元。2020年上半年受到疫情刺激，叮咚买菜日订单量突破60万笔，单月营收超12亿元。

随着我国农村土地制度改革的推进，农业企业体量变大、深加工水平不断提升，越来越多的企业开始与上游合作，从源头提高产品品质；加上运输能力大幅提升，社区智慧商务服务将更为流行。

3.1.2 智慧安保服务设施

社区智慧安保服务包括社区的安全管理和运维效率的提升两方面。技防、物防、人防相结合的安全防范体系建立，为实现社区安全和管理效率提供了技术可能。

通过门禁、24小时智能监控探头、地磁、烟感、电子围栏等设备的全覆盖安装，可编织起一个全天候的智慧安防网络。上海的一些社区，已试点在高龄独居老人家里安装烟感和可燃气体报警装置，在后台监控社区的消防状态，并自动进行预警与告警。通过视频识别技术识别社区的进出人员、物体和场景，可有效减少入室盗窃案件。

视频监控是重要管理手段之一，饱和的视频监控建设，减少了犯罪环境，降低了盗窃类的犯罪率，已让中国成为世界上安全、犯罪率低的地区③。对城市社区来说，设施陈旧、人员复杂、治安较差等常见的空间与社会治理难题，更需借助智慧服务功能的提升与智慧设施的引入。

---

① 客单价（per customer transaction）是指商场或超市的每一个顾客平均购买商品的金额，也就是平均交易金额。

② 李治国. 叮咚买菜：好食材，触手可得 [N]. 经济日报，2020-8-3（10）.

③ 观察者网. 宇视科技张鹏国：中国犯罪率低的原因在于什么？[EB/OL]. 安防展览网，http://www.afzhan.com/news/detail/61763.html.

图 5.12　固体废弃物智慧分类回收箱（上海市浦东新区金杨街道社区）

　　社区内住宅的电梯运行也可纳入智慧管理。以上海为例，上海是世界上电梯保有量最大的城市。2014 年开始，由上海三菱电梯承担的"电梯运行状态安全监控的联网系统研制和应用"正式启动。上海正在构建的基于物联网的城市安全防火墙中，市经信委牵头的"智慧电梯"计划也被纳入其中。2020 年 7 月，上海市智慧电梯平台接入上海城市运行"一网统管"平台。上海 26.84 万台电梯中，纳入实时监控的有 48813 台，工作人员可随时查看某一台电梯的具体信息[①]。首批 4 万余台加装了远程监测装置的电梯，将用"大脑"解决市民广泛关注的电梯困人等紧急情况。有"智慧"的电梯会通过图像识别等技术自主判断情况并发送预警。基于物联网的智慧电梯体系，正在改变维修保养作业的传统模式。

3.1.3　智慧环保服务设施

　　通过安装在社区中的传感器，智慧系统还可以监测社区的环境状态，例如自动监测与分析环境噪声、大气污染状况。这对于一些处于城市特殊功能区、工业企业厂界周边、交通噪声源附近、施工场界周边及其他环境噪声或污染影响范围的社区来说，很有必要。但是目前城市社区中只是采用了部分末端智慧设施，例如上海浦东新区金杨街道社区的一些小区配合城市垃圾分类行动，添置了固体废弃物智慧分类回收箱，并通过电子积分微利返回激励居民的环保意识与行动（图 5.12）。

① 　陈玺撼.上海市智慧电梯平台接入"一网统管"，4 万多台电梯变"聪明" [N].解放日报，2020-7-8（07）.

3.1.4 智慧养老与智慧健康服务设施

智慧健康服务是凭借"互联网＋"、大数据、5G、人工智能、物联网等科技手段，结合硬件建设和软件服务，促进卫生健康信息化工作，通过互联网医院、社区智慧康复港、智慧健康驿站等多种形式，让居民足不出户或不出社区就能解决健康问题，享受医疗服务。智慧健康服务为实现健康便民惠民服务、破解看病难、看病繁等难题提供了可能。

智慧养老是将智慧技术应用于养老服务，将养老服务、康复医疗、辅助器具、生活护理、宜居建筑、健康管理等整合起来，可为居家养老、家庭养老提供充分保障。

又如，上海市长宁区江苏路街道社区综合为老服务中心，遵循"医养结合、智慧养老"理念，与江苏路街道长者照护之家、日间照料中心、老年活动室、社区护理站等设施一同构成了长宁区为老服务"一站多点"体系，打造出长宁区一处极具特色的"15分钟为老服务圈"，实现了"一站式综合服务""一体化资源统筹""一网覆盖信息管理"和"一门式办事窗口"四大功能，为老人提供"认知症照护""医养结合""体医结合""智慧养老"等特色服务[①]。通过智慧健康服务创新可以促进老年人在地老龄化（age-in-place）、健康老龄化，从而改善老年人的社区参与和安全选择。

再如，徐汇区第三老年福利院是一家公建民营的综合性养老机构，它与徐汇区中心医院合作设立云医院，为入住老年人提供诊前、诊中、诊后的全流程智慧医疗服务。即便是需要上医院继续看病或是转院至三级医院，也可以通过前期处理后，实现电子预约。

广义的智慧健康服务，除了着重于智慧医疗卫生服务以外，还可以包括智慧健身服务。社区智慧健身服务设施主要是指社区中开设的全天候和智能化的健身中心或健身房，其中运动器械智能化，并引进智慧管理系统，通过互联网技术，让居民运动数据可视化。此外，智慧系统通过人脸识别、智能门禁、在线预约和支付等功能，能为前来的健身居民建立个人健康档案，为社区健康管理提供数据支持。社区智慧健身服务设施可以24小时营业，满足中青年利用碎片化时间健身的需求，多元化地提供健身服务。例如上海市杨浦区控江路街道市民智慧健身（健康）中心，由老年人智慧健康中心与中青年智慧健身中心两部分组成，其中配置了为老年人定制的健康促进设备，为老年人提供健康检测、科学指导等服务。

3.1.5 智慧交通服务设施

轨道交通建设是城市现代化的标志，轨道交通的安全、高效和无人驾驶的运行是

---

① 腾讯网.江苏路街道社区综合为老服务中心正式启用[EB/OL].https://xw.qq.com/amphtml/20190305007713/SHC2019030500771300.

高度自动化、智慧化集成的结果。通过自动售检票（AFC）、便捷移动支付、高速 wifi 接入、综合安防、门禁等系统的建设，更好地满足了乘客与运营方的互动和安全便捷出行。城市智慧轨道交通系统的建设，使得许多超大城市在郊区的大型社区成为可能。例如北京地铁 13 号线终点站回龙观站，联系着五环以外的昌平区回龙观、天通苑社区。回龙观文化居住区曾是北京市 1998—2003 年的重点工程，是北京市贯彻落实国家经济适用房政策开发建设的项目中最大的一个，初期属于"睡城型"大型居住社区，车站潮汐客流非常明显，绝大多数乘客都是通勤乘客，早晚高峰时段以外客流很少。地铁技术改变了大城市的整体空间形态，也催生了许多这样的大型社区。

智慧交通技术现在已越来越多地引入城市社区。在社区、住区出入口可设置红外感应计数器，记录车辆数量，小区管理方可据此统计住区内车辆出入及停车位情况。住区主要道路上加装地磁传感器，可以帮助住区物业管理监测机动车停放状况。

3.1.6 智慧管治平台

社区的智慧化改造，是智慧城市建设的一个组成部分，目前正通过政府补贴、共建共管和免费投放设备等合作方式推进落地。与此同时，智能化应用体系正被应用于从整体上促进城市治理能力现代化，智慧触角正延伸到城市治理最末端，为社区治理提供技术手段。包括大平台和小平台两种类型。

（1）政府性质的智慧管理平台（大平台）

以上海为例。上海"一网统管"赋能城市治理现代化提升，不仅在市、区、街镇三级搭建城市运行系统应用平台，提供基础赋能工具；更在市、区、街镇、网格、社区（楼宇、单位）这五级都启用治理职能，为部门和基层全方位赋能。

在总体架构上（图 5.13），根据上海市 2020 年 1 月印发的《关于加强数据治理促进城市运行"一网统管"的指导意见》，形成"两级统筹、三级开发、五级应用"的城市运行"一网统管"总体架构，依托市、区两级电子政务外网和电子政务云设计城市运行管理平台，市、区、街镇开发相关应用；网格和社区（单位、楼宇）层面，部署城市运行管理终端（平台桌面终端、移动终端），加强视频前端、物联感知前端日常维护和管理。

基础设施包括电子政务外网、电子政务云、感知端；数据资源包括业务数据、视频数据、物联数据、地图数据和数据库建设。建立完善"应用场景"目录，推进公共数据按需实现有效整合和共享，有力支撑城市运行"一网统管"。

"一网统管"体现为"六个一"（图 5.14）。即，治理要素一张图，以城市"数字孪生"为目标，充分运用二维码等标识技术，将城市治理的客体、主体和内容全域全量数字化，并加载于地理信息系统；互联互通一张网，依托融为一体的公安感知网和市级政务外网，进一步整合各类专网，扩容延伸至各区、街镇；数据汇集一个池，

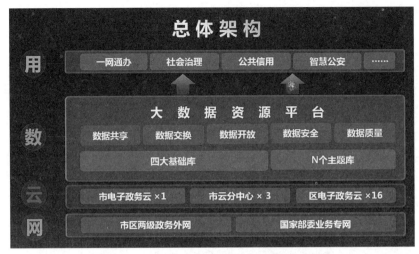

图 5.13 上海"一网通办""一网统管"总体架构

图 5.14 上海市江苏路街道社区城市运行中心

汇聚城市治理的各类实时数据,加强数据分级治理,形成多维度基础数据池和主体数据库;城市大脑一朵云,在市、区两级形成统一云架构和云资源;系统开发一平台,有序推动重要系统整合上云,基于"统一平台"开发;移动应用一门户,加快部署统一终端平台,丰富城市治理应用,将"随申办"作为联结政务微信与公众微信的唯一"桥梁",畅通与市民的交互渠道。

例如,上海青浦区赵巷镇新城一站大型社区开展推进城市运行"一网统管"工作试点,采用网格化管理,围绕高效处置一件事,突出联勤联动工作,取得一定成效。

延伸阅读 5.3 赵巷镇新城一站大型社区开展推进城市运行 "一网统管" 工作试点

新城一站大型社区概况：赵巷镇新城一站大型社区管辖区面积 5.52km²，包含 17 个居委、43 个小区、2 个商业体，常住人口 6.5 万，其中来沪人员 3.8 万，流动人口多，管理体量大。

工作情况：在网格划分及力量配置上，新城一站大型社区区域设置两级网格，一级网格为责任网格，对应警务片区划分 4 个责任网格，责任网格长由镇班子领导担任；二级网格为管理网格（微网格），在 4 个责任网格下设 21 个管理网格（微网格），管理网格长主要由城管干部和村居书记担任，依托街面工作站、村居工作站的人员开展街面和小区各类问题的先行发现处置。其中，公安、市场、城管、网格（街面）人员为常态入驻工作站；同时配备若干辅助力量，通过联勤联动处置新城一站大型社区区域内难点问题。

初步成效：赵巷镇新城一站大型社区开展推进城市运行 "一网统管" 工作试点以来（图 5.15），解决了快递小哥乱停车、广场舞噪声扰民、不规范设置遮阳棚等问题。

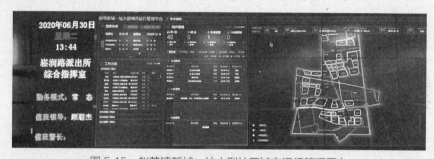

图 5.15 赵巷镇新城一站大型社区城市运行管理平台

摘编自：2020 年民进市委对青浦区抓好 "政务服务'一网通办'城市运行'一网统管'，提升超大城市治理的现代化水平" 专项民主监督方案。插图为作者另加。

（2）社会 / 社区性质的智慧管理平台（小平台）

政府性质的智慧管理平台在社区层面的要求是，提高社区信息化智能化水平。推进社区市政基础设施智能化改造和安防系统智能化建设。搭建社区公共服务综合信息平台，集成不同部门各类业务信息系统。整合社区安保、车辆、公共设施管理、生活垃圾排放登记等数据信息。推动门禁管理、停车管理、公共活动区域监测、公共服务设施监管等领域智能化升级。鼓励物业服务企业大力发展线上线下社区服务。

在社区自治层面，还出现了社区组织建立的智慧管理平台以及社区居民自发建立的一些应用平台。

例如，上海周浦镇社区生活服务中心建立了"智汇家园"平台，凡是周浦区域内的居民都可以享受到社区零售、社区服务、生活缴费等便利服务，油盐酱醋等生活必需品90分钟就能送到；还可以享受到智慧养老和智慧医疗服务，比如预约挂号、取报告等[①]。"智汇家园"不仅提供日常生活上的便利，还推出"周浦好邻居——我们依'医'相伴"公益活动。"智汇家园"运用了"互联网+"模式，对接社区供需，线上线下相结合，为用户提供服务，同时带动本地服务商及经济，实现了90分钟一体化生活服务圈。

此外，互联网技术也为社区居民自治提供了可能。按照使用活跃程度和使用人数由高到低的排序，互联网社交工具分别是微信、QQ群、互联网上论坛。参与的群体包括业主、物业、居委会。内容主要是业主之间的交流，业主与物业、居委会之间就社区存在问题的沟通，小区物业与居委会的事项通知等。业主群中业主大多为年轻人。甚至于向前延伸到社区形成之前，也就是在业主入住住宅区之前，例如在业主群中可以监督住宅装修施工进度。这种参与也促进了新的住区向社区的转化。

（3）应急管理平台

智慧管理平台中很重要的一部分工作是应急管理。城市和社区数字化基础设施规划建设需兼顾日常治理与应急治理的不同应用场景，让城市精细化治理升级为快速、精准、有效的算法治理。例如2020年智慧技术在安全防疫中得到大规模应用，智慧技术在社区因"疫"（COVID-19）而兴，包括大规模在家办公、在线教育、云医院、公共服务线上化等数字生活开放平台，一些"社区大脑"试点线上社区疫情防控管理系统，助力防疫与复工复产工作。

（4）乡村智慧管理平台

"智慧乡村"管理平台基于农村地区的实际需求，由智慧村务管理、智慧农业、智慧农村交通、智慧农村能源、智慧农村家居等方面组成。"智慧乡村"管理平台具体可结合村委会建设一处中央信息平台，并带有演示功能。

3.2 技术对社区社会生活的影响

技术发展已极大地改变了城市居民的生活观念、生活方式及社区组织方式。现今的社会生活，也是整合的技术生活。在建设智慧社区时，既要将这种技术影响的巨大的积极性充分发挥，也要将其潜在的破坏力尽量降低。

---

① 司春杰.再大的困难我们一起扛——社会力量参与社区治理系列报道之二[N].浦东时报，2016-8-31（6）.

3.2.1　技术伦理与隐私安全

技术是柄双刃剑，既创造了便利，也制造了风险。各类智慧服务平台在为社区居民提供全方位服务的同时，也收集了大量的用户数据。可以说，居民在享受各种便利的同时也被迫让渡了个人隐私。2020 年 6 月中旬，北京新发地农贸批发市场中人员被发现确诊病例，在其环境样本中检测出核酸阳性，北京市决定对 5 月 30 日以后与新发地市场有密切接触的人员开展筛查，大数据溯源锁定数十万人，在此期间去过或路过新发地的用户都收到了来自社区、民警、流调小组以及防控办公室等方面的电话、短信通知。手机定位技术在我国新冠疫情防控中被广泛使用，对于高效防控疫情这是强有力的保障，当然其中也涉及隐私问题。另外面部识别技术目前已应用于多项场景，原先规划设计中强调的街道防御空间设计，例如"街道眼"（eyes on the street），在很大程度上已被社区的闭路电视（CCTV）监控系统、高层住宅的智慧电梯以及其他部位高密度设置的摄像头取代。换言之，社区生活是被高度监控的。

基于摩尔定律，监控设施的性能将不断提升，包括视频质量、清晰度以及实时视频智能分析水平的提高，将使得人们的行动无处可遁。这涉及数据管理权问题，因为各个厂家摄像头大量部署，数据为甲方用户集中掌控，安全性、合法性都有待保障，技术伦理期待确立。这可以延伸至米歇尔·福柯[①]关于监视与视觉权力的讨论，社区中的全方位视角和空间维度这两个关键特征，使得对社区居民个体实施连续和精细化的监视成为可能，"中央塔楼"的意象演化成了城市及社区中无处不在的视觉机器（摄像头）。

广义而言，技术一方面是解决办法，是有价值的工具，用来回答人类正在面对的多样风险；另一方面，技术的发展也是多样的问题的来源。人类正处于一个变革的阶段，完全依赖技术的成就，因而也受到来自技术对人类自身的一个威胁。技术失败或崩溃的脆弱性本身也是人类风险和忧虑的来源。通过新的规划方法和技术的应用，有必要对这类风险进行深入研究，并对此做出反应。

3.2.2　技术鸿沟与缓冲机制

随着人工智能和数字技术的普及，社区出现了自助银行、无人商店等自助设施。银行面向客户的窗口不再单纯依赖于营业柜台等传统物理网点，自动柜员机、自动存款机等设备越来越多出现，对于大多数老年人来讲，社区生活环境是越来越不友好、越来越不方便了，这增加了他们的危机感和焦虑。

[①]　Michel Foucault（1926—1984），法国哲学家、社会思想家。

许多技术的革新、技术的迭代，并不全是从人类需求出发，而是缘于技术本身发展的追求。因为从社区生活的角度讲，很多服务根本不需要更快、更多，服务的过程就是社区生活的过程，对老年人尤其如此。社区生活的精髓并不是一味追求速度与效率，快与慢，具有相对性，解决问题要快，享受生活要慢。社区本身就是在时间维度上的缓慢积累，是日常空间中稳定连续的生活环境。

在技术加速飞奔、技术鸿沟日益难以逾越的时代，我们的社会中不断出现被技术时代抛弃的人，应从社会价值上对他们予以尊重包容。老龄社区或许可以规划成为抗争信息世界的一种专门的、有效的手段，为技术影响建立一个缓冲机制。

3.2.3 信息冗余与心理容量

如果说传统媒体时代，社会可能存在信息闭塞的问题，那么互联网时代，信息的快速广泛传播，则容易造成社会共振，使整个社会变得脆弱。个体的心理容量是有限的，当接受了太多冗余信息，并且其中很多是负面信息时，会得出消极片面的判断。最明显的例子是，虽然城市与社区中安全摄像头不断增加，居民客观上安全性提高了，但是他们的心理安全感并未相应提升。这是因为，社交信息传播中的负面效应放大，在不经过理性分析时，心理安全感反而下降了。

对犯罪率的感知同样如此。即使互联网时代的犯罪率更低，但是网络媒体报道犯罪事件的高频度、集中度，加上如今大部分媒体的报道覆盖面已经遍布全球，因此其覆盖的人口基数也经历了爆炸性的增长。只要有互联网，就能很快得知在地球的另一端发生的各种暴力犯罪活动。这也让人觉得生活在一个日益不安定、不安全的世界。

第4节　社区空间形态和文化变化

作为社区的构成要素，制度、文化和生活方式极为重要，它们在影响和形成社区的空间形态方面确凿发挥作用。诸如制度结构和常规、社会规范和文化，不仅影响社区成员的行为，而且也影响他们对环境的看法以及追求的目标。将文化引入社区研究或社区规划过程而构建一种分析框架，则是把制度与文化作为一种内在变量，纳入对社区成员集体行动的分析中去，并通过文化来应对空间的以及非空间的社区问题。但是社区研究和社区规划如果只是针对社区个案内部的文化现象和文化动态力图进行多种分析，那么这些努力很可能是徒劳的，文化现象的产生和功能发挥很可能无法仅仅在社区个案内部获得解释，而必须将其置于多社区、更广阔的社区网络中研究，才能获得对社区个案内部的文化现象的清晰解释。

4.1 城乡社区生活方式：城市性、乡村性、网络性

对城乡社区居民来说，城乡社区生活方式具有现实和象征两重意义。城市社区居民享受城市化的物质生活，却追求乡村性（乡愁），美食短视频创作者"李子柒现象"的出现恰是城市人对田园牧歌式的乡村生活、传统文化向往的反响，是对节气时令、乡村社区生活方式和传统习俗、回归自然的渴望。与此同时，乡村社区居民追求城市化，"楼上楼下、电视电话"不仅曾是乡村社区居民眼里的城市意象，而且是他们对高密度与基础设施带来的生活品质的向往。

4.1.1 "可食社区"、融合的城市性与乡村性、社区韧性

由此看来，无论是城市社区还是乡村社区，对于城市性（urbanity）与乡村性（rurality）都是同时渴求的。城乡居民对于城乡社区的意象只不过是在地者与外来者的视角互换。社区的空间形态、社区中的一些日常生活场景，在当地人眼中也许寻常，而在外来者觉得却很有地方特色。这就又回到了埃比尼泽·霍华德关于城市与乡村互补关系的讨论。城乡居民对于迥异于自身所处社区整体环境特征的生活方式的渴望在城乡社区空间形态上以蒙太奇的方式呈现出来。在城市，对"花园社区"的追求伴随着对"田园社区"的追求，都市农业已越来越被国际社会接受，以城市中的粮食种植和农业引入、生态引入为设计要旨，包括对城市社区可食地景的推广，乃至"可食城""可食社区"的试点项目在城市中的陆续落地。"空中菜园"（图5.16）则是充分利用建筑闲置的屋顶平台空间，种植绿色蔬菜，并结合雨水收集利用。相对于城市社区可食景观的观赏作用和经济价值，可食景观通过劳动、交往过程的社会"疗愈"功能可能更为显著。在社区田园/农园中，通过社区集体劳动，成员们建立合作。农耕的方式是协作，大家从事的是同样的农活，

图5.16 屋顶平台上的家庭小菜园（上海市杨浦区控江路街道社区）

协作是可能的。这有别于城市分工精细，家庭、社区层面的协作几无可能。由社区田园/农园（一种小尺度空间形态）的引入，在城市社区中植入乡村性，产生接触、交往和协作，进而促进社区参与、社区治理。乡村性与城市性的合体，这才是社区的文化价值优化，换句话说，社区还得名副其实地保留或回归其初始的概念内涵。

在一些乡村集中安置社区，乡村性与城市性会有更多样的混合与碰撞。农耕种植本来就是社区居民的一种生活习惯，因此社区居民对闲置绿地再利用、文化活动空间再提升有着迫切需求。

在追求城市性与乡村性融合的设计理念中，比较有影响的是 20 世纪 70 年代发源于澳大利亚的永久栽培（Permaculture）理念，这套设计原则结合了永久持续的（permanent）、农耕（agriculture）、文化（culture）这几个词的含义，是一种模拟或直接利用自然生态系统中观察到的模式和韧性特征的系统思考方式，可应用于社区韧性领域。永久栽培设计原则某种程度上可以视作我国传统耕读文化的现代体现。而这种亦城亦乡的空间形态更可能是较单一的城市或乡村社区形态更具韧性的空间与文化。

4.1.2　城乡社区的网络特征

共同的一点是，无论乡村社区还是城市社区，日常的社区生活都是关于空间与时间的函数。共时性与空间的连续，通过设施和地理空间的连接，地域性与时间的连续，通过发展和社会时间的连贯，使得社区规划设计将应对城乡社区空间形态与文化环境的整体而复杂的挑战。

城乡社区的变化与联系的本质，也在普遍的城乡社区之间形成了相对"隐形的"网络，通过人员流动、商品物流构成了广泛的网络。这种网络性/网络模式不仅与地域性的、物质环境的社区和邻里相联系，有时还依赖社区以外的社区网络，或者对实际的城市空间较少需要，却依赖城乡的网络基础设施系统。

对城乡社区生活方式的城市性、乡村性和网络性的历史特定的解释，可能会与较早时期的社区研究显著不同，作为社区规划的理念基础来说却格外重要。

4.2　社区的同质性与异质性

社区的特征与社会时空因素诸多联系。与社区的人口密切相关，涉及人口的密度、社会背景、交往关系等。也与社区的生活环境密切相关，涉及社区空间场所的类型、形态、尺度等。还与社区的流动性密切相关，涉及人口、物质、能量与信息的交换程度、频率、规模等。由上述种种决定的社区特征差异，整体上可归结为社区的同质性或异质性。

4.2.1 网络社区中的"同质性"

"微信社交"时代，在社交网络社区中（例如单位的工作群）出现了类似早期实体社区形态的机械团结（social solidarity），涂尔干将此用来称谓社会整合。在这些网络社区中，每个人通过相似性和日复一日的熟悉来控制共同体中的其他人。社区团结的基础是文化同质化，在某种程度上来说所有成员共享一系列共同的认识、信仰、符号和生活经历，群体优先于个人，以强烈的共同的集体意识为特征。颇具警示性的是，现代社会的信息技术发展带来的却是"类前现代社会"的网络社区，其中没有个人意志（或者说个人隐藏了自身的意志），个人的行为总是自发的集体的，"机械团结"建立在网络社区中个人之间伪装乃至丧失个性的相似性与同质性的基础上。在实体的单位制社区解体后，单位制度效应却换了一种虚拟空间形态，通过网络通信技术（群）的整合和控制而实现，这或许可以看作技术对社会的反噬与控制。这种网络社区中的"同质性"在以"集体主义"为主导的我国文化传统背景中特别明显，因为我们的社会行为取向始终是和权威、道德规范、利益分配、血缘关系等因素联系在一起的。

作为现实世界权力的投射，网络社区的教条日趋严重，所有的戒律和道德准则也都被教条化，如果想在这样的网络社区中生存下去，个人就必须抛弃原有的价值观和处事态度，而必须被迫服从于这种一致性。在许多网络社区中，人们都把对社区环境的遵从当成是一种美德，因为只有遵从，才会让他们有一种同一性和安全感，而一旦离开这样的群体去生活或是去思考时，他们就会深深地感到不安，甚至是惶恐。这种盲目的遵从，让人们丧失了独立思考和保持特色生活的本能，一切都变得言不由衷。这在某种程度上可以视作网络社区同质性对人性的绑架。在现代背景下，技术助长社会现代性的整体倒退值得警惕。

4.2.2 现实社区中的人口与空间异质性

作为网络社区中异化的高度"同质性"的平衡，人们需要在实体社区中寻找异质性，这可能产生两种结果：一种是成为相互疏离的原子化的个人。也就是说，个体通过调节自身身心环境的相对稳定性，达到内稳态（homeostasis），来抵抗外界的干扰和减少对外界条件的依赖。另一种是接触社区中不一样的人，并进而转向参与社区活动。本书的前面讨论过，当前市场逻辑下的社区在很大程度上是基于经济基础的同一性而非共同情感和信仰等其他因素的同一性，这意味着社区内部有着经济因素之外广泛而潜在的异质性。独立的个人基于自愿和互利与社区中的其他人建立各种联系，主动并积极维护和参与这样的联系之中，形成多种多样的团体，从而在社区的日常生活环境中获得有机团结的感受。个体之间能够形成充分的联系和接触，在不断的交往中能够形成牢固的团结关系。而在不断接触中形成的相互依赖以及感受到的相互需要的关系就是实现"有机团结"的重要方式[①]。这是在网络社区与现实社区之间形成一种自我调节、自我平衡的机制。也就是实现社区的"组织化",通过建立完善的社区组织把个人整合于社会架构之中,社区组织和民间各种社会组织开始向主导地位回归,以社区日常来抵抗更广大的社会变化、更快速的技术迭代。

人群的异质性与空间的异质性(spatial heterogeneity)具有一定程度的对应。个体总是在相对的耐受范围内选择生活空间;而空间的可适应性决定了对生活在其中的个体的选择,大城市社区中生存的条件门槛各有高低,对不同的个体来说形成了或苛刻或宽松的生活环境。社区的空间完全利用是个体或群体充分利用资源的表现,犹如生物学中陆地群落空间的垂直分层,通过高度互补,提高了光辐射的利用率,水平空间中的斑块分布,为不同生态类型的植物提供定居条件。城市空间异质性特征在社区这一层次凸显出来,具体表现为空间横向与纵向的格局分布。如社区中依形态高低而形成的空间叠置的垂直结构,因二维空间的不均匀配置而出现的镶嵌状水平格局等。社区的空间结构增强了资源利用率和人口多样化,并在社区发展中协调二者的平衡。一个突出的现象是,大城市沿街的底层很多被外来者占据,从事各式经营,因而"城市的底层"成为一个具有相当一致的社会与空间内涵的词语或概念。

在生物学中,空间异质性与生物多样性有紧密的关系,空间异质性程度越高,意味着有更加多样的小生境,能允许更多的物种共存,是生态健康与稳定的保证。这个原理同样适用于人类社会。作为对现代社会商业价值、利益价值同质性的反叛,越来越多的个体选择在高度异质的城乡社区之间生活,这甚至促进了社区要素资源在城乡社区的流动。这可以视作城乡个体得到解放,个体的自主性、能动性、个人意识在城乡社区中得以释放。而这种流动使得城乡社区的异质性增长。以此为出发点,一个政治、经济与社会相互制衡的城乡结构体系可能逐渐形成。

4.3　社区日常空间形态的价值与共享

社区日常空间是社区居民日常生活的场所,在其中进行的是常态化、甚至于程序化的日常生活内容。格奥格·齐美尔(George Simmel, 1903)在《大都市与精神生活》中曾指出,"生活所有最平庸的外部形态最后是与涉及生活意义和方式的最终的决定相联系的"[②],也就是戴维·英格力斯(David Inglis, 2005)进一步阐

---

① 埃米尔·涂尔干.自杀论[M].冯韵文,译.北京:商务印书馆,2001:420.

② "…so that all the most banal externalities of life finally are connected with the ultimate decisions concerning the meaning and style of life", Simmel. G.. Metropolis and Mental Life[M]// Kurt H. Wolff(trans. and ed.)The Sociology of George Simmel. New York: Free Press, 1950: 413.

释的"即便'生活所有最平庸的外部形态'也是对更为广泛的社会和文化秩序的表达"①。

4.3.1 社区日常空间的价值与时间美学

社区日常空间，指的是社区居民的日常生活空间，包括居住、休闲、游憩、聚会、娱乐等实际功能空间，也潜在地包含了部分工作和交通功能，是容纳长期延续或缓慢变迁的生活方式与生活形态、在特定社区或地域内相对恒常而稳定的空间。社区日常空间潜含着时间维度，随着时光的流逝，日常才得以体现，既可以是当下的日常空间，也可能是过去的日常空间。时间是工具，侵蚀或雕琢了社区空间。

当今时代，时间遭遇了技术的极度挤压。在漫长的历史阶段，由于交通速度慢、信息阻隔，归根结底，由于时间的缓慢而引起的哀愁情感和审美已不复存在。社区生活中基于时间而创造的审美价值几乎丧失殆尽。城市社区中，除了完全退休的老年人，对于被社会竞争异化了的其他人群，缺少可以消磨的时光，或者缺失了消磨时光的乐趣，因而社区生活极其无趣。

对日常空间潜含着的"时间"的抹杀，导致了当前大量城市社区空间更新结果的不尽人意，诸如新的日常空间的单调雷同，社会结构的断裂破碎，以及文化多样性的丧失泯灭，因此从尊重日常空间的价值出发，必须从"剧烈的、迅猛的变化""转化成持续的、渐次的、复杂的和温和的变化"②，小规模的、温和的、精细的更新改造远胜过大规模的、激进的、暴力的改造方式。

日常空间是日常生活的承载场所，并具有地域的特征，因为一个地方的日常生活内容和方式很可能区别于另外的地方，日常空间的物质环境也就相应地产生差异。

社区日常空间有其更为特殊的价值表现：①社区日常空间塑造了人们的日常社会生活，空间的形式及功能影响和决定了居民的生活方式，社区日常空间很大程度上也是城市生活方式的叙述空间。②社区日常空间体现了社区生活的原真性一面，社区居民的社会经济状况、伦理道德责任以及他们本性的流露在社区日常空间中反映得更为真切。③社区日常空间是传承地方大众文化的实践场所，社区日常空间中包含了社区的礼法秩序。例如居住、饮食、民俗等的文化，这些凝聚或浓缩了特定地方的历史、文化、生产或生活方式的实践在社区层面通常得以完整保留。④社区日常空间呈现了深刻隐含的各种社会政治经济力量的角逐以及对日常事件的调控。⑤社区日常空间所象征的场所与社会关系的稳定性、持久性，可以抵御外部世界纷

---

① David Inglis. Culture and Everyday Life[M].Routledge，2005：2.

② （加拿大）简·雅各布斯.美国大城市的死与生 [M]. 金衡山，译.南京：译林出版社，2006：290.

繁快速的变化所带来的不安定感。

整体来说，对于社区日常空间的关注与尊重，强调了在时间发展序列上日常空间的连贯性，或者说在空间的确定区位上时间与历史的连贯性。社区日常空间是社区相关行动者在时间延展与空间呈现中所有行动的基础与所有行动的结果。

在社区日常空间中包含着的社会文化因子，在很多情形下，如果没有特定的机制保证，很少被融入物质规划。而一旦进行了物质环境的更新，社区日常空间所蕴含的文化意义也因无所附丽而被抹杀，并随着时间的推移，终至成为记忆或被遗忘。

4.3.2　社区日常共享空间系统

由于社区成员文化观念和群体生活方式的变化，正在带来城市社区日常空间的潜在变化，其中比较突出的是社区共享空间的增加和共享空间系统的逐渐形成。

大约自 20 世纪 70 年代出生的一代起，直至 20 世纪 90 年代出生的年轻人，他们的自我认同与日常生活方式截然不同于他们之前的几代人，那些在集体主义环境中成长起来的群体。这使得社区中的公共交往空间、餐饮设施、健身设施的需求大量增加。

在年轻人看来，家是他们的领地，有着他们不希望被人窥伺的隐秘。他们也会与人交流，但是将交流的处所从家庭移到了公共场所，家附近或是社区商务区中的茶室、咖啡馆、广场等，社区的商务区变成了社区成员的"公共客厅"。此外，就是年轻人不愿为了一日三餐，大城市甚至是一日一餐，去买菜、洗菜、烧饭烧菜，他们觉得与其花时间、花精力，还不如花钱买省心、买省力，去商务区里的点心店、餐馆或外卖解决。社区的商务区变成了社区成员的"公共餐厅"。再就是，健身锻炼的专业或需求。年轻人讲求装备，寻求专业健身房，而不是像老年人在街头、公园随处可锻炼。这时社区成了"公共健身房"。

社区中成员的代际更替、居民年轻化的态势，使得社区的功能内容、空间形态悄然发生着变化。而综合功能的社区则为实现地域资源的共享创造了条件，那些有着丰富公共空间或中小型商务区的社区相比纯粹的居住社区更有活力、更有吸引力，日常生活也更鲜活而丰富。例如上海浦东新区金桥碧云商务中心与碧云国际社区、证大大拇指广场与联洋国际社区的关系。

在大城市中，当社区包含或临近地铁站点时，优越的地理区位可能使得局部社区空间出现商业化的趋势，而这些商业空间也有利于营造良好的社区氛围。例如上海杨浦区的旭辉商业广场（鞍山路地铁站）与四平路街道社区的关系。

小结

当代城乡的突出表征是，广泛的背景条件、生活标准、社会群体、期望与需求，差异（如年龄、性别、阶层、文化、宗教等）集中于城乡的各种尺度和层面，社区则是一个个由"少数"和"多数"群体构成的索亚（Soja, 1989）所称的"群岛"①。这些城乡社区表达特定的需求和要求、特定的权利和利益，它们影响着城乡和城乡空间的尺度。

本章针对社区生活变化与联系的实质，详细分析了社区中的几组问题。社区的功能、职能形态受到政策变化的巨大影响，包括国家、部门层面的政策和城市地方层面行政管辖的变迁。社区的结构形态与社区人口的变化密切关联，人口的聚集必然带来对空间和资源的竞争，由此形成了不同类型的社区。人口的代际更替及其社会价值观的变化也会重组社区社会结构形态，城市社区居民对于交往与隐私的态度和选择，乡村社区居民处境与身份的代际差异，都将缓慢地形塑城市社区结构。社区生活形态深受技术变化的影响，智慧技术将从硬件和软件两方面彻底改变社区生活。社区空间形态与文化的嬗变有千丝万缕的联系，社区空间形态的变迁可以从文化的层面加以解读。

虽然上述问题分开阐述，但社区的整体形态和政策、人口、技术、文化等影响因素之间的关系是错综复杂、相互交叉的，涉及广泛的政治、经济与社会领域的过程。整体而言，结构是相对静态的，功能是动态的；结构外在呈现为形式，功能则具体表现为内容。社区生活的本质是一个面对挑战不断展开、不断向前推进的过程，是冲突和交融的进程，也是社区文化积淀的过程。认识到社区生活的本质和面临的当代挑战，不但对定义社区本身来说是有用的和必需的，而且对规划师来说可以是一个工具，以便看见超越社区现状的趋势。

关键概念

单一功能社区

综合功能社区

完整社区

人户分离

门户社区

社会距离

---

① （美）索亚. 后大都市：城市和区域的批判性研究 [M]. 李钧，译. 上海：上海教育出版社，2006.

社区解放论

没有地点的社区

城市性

乡村性

同质性

异质性

机械团结

有机团结

 讨论问题

1.简述社区职能履行的几种模式。

2.举例讨论城乡社区居民的代际差异和城乡社区空间的适应性变化。

3.尝试从交通技术的变化分析对社区生活形态和空间形态的影响。

4.结合个人观察和生活体验，试从文化嬗变的角度阐述社区空间形态的变化特征。

第三篇

规划 社区

第6章

社区规划的价值与目标

导读

　　本章将社区规划作为一种理念，阐释社区规划的价值和意义，确立什么是好的社区规划？开展社区规划应有哪些学科、技能、价值的准备？全面考察整个知识系统在社区及社区规划中沉淀的不同层面，并尝试将知识社会学结合进社区研究和社区规划。

第1节　什么是社区规划？

　　社区规划是一个长期广泛使用却不易统一定义的概念。与其相关的概念有社会规划（social planning）、社区发展规划。

1.1　社会规划

　　社会规划的思想基础起源较早，可以上溯到若干世纪以前。在 20 世纪"社会规划"这一术语已独立出现，例如 1934 年 12 月，曾担任美国社会学学会第 24 任主席的欧内斯特·伯吉斯在芝加哥举行的美国社会学学会年会上就发表过题为"社会规划和摩尔人"（Social Planning and the Mores）的主席讲话①。20 世纪 60 年代至 80 年代社会规划在西方颇为流行。这里简要介绍社会规划的产生背景和概念定义，以及与城市规划的基本关联。

---

① ERNEST W. BURGESS. https：//www.asanet.org/about/governance-and-leadership/council/presidents/ernest-w-burgess

1.1.1　社会规划的产生背景

20 世纪 60 年代后期，社会规划在美国逐渐流行，其产生的背景是，当时的产业、科学和城市社会日趋复杂，整个美国社会在寻求以一种适合科学时代的方式，将理性的、深思熟虑的方法应用于对付社会顽疾。社会规划的用法一度比较流行，但是这个概念过多地依赖模糊定义的术语，虽然它激发了深层的、主观的信仰和价值，在哲学、历史、文化、经济、社会学和心理学的领域都引起了注意，却极少被完整地理解。社会规划任务的本质较为复杂，用到更多综合的社会指标。美国哥伦比亚大学社会工作学院教授 A.J. 卡恩 ① 于 1969 年的著作《社会规划的理论和实践》（ *Theory and Practice of Social Planning* ）中，较全面地讨论了下述一些问题，包括规划的社会方面，社会规划和物质规划之间的关系，规划过程的关键工具，规划过程中的主要阶段，规划如何在其中任何一个阶段成功或失败，以及规划师作为"中立"的技术人员、倡导者、利益集团的代表和公职人员的各种角色。20 世纪 80 年代，沃纳·乌尔里希 ② 于 1983 年的著作《社会规划的批判启发：实践哲学的一个新方法》（ *Critical Heuristics of Social Planning：A New Approach to Practical Philosophy* ），对社会规划进行了系统的批判思考。英国社会科学家戴安娜·康耶斯（Diana Conyers）于 1982 年系统述介了她对第三世界的社会规划的考察 ③。

1.1.2　社会规划的概念定义

按照心理学词典的解释，社会规划是在教育、公共卫生和社会服务领域制定计划和战略，旨在通过多种方法提高所有社区（社会）成员的生活质量 ④。

在社会工作领域，社会规划也与社区工作等同使用，这也是造成其概念含糊的原因之一。J. 罗斯曼（J. Rothman，1968）提出了社区组织的三个模型，即地区发展模型、社会规划模型和社会行动模型 ⑤。其中，社会规划模型是指社区工作，在此过程中，工作人员或中介机构进行演练以评估城镇、乡村、城市地区或者某个州的福利需求和现有服务，并提出可能的蓝图，以更有效地提供社会服务。通常这类尝试仅仅限于诸如住房、教育、保健、育儿或妇女发展这些特定领域。考虑到社区实践和条件的变化，罗斯曼在 2001 年对这三个模型的构造进行了修订和完善，称其为"社区干预的核心模式"，并将社会规划模型补充为社会规划 / 政策模式，从而突出

---

① Alfred J. Kahn（1919—2009），美国社会政策方面的专家，尤其是与儿童福利有关的社会政策。

② Werner Ulrich（1948— ），瑞士籍社会科学家和实践哲学家，曾任瑞士弗里堡大学社会规划理论与实践教授（University of Fribourg），被认为是批判系统思维的创始人之一。

③ Diana Conyers. An Introduction to Social Planning in Third World[M].New York：Wiley，1982.

④ N.，Pam M.S. SOCIAL PLANNING[EB/OL].（2013-4-13）[2020-8-8]. https：//psychologydictionary.org/social-planning/.

⑤ Jack Rothman-models of community organization[EB/OL]. https：//article1000.com/jack-rothman-models-community-organization/.

了社会规划的社会政策导向。

在我国台湾的土木工程词汇里，social planning 被译成"社会规画"，social planner 就是社会规画师。此外还有社会计划、社会计画、社会策划等不同译法。社会计划是指对未来行动的事先安排，其种类很多，如果对各类计划的性质和特点认识不清，在实践中就无法制定切实有效的计划。各类社会计划按不同标准可划分为不同类型[①]。

国内也有来自规划领域的学者对社会规划的研究，着眼于城市规划与社会学的交叉，并将社会规划概括为三种类型，即以福利政策为核心的防御式社会规划、以社会发展为核心的综合式社会规划、以地方协作为核心的新型社会规划[②]。这三类社会规划分别以社会服务、社会发展和基层社会建设为侧重基础，可基本对应于西方从"大政府、小社会"的福利政府到"小政府、大社会"的有限政府的整体社会理念转变。

城乡规划毫无疑问包含有许多社会规划的研究内容，或者说，城乡规划设计与研究层面的许多议题与社会和社会学密切相关，例如基于城乡基本公共服务均等化的公共服务设施规划，流动人口就业分布的规划研究，城乡居住空间隔离与社会融合，规划中的公众参与，面向弱势群体需求和老年、儿童及其他特殊人群友好的规划设计与研究，等等。具体一点的例子，在城市城镇体系规划时就要考虑为农村剩余劳动力城镇化创造条件，需要将城市的规模、功能与产业布局的规划与吸纳农村剩余劳动力有机结合起来，并在城市建设用地供应、基础设施建设、公共服务设施设置等方面充分考虑吸纳剩余劳动力的因素，使剩余劳动力人口有机会转移到城市。

社会规划并未形成一个独立的规划类型，这是由于社会规划宽泛的实践层次与内容，使得它更多被理解为一种实践形式、一种政策制定过程、一个基于社会目标和价值判断的社会行动过程[③]。更多情形下，社会规划是决策者、立法者、政府机构、规划者、出资人试图通过制定和实施旨在产生一定效果的政策来解决社区问题或改善社区条件的过程。这些政策可以采取法律、法规、激励措施、媒体宣传、项目或服务、信息等多种形式。例如我国各地的《公共场所控制吸烟条例》就属于一项社会规划。在我国，整合的社会政策类的计划或规划中包含有社会规划的内容，例如原先的国民经济五年计划，也就是现在的国民经济和社会发展五年规划纲要。

---

① 李培林. 社会管理概述 [M]. 北京：研究出版社，2012.

② 刘佳燕. 城市规划中的社会规划：理论、方法与应用 [M]. 南京：东南大学出版社，2009.

③ 彭阳，黄亚平. 中国城市规划中的社会规划初探 [J]. 华中科技大学学报（城市科学版），2009（03）：86-89.

1.1.3 社会规划的实践

社会规划在世界上有诸多类型的实践。其中包括中央管理的类型，传统上，这意味着决策者决定他们认为对某一社区或某一国人口有利的政策，并实施旨在带来他们想要的结果的政策。最好的情况是，这意味着有利于大量民众的计划；最坏的情况是，社会规划主要是为了政策制定者及其亲善者和支持者的经济或政治利益。巴西首都巴西利亚和印度旁遮普邦的首府昌迪加尔的建设、坦桑尼亚的强制村庄化和埃塞俄比亚的"理想的"国家村庄实践，都是清晰化和简单化的国家项目，动用国家权力来重新塑造整个社会。

印度旁遮普邦的首府昌迪加尔 1951 年开始规划建设，城市规划方案由现代主义大师勒·柯布西耶[①]制订，力求体现当时印度总理尼赫鲁对建设新首府的理想，新的城市要成为"印度自由的象征，摆脱过去传统的束缚，表达我们民族对未来的信心"。但是方案脱离了印度国情，城市的综合效果并没有成为"自由的象征"，反而造成了社会分化。差不多同一时期，1956 年巴西迁都巴西利亚，城市总体规划采用了巴西名建筑师科斯塔（L.Costa）的方案，城市平面模拟飞机形象，象征巴西是一个迅猛发展、高速起飞的发展中国家。这个城市是根据勒·柯布西耶的密集城市的模式，以宏伟的规模建设，是建成的最接近极端现代主义的城市试验，与其说是个生活的城市，不如说是个机械的城市组合体，空洞生硬，缺乏人情味[②]。这两个基于现代主义者信念的地方实践在很大程度上具有社会规划的性质。

1973—1976 年坦桑尼亚的乌贾玛村庄化运动是一次大规模的将全国大部分人口永久定居的尝试——"到村庄中生活，这是命令"，全国至少有 500 万人被重新安置。整个计划被称为规划的村庄行动（图 6.1），村庄布局、住房设计和地方经济都部分或全部地由中央政府官员规划。这项农村定居和生产中的社会工程被认为是到那时为止在独立的非洲进行的最大的强制定居计划，主要是作为发展和福利项目进行的，曾得到世界银行的资助，也是一个相对温和软弱的国家实施大规模社会工程的例子。不过最终乌贾玛村庄在经济上和生态上都失败了，原因在于，东非殖民化的极端现代主义农业对农业科学的简单化假设，对科学农业的简单化实践，以及对地方知识和实践的不了解[③]。

图 6.2 反映的是埃塞俄比亚的阿尔西（Arsi）地区在强制村庄化模式下的理想村庄格局。这套严格的模式计划在各个地方被复制。政府主要职能部门居于中心位置。每个村庄预期安置 1000 个居民，每一个场地有 1000m²，每个定居点都有一样

[①] Le Corbusier（1887—1963），现代主义建筑大师、城市规划师，现代主义建筑的主要倡导者。

[②] 沈玉麟. 外国城市建设史 [M]. 北京：中国建筑工业出版社，1989：170–174.

[③]（美）詹姆斯·C. 斯科特（James C.Scott）. 国家的视角：那些试图改善人类状况的项目是失败的 [M]. 王晓毅，译. 北京：社会科学文献出版社，2004：328–339.

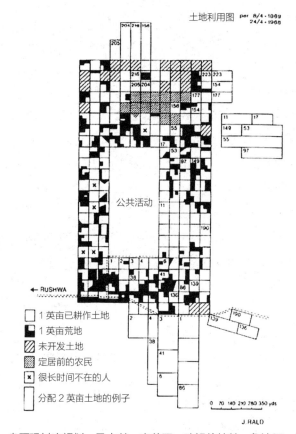

图6.1　乌贾玛村庄规划：马卡兹·麦普亚，欧姆伦纳兹，鲁沙瓦，坦桑尼亚

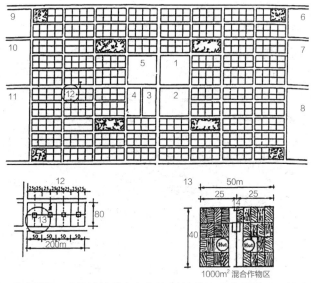

图6.2　政府关于一个标准的社会主义村庄的设计，阿尔西地区，埃塞俄比亚
1—群众组织办公室；2—幼儿园；3—卫生所；4—国有合作社的商店；5—农民联合会办公室；
6—保留地；7—小学；8—运动场；9—种子繁殖场；10—手工艺中心；11—畜牧配种站；
详图12是一块场地的放大图；详图13是两块地的放大图，显示出相邻的公共厕所（14）

的土地结构，这样就使当局很容易通过新的农业销售合作社（Agricultural Marketing Corporation，AMC）发布一般指示、监测作物生产和控制收获。为了推动千篇一律的村庄设计，规划官员被教导要选择平坦且无阻碍的地方，坚持修建笔直的道路，以及按序号编排房屋。"模范生产合作社"提供了标准的住房：方形的、有铁皮屋顶的住房（chika bets）。相较于坦桑尼亚，埃塞俄比亚的运动具有更浓厚的军事色彩，带着军事威慑和政治软化的目的，农民被远距离地迁徙；严酷的村庄化条件给农民的生计和环境带来了比坦桑尼亚更为严重的破坏。新的定居点所应具有的社区和粮食生产单位的功能完全消失。大规模移民使宝贵的农牧业知识遗产，以及 3 万—4 万个具有这些知识的活的社区被废弃，大多数这类社区过去都处在经常有粮食生产剩余的地区。

1.1.4 从"国民经济和社会发展计划"到"国民经济和社会发展规划"

国民经济和社会发展计划是指国家对一定时期内国民经济的主要活动、科学技术、教育事业和社会发展所作的规划和安排。国民经济和社会发展计划是指导经济和社会发展的纲领性文件。分为长期计划（十至二十年）、中期计划（一般为五年）、年度计划。中国从 1953 年起至 2005 年共制订和执行了十个五年计划。五年计划是中国国民经济计划的重要部分，属于中期计划，主要是对国家重大建设项目、生产力分布和国民经济重要比例关系等作出规划，为国民经济发展远景规定目标和方向。

国民经济和社会发展规划是全国或者某一地区经济、社会发展的总体纲要，是具有战略意义的指导性文件，统筹安排和指导全国或某一地区的社会、经济、文化建设工作。国民经济和社会发展规划的所属类别是发展规划，编制部门是国家发改委。规划期限仍是五年。

从《中华人民共和国国民经济和社会发展第十一个五年规划纲要》（简称"十一五"规划）（2006—2010 年）起，"国民经济和社会发展计划"改为"国民经济和社会发展规划"。从计划到规划，这个改变有其涵义：一方面可以与"计划经济"的概念区别开来，避免产生对"计划经济"的概念联想；另一方面，规划一词在其自身构成中包含有空间的意味[①]，使得国民经济和社会发展增添了空间的意蕴，空间的思维将使得经济和社会发展更加完整全面。

一般而言，发展规划被当作政府宏观调控的手段，是一定时期内对发展对象在发展方位、功能、布局等方面的总体安排与设计，具有战略导向性。同时，发展规划也是对研究对象整体性、长期性、基本性问题的考虑，应着力回应实现阶段性目标所必须解决的问题、补齐的短板在哪里，因而应坚持问题导向的原则。

---

① 规，本义指矩形，又指画圆的工具，即圆规。

1.2　社会发展规划

　　社会发展规划是在社会规划基础上衍生出来的更为具体的一个概念，张庭伟（1997）将其视作市场经济下的产物，是与计划经济体制下的物质建设规划相对的一种规划形式①。

　　在计划经济的体制中，从经济上看，所有的建设活动都出自一个投资者——"政府"（中央政府或地方政府）。"社会"（非政府）对建设活动的参与极其有限。所谓"社会性活动"也仅是间接的政府活动（如组织社团活动），"社会"既然全靠"公家"来办，那么城市规划师自然也不必费心参与社会发展事务，做好物质建设规划即是本职工作。这样的本职工作相对也比较单纯，比较技术性，比较容易界定工作范围。

　　而在市场经济体制下，在西方发达国家，客观上，经过直至 20 世纪 50 年代的物质建设，大多数发达国家的城市步入了成熟期，大规模的建设活动减少，管理性的规划工作却在增加。规划管理不可能不涉及社会，对社会发展规划的参与也就成为客观需要。主观上，欧美发达国家经历了 20 世纪 60—70 年代广泛的社会运动思潮，社会改革、社会发展已成为整体社会的诉求，社会发展规划作为一个概念的产生有其必然性。

　　但是社会发展规划和社会规划一样也仍然停留于概念层面。在纯粹的规划理论研究、规划模型和规划实例中，参与式规划（participatory planning）、倡导性规划（advocacy planning）、协作式规划（collaborative planning）等都是融合了社会发展理念的规划，但并没有被称作社会发展规划，还是因为社会发展规划内涵广泛反而边界含糊不清。

1.3　社区发展规划

　　相对于社会发展规划的包罗万象，社区发展规划有了明确的规划对象与规划范围。本教材第 4 章详细讨论过的"社区服务、社区建设、社区发展"和第 8 章将要讨论的社区治理等概念，在社会学研究中，它们都有各自较为精细的界定，因此社区发展规划很容易与社区发展形成对应，也的确有这样的概念解释，这样就使得对社区发展规划的实际工作内容范围的理解受到了制约，从而引起误解。此外，规划的发起或制定部门，也往往决定了规划的名称、类型与性质。以下简要概述社区发展和社区发展规划的概念等理论问题以及社区发展规划的方法论问题及应用。

---

① 张庭伟. 中国规划走向世界——从物质建设规划到社会发展规划 [J]. 城市规划汇刊, 1997（1）: 6-11.

1.3.1 广义与狭义上的社区发展规划

国内于 20 世纪初期开始探讨社区发展规划,并出现较系统的论述。广义上而言,社区发展规划是关于一定时期内城乡社区发展的目标、框架、主要项目等的总体性计划及其决策过程。其目的在于,有效利用社区各项资源,协调社区各种社会关系,合理配置社区生产力资源,有计划地发展和完善居民的生活服务设施。狭义上来说,社区发展规划是传统城市规划中居住区规划的重要扩展和发展[①]。

1.3.2 社区发展规划的实践

但是社区发展规划和社区规划的概念有时被来自规划领域的研究者混合使用或替代使用[②],这也反映出对于"社区发展规划"概念的犹豫或不确定的心态。在具体实践中,社区发展规划的实际案例一直存在,例如上海宝山区友谊路街道、南京玄武区的社区发展规划项目。又如成都市 2017 年成立了中共成都市委城乡社区发展治理委员会(简称"成都社治委"),这是由成都市委组织部抽调人员、专门就社区治理成立的一个新部门。2017 年成都社治委委托成都市经济发展研究院牵头编制《成都市城乡社区发展规划(2018—2035 年)》,2019 年 10 月正式发布时,名称已改为《成都市城乡社区发展治理总体规划(2018—2035 年)》,名称中突出了社区治理与社区发展的同等地位。

1.4 社区规划

以下探讨社区规划的定义与内涵,并对社区规划与其他类型规划的区别稍作比较。

1.4.1 社区规划的定义及内涵

社会学领域的学者对社区规划的阐述是,社区规划是当代社区发展中长期的执行性计划取向,是社区建设目标最接近实质层次的计划取向[③]。这个阐释强调了社区规划的实践操作性。

在建成环境领域来看,社区规划是对一定时期内社区的空间资源开发和使用的发展目标、实现手段,以及实施过程中其他相关资源的总体部署。具体而言是通过制定系统的规划,以达到有效地利用和保护社区空间资源,合理配置和完善各项功能,提升社区物质环境,保护社区自然生态,最终整体改善社区成员的生活品质和发展状况。

---

① 赵民,赵蔚.社区发展规划——理论与实践 [M].北京:中国建筑工业出版社,2003.

② 赵民,赵蔚.关注城市规划的社会性——兼论城市社区发展规划 [J].上海城市规划,2006(06):8-11.

③ 叶南客.现代社区规划的历史衍变与多元进程 [J].东南大学学报(哲学社会科学版),2003(06):69-75.

更深入地，社区规划是影响社区由物质空间及社会文化转变的一种规划理念、方法和过程。作为规划的理念，社区规划是综合考虑社区的社会、空间、文化各方面发展需求的综合规划，致力于合理表达和满足城乡社区成员的意愿与需求。作为规划的方法，社区规划是基于社区的现状特征、制约和潜力的综合分析，通过系统的空间资源安排和有计划、有步骤的具体项目行动的方案制定，来综合提升社区生活环境品质和服务供给水平；作为规划的过程，社区规划强调激发社区成员（居民、团体和组织等）的热情与自信，鼓励社区成员参与问题分析和决策制定，重新认识、发掘动员和运用社区内的空间、社会、文化资源，为社区未来设定愿景，并实现居民认同或自主选择的目标。

社区规划涉及社会学、地理学、经济学、管理学、生态学等多个领域的知识和技能，具有多维度的特质。开展城乡社区规划的研究、编制与设计工作，应强调专业人士与政府、社区成员、社会组织、社会工作者的共同参与。对规划师来说，除了充分发挥专业技能外，在社区规划过程中还要支持和加强个体及团体能够成为社区的成员，促使社区成员有效用、有效率地相互协作。

1.4.2　北美地区的社区规划概念

在北美地区，社区规划可以视作政府的一种预先干预行为，是地方政府提供公共服务的一个过程，以及促成这个供应过程发生的规划。从法律角度讲[①]，社区规划是联邦和州对土地用途和空间的管制行为[②]。而从规划师的角度看，它是一种有意识和理性地控制社区成长和发展的行为。另一种更务实的说法是，社区规划是规划者们努力限制和防止社区不良因素和方面的行为。

1.4.3　社区规划与其他规划的关系

社区规划在我国出现较晚，直到 21 世纪后才有些实践探索，那么这个规划类型与之前的或现在的其他规划类型有什么区别？与其他国家的社区规划又有何区别？

（1）与居住区规划和其他规划的区别

从社会—时间的框架来分析，21 世纪初期我国对于社区规划的讨论侧重与住区规划类型相比较。住区规划类型（包括居住区规划、居住小区规划、住宅区规划）主要面向增量规划和新的开发，提供的是规范性方案，即在居住者不确定的情况下，住宅区应该怎么做，反映的是理想状态（假定方案先天是合理的）。社区规划则是针对社区，或者说既有住区、街区、居民点等，提供的是改良型方案，即在居住者确

①　J. B. Milner. Community Planning Law[J]. The University of Toronto Law Journal，1957，1（12）：90–94.

②　黄怡，刘璟. 北美农村社区规划法规体系探析——以美国和加拿大为例 [J]. 国际城市规划，2011，26，（3）：79–86.

定的情况下可以怎么做，反映的是现实与改良可能。社区规划需要基于社区的社会、历史、空间、资源条件，整合居民自下而上的需求，进行综合规划（表6-1）。

住区规划与社区规划的比较　　　　　　　　　　　　　表6.1

分项	住区规划	社区规划
规划对象	新的开发	既有社区（住区、街区、居民点等）
规划性质	增量规划	存量规划
规划方案性质	规范性方案	改良性方案
使用者主体	居住者不确定	使用者确定
目标状态	理想状态（假定方案先天是合理的）	现实改良的可能
现状基础条件	空间、经济、历史、社会	社会、经济、历史、空间、资源
工作方式	"自上而下"为主，适当结合"自下而上"	"自下而上"与"自上而下"相结合
参与者范围	开发商、规划主管部门	社区居民、社区内企业、组织机构、社会工作者、志愿者等
规划师角色	专业技术人员	专业技术人员、倡导者、利益团体的代表等

（2）与社区生活圈规划的区别

"生活圈"是个学术概念，适用于社区研究，但直接进行社区生活圈规划的实践则有其局限性，主要原因在于生活圈的划定依据不足，例如圈的中心、圈的边界的模糊性，毕竟不如行政"社区"本身在空间界定上更明确。如果社区生活圈的范围与社区的行政边界重合，那就完全没必要换一种新说法、另贴一个标签，社区的定义和范围就足够实用。如果生活圈的范围与社区的行政范围不一致，那么公共服务资源特别是公益型设施和资源的供给和配置在实际操作时基本是按行政社区而不是模糊的生活圈来执行的。因此，城市（社）生活圈规划的"概念界定、范围划定、内涵确定和职能体系划分有了一定共识但仍然模糊"[1]，而这些基本要素的不确定性对于构建一个新的规划类型来说是致命的问题。

2019年，在基本建立"五级三类"国土空间规划体系的背景下，自然资源部委托上海市城市规划设计研究院牵头编制《社区生活圈规划技术指南》（以下简称《指南》），《指南》的编制聚焦了社区生活圈的各项规划要素、空间指引和实施保障层面。但是本质上，指南仍暴露出"自上而下"的思维惯性。社区生活圈的理念传导过程存在问题，并不能带来有效实施。目前一些城市尝试开展的社区生活圈规划

① 柴彦威，李春江.城市生活圈规划：从研究到实践 [J].城市规划，2019（5）：9-16, 60.

也确实碰到了具体问题，比如管理匹配问题，即从类型性的目标体系到对应条块管理工作任务的转换问题。也就是，《指南》的目标体系是按"类型性"来制订的，包括居住、就业、各类服务、出行、休闲等，而社区工作是由对口部门按"条块计划"来具体实施的。相较之下，社区规划的规划范围更清晰，自下而上的主要路径明确，工作内容也更具体，规划实施也更具操作性。

（3）与国外社区规划的区别

从社会—空间的框架来分析，社区规划在各国规划体系中的位置、历史演变、制度基础、内容构成及实施程序也有很大区别。深入比较近 20 年中西方一些主要国家的社区规划可以发现，这些社区规划也处于演变之中。例如英国从社区规划向邻里规划（neighborhood plan）[①]的推进，而邻里规划主体的规划能力不足，规划效果存在巨大的差异性和不确定性。

美国由于持续的经济衰退，政府在提供社区福祉能力方面不断下降，加上典型的美国公民对政府规划的反对，种族社区以及亚文化社区基本是在没有政府项目或计划援助的情况下，依靠社区自身集结起来发挥力量，自下而上地由社区提出规划意愿和规划要求。另外，由于实用主义（pragmatism）哲学的影响，美国的社区规划作为社区的自发行动，把采取行动当作主要手段，把获得实际效果当作最高目的，并没有统一的法定要求。

德国没有明确提出社区规划，但是自 1999 年以来由联邦资金支持在各州层面推动一项名为"社会城市"（sozialestadt）[②]的社区综合更新提升工程，对社区和各个城市都有深入影响。

加拿大的社区规划制度相对成熟，城市议会认可社区制定社区规划，并在社区广泛的公共规划过程后批准采用其社区规划及实施方案。

从上述可以看出，由于全球社会空间地域的不同，社区规划也各有千秋。

第 2 节　社区规划的目标与定位

从社会学的角度来说，社区规划的主要目标是促进社会发展。而从城乡规划和空间规划角度来看，这个目标显得有些空泛和笼统，将那些本来不属于社区层面的庞大工作内容也都纳入社区规划之中了，在社区层面并不易操作。因此明确社区规划的目标任务和定位极其重要。

---

① Ministry of Housing, Communities & Local Government. Neighborhood Planning Guidance[EB/OL].（2019-5-9）. https：// www.gov.uk/guidance/neighbourhoodplanning--2.

② Soziale Stadt[EB/OL].（2020-1-27）.https：//www.staedtebaufoerderung.info/StBauF/DE/Programm/SozialeStadt/soziale_ stadt_node.html.

2.1　社区规划的目标

视角不同，对于社区规划目标的理解会不一样。从社区成员（主要是居民）的视角，社区规划要从现状空间问题着手，响应社区成员的诉求，解决社区现状问题，提高社区生活的满意度和幸福感。从基层管理人员的视角，社区规划要从基层管理工作出发，以提供日常工作指导和行动依据为目标。

整体而言，社区规划的目标可分为基本目标、重要目标以及根本目标三个层次。

基本目标——解决社区现状实际问题，带给社区可以看得见、感受得到的生活环境、空间风貌和公共服务品质提升，既有空间与设施的改善，也有体制、机制方面的理顺；兼顾城市更新与社区治理。

重要目标——为社区提供合理的愿景和策略，整体引导社区在未来数年乃至数十年的积极变化和发展，为社区发展提供清晰而灵活的框架，包括把握和创造社区发展机遇，科学管理社区发展项目、建设任务和资源需求。

根本目标——提高社区生活的满意度，让居民有获得感、幸福感、安全感和公平感，让社区成为城市高质量发展的具体载体。

2.2　社区规划的定位

时代、地域、社会背景、制度不同，社区规划的定位会相应变化。当前我国规划体系自身处于较大的变动之中，社区规划的历史不长，但是随着社区发展及社区治理在城乡发展与城乡治理地位中重要性的不断上升，社区规划在规划体系中的重要性也将不断得到强化。无论时空如何变化，社区规划都会突出体现物质空间规划与社会规划的双重属性。在即将迈入 21 世纪 20 年代的整体背景下，我国社区规划有其特定定位。

（1）作为物质空间规划，社区规划可置于国土空间规划体系里解读，在"五级三类"国土空间规划体系里（表 6.2），社区规划是在市县及以下编制的详细规划，其本质应是社区（地方）层面的空间规划和发展管理。全面提升国土空间治理体系

"五级三类"国土空间规划体系中的社区规划　　　　　表 6.2

层级	总体规划	详细规划	专项规划
国家	全国国土空间规划	—	专项规划
省	省级国土空间规划	—	专项规划
市	市国土空间规划		专项规划 （社区公共艺术规划 乡村社区生态旅游发展规划 ……）
县	县国土空间规划	社区规划	
乡镇	镇（乡）国土空间规划		

和治理能力现代化水平，其中包含着社区空间治理的现代化。

（2）作为社会规划，新时代对于社区规划有着更为明确的定位要求，就是在社区层面引导走向基层民主治理以及城乡去中心化的规划。

社区规划的目标与定位在社会时空框架中逐渐廓清，在纵向历时性与横向共时性比较中逐渐分明，并且在"此时此地"的特定条件下确立了我国社区规划的独特性。概括起来，我国的社区规划所具有的"此时此地"的特定意义是——将当下我国城乡的空间治理、社会治理与城市更新、城镇老旧小区改造以及乡村振兴过程在社区层面链接起来，以可持续的、有机的社区发展观点替代运动式、一刀切的机械观点。

第3节　社区规划的价值维度

社区是养育城乡居民的地方，什么样的环境孕育什么样的人。这反过来对社区规划提出了要求，通过社区规划，要塑造引导什么样的社区？因此社区规划的价值要求是格外重要的前提要求。而迄今为止，在社区规划及社区研究中未曾明确意识、未曾明确讨论到社区规划的价值维度。本节涉及对认识论工具、社区规划的价值追求与社区类型以及社区规划的科学性与知识性（健康社区）、工具性和技术性（安全的社区）、艺术性和创造性（人文的社区）、程序性和正义性（公正的社区）等多方面、多维度的探讨。

3.1　认识论工具：知识建构与思维方式

随着城乡规划体系逐步转向空间规划体系，规划的对象从城乡人工环境为主转向了更大的人工与自然环境兼顾的范围，与此变化相适应的规划知识体系也急剧扩大，因此极其有必要扩大规划师和其他规划从业者的知识构成。规划如果要继续名副其实地统筹各个专项，换句话说，规划如果仍要像在城乡建设领域那样在城乡空间建设领域保持龙头地位，那么构建与国土空间规划体系匹配的知识体系和思维方法是必然而迫切的要求。从另一方面讲，在自然资源和规划领域，如果各个专项迭加在一起，各自负责所擅长的部分，规划作为其中之一，却没有一个整合者、统领者，这也是行不通的。须得有一个专项来承担整合融通的角色。不同学科的简单合作无济于事，必须了解对方领域的基本知识，才能合作成功，才有可能出成果。在城乡规划、土地科学、生态学这些学科专业中，从专业技能与制度设计的复杂性来看，城乡规划专业堪当此任。因此，规划专业在保持其核心技能的同时，及时扩充知识领域构成是从规划体系整体出发的一项重要使命。而知识社会学提供了有助于实现此使命目标的重要认识论工具。

3.1.1　知识社会学的引入

知识社会学是社会学中的一支，是一门研究知识与社会之间关系的科学。它又是认识论的一部分，专门研究知识或思想所受社会条件的制约。如果将德国哲学家、社会学家舍勒 1924 年出版的《知识社会学问题》、1926 年出版的《知识形式与社会》视为该学科的奠基著作，则知识社会学在西方至少已有近 80 年的历史。

反思思维（reflective thinking），作为一种基本的哲学思维方式，是西方理性主义哲学的核心和本质表征，其形成和发展是与西方近代哲学的出现及其"认识论"转向相伴随的。它具有后思性、本质性、批判性、纯思性、辩证性等多方面的内涵。在反思思维中，知识是积极建构的，必须在情境中加以理解、判断，需要进行再评价。在反思思维中，能够灵活地运用证据和推理来支持判断，对于重新评价和判断自己的结论持开放的态度。反思思维的一个最重要的成果就是导致了实践思维方式的产生[1]。而实践思维方式是城乡规划学的基本学科特征。在面对规划体系转型和社区规划这样一个新的规划类型时，实践思维及其本源的反思思维，作为认识论、实践论的工具，对空间规划的学科发展和行业实践、对社区规划的实践来说尤为重要。

规划作为一种选择，必然基于一定的价值和知识。规划作为一种实践，极具复杂性，必须基于系统思想的方法工具，需要在更高、更深的层面上形成系统的方案框架。因此无论是空间规划，还是作为其体系微观层面的社区规划，都有必要建立系统的价值维度，并确立社区价值之间的关系；有必要积极建构关于社区的知识，并在具体的、特定的情境中予以理解、判断及再评价。规划要服务未来，必然要求从长远的、系统的角度来客观地考察思索和估量社区，而不仅仅是眼下的短暂的得失利害。这也使得它区别于其他各种实用主义。社区规划是实用理性的[2]、行动的、重经验的，直接指导行动，具有具体实用性，以服务于现实生活。

3.1.2　观念、知识与技能的开拓

在空间规划体系下，越来越多的城乡问题的解决更加趋于讲求程序合法性、社会公平性、环境安全性，这也要求更多的规划从业者在观念与技能等方面做出深刻的改变，政治、法学、社会学、经济学、环境科学等学科都会介入规划的过程。规划将更多介入城市社会空间转型的复杂过程，规划师的职业实践、形象和相关的角色模型也在变化。以前作为决策制定者顾问的技术熟练的规划师，今后将变成可持续能力和环境的倡导者、城市更新专家、社区规划师等角色[2]。随着规划职责范围

---

① 侯才. 论反思思维 [J]. 长白学刊，2002（01）：33-38.

② 黄怡. 欧洲规划教育的新趋势与启迪 [M]// 全国高等学校城市规划专业指导委员会，同济大学建筑与城市规划学院. 更好的规划教育·更美的城市生活——2010 全国高等学校城市规划专业指导委员会年会论文集. 北京：中国建筑工业出版社，2010：71-75.

的扩大,规划人才要有相应的新技能,应具有广泛的适应性。

依据知识的分类,工具知识、方法知识成为规划的一种结构性知识。规划人才应具备融会贯通的基础知识结构、学有所长的专业知识结构和得心应手的工具知识结构。不但专业知识结构系统必然面临着长期的优化和完善的要求,在邻近的领域中也要有十分正确而熟练的知识。具体来说,在国土空间体系的社区规划层面,规划师需要适应学科和专业宽泛与复合的趋势,需要理解更全面的综合科学的难度和必要性,原先的知识需要得以广泛扩展,在工作实践中需要不断的能力素养提升与领域开拓。

3.2 社区规划的价值追求与社区类型

基于知识建构和反思思维方式,表 6.3 提出了社区规划的价值追求、价值要求体现、特征社区类型以及实践应用。四个价值追求相互制约,并构成有机整体的价值体系。这个价值体系的精神特征是"实践(用)理性"。

社区规划的价值体系   表 6.3

价值追求	价值要求体现	特征社区类型	实践应用
环境安全性;经济合理性;对科学的尊重	科学性和知识性	健康社区、韧性社区、绿色社区、安全社区;社区自然资源与环境保护、减少犯罪环境	精细化治理
技术安全性;对技术的快速反应	工具性和技术性	安全社区、绿色社区、智慧社区	精细化治理
环境品质;对艺术的持续重视	人文性和艺术性	人文社区、历史社区(与之匹配的规划艺术素养)	美化治理
社会公平性;对公正的恒久追求	公正性和包容性	安全社区	精细化治理

3.3 社区规划的科学性和知识性

社区规划的科学性主要体现在对社区作为一个整体的一般运行原理、机制的理解和把握。社区规划的知识性,包括社区研究与实践中的自然科学知识与社会科学知识。社区研究及社区规划涉及社会学、经济学、政治学、哲学、法学、伦理学、心理学、环境科学等学科。由于社区研究起步于人类学、社会学领域,因此现有的关于社区的知识大都围绕社会、经济、政治方面,但是即便这些方面的知识的掌握运用也并不全面或精深。例如社区规划要有经济学的考量,包含对社区各类资源特性、投入产出规律、再生机制等机理的研究,对社区资源均衡供给、利用、需求的分析,以及对社区可以获得的配置标准与方案的制定等。

在新的背景与趋势下，尽快建构社区的自然科学知识也是重要而迫切的。因为在缺少足够知识的状态下，产生的可能是粗放的社区规划，开展的也是粗放的社区实践。人们对于环境与环境保护的无知，首先是对于自身所处社区环境及其保护的无知。一旦人们开始有意识地了解其自身社区的环境知识，关注合理的生活方式，重视社区环境保护，则必然能产生对更大环境的保护意识。

社区规划的科学性与知识性，在社区层面涉及很多领域，重点指向与物质环境密切相关的知识，尤其是将生态学、环境科学有意识地、系统地引入社区研究。如果要对应于社区（规划）类型，则是健康社区、韧性社区、绿色社区、低碳社区等。要改变以往的粗放规划，需要加强生态学、环境学科方面的精确知识、表达需要和对分类原则的熟稔，社区存在问题需要得到细致的辨识。

3.3.1 健康的社区与让人健康的社区

健康社区有两层含义，一层含义是社区自身是健康的，将社区看作一个有机体，空间环境系统（物质、硬件系统）与社会生活系统（软件系统）都是健康的，前者以没有环境污染为表征，后者以没有社会失范为依据。这是最概括的判断。

更深入地，可以生物群落为对照，考察其种群规模与种群生态密度。生态学领域的阿莱定律（Allee's law）[①]证明了每一种生物物种都有自己的最适宜密度，过低和过密都是不利的，从长期来说种群有一个均衡密度。合适的种群空间规模与种群密度是对食物、资源与空间的三方面保证，这也是维护种间与种内关系、保证种群生存与健康的关键。因此，合适的生态规模与生态密度对于生态种群的生长与发展是具有一定价值意义的。种群密度指单位空间内的种群数量，其中单位栖息空间（种群实际占有的有用面积或空间）的个体数量或生物量称为"生态密度"，考虑到个体数量的计算难度，还采用相对密度来展示种群数量的丰富程度，如考虑时间变化的"相对多度"、统计植被时的"盖度"计算等。转换到社区层面，社区的建筑密度、人口密度与绿化密度是否是最适宜的，这些问题实际讨论起来较困难，难在定量标准的确定，但是未来在这方面可以有更多细致的定量研究。

另一层含义是社区是让人健康的，让生活在其中的人身心健康。健康的社区与让人健康的社区是一体两面，健康的社区让人健康，让人健康的社区自身也是健康的。

健康社区的价值无需赘述。以下主要从对于社区健康环境的认知、社区健康环境的相关绿化和水体知识两方面来论述，至于社区健康服务的规划和提供在本书的第3—5章都有较详尽的讨论，这项内容在此就省略了。

[①] Haemig PD 2012 Laws of Population Ecology. ECOLOGY.INFO 23.

3.3.2 对于社区健康环境的认知

社区健康环境包括健康住宅、健康社区，不仅包括与居住相关联的物理量值，诸如温度、湿度、通风换气、噪声、光和空气质量等，而且还应包括主观性心理因素值：诸如住宅和社区的平面空间布局、私密保护、视野景观、感官色彩、材料选择等。在社区规划中，对于社区健康环境的认知主要是基于室外物理环境的知识。社区微观物理环境的判断与评估是重要内容，包括声环境、光环境、热环境以及受污染状况等（表 6.4）。

社区物理环境构成 表 6.4

环境类型	涉及内容	主要评估指标
声环境	噪声、围护结构隔声性能、声景营造	噪声值
光环境	日照、夜间人工照明、光污染、光景营造	灯具显色指数、色温、照度
热环境	通风设施、绿化、环境遮阳、硬化地面渗透性铺装、热反射材料、水景、人工雾化设施等	围墙的可通风面积、绿地率、屋面绿化面积、户外活动场地遮阳覆盖率、硬质铺装地面中透水铺装面积比例、夏季典型日平均热岛强度等

以热环境中的通风为例，参考《绿色建筑评价标准》GB/T 50378—2019 的相关规定，舒适的风环境意味着，建筑物周围人行区距地高 1.5m 处风速应小于 5m/s，户外休闲区、儿童娱乐区风速应小于 2m/s。在人们的体感之外，社区内可以设立可测量、可显示、可引导的装置。再如通过围墙调节风环境的做法。我国传统建筑院落建造有影壁墙、迎风墙等做法，除了可以防止视觉干扰外，还有减少院落外的冷空气袭扰、调节院落风场的作用。此外，还可以采用导风墙、挡风墙等景观构筑方法，实现环境风场的调节和改造。在严寒和寒冷地区可以考虑挡风墙的做法，控制主导风对社区局部风环境的影响；在南方地区夏季可以利用景观挡墙等作法为局部活动场所导风。

3.3.3 社区健康环境的相关绿化和水体知识

社区是自然环境与人工环境交融之地，社区不仅是居住之地，还承担着对居民的养护功能，例如绿化和水体就是社区健康环境的两个基本要素。但是关于社区绿化景观和水体的专业知识，规划师们更多是从形态、大小以及色彩配置上理解的，比如立体绿化、乔灌木搭配、季节性景观、景观水等；对于绿化方式的性能、绿化品种及特征、水源与水质等则不甚了解。因此，当社区居民反对垂直绿化时，规划师们往往无从辩驳或引导。再如社区中关于树木修剪的争议，社区规划也可以有所涉及。

图6.3　社区内引起争议的修剪过的水杉树

（1）社区内的树木修剪之争

城市社区内树木修枝的现象很普遍，但是高大树木修剪与否、修剪程度如何，在小区的业主与物业之间、业主与业主之间、专业人员与操作工人之间往往存有争议及至矛盾。厦门、成都、上海等地都曾有此类冲突案例的公开报道（图6.3）。

争议之一首先是要不要修剪。生长期修剪通常有下列两个原因：①存在安全隐患或影响到行人通行。在台风多发地区、多发季节，常见树枝折断、树倒伏路、行道树接触高压电线的问题。修剪高大树木，可使树木与高压电线保持安全距离，提前做好防御台风准备工作，彻底消除安全隐患，给社区群众提供放心安全的出行环境。②社区部分居民主张。树种选择或树木初始种植位置不当，过于靠近底层或低层居民住宅的阳台，树木生长到一定程度后影响低层房间的阳光或采光、通风，或滋生蚊虫，或有攀爬入室安全隐患，或影响到其他设施设备（如空调室外机）等的正常运行。

反对树木过度修剪也有充分的理由：①树木修剪得光秃秃的，既不美观，夏天也无法遮阳；②树木过度修剪，会使树木的生态效益大打折扣；③还会对树木的新陈代谢产生一定影响，切口若不及时处理，树木易受到病菌感染。

此外，对于小区物业来讲，对内部树木进行修剪是其日常养护工作的一环。由于物业没有专业的设备和技术力量，所以日常养护只负责低枝的修剪，高大的树木修剪则要请专业的公司来操作。而修剪一次费钱费力，因此在不影响树木生长的前提下，物业都倾向于多修剪一点。如果缺乏具体修剪规范，或所委托的企业不专业，则极易造成树木修剪过头。

由树木修剪争议，可以延伸到如何正确处置社区的绿化环境，可以采取以下三个做法：

制定社区绿化养护规章。社区内应合理制定规章，规范绿化养护。社区绿地由业主或者其委托的物业服务企业、养护管理单位负责，当树木生长影响交通安全以及居民采光、通风或者居住安全的，园林绿化保护责任人应当及时修剪，修剪树木应当按照相关标准和技术规范进行。充分征求民意，修枝需通过业主表决，扰民树木可以通过移植、补种的方式来解决。如果业主对于小区绿化养护有异议，可通过业委会进行交涉，或口头或书面向物业提出。例如上海宝山区大华社区的怡华苑小区，就修剪绿化事宜，由业委会牵头，超过 2/3 的业主同意对小区绿化进行重度修枝，之后便可以开始施工。

完善社区绿化法规。政府相关部门应对小区绿化养护立法，例如厦门市 2019 年 2 月出台实施了标准化指导性技术文件《树木修剪技术规范》DB 3502/Z 048—2019，山西 2016 年 12 月发布了《园林树木整形修剪技术规范》DB 14/T 1316—2016。通过地方标准详细规定修剪原则、修剪依据、修剪频率、修剪强度，明确居住小区绿化养护的等级标准，规范针对小区绿化的养护公司。具体实施中，可由园林部门负责认定是否违反相关修剪标准，由城管部门依法进行查处。根据相关规定，居民住宅区内的绿化达到严重影响采光标准的，且有 2/3 业主同意的话，可不用向绿化部门申请审批，小区可以自行回缩修剪绿化。物业在日常修剪树木把握不准时，可以向所在地的市政园林部门绿化管理处申请协助。

一些常见的树木修剪技术原则包括：①应根据树木生长情况适时适度修剪；②夏季高温天不适宜修剪树木；③关于修剪强度，剪去树冠的幅度超过原树冠的 25% 就属于重度修剪，而日常养护修剪，每次修剪所剪去的树冠幅度不宜超过原树冠的 25%，且修剪后应维持树冠的平衡和自然形态（特殊要求除外）；④树木的回缩修剪需要保留树木 2—3 节的分叉枝；⑤休眠期修剪主要为整形修剪，应根据乔木的生物学特性、生长状况、植物造型，以及下方灌木、草坪生长所需有利条件。

建立社区绿化资产目录。乡村社区一般不会出现城市社区的上述绿化养护纷争。乡村社区的树木有清晰的权属，属于村民或集体的资产。我国《森林法》第二十七条规定："农村居民在房前屋后、自留地、自留山种植的林木归个人所有。"即使农民虽然已经转为城镇户口迁往城镇，原先的土地使用权已经由集体收回，但是他们所种植的树木还是应当归他们自己所有。对这些树木，村委会可以作价收回，也可以根据《森林法》第三十二条的规定，由他们自行采伐，或者自行协商出售给新的土地承包人和使用人。

城市社区，尤其是商品房社区中的绿化树木属于社区全体居民，但又不属于任何具体的居民。居民对于种植什么树种，在什么位置种植，基本上没有发言权。因此，社区应加强社区绿化树木的管理，建立社区绿化资产目录，强化居民的资产拥有意识，减少随意修剪树木的草率做法。

延伸阅读 6.1　部分绿化树种、特点及社区养护案例

1. 合欢树

合欢树是一种受人喜爱的绿化品种，对人体有解郁安神之功效，对二氧化硫（SO_2）、氯化氢（HCl）等有害气体有较强的抗性。在中国古典植物文化中，也被赋予美好的内涵。但是合欢树在遭到侵害时会感染流胶病，主要发生在合欢树树干、主枝，在夏季较严重。合欢树胶质黏性强，滴落在树下的车辆上，很难清洗。

案例：上海浦东新区洋泾街道社区内种植有多棵合欢树，社区物业和居委会在未征得业主同意的情况下自行移动了合欢树的位置，以解决树胶质滴落树下停泊车辆的问题，引起了部分居民的不满和质疑。

2. 大叶女贞树

大叶女贞树，根系发达，可以吸收二氧化硫（SO_2）。女贞树的果实女贞子可以作为小鸟过冬的食物，但是在十月成熟期为紫黑色，如果靠近阳台种植，掉落下来会弄脏居民晾晒的衣服。

案例：上海新泾镇社区里有 50 多棵女贞，叶大荫浓。居委会在逐户征求居民意见后，将离居民家较近的女贞树挪移到小区相对空旷的小花园，然后补种桂花和香樟。

3. 王棕（大王椰子）

王棕（大王椰子）在广东、海南、广西等省份种植较多，树高可达 9 楼，树叶脱落后，一般下垂紧贴枝干，倒挂在树上一段时间后才会掉落。雨季树叶吸收了水分，变得非常沉重，掉下时不但压在绿化带上挡路，还经常砸坏停放的汽车，甚至有砸到行人的危险。

案例：汕头市龙湖区金涛社区内金涛北二街的人行道上种有王棕，树叶屡次砸坏路边停泊车辆。

资料来源：根据相关资料整理

在社区规划、社区空间微更新中，规划师、景观设计师如果能充分了解绿化种植品种的特性，合理规划布置，针对性地规划种植，可以充分发挥绿化树木的环保特性。尤其是当社区处于特定地区，例如在化工产业周边地区或存在其他潜在污染的地区，客观环境较难改变或不适合改变的情况下，选择生态幅度相对较宽的适应物种是保证空间生态价值的重要途径。而从一开始就预见和规避潜在问题，可避免后续树木生长中可能造成的麻烦，从而减少由此引发的社区矛盾。

（2）社区内的水体维护

城乡社区可以利用的水源包括传统水源和非传统水源。传统水源一般指地表水，如江河和地下水。非传统水源是指不同于传统地表供水和地下供水的水源，包括再

生水、雨水、海水等。乡村社区较多使用传统水源，对非传统水源也有一定利用。城市社区则可以利用非传统水源。

部分社区拥有天然水体，例如许多乡村社区临河而居；很多城市社区为了丰富景观，建设有水池等人工水体，而大型社区可能开挖池塘，营建自然系统。但是水体的水质维护，却是社区建设中较为疏忽的问题。尤其是一些乡村社区，由于临近工业企业的非法生产排放或养殖业，水体往往遭到严重污染，给社区居民健康造成潜在危害。而城市社区的人工水体由于得不到有效的维护，易发绿变黑、散发气味、滋生蚊虫等。

非传统水源利用率近年来一直是全世界节水关注的关键性指标，社区中的非传统水源一般用于社区生活杂用水，包括绿化灌溉、道路冲洗、水景补水、冲厕等。使用非传统水源时，应有严格的水质保障措施。对于设置非传统水源的社区，使用时不得对人体健康与周围环境产生不良影响，不同用途的用水应达到相应的水质标准，例如用于冲厕、道路浇洒、消防、绿化灌溉、洗车等的非传统水源水质，应符合现行国家标准《城市污水再生利用 城市杂用水水质》GB/T 18920、《城市污水再生利用 绿地灌溉水质》GB/T 25499、《城市污水再生利用 景观环境用水水质》GB/T 18921 等城市污水再生利用系列标准的要求。

在社区规划中应结合社区健康改造，对非传统水源的水质、适用范围等有明确条文引导要求。住宅小区及街道绿植、景观的浇灌、喷洒水源，应优先选择雨水、中水等非传统水源。针对社区内临河而建的建筑，建筑区域内的雨水除了可以收集处理再利用外，还可以考虑依河建间歇式渗水带，不仅具有景观美化和废物利用的功效，还能够除去建筑区域内部分雨水负荷，降低排放雨水对河道的冲击。对社区内各类用水的检测项目及检测周期都应有具体规定，例如对景观水体的浑浊度、色度、臭和味、余氯、pH 值、溶解性总固体等，可以提出物业进行周检的要求，对菌落总数、总大肠菌群、COD_{Mn} 可以提出外检、季检的要求。

科学是知识的精到化和专业化。社区规划应为社区具体问题提供科学性、知识性的指引，使得健康社区、韧性社区、绿色社区、低碳社区等不同类型的社区能够真正落实，并促使大量社区能够获得更加精细化的日常维护和空间更新。

3.4　社区规划的工具性和技术性

社区规划的工具性和技术性在社区安全和防灾问题上体现得最为彻底。城乡及其社区是一个风险承担、风险转移以及风险管理的连续过程的循环。风险也构建了国土空间规划一个新视角的基础，促进了对就空间而言的风险转移机制以及抑制与控制这种有害过程的潜在方式的全面彻底的研究。城乡、社区个体由于区位差异，面临着地理条件决定的风险。在土地征用过程中存在着风险的重新分配。在开发基础设施的征用中存在着土地数据的准确性、规划引导体系的合理性和社会经济的公平性等多重风险。基于对建成环境风险评估的案例，提供一个多范围的框架，包括从对个体风险的评估，到对社区和城市地区渐进的中等范围的风险，最后对建成环境来说一个大范围的风险，框架的弹性使其可以包括与特定地点和情形相关的整个范围的规划风险。通过社会、经济和人口统计信息能够帮助预测评估风险和机会的程度①。

就评判也就实际的解决办法而言，只有在社区规划层面，将全球、区域、城市风险作为一个地方议题，才能获得一个更加实质性的维度。我国沿海城乡社区常遭遇台风，长江流域的社区会遭受洪涝灾害，内蒙古和新疆等地的社区冬季时常有雪灾发生，华北、西北地区的社区在春季会频繁出现沙尘天气或沙尘暴现象。通常城市社区主要预防火灾、洪涝灾害、地质灾害，乡村社区则主要预防洪涝和地质灾害。城乡灾害风险防范与市政工程技术密切相关。社区规划的工具性和技术性来自于城市规划已有的工具与技术，只不过在社区层面，有着更为确定的范围，在摸清底数、消除风险隐患方面相对可行、可控，还强调赋予社区居民以应急防灾意识。以下从城乡社区消防、防涝、防地质灾害等方面来探讨。

3.4.1　城乡社区消防

城乡社区消防，既是规划问题，也是管理问题。老旧社区、城中村社区、高层社区的消防是社区防火的重点。

（1）老旧社区的消防

老旧社区的建筑大多建造时间较长，数十年不等，建得早的已将近一个世纪甚至时间更久。有些建筑内部电气线路、设施老化；加上物业管理不到位，人员构成复杂，导致老旧社区内存在多重消防安全隐患。具体来说，存在以下问题：

1）物质空间问题。20世纪50年代以前形成的社区中，内部空间大多难以适应汽车交通，路径、通道狭窄，无法通行消防车，或是因汽车停放而堵占消防车通道。火灾发生时会影响消防救援和人群疏散。一些老旧社区消防设施损坏、丢失现象严重。

2）社区居民行为问题。社区内电气线路乱拉乱接、电线未套管、保险丝擅自更换成铜线、未安装有漏电保护的空气开关等，使用大功率电器时易造成电线过载、短路引发火灾。此外在住宅建筑内的走道、楼梯间停放电动车充电，极易发生火灾。

---

① 黄怡.为风险社会规划：应对不确定性、挑战未来 [J]. 城市规划学刊，2007（6）：72–83.

3）外来人口社会问题。老旧社区内群租、合租行为较多，人员居住过于密集，住宅内部不合理地过度分隔，或设置成集体宿舍，用电行为不当时易于引发火灾，并易造成群死群伤。

4）综合管理问题。许多城市老旧社区长期缺乏正规的物业部门管理，存在的上述各类安全隐患和明显问题得不到及时解决。

因此在老旧社区中，社区居民须提高消防安全意识，物业要做好监督管理工作，消防安全知识的宣传和日常消防演练必不可少。而社区规划需发挥工具性和技术性的作用，针对社区的具体制约条件，因地制宜增设消防安全设施，改善消防空间设计，创造安全的社区。

（2）城中村/城边村社区的消防

具有一定规模的城中村和毗邻城市建成区的城边村，往往吸引了大量外来人口租住。村民受利益驱动扩大违章建设，进一步恶化了居住环境质量，消防安全隐患丛生。具体来说，存在以下问题：

1）物质空间问题。许多城中村/城边村原本未经过规划，但不至于存在严重的消防问题。在大量外来人口逐步进入后，村民的私自违章搭建、加建导致建筑密度过高，空间极度拥挤混乱，防火间距完全不满足规范要求。例如"一线天""握手楼"频见。此外，城中村/城边村中商业、服务业和小作坊等设施较多，人员住宿场所与加工、生产、仓储、经营等场所往往在同一建筑内混合设置，而市政基础设施包括消防设施建设严重缺乏。火灾发生时，紧急疏散和逃生线路易混乱受阻。

2）居民行为问题。城中村/城边村居民的消防意识较差，或存在侥幸心理，违章用火用电行为较多，易于触发火灾。很多"三合一"场所内没有配备必要的消防器材，难以及时扑救灭火。

3）管理问题。城中村/城边村处于合法居住与非正规居住的模糊地带，管理起来本身较为复杂；而乡镇一级管理机构退出，城市管理机构又很难深入城中村/城边村内部，使得许多城中村/城边村的安全消防管理几乎处于"真空"状态。

城中村/城边村的消防问题是城中村治理面临的诸多问题中突出的一项，与住房改造、市政、迁移、补偿等问题相互缠结。全国范围来看，深圳的城中村在空间形态、功能作用上有其特殊之处，深圳市规划和自然资源局印发了《关于推进城中村历史文化保护和特色风貌塑造综合整治试点的工作方案》，选择了若干具有代表性的项目探索不同类型的城中村有机更新模式。大多数城中村近期可以通过社区规划有限改善安全状况。

（3）高层社区的消防

高层建筑的防火目前仍然是难点，救灾难度较大（表6.5），原则上以"预防为主，防消结合"。现状存在以下一些制约和问题：①物质空间问题。目前国内高层住宅大

延伸阅读 6.2 深圳水围村的消防

水围村，位于深圳市福田区南面，毗邻福田口岸。村内居住人口以外来人口为主，原村民 800 余人，外来人口约 12 万。城中村部分用地面积为 4.9 万 m^2，建筑面积达 27.2 万 m^2，容积率为 5.5，平均层数 8 层。

福田水围村探索形成"城中村"消防治理机制，为福田区乃至全市破解"城中村"消防难题提供了行之有效、可借鉴可复制的经验。福田公安分局以问题为导向，以水围村为试点推进"落实消防主体责任试点社区"建设工作，综合运用法律、行政、经济、村规民约等手段，理顺"城中村"消防责任关系、完善常态排查整治，加大消防基础投入，形成消防工作"大家参与、人人有责、齐抓共管"的良好局面，探索形成"城中村"消防治理机制。其具体做法如下：

一是牵好头：构建层级完善的消防主体责任体系。建立起"纵向到底、横向到边、一栋不缺、一户不少"的消防主体责任体系。

二是带好队：构建反应灵敏的消防应急处置体系。

三是定好位：构建责任明晰的消防安全排查体系。村消防办成立了 5 人专职隐患排查分队，将 660 家商户、381 栋楼宇全部纳入管理，逐户、逐栋建立档案。

四是划好线：构建严格高效的消防隐患整治体系。

五是规划增设消防安全设施：在村内设置了微型消防站（图 6.4）；在楼宇之间增设空中消防逃生通道；水围村的"三小场所"100% 安装独立烟感报警器、100% 安装简易喷淋装置、100% 安装漏电保护开关。

这套机制实施一年多来，村消防办主动排查发现隐患 2880 处，由民警实施执法处罚的仅 58 宗。2016 年至今，重大火灾零发生。

图 6.4 深圳福田街道水围社区微型消防站

摘编自：刘春生. 水围村探索形成"城中村"消防治理机制 [N]. 深圳特区报，2017-09-13（A09）. 插图为本书另加

国内外高层社区近年来火灾案例   表 6.5

时间	地点	失火部位	起火缘由	后果
2010 年 11 月 15 日下午	上海静安区胶州路高层教师公寓楼	10—12 层之间（共 28 层）	综合改造阶段，建筑外墙节能改造工程，电焊工违章操作	58 人遇难，70 余人受伤，56 人失踪
2017 年 6 月 14 日凌晨	伦敦北肯辛顿高层公寓楼"格伦费尔塔"（Grenfell Tower）	从 2 层一直烧到顶层，共 27 层	起火原因不明，建筑外墙非阻燃材料	79 人遇难，37 人受伤①
2017 年 6 月 22 日凌晨	杭州蓝色钱江小区	18 层，共 25 层	保姆室内纵火	4 人遇难

资料来源：根据相关报道整理

都采用被动防火设计，即设置防火分区、防火墙，采用不燃或难燃的内外装修材料，提高建筑耐火等级，设置消防前室和消防连廊等。由于会提高住房的成本，高层住宅室内的烟感自动报警和自动喷淋灭火装备等主动消防系统未普遍采用。一些社区内的消防车道被绿化覆盖或堵塞，也会影响消防车辆通行、停放。②消防技术制约。消防车喷出的水柱最高只能到达 10 层左右，高层火势难以得到控制。③管理问题。物业消防安全管理落实不到位，例如高层建造水泵房的消火栓泵控制开关未处于自动状态。④使用者行为问题。极端偶发的人为纵火行为或是高层住宅维修中不符合要求的操作行为也会导致高层建筑火灾。

虽然火灾可能是突如其来的，但火灾的隐患是固定的。在高层社区管理中，提前消除火灾隐患，提高高层社区居民的防范意识，开展紧急突发情况下的自救逃生能力演练，都是必要的。涉及高层住宅的社区规划可采用模拟技术，改善社区内消防逃生空间设计，优化系统规划，涉及社区空间平面布局、住宅建筑防火间距、消防车道、水源、登高扑救面等。

（4）乡村社区的消防

乡村社区的消防安全状况不尽一致。一些乡村社区仍然是木结构等易燃建筑集中、连片的村庄，尤其是一些历史村落；还有些乡村社区仍部分或全部采用柴火烧水做饭。传统乡村社区在漫长的实践中形成了一些地域防火经验做法，并且仍在有效发挥作用。例如贵州省黔东南苗族侗族自治州黎平县肇兴、地扪等侗族村寨，以木构居住建筑为主，因此对火患历来重视。由于主要从事农业生产，粮食的贮藏非常重要。寨内各家各户的粮仓集中设置，形成多达几百座的"禾仓群"。禾仓群与居住空间分离，一般架空建在水上或水边，具有防火功能（图 6.5）。寨中每天都有老人鸣锣喊寨，提醒寨民们小心火烛、管控火源。侗寨立下寨规，如果有人家意外失火，

---

① What Happened on June 14，2017[EB/OL].https：//www.onthisday.com/date/2017/june/14.

图 6.5 贵州省黔东南苗族侗族自治州黎平县地扪寨的禾仓群

其他各户会尽义务相救，但是火灾过后，这户人家就得搬离寨子单独居住，通过这种带有惩罚性的做法来约束寨民，进行古老而基本的消防管理。

整体上乡村社区火灾防范意识较差，在火灾来临时自救能力不足。除了加强消防日常工作管理之外，在乡村社区规划时应注重消防安全布局设计，制定符合乡村社区实际要求的消防安全建设标准和管理规定。具体来说，乡村社区结合具体情况，要尽可能满足以下四方面要求：①完善公共消防设施建设，并加强维护保养，确保正常运行；要设置公共消防器材配置点，配足配齐灭火器材，保证扑救初起火灾的需要。②打通消防通道，将社区内主要机动车道作为消防通道，消防通道宽度不小于 4m。③建设消防水源，消防给水可以采用低压制。按照《建筑设计防火规范（2018年版）》GB 50016—2014，低压给水系统是指平时管网水压较低，灭火时所需水压和流量由消防车或其他移动式消防泵加压提供的给水系统。按每个室外消火栓服务半径不大于 120m 的要求设置室外地上消火栓，保证社区内每一栋建筑均受到消火栓覆盖保护。④拓宽乡村社区建筑的防火间距，提高建筑耐火等级，增强火灾抗御能力。

3.4.2 城乡社区防涝

城市社区洪涝更多是城市市政基础设施系统的问题，而不一定是单个社区自身的问题。但是城乡社区规划中都可以借鉴传统乡村社区的营造理念和优秀案例，设置缓冲储水空间。许多传统村落社区，例如浙江省金华市兰溪市诸葛镇的诸葛村、黄店镇的芝堰古村（图 6.6），江西省抚州市金溪县双塘镇的竹桥古村（图 6.7）、上饶市婺源县秋口镇的李坑古村等，都有一个自成体系的河塘水系，保证了村落社区旱季不干、雨季不涝。

图6.6　浙江省金华市兰溪市芝堰古村村口水塘

图6.7　江西省抚州市金溪县竹桥古村

一些处于滨水岸线洪泛区（floodplain）的社区，其人口和建成环境面临着洪水泛滥的风险。并且随着气候变化，预计未来的风险还会增加。这就需要社区内建筑物和基础设施的适应性更强，或者能够以最小的破坏抵御洪水并从灾害中恢复。并且，通过社区规划，还要促进社区洪泛区信息的建立，即社区档案中每个社区都会明确该地区是否受洪泛区影响。这项工作有助于社区成员更好地了解邻里的风险和影响其适应能力的关键特征。

3.4.3　城乡社区防地质灾害

山地城市或乡村的社区，处在地质活跃带上的社区，经常会面临雨期的山体滑坡、塌方或地震等地质灾害的影响，往往造成道路交通受堵、住房建筑和公共设施损坏甚至人员伤亡。社区规划应考虑设置社区中的公共场地作为疏散区域，一旦发生灾情，应迅速组织居民进行疏散，在乡村社区可以结合村庄中开阔绿地及外围农业用地的开敞空间进行安排。

社区规划时还可借鉴管治山体滑坡的经验以及教训，例如香港自 20 世纪 70 年代以来形成了相对完善的管理制度和行政体系[①]。社区规划中可以采取的做法：①建立斜坡记录册和斜坡地理信息系统，包括有可能危害生命安全的切削斜坡、填土斜坡、挡土墙和砌石墙等，内容包括样貌、位置图、背景数据、勘察记录及研究结果，统一编码，方便快速搜寻和分析斜坡及其附近地形的数据。②采用风险评估法，系统分析导致山泥倾泻危险及其后果严重程度的各项影响因素，量化风险次序，评估斜坡安全系统的成效，判断公众是否可以承受这些风险，以及当风险过高时，如何平衡成本与效益，从多项风险减缓措施中，选择适当管制措施来降低风险。

3.4.4　社区层面的技术工具多样性

规划本身具有工程技术理性，社区规划应强化自身的技术支撑与工具性能。例如涉及社区的规划可提供实施说明书，例如高层住宅区应规定提供每户消防、地震的紧急逃生指引手册，社区的广场、公园、公共设施规划设计宜附带环境噪声标准、活动容量、人口聚集密度等参考指标，以减小灾害事件发生概率，切实助推城市精细化、高质量发展。

此外，社区规划技术包括了传统低技术与高技术相结合，各得其所地使用。社区规划中，应避免简单化、标准化的极端现代化思维，而要将地方社区的传统多样性、现实复杂性和社会生活的实践知识结合在一起。强调技术的选用要符合社区文化与历史，要能真正服务社区，发展社区，与社区有机融合，并且能够随着社区环境的变化而不断发展。

3.5　社区规划的人文性和艺术性

我们生活的社区是同时寄存身体和寄托精神的地方，生活的文化与价值含义体现在人文性，精神与美学意义体现在艺术性。社区规划与设计的功能性包括了人文性和艺术性，即创造人文的社区，发挥艺术的教化功能。

3.5.1　需求层次及其平衡

随着社会的发展、生活水平的提高，人们的生存观念发生了巨大的变化。新时代我国社会主要矛盾已经转化为人民日益增长的美好生活需要和不平衡不充分的发

---

① 欧树军. 滑坡灾害：香港治理的历史经验 [J]. 社会观察，2012（7）：76–78.

展之间的矛盾。如何认识和把握人民日益增长的美好生活需要？从需求性质来看，人类需要大致可划分为三个层次（图 6.8）。第一层次是物质需要，指的是保暖、饮食、种族繁衍等生存需要，这是人类最基本的需要。第二层次是社会需要，它是在物质需要基础上形成的，主要包括社会安全的需要、社会保障的需要、社会公正的需要等。第三层次是精神需要，指的是由于心理需求而形成的精神文化需要，比如价值观、伦理道德、民族精神、理想信念、艺术审美、获得尊重、自我实现、追求信仰等[1]。

图 6.9 是马斯洛于 1943 年提出的需求层次金字塔（Maslow's Hierarchy of Needs），这个需求层次金字塔比较强调时间序列，即后一个阶段的满足以前一个阶段的满足与实现为前提。而如图 6.8 "人类需要"方向盘所示，实际上人的物质需要、社会需要与精神需要是同时存在的，只不过所占比重处于动态变化之中，当三个需要取得平衡时，个体感觉到是一个幸福健全的人。这可以解释为什么处于贫困物质生活状态下的劳动群众仍然能创造出绚丽多彩的民间艺术。

难以否认的事实是，在世界范围内保留较好的社区建成环境遗产中，大都是富裕时代、富裕地区、富裕阶层的社区，因为各方面投入的关系，富裕的社区可能在规划、设计和建造上更用心，是时代物质财富与创意水平的集中凝聚，因此也更具人文性。但是这并不意味着大量普通的城乡社区就失去价值。在追求人文性与艺术性的初衷这一点上，古今中外的城乡社区出发点是一致的，亦即审美的人生态度和理想人格是一致的，只是在景观美学趣味上不尽相同。

对社区规划来说，要强调规划中的艺术性和创造性，要让规划设计为社区赋值、增值。有形的要素不仅造成可见的、稳定的文化类别，同时也含有意义，那就是如果当它们与人们的图式相适合时，它们也可被译出其文化代码。

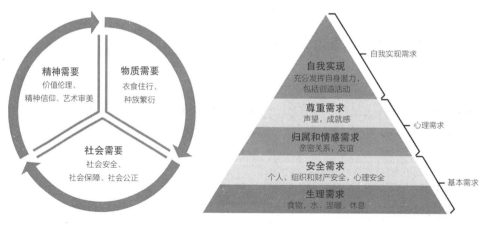

图 6.8 "人类需要"方向盘　　　　图 6.9 马斯洛的需求层次金字塔

---

[1] 何星亮. 不断满足人民日益增长的美好生活需要 [N]. 人民日报，2017-11-14（07）.

3.5.2 人文性——文化、遗产和空间规划

人文指人类社会的各种文化现象。文化是人类或者一个民族、一个人群共同具有的符号、价值观及其规范。符号是文化的基础，价值观是文化的核心，而规范，包括习惯规范、道德规范和法律规范则是文化的主要内容。布迪厄曾指出，在当代社会，文化已渗透进所有领域，并取代政治和经济等传统因素跃居社会生活的首位。也就是说，现代政治已无法仅凭政治手段解决问题，而现代经济也无法只依靠自身的力量而活跃。假如没有文化的大规模介入，那么无论是政治还是经济都是缺乏活力的[①]。这意味着，社区规划必须将人文性提升到一个相当重要的位置。

（1）重视社区生活环境的意义

意义不是脱离功能的东西，其本身是功能的一个最重要的方面。所以有形的环境，如建筑、花园、街道、聚居区等，是用于其自身的表现，用于确立群体的同一性（Rapoport，1981）[②] 每一个社区规划项目，都是为一个社区迭加意义，有诉诸形式的视觉艺术意义，也有诉诸行为的社会文化意义。

（2）重视社区成员的价值

首先，在社区成员愿与之交流的社区环境中，要让他们感到自己是有创造性的人与艺术家。这意指在社区（规划）中一种表达那种信息的场景，即意味着一个复杂的、高度个人化的环境[③]。

认识一个多元文化社区的历史和特征，不但对定义社区本身来说是有用的和必需的，而且对规划师来说可以是一个工具，以便看见超越物质的差异。例如，2004年斯里兰卡海啸后，政府为穆斯林、印度教、天主教和佛教徒重建了20万套住房，考虑到每个种族群体的特征与特殊的宗教空间需要，展开许多的解决办法，文化差异成为在住房和村庄设计中改变的原因[④]。

（3）提供社区生活中的学习场所

人文的社区，离不开文化活动，这也是当前社区建设中对文化的理解。广义来讲，不仅仅是提供学习的活动，还可以提供一些手（工）艺场所。任何一门手艺，做得精了，都可上升为文化，甚至可归入非物质文化遗产。社区可以发挥其培育功能，提供学习的课堂，提供社区居民学习提升的机会。

3.5.3 艺术性——社区公共艺术的日常空间体验与实践

现今快速而大规模的城市建设过程本身意味着文化遗产的消逝和传统文化的稀

---

① 宫留记.布迪厄的社会实践理论[M].开封：河南大学出版社，2009.
② （美）阿摩斯·拉普卜特.建成环境的意义[M].黄兰谷，等译.北京：中国建筑工业出版社，1992：5.
③ （美）阿摩斯·拉普卜特.建成环境的意义[M].黄兰谷，等译.北京：中国建筑工业出版社，1992：12.
④ 黄怡.为风险社会规划：应对不确定性、挑战未来[J].城市规划学刊，2007（6）：75.

延伸阅读 6.3　北京的社区学习场所

在终身学习的社会里，社区生活中也要求提供不同类型的学习场所。除了正规的基础教育设施外，还包括社区的教育设施。

例如北京市海淀区中关村街道的社区。中关村街道辖区由 33 个典型的科研型和居住型社区组成，是全区较为集中的科学家、知名学者、专家、老干部生活区，是高新技术产业和知识分子集中的地区。辖区人口密度大，老年人口占社区人口总数的 17% 以上，社区老龄化现象明显。辖区高度开放，中西方文化交流频繁。居民文化程度高、民主法制意识强，对精神文化生活及政治生活的需求层次高并呈现出自主化和多样化趋势。

针对中关村街道的社区特点，自 2010 年起，集学历教育、非学历教育、社区教育于一体的中关村学院开始建设"中关村终身学习体验园"。体验园以体验式学习项目为核心课程，一改传统的学习方式，设置了规范的书法学堂、国画学堂，标准的中西式厨房、葡萄酒桌、茶艺桌等都成为市民的学习课堂；开发了创意机器人、拓片文化与技艺、葫芦丝吹奏、生日蛋糕 DIY 等几十项体验课程。学院的体验信息都会提前在微信公众号上发布，市民可以"按图索骥"到学院体验学习。

作为与社区居民联系最紧密的社区教育中心，通过科技手段给居民打开一扇了解自己所在社区的窗口，并提供更加丰富的学习和信息资源，成为学院当下乃至未来发展的一个重点。与海淀各大企业、院校联系，联手打造一系列 VR 课程。……中关村学院还将丰富的课程资源和系统化的管理经验整合为网络课程，为居民提供了网上冲浪、体验终身学习的机会，推动了终身学习理念走进寻常百姓家[①]。

又如，北京市朝阳区麦子店街道的社区。作为首都功能拓展区，朝阳区承载着"国际交往窗口"的重要任务。目前该区聚集了全北京近一半的外资企业和外籍人口，国际化已成为朝阳区重要的区域特色。麦子店街道有 13 个国家大使馆及多家涉外机构，共有来自 93 个国家和地区的外籍居民近 1 万名，国际化是社区的主要特点之一。社区将促进中外居民融合、开展中外文化交流作为社区教育的工作重点，打造了多个特色国际教育活动品牌。如开设"汉语学堂"培训班、编写生活体验式汉语的实用教科书，为外籍居民在京生活提供语言便利等。从 2010 年 4 月至 2016 年 10 月期间，培训班开设了 12 期，共有来自 7 大洲 20 多个国家的 296 名外籍居民参加。社区老年大学还开设了老年英语课程。在一定程度上促进了中外居民间的交流与了解[②]。

资料来源：作者根据相关材料编写

[①]　解艳华.北京市海淀区："互联网+"时代的学习型城市建设[N].人民政协报，2016–10–19（9）.
[②]　陈亚聪.北京市朝阳区：用社区教育推动中外文化交流[N].人民政协报，2016–10–19（9）.

释与淡化（cultural dilution）。而物质建设的社会经济性是我们长期着重的方面，相对来说社区环境的艺术性美学价值和诗意感受退居其后。虽然社区文化建设在当前社区建设中受到较多关注，但对于文化建设内涵的理解尚停留在较为肤浅狭隘的层面；许多情形中只有社区文化活动，而缺少足够的文化内涵，关键是缺少艺术含量，更缺少有水准的社区艺术文化资产。这里的社区艺术文化资产包括凝结在社区建成环境中的公共文化遗产、具备现代艺术价值的社区资产以及社区收藏等。

（1）设计的行业工具

在社区规划中，对设计价值含义的重视程度似乎远远不足。强调社区的社会性，并不意味着对社区艺术性的否认，规划的设计价值具有独立性。波特菲尔德和小霍尔在《社区规划简明手册》里所称的"行业工具"[①] 依然适用，包括：轴线设计、层次组织、过渡性要素、控制线特征、围合感，等等。例如，水平距离和垂直高度的比例为2∶1或是3∶1的空间要素所限定的社区空间是最舒服的，这样的设计手法、原则在社区规划中仍然是有意义的、值得遵循的，只不过应用情境更复杂。

美国城市规划师凯文·林奇（Kevin A.Lynch，1918—1984）在1960年的著作《城市意象》（*The Image of the City*）中，以将心理学知识引入城市研究领域和对城市环境的感性形式的开创研究而闻名，书中归纳出的城市印象五要素，即路径（Path）、边界（Edge）、区域（District）、节点（Node）、地标（Landmark）在社区规划中依然适用。以下是社区规划中适用的一些具体原则[②]：

1）路径设计的原则：

建立鲜明的特征；

保证道路的连续性；

做到方向的明确；

交叉口形象生动，形式清晰；

路网应形成规律，地形、空间关系方面一个连续的网络；

道路在很大程度上起到轴线的作用。

2）边界设计的原则：

增加边界的使用强度；

与城市结构在视觉上和交通上增加联系，使人们能够与其接近，频繁使用；

注意视觉上的明确和连续；

具有一定的界定性。

---

① （美）杰拉尔德·A.波特菲尔德（Gerald A.Porterfield），（美）小肯尼思·B.霍尔（Kenneth B.Hall, Jr.）.社区规划简明手册[M].张晓军，潘芳，译.北京：中国建筑工业出版社，2003.

② （美）凯文·林奇.城市意象[M].方益萍，何晓军，译.北京：华夏出版社，2017.

3）区域设计的原则：

明确的含义和闭合的界线可使区域更为突出；

区域和区域之间可以通过并列、互视、相关的线，或以某些中介点、路或小区而相互联系。

4）节点设计的原则：

节点的界面要有特点，应该尽量做到突出和难忘；

与道路关系明确，交接清楚；

在节点空间提供活动支持；

节点的尺度适宜，根据不同的功能和作用，建立不同的尺度；

若节点与标志相配合，可增强节点的印象性。

5）地标设计的原则：

强化与背景的对比，形成感性支柱；

产生联想；

组织标志体群。

（2）将社区公共艺术介入日常空间

当前我国的社区建设中社区公共艺术普遍未得到体现。在社区空间更新中植入社区公共艺术、在社区空间治理中引入社区公共艺术，具有积极的效应。社区公共艺术介入日常空间实践将极大地提升社区的人文环境品质，促进社区融合①。

社区公共艺术的类型丰富，包括活动型的艺术、装置型的艺术、空间型的艺术。活动型的艺术，如社区居民的集体舞蹈、表演、合唱、戏曲票友会等，属于集体表演与交流性质，或者社区绘画展览、歌咏表演等，以社区集体、团体为特征。装置型的艺术，短期或固定陈列、嵌设在社区空间中，如小型装置、雕塑等。空间型的艺术，如壁画、墙面浮雕、（地面、设施表面）彩绘、大地艺术种植等。

社区公共艺术明确地代表了艺术与社区的关系定位。社区公共艺术具有多重实用目标与功能，诸如美化社区公共空间、保存社区历史记忆、启发社区创造才能、提升公共意识、营造社区包容氛围、带动地区经济等，还是大众文化民主权利和公共福利的体现。从国内外成功的案例来看，社区公共艺术与社区存在紧密的功能联系，着重表现在下述五个方面：

1）社区视觉环境的提升。社区公共艺术以艺术作为美化手段，通过社区空间中具有观赏性或实用性的作品，例如大面积的开敞空间、系列的小微景观或基础设施附件等，局部或整体地提升社区的视觉质量，有效地展示社区的审美水平。

2）社区历史的反映。社区公共艺术可以突出构成社区特征的历史主题，采用象

---

① 黄怡. 社区公共艺术的日常空间实践 [J]. 上海城市规划，2020（S）：1–6.

征或再现的手法，通过不同的艺术形式镌刻下缩微的历史长卷，以呈现社区的时空演变，营造人文艺术氛围。一方面有助于构建社区的集体历史记忆；另一方面，这也可以充分挖掘社区的历史文化，使其滋养社区公共艺术。例如上海浦东新区上钢新村街道的浮雕墙，反映了上钢社区独特的社会历史（图6.10）。

3）社区文化的体现。社区公共艺术作为社区文化的一种形式，可以为社区创造丰富的艺术空间，并赋予社区多元化的价值。例如在美国公共艺术的策源地费城，南大街社区的费城魔幻花园（Philadelphia's Magic Gardens）创造出社区新的视觉地标，促成并实现地方空间和周围人们的积极变化，让社区充满活力（图6.11）。

4）社区社会矛盾的缓冲。公共艺术是用艺术语言和方式解决公共问题的特有创作方式。在世界各地许多城市的社区中，特别是那些投资匮乏的社区中，公共艺术创造了新价值，成为社会联系的纽带。例如美国芝加哥的"小村庄"（Little Village）中的公共绘画有的再现了墨西哥主题，有的是宗教主题的训示，对"小村庄"的公民文化产生了深远的影响（图6.12）。

5）社区场所身份的认同。社区公共艺术也是场所营造的艺术，可以在人和场所之间创造有力且富有意义的连接，这对于社区和城市生活来说是重要的。进一步通过公共艺术和设计，还可以锚定社区的集体身份，诠释社区的整体社会特征。

在城市社区空间更新中引入公共艺术已被证明是一个有效的策略。上海浦东新区自2016年起依托"缤纷社区"城市空间更新试点行动计划，至2019年已实现数

图6.10 反映上钢三厂建设历史的沿街浮雕（上海市浦东新区上钢新村街道社区）（左上）
图6.11 美国费城南大街魔幻花园（右上）
图6.12 美国芝加哥"小村庄"社区的壁画（左下）

十幅公共艺术项目（壁画、墙绘）的落地。通过艺术化改造，可以促成社区空间的生产与再生产，促使社区公共空间与设施由单一功能向兼具人文艺术性转型，还有可能形成社区的地标。在许多成功的案例中，公共艺术、规划和建筑设计以及城市街道设施小品为创建和增强社区与城市品牌做出了贡献，换言之，以地方艺术文化力量推动社区改善是必不可少的，在社区空间更新中可以最大程度地努力发挥公共艺术与文化的影响。

（3）乡村社区的艺术性与社区的公共艺术规划与更新

历史村落社区或传统乡村社区的规划、营建本身具有高度的艺术性和创造性，其留存下来的建筑、空间场所、营造技术，往往成为社区可传承的文化遗产和文化资源，更可成为地的历史文化地标（图6.13）。这样的村庄社区案例在全国各地不胜枚举，例如列入"中国传统村落名录"中的那些村庄，都是我国传统社区规划的艺术瑰宝，也是农耕文明不可再生的文化遗产。这里所谓传统村落，是指拥有物质形态和非物质形态文化遗产，具有较高的历史、文化、科学、艺术、社会、经济价值的村落。

乡村社区经过正式或非正式规划的实质改造行为一直在进行。一方面，对部分乡村社区来说，社区规划与改造保护了传统村落的文化艺术价值；另一方面，近年来不少乡村通过艺术性的改造，大大提升了乡村社区的生活环境。例如东兴市江平镇巫头村京族社区，是我国京族唯一的聚居地。这里的传统民居曾是茅草房、木柱竹篱笆茅草房、木楼、石瓦房，如今这些已遗迹难觅，现在则是钢筋混凝土楼房、别墅房。以京族耕海为主题的系列墙绘，赋予了渔村独特的文化气息（图6.14）。

城乡社区不同主体的营造。差异之处在于，在城市集合式住宅社区里，居民能

图6.13　广西壮族自治区东兴市　　图6.14　广西壮族自治区东兴市江平镇巫头村京族社区的
　　　　东兴镇竹山村天主堂　　　　　　　　　　　耕海主题墙绘

做改善的就是室内装修，社区的公共环境提升则是市、区政府出资进行修缮或者综合整治。面对大量待更新维护的社区，在政府资金有限的情况下，更新改造工作大多满足于工程质量的维护，很难上升到美学质量的高度。或者说，也不认为有这种必要。当下集中的村庄改造提升也大多是镇政府出资。而在传统乡村社区，像村庄里的关帝庙、土地庙、祠堂、桥梁等公共设施的建造和修缮，由村民家庭、村集体集资或大户人家捐资，庙、祠、桥等的样式、材料大都考究，且村庄集体有较大的自主权。这种方式值得当今城乡社区借鉴。

总的来说，目前的社区空间更新，注重新建增量，不注重其艺术性与创造性。目前的社区研究与社区行动，注重经济学层面的影响评估，讨论较多的是社会资本增量。而忽略美学认知层面的影响，鲜少讨论文化资产、文化资本。回避社区自身包含的文化与艺术价值，一则是确实缺乏，二则是对艺术的作用还认识不够。如何赋予、提升和强化社区的环境艺术价值，包含功能的实现，也有价值的体现，这是社区规划中值得关注的问题。

社区公共艺术是社区文化的重要组成部分，在社区空间更新与社区空间治理的日常实践中，系统引入公共艺术，有望形成社区新的艺术文化建构，即用艺术的语言提出社区关切，并力图用艺术的方式解决问题，以艺术为手段，提升社区的艺术人文环境品质，促进社区的空间与社会的融合。当然，社区公共艺术的日常空间实践还面临着普及与推广、建设与发展的任务。整体而言，在当今的竞争氛围中，文化作为城市更新和社区空间更新、社区发展的一个工具已变得日益重要。

3.6 社区规划的公正性和包容性

1967年，法国哲学家和城市社会学家亨利·列斐伏尔（Henri Lefebvre）出版了《进入城市的权利》（*Le Droit a la Ville/the right to the city*）一书，他将进入城市的权利看作人民塑造自身认同的表现。那么在社区中相应地也存在社区的权利，英文可以表达为"the right in the community"，由于社区生活的日常性，社区的权利也可称为社区的日常权利。

3.6.1 社区的日常权利

社区的日常权利是社区成员能够使用和创造社区的空间及参与社区事务的一种可能性，是居民控制社区空间社会生产的权利，是社区成员改变和重塑社区生活的权利。在多元文化社区中，多元文化成员资格意味着，一定数量的文化群体在社区中具有同样的地位。其中包括使用社区公共空间的权力。相比市民来自城市的权利，社区成员来自社区的日常权利是基于他们生活的具体时空，一点也不抽象和虚无缥缈。权利概念在社区生活中有其具体内容，概括起来有五类：一是居住权，二是所有权，三是知情权，四是参与权，五是拒绝权。社区的日常权利也具有时间、空间、社会三重涵义。

一是居住权。这首先意味着在社区内居有定所，可以是自我持有的私人产权房，也可以是不同类型的公共保障房或是租住的私人住房。其次还有与"租售同权"相关的合法权益，即租房居民在基本公共服务方面与买房居民享有同等待遇，例如使用社区基本公共教育设施和医疗设施的权利。

二是所有权。这是社区中常常存在争议和引起冲突的模糊地带。由于各种复杂的原因，社区中的公共与私人的边界向来难以界定或难以管理。较老的社区中，由于住房面积标准普遍较低，或部分居民住房面积较小，将私人的家庭活动移到公共空间是极其常见的，甚至营造了令人认同的集体生活氛围。但是实质性地永久占据公共空间则可能引发矛盾，例如违章搭建，特别是影响社区其他成员的使用行为或产生了视觉、听觉、嗅觉的感官影响。再如，社区空间更新中极其普遍的停车位扩建与蚕食绿地的矛盾，反映了有车居民对无车居民空间权利的挤压。

三是知情权。知情权是指知悉、获取信息的自由与权利，包括从官方或非官方知悉、获取相关信息。狭义知情权仅指知悉、获取官方信息的自由与权利。社区的知情权是指社区成员被告知包括社区规划信息在内的相关信息的合法权利。在实践中它也是社区规划过程中公众参与的机制之一。知情权可以通过社区信息公开，让希望参与社区规划的公众及个体更了解社区。例如美国社区调查（American Community Survey，ACS）数据的指标是在"公共用途微数据地区"（Public Use Microdata Area，PUMA）级别上计算的。在纽约，城市规划局（The Department of City Planning）的社区地区档案（Community District Profiles）整理了各种数据、地图和其他内容，以提供有关建成环境、关键社会经济状况、社区委员会的观点以及每个区的规划活动等内容的丰富的可访问信息，这些信息使得居民、社区委员会成员、规划人员和其他利益相关者有权参与城市规划并宣扬其社区。

四是参与权。这包括政治化的参与（例如选举）和社区日常集体活动或事务的参与。非政治化的参与可以帮助社区成员获得集体感和与其他社区成员共享的目标。参与使得社区生活丰富，也使得有主动精神、有潜能的居民能发挥作用。参与意味着允许社区居民接近和影响（再）生产社区空间的决定，创造新的空间以满足人们需要。例如社区居民接近社区公共艺术的权利，如前文所述，社区公共艺术在社区日常空间中的引入与普及意味着将社区日常空间以公共艺术的方式组织起来，在社区中创造一种共享的文化，可以激发社区成员对日常生活的重新认知，并潜移默化地培养全体居民的艺术素养。社区成员可以进行观赏型参与，也可以在艺术家指导下进行部分或完全的创作型参与。参与权不但适用于社区所在地的户籍居民，而且适用于社区内的外来人口、流动人口或暂住人口。

五是拒绝权。社区成员有自由选择的价值和权利，在约束性和可能性、聚众与独处、集合和分离之间有一定程度选择的权利。例如对于乡村社区居民来说，有拒绝被从原来的生活中剥离而被强行推进"村庄撤并"的权利。对于城市社区居民来说，有拒绝从原来生活所在地（城市中心）被迁移隔离于边缘地区的权利；有拒绝在社区生活中被过度监控的权利。出于安全防卫的要求，在富裕的社区和贫困的社区，居民都存在着不同程度被监控的现象。社区中摄像头的安装密度及分布应得到社区居民的认可。尤其是与智慧社区相关的主题与社区发展模式相结合所可能带来的风险，这种风险的忧虑是基于这样的设想——如果这些信息化要素不能被合理地组织利用的话，那么本质上就是一种威胁。

理解上述这五种权利是开展社区规划的基础，有利于在社区规划设计时能准确充分地理解工作的范畴、要领以及所要承担的责任。

3.6.2 社区内部的权属分割

社区在其形成过程中，往往经历了土地使用和财产转让等复杂的过程，因此在许多社区的建设更新中，社区空间更新和财产权密切联系在一起，社区空间更新的进程很大程度上取决于与财产权相关的程序。例如大量更新项目中住房的所有权与居住权分离的问题。在乡村社区规划中，对于乡村社区资源的开发利用，要协调好资源的开发权属配置问题。乡村土地、文化旅游资源及其他各种资源归村民集体所有，任何拥有集体成员身份的村民都可以行使相应的权利，获取相应的权益。以村民集体为主体受益人的任何规划行为，应兼顾保障集体成员平等合理的利益诉求。在社区规划中，规范地应用财产权利理论来评价规划模式对社区土地和财产利益的影响，应该日益引起重视。

3.6.3 社区之间的权利机会

在一个更大的空间范围内，不同社区将需面对社区之间"权利均衡"的问题和任务，这涉及社区空间更新改造的政策与资金、社会投资、宣传机会等在社区之间的分配。从现实来看，存在着不同社区之间的权利差异。

（1）城乡社区间的权利机会差异

城乡社区设施的空间不均衡，包括城市郊区社区和中心社区的差异、乡村社区和城市社区的差异。相对而言，社区公共服务设施在中心城社区与郊区社区、在城市社区与乡村社区中的均衡分布以及基本公共服务均等化尚需进一步提升。调查表明，郊区社区中的家庭对于公共服务的需求，主要集中在社区医疗（29.5%）、老人赡养和护理（28.2%）和就业服务（23.9%）三个方面。而农村社区居民对老人服务、就业服务、住房保障、婚姻家庭关系指导、心理咨询等方面的需求，明显高于城镇社区居民①。

此外，乡村社区和城市社区的差异还体现在社区基础设施方面。我国城乡社区生活品质的最大差异在于市政基础设施水平，尤其是给水排水系统。乡村地区正在进行的"厕所革命"，远不仅仅是建几座厕所，其实质是要减少乡村社区污水排放系统问题和雨污分流问题。只有改善乡村基础设施，才能切实改善乡村社区面貌和普通村民的生活条件；更进一步，也才有实现逆城镇化的可能，从而整体改变城乡生活环境不均衡发展的局面。

（2）地区社区间的权利机会差异

地方基础差异导致社区权利不均衡。地方在这里指的可以是同一区域内或同一城市内。地方的财政能力主要由当地的产业发展和就业水平决定。比如，在同样人口规模的社区中，一些社区的区位条件和营商环境等方面条件较好，另一些则较差，前者的经济发展水平一定远高于后者，显然前者未来的财政支付能力会比后者高很多，相应的服务水平和福利就会高出很多，社区的资产权益能够更好地落实分配。

还有富裕社区和普通社区的差异。当然不是将社区的差异简化为富裕与贫困的二元经济的挑战，而是在文化的框架下考察差异。比如相较于普通社区，富裕社区的区位更优越，建筑风貌更有吸引力，环境也更健康。

（3）政策带来的社区间权利机会差异

由于部门（例如住房和城乡建设部门、财政部门）政策与资金的支持对象不同，社区所能争取和享受的资金支持不同。例如绿色社区创建项目享有补贴，海绵化改造的社区项目享有资金补贴，涉及城镇老旧小区改造、绿色建筑、既有建筑绿色化改造、智慧城市建设等涉及住宅小区的各类资金，在社区之间的机会并不均衡；即便在同一类型的项目中，不同社区在改造时序、改造标准以及享受补贴上都可能出现差异。此外，各类专业机构及其他社会力量在参与绿色社区创建中各类设施的投资、设计、改造、运营时，对社区的选择也有其自身的权衡。

上述种种因素，造成了社区之间的权利不均衡，这些也都构成了社区建设、社区发展中的不平衡因素。社区规划时对这些外部基础条件应有充分的认识和考虑。

3.6.4　社区权利的体现

社区的日常权利应该成为当今社区研究的工具和社区规划的依据。作为规划师和建筑师这样的专业人士，该如何审视社区的日常权利？在实践中又如何体现？

---

① 刘子烨. 沪郊家庭收入比例增不抵支 [N]. 联合时报，2013-9-13（2）.

（1）社区权利的整体观

社区规划理解社区的日常权利应该强调对于社区及其在城乡中的整体性，并不是社区内部的简单的权利理性。比如当前的城镇化在很大程度上是以乡村社会转型、家庭实际上的解体为代价的。对于乡村社区来说，我们的规划也许关注了乡村居民点、乡村公共服务设施，可是我们不会关注那些破裂的家庭、破碎的家庭生活、留守儿童，的确，那不是乡村社区规划能有效应对的问题。但是在乡村社区规划中，充分挖掘当地优势，适当创造一些就业岗位，就是对乡村社区秩序与价值以及社会公正的努力追求与体现。

（2）文化多样性

多元文化社区是一种或另一种形式的少数人的社会表达，可以迫使我们重新思考对规划过程的共同理解。确切地说，因为沉默的或未被表达的需求的存在，多元文化社区反映了不平等的权力、资源和机会分布，规划过程被期待重新形成，不但作为管理的工具和解决冲突的办法（以多种方式和采用不同的准则），而且作为重新分配机会的一个手段。在文化多样性的城市和社区中，规划也是一项创造多元文化的社会工程。在冲突的观点和价值中规划城市和社区，尤其是在少数群体（种族群体、儿童、贫困人口）和受到边缘化与阶层化影响的城市和社区方面的反省，迫使规划师重新考虑一些已经被专业争论忽略或只是部分地应对的原则以及规划包容多样性和差异形式的能力。

（3）为社区创造权利

列斐伏尔关于城市的权利的论述几乎没能提供一点关于评价当代城市决策的规范性框架。大卫·哈维（David Harvey）进一步阐释为"城市的权利远不是个体获得城市资源的自由：恰恰是通过改变城市而改变我们自己"。城市的权利本身表明一种创造性的关系，这是一种参与和不断地创造性地改变城市。当代社区的规划设计和运营更重要的是对生活在其中的人和他们的活动的组织和统筹，以及对他们的利益的合理分配。因此社区规划师、建筑师和其他艺术人文工作者应动员起来，重新思考其社会身份和职业角色，和普通社区成员一起审视社区。

第4节　社区规划的模式、原则与导向

4.1　社区规划的模式

上一节我们讨论了社区规划的目标价值与规划要求，由此我们可以判断什么是好的社区规划和不好的社区规划。好的社区规划是包含了社区价值取向去解决社区问题的社区规划；好的社区规划是秉持科学理性精神、掌握精湛知识技能去解决社

区问题的社区规划。

那么社区规划有没有模式？比如说国内外的模式，像英国式、美国式、中国式、加拿大式、澳大利亚式。又比如说谁来做、怎样做社区规划？

从目前的社区规划实践来说，可以分为以下两大类模式：

第一类是侧重社区社会特征与问题的社区规划模式，通常是在社会学领域展开的，与社会规划关系密切。对于社区的社会、经济特征把握较好，以路径选择、量化指标为规划成果的主要内容，但是在空间实施上相对薄弱。

第二类是侧重社区服务和空间环境提升的社区规划模式，通常是在城乡规划 / 国土空间规划领域展开的。在学科与行业体系中有明确的层级定位，以及相对成熟的规划分析手段和规范丰富的表达形式，强调实施的具体路径、实施效果，但是在社会系统性指标上考虑不多。

4.2 社区规划的原则

社区规划有一些基本的原则，还有一些与特定社区相结合的更具体的原则。基本的原则包括：

1）在地性原则。社区规划服务于具体的地域社区，因此须从社区本身的各种条件出发，科学地拟定符合本社区社会历史与现状实际的规划。社区规划在目标、内容和形式上应具有地域、环境、空间的特定性（即在地性），突出对地方经验的独到感受和见解，是"在地规划"。在地性的社区规划可以赋予社区规划鲜明的地域特征与独特性。

2）前瞻性原则。社区规划应注重其时空特征，强调在社区的特定环境、特定阶段的规划，社区规划应为社区未来发展提供弹性框架，考虑到社区在不同城市条件下的多情景发展模式。

3）可实施原则。社区规划应针对社区主要问题、矛盾和诉求，提出切实可行的解决策略和措施，并制定可付诸实施的阶段性目标、指标要求、工作步骤及物质和制度上的保证等。

4）成本—效益原则。社区规划是基于社区现状资产、资源而制定的规划，经济学的考虑完全不可以排除在讨论之外，通盘的、综合的成本—效益必须纳入社区规划。

4.3 社区规划的导向

社区规划不可避免地具有一定的导向，促使社区在未来一个时段内沿着某个主要方向或方面发展，并通过一定的理念、手段加以平衡。这里有三种可能的社区规划导向及其平衡方式。

（1）价值偏好导向和理性平衡

社区规划反映的不是社区规划师个体的价值和偏好，而是社区整体价值与集体偏好的导向。当集体偏好分化较大时，应取得理性的平衡。例如社区规划中社区资源应向最弱势者倾斜，这是社区规划的公平导向。规划应当通过有效与合法的方式控制社区的土地使用，进而平衡社区群体的利益。

（2）制度变化导向和干预平衡

社区规划可以进行良好的制度设计，推动社区持续的渐进式改良。并促进地方政府、社区成员、社会组织等各方面在社区规划及相关事务中积极而合法的参与，确保社区组织和干预的有效性、正当性。在这个大的导向下，还衍生出沟通导向、参与导向、政策导向等。

（3）行动导向和系统平衡

社区规划大多面对具体的问题情境，因而尤其注重具体问题的解决和可实施性，具有鲜明的行动导向。但是需要特别注意的是，要将社区规划与社区微更新区别开来，社区规划是整体或系统的思维，局部的、个别的社区行动并不等于社区规划。这也是当前实践中常常被忽略的一点，社区规划具有行动导向，但不是所有的社区行动（社区花园也好，社区空间微更新也好）都可泛泛地称为社区规划，这会抹杀社区规划根本的系统性特征。

 小结

本章和第7章、第8章构成教材的第三篇。本章主要辨析和界定社区规划的定义，阐释社区规划的目标定位、价值理念及模式、原则与导向。我国社区规划类型的演变形成是在社区研究与实践的基础上逐渐清晰和明确起来的，社区规划在当前我国新的"五级三类"规划体系中有其明确的位置。而无论是在规划体系的变革背景下，还是社区可持续发展和精细化治理的要求下，社区规划都必须建构起其自身的价值框架，以此来确立好的社区规划的要求与标准。这些基础价值将不但帮助社区规划有效地应对处理社区各类具体而复杂的问题，还有助于塑造创造性的社区规划。好的社区规划所要求的专业者的知识结构与专业素养，与当前国土空间规划的要求在精神上是一致的。在开放的规划体系下，社区规划目前主要有偏重社会的与偏重空间的两种模式倾向，好的社区规划必然是一个整合的社区规划。

 **关键概念**

社会规划

社会发展规划

社区发展规划

社区规划

 讨论问题

1. 辨析社区规划、社区发展规划、社会规划等概念的定义与特点。

2. 如何理解社区规划的目标与定位？

3. 在社区规划的科学性和知识性、工具性和技术性、人文性和艺术性、公正性和包容性要求中任择一条，举例阐析。

4. 谈谈你对社区规划的原则及导向的理解。

第 7 章

社区规划的界面、
内容与方法

导读

　　本章将社区规划作为一种方法，分析了社区规划的工作界面，包括：规划社区的社会——人口、住房和社区服务供给——体面生活（社会满足）；规划社区的空间——空间、场所和社区的规划与设计——愉悦生活（形态满足）；规划社区的时间——活动、组织和社区生活体系建构——有意义的生活（时间满足）。结合案例详细阐述了社区规划的主要内容和重点、程序及方法。以金杨新村街道社区和南京西路街道社区为对象进行规划演示，展示了处理社区规划时所一般采用的决策和参与过程，训练应对现实规划问题的基本能力，且更有助于认识和掌握书中的知识要点。

第1节　社区规划的工作界面

　　社区规划是对社区物质空间和社会生活的整合的规划。社区规划作为一个方法，可以解决规划理论与实际应用之间的尴尬处境，社区规划研究想要的结果既不是通用规律，也不仅是个别特定案例的解决办法，而是规范的中层理论，是针对类型问题的类型答案。基于社会时空观，社区规划可以划设为三个工作界面，即规划社区的社会、规划社区的空间以及规划社区的时间。主要以上海市浦东新区金杨新村街道社区和静安区南京西路街道社区作为案例进行社区规划练习，演示处理社区规划时所一般采用的分析、决策和参与过程，以训练初学者应对现实中规划问题的基本能力，且更有助于初学者认识和掌握书中的知识要点。

1.1 规划社区的社会：人口、住房和社区服务供给

社区规划的第一个工作界面——规划社区的社会，对应于社区的人口、住房和社区服务供给的规划，以提供社区成员体面的生活。

1.1.1 社区规划中的人口分析

社区居住总户数、人口总量、外来人口比例、年龄结构、社会经济构成、受教育程度、就业率/失业率等人口结构与人口质量的实时统计数据分析是社区住房和公共服务需求分析和配套服务设施水平判定的基础。基于居委会规模的社区人口金字塔绘制和人口年龄社区空间分布具有较强的直观性，基于不同历史时点的人口数据比较，则可以获得社区人口动态变化的趋势。将社区的人口统计特征数据与城市人口的平均统计数据比较，可以发现社区的主要问题或潜在问题，比如社区人口老龄化率的水平、速度等。

作为案例的金杨新村街道，是上海浦东新区下辖街、镇之一，地处杨浦大桥东侧，北枕黄浦江，南倚杨高路，东起金桥路，西至罗山路，总面积 8.2km²（图 7.1）。下辖 48 个居民委员会、102 个居住小区，近年来人口发展稳定。至 2018 年 4 月，街道实有人口 18.47 万人。截至 2017 年 11 月，社区户籍人口 131969 人，其中 60 岁以上户籍老人有 45094 人，占比为 34.2%（2017 年上海市 60 岁以上户籍人口占比为 33.2%），70 岁以上户籍老人 19964 人，80 岁以上户籍老人 7685 人，90 岁以上户籍

图 7.1 金杨新村街道社区航摄图（2018 年）

老人1273人，百岁以上户籍老人22人。金杨新村街道整体为老龄化社区，街道现状老龄化率为18.5%，高于全市均值水平（上海市2017年老龄化率为14.3%）。

依据"六普"人口数与实有人口数绘制的人口金字塔（图7.2、图7.3）表明，在2010年与2018年两个时点，金杨新村街道的人口峰值均集中在青年与年轻老

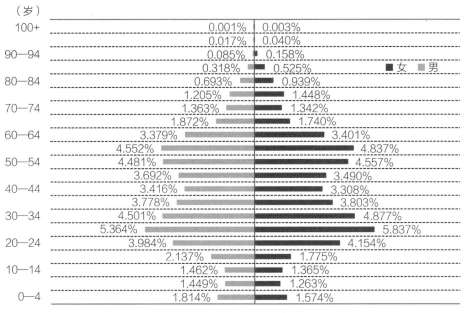

图7.2 金杨新村街道社区"六普"人口金字塔（2010年）

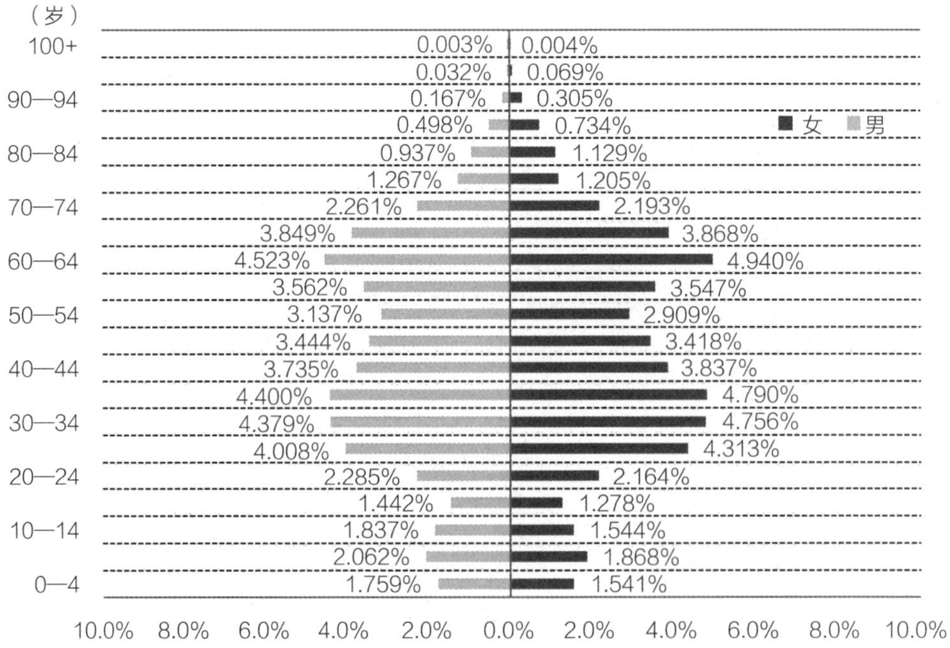

图7.3 金杨新村街道社区现状实有人口金字塔（截至2018年4月）

年人两个年龄段，壮年人口数量均较少。这可能是街道内就业较少，吸引劳动力人口效果不显著。相较于"六普"数据，实有人口数据中儿童比例增加较大，且人口峰值年龄段上移。此外，部分小区呈现出高度老龄化的人口特征，例如罗山八村居委的老龄化程度最高，达到32.8%，这里有海军退休干部集中居住的小区。罗山八村居委的实有人口金字塔（图7.4）表明，该地区已表现出典型的人口老龄化特征。老龄化率最低的居委为高庙居委，为8.8%，这里是社区中外来人口较多租住的地方。

根据人口金字塔类型，可将各居委金字塔划分为基本型、儿童型与老年型。人口结构金字塔已经呈现底部收缩、顶部逐渐增大的老年型结构，底部和中部较宽、顶部尖的为成年型结构。图7.4 罗山八村居委的实有人口金字塔底部极端收缩，整体形态呈现为倒锥体或陀螺状。根据人口数据分析，社区规划侧重于对老年人、儿童、外来人口群体需求的优先满足，以照顾弱势群体。

此外，金杨新村街道社区老龄化率分布示意图（图7.5）可以清楚地表明街道社区内老龄人口的分布密集程度，根据此分布示意图，可以更好地检验现状老龄设施分布合理程度，也为与老龄化相关的功能设施和服务完善提供了充分的依据。

在另一个案例中，南京西路街道社区（图7.6）是大都市上海最典型的核心地区，即地理区位上的核心、城市功能的核心和城市历史空间的核心。作为城市功

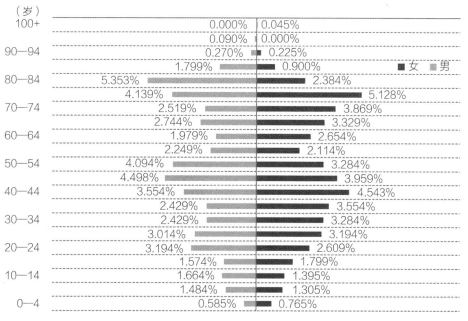

图 7.4　罗山八村现状实有人口金字塔（截至 2018 年 4 月）

图 7.5　金杨新村街道社区老龄化率分布示意图（截至 2018 年 4 月）

图 7.6　南京西路街道社区地区航摄图（2000 年）

能的核心，南京西路街道地区是大都市最负盛名的商业、娱乐、办公和商住地区，拥有数量大、租金高的高等级商办、商住楼、饭店和酒店，顶级的商业设施，大量市级行政文化、教育、体育卫生设施，还有多家著名的医院和医疗设施。街道辖区内包括了复兴路—衡山路和南京西路两个历史文化保护区，分布着花园别墅、新式和旧式里弄住宅以及旧式公寓等具有高度历史文化特色和建筑艺术价值的多种类型建筑。

　　社区规划和研究中侧重于定性的描述，从街道范围内不同区位与阶层的居民群体社会经济特征着手，选择了家庭经济地位、受教育水平和受高等教育率、户籍人口、职业构成、失业率等五个变量作为社会经济地位的指示（图7.7—图7.10）。

　　人口数量和结构对社区的具体影响是不一样的，换言之，特定的社区有其特定的主要人口问题，需要在社区规划中针对性地分析人口问题带来的潜在影响。社区规划中的人口分析包括了人口统计分析和人口社会结构分析，人口统计分析侧重定量分析，人口社会结构分析侧重定性分析。通过图式化的人口分析，可以帮助规划者较清晰地确定社区特征与存在问题。就社区的空间要素来讲，社区规划中的人口分析是衡量社区住房和教育、卫生、养老等公共服务设施配置状况以及后续规划的依据。

图 7.7　上海南京西路街道社区家庭经济地位分布图

图 7.8　上海南京西路街道社区受高等教育率分布图

图 7.9　上海南京西路街道社区职业构成分布图

0—5%

5%—10%

10%—20%

20% 以上

图7.10　上海南京西路街道社区失业率分布图

1.1.2　社区规划中的住房分析

住房分析是社区规划最基本的内容。社区整体状况与社区内的住房条件状况密切关联，住房状况也是影响居民对社区满意度的重要因素。住房状况在很大程度上间接反映了社区居民家庭的社会经济条件。社区规划中必须深入进行住房基础信息调查、研究、分析，可以从空间、社会、时间三个方面系统考察梳理社区住房状况：

（1）住房空间物质状况的分析

住房总量、住宅建筑类型、建筑高度、分布、质量、色彩、风格，无障碍设施条件等，作为住房建筑维护改造的依据，包括住宅建筑增设电梯、隔热保温层、平改坡、立体绿化等决策事项的依据。

在历史风貌保护区中的社区，还涉及住宅建筑和相关遗迹的保护。在邻近风貌保护区的社区中，住宅及其他建筑在维护更新中也会受到一些制约。

（2）住房社会经济状况的分析

住房性质、权属、租售成本、物业管理方式和渠道，社区住房房价、租金价格、住房补贴。老旧住房补贴由政府提供。商品房社区靠维修基金。

（3）住房时间状况的分析

住房的建造时间、维修次数、住房生命周期等。

　　上述三类分析在各自基础上还可以建立相关性的分析。例如一些年代较长的社区或历史社区中的住宅风格与建造年代的关联分析，有助于在社区规划中确定和突出社区的风貌意象。住房建筑年代、建筑质量与住宅权属的关联分析，有助于确定社区内人口与家庭的构成、流动性及其伴随的问题。

　　住房对社区的影响巨大。社区性质很大程度上是由住房性质决定的。住房对应着住户，住户构成了社区的行动者。社区住房是住房存量市场的主要部分，而住房存量市场的不同行动者包括了住房所有者（原社区居民）、租房者。住房状况是社区整体社会状况的良好表征，以住房为主要指标的社区物质变化与社区的社会变化密切相关。

　　社区规划中的住房分析通过住宅各类分布状况图、数据表以及照片等呈示（图 7.11—图 7.13）。

图 7.11　金杨新村街道社区住房建造时间分布图（截至 2018 年 4 月）

图 7.12　金杨新村街道社区现状住房性质构成与分布图（截至 2018 年 4 月）

图7.13　上海南京西路街道社区里弄建筑风貌示意图

1.1.3 住房与人口决定的公共服务需求分析

社区人口的空间分布决定了社区服务需求分布；由于住房类型与人口家庭类型具有高度相关性，根据商品房、系统房、动迁房等不同性质类型，大致可以判断住户家庭类型及其需求特征与偏好，因此住房分布也很大程度上决定了社区服务需求分布。如第 6 章指出的，目前在一些城市开展的社区生活圈规划，是从供给侧出发，在城市整体层面划圈进行调配，以保障应有的公共服务供给。相较而言，社区规划更强调灵活定制，侧重弥补亟需的和提升优势的公共服务供给（图 7.14、图 7.15 ）。

就金杨新村街道社区来说，除了现状存在的少量城中村、棚户区和空置厂区以外，现有住区大都经过规划建设，20 世纪 90 年代建设的多为动迁房和系统公房，2000 年之后建成的大多为高层商品房。配套公共服务设施是按照上位规划、按照居住区规范配置的，整体划定服务半径。随着时间的推移，社区在实际社会构成与空间势能上已很不均衡。因此，社区规划中从满足于配套公共服务设施表面上的设置平均齐全，转向满足社区人群精细化的生活服务需求，侧重关注老年人、儿童、外来人口等弱势群体的需求。

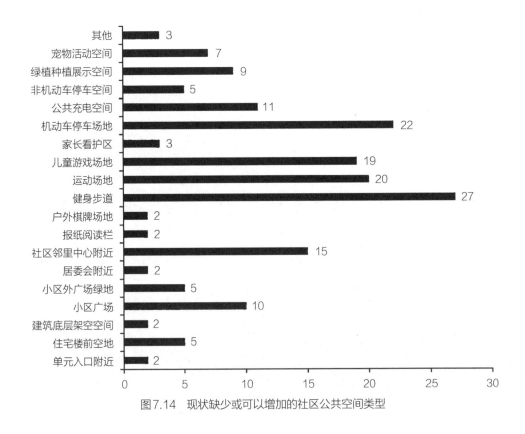

图 7.14　现状缺少或可以增加的社区公共空间类型

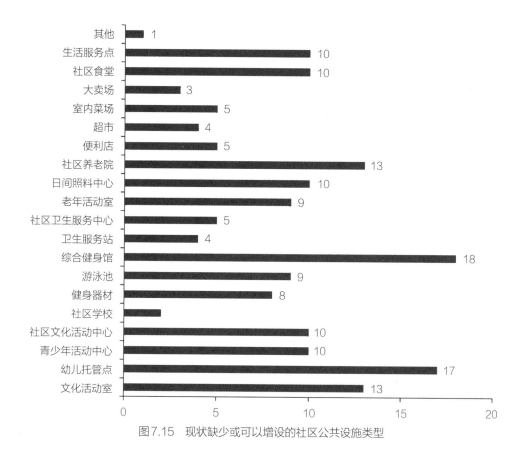

图7.15　现状缺少或可以增设的社区公共设施类型

1.1.4　平衡社区人口、住房和服务的需求与供给

人口变化给社区住房和服务需求带来了挑战，平衡社区的人口、住房和服务的供需关系是社区发展战略中的一个基本组成部分，涉及社区的社会构成、居住成本、服务供给、生活品质等。对大部分社区来说，除了新的住房建设，存量住房的更新是社区可持续发展的重要组成部分。

通过考察社区存量住房中的不同居住者（行动者），可以得出社区社会变化与物质变化的一些相关性结论。例如：

（1）社区住房与周边设施的相关性。通常社区住房品质越好，其周边的服务设施状况与服务水平也越好，吸引的居住者的社会经济条件也越好，并形成消费—供应的良性循环。

（2）社区住房与人口流动性的相关性。住房老旧，居住质量低，则流动居住人口的数量大，流动性大，或者说流动频率高。流动人口的集中居住选择可能促进城市中的"门户社区"的形成，例如安徽省辖地级市安庆，存在着城市层面、片区层面和组团层面不同级别的门户社区。门户社区的住房有些共同特征：租金较低，区位好，临近就业岗位，临近交通站点，周边生活服务设施齐全，消费水准不高。

在综合考察社区人口、住房的历史、现状及发展趋势的基础上，社区规划需对如何平衡社区人口、住房和服务的需求与供给提出总体策略，将社区住房的维护、更新、建设与人口管理结合起来，并提出行动的指引。

（1）更新改造与社区生活质量提升、特色营建相结合。针对社区人口构成及变化趋势，在改善社区基本居住功能的基础上，将社区的绿色节能改造、生态化改造、健康改造、智慧化改造等建设行动与住宅维护更新、室内外环境改造结合起来。注重地方资源和自然能源的利用，注重能源节省，注重使用者对自然空间和人际交往的需求，促进居住者的安全健康。

（2）更新改造与人口导控相结合。从社会方面来讲，以住房为主体的更新改造，只有寻求更好地融合脆弱的社会群体、实际地克服社会排斥的结构和条件的住房战略，才是可持续的。住房更新改造建设与人口调控相结合的战略可以作为在邻里、城市及至空间层面的一个广泛的管治社会创新过程的部分（第8章）。例如一些社区中的出租房比例较高或"群租"现象严重对社区稳定安全的影响，大城市社区中城市沿街住宅的"门店"变"窗店"对社区活力的消极影响，以及对外来人口的潜在驱赶效应及其社会影响，这些都需在社区规划中提出相应立场和应对策略。

1.2　规划社区的空间：空间、场所和社区的规划与设计

社区规划的第二个界面——规划社区的空间，即空间、场所和社区的规划与设计，以提供社区成员愉悦而安全的生活，也就是社区规划如何规划社区空间，如何确保空间是有意义的、可得的？涉及社区物质形态的更新。而社区的空间环境品质改善与提升社区发展的物质体现，社区的空间环境建设是社区日常生活品质改善与提升的物质路径，也是社区建设的重点。也因此社区空间性质的内容是社区规划的重点。规划社区的空间建立在对社区土地使用状况与物质空间环境分析的基础上，建立在对使用者意义的理解基础上，并侧重于在社区创造愉悦感和安全感的环境设计策略等方面。

1.2.1　土地使用状况与物质空间环境分析

社区物质空间环境往往是社区经济状况、居民社会构成、时代地域风尚以及技术工艺水平的综合反映。社区的空间肌理、空间布局和风貌特征是否鲜明，是否值得保留维护，取决于其物质环境现状，以及日常空间的历史文化意义。

社区物质空间环境的分析是社区规划的基本组成。社区的土地使用性质、产权大都是确定的，社区规划中能够进行优化调整的可能性微乎其微。但是从社区长远发展出发，仍旧需要对现状不合理的、低效率的土地使用配置提出优化设想。

以金杨新村街道社区为例，其主要矛盾之一是，现状养老设施用地不足总用地的1%，而社区养老问题突出。因此金杨新村街道社区规划在设施功能复合、不强调独立用地、加强无障碍设施改造等方面提出缓解对策。

1.2.2　使用者的意义与规划者、设计者的意义

社区之所以能够形成，因为它首先是居民的生活共同体，居民生活有赖于此，情感有赖于此，对此有归属感，以此为家园。意义是理解环境如何起作用的中心。但是很多时候，环境的意义方面在规划与设计中被忽略，特别是使用者的意义被忽略。设计者与使用者对环境的反应非常不同，其偏爱等也有差异，部分原因是他们的图式不同，所以重要的是使用者的意义，而不是建筑师或评论家的意义；有些设计，代表设计者的意义更多于代表使用者的意义，因而使用的构件/要素在表达意义上不一定是必需的[①]。对大多数社区来说，社区中重要的是日常环境的意义，而非历史上或现代的著名建筑的意义。

社区规划中，必须明确社区场所及其性质，是否公共的或集体的空间和场所？必须进行积极的场所创造，能否将场所带入生活？必须选择设计语言和空间与场所的词汇，是否社区使用者能够理解？环境中的有形要素确实可将信息编码，而人们能够释码。事实上，当人们筛选并解释这些信息时，实际的有形要素便引导并开启这些反应。因此社区规划中可以有意识地采用一些设计策略，以便为社区使用者创造愉悦感和安全感。

1.2.3　社区规划中创造愉悦感的设计策略

社区是人们长期生活的场所，营造丰富的空间环境，保持人们对社区环境的持续感知，并创造出感觉愉悦、心灵愉悦和灵魂愉悦的不同层次，应成为社区规划与设计的出发点和目标。

（1）创造兴趣和兴奋点

每个社区应该有8个令人满意的设计目标：①每样事物的设置都要有目的；②设计必须为人服务；③功能和美感都应该令人满意；④必须确定真实的体验；⑤应该建立特定的体验；⑥必须满足专门的要求；⑦应该用尽可能低的成本满足需要；⑧应该提供便捷的监督。

整合临近的地块，共用机动车道，采取活动共享的行车路断面设计，采用侧面停车库，住宅之间采取较少的连续硬质铺装路，保留较大的渗透面积用于地表排水。

可以更多利用的要素创造轻微的变化，例如建筑后退距离、屋顶线和诸如灌木

---

① （美）阿摩斯·拉普卜特.建成环境的意义——非言语表达方法[M].黄兰谷，等译.北京：中国建筑工业出版社，1992：5.

篱笆等景观美化措施。

（2）感觉愉悦的空间

社区空间的不同组成部分，道路交通空间、开放空间等都能直接带给使用者感官反应，社区规划设计中应首先提供空间舒适感、趣味性（空间中的焦点、趣味、活动等）。

交通：慢行交通。

道路断面设计顺序：道路、路边停车空间、人行道、建筑。路边停车空间的设置，可以增加人行道上使用者活动的安全感。

步行交通：步行路应该是社区中到达特定目的地的完整的交通线路。

步行网络：网络化的概念可以用来使步行路的功能和适宜性之间形成有凝聚力的平衡。

围合感：满足使用者对围合感的需要，提供一个安全、舒适和令人感兴趣的场所，便于人们相互交流。

可选择性：积极活动和消极活动的选择，提供了可供每个人选择的事情。

位置：每个位置都是独特的。

开放空间：涉及空间的尺度、比例、形态、色彩，以及空间中的气味、声音等。

建筑物：如果一个开放空间周边建筑物的高度变化在25%的幅度内，那么这个开放空间是令人舒适的。

（3）心灵愉悦的场所

社区的公共场所可能带给使用者不同的感受，例如：我愿意待在这里——看到美丽的/有趣的人、物、事。我可以待在这里——不受打扰。我不想待在这里——不可忍受。为了创造心灵愉悦的场所，社区规划与设计可以充分采用专业设计手段，这样的"行业工具"[①]包括：

轴线设计：组织空间，形成空间序列，调动活动者的情绪心理。

层次组织：空间与景物的层次。

过渡性要素：通道、树列、灯带等，既分隔又联系不同的空间和活动内容。

控制线特征：高度、形态、体量或色彩等从背景环境中区别开来的建筑物、塔柱等。

围合感：水平距离和垂直高度的比例为2∶1或3∶1的空间要素所限定的社区空间是最舒适的。

（4）灵魂愉悦的社区

理想的社区定义是一个共同体，而现实的社区可能带给其居民的则可能有这样

---

① （美）杰拉尔德·A.波特菲尔德（Gerald A.Porterfield），（美）小肯尼思·B.霍尔（Kenneth B.Hall, Jr.）.社区规划简明手册[M].张晓军，潘芳，译.北京：中国建筑工业出版社，2003.

几种感受：①这里是我可以安身立命的地方。②这里是我暂时过渡的地方。③这里是我急切逃离的地方。

第一种情形说明社区的营造非常成功,符合社区的初始内涵。在社区营造中,历史、政治、文化和空间场所是地方社区营造的主要元素,通过意义与空间场所联系起来。例如浙江东阳李宅古村,该乡村社区约有 600 年历史。由花台门进村,径直到村落中心的月塘,现存的世尚书、十台、李氏宗祠由南向北依次展开,都处在贯穿月塘的中轴线上。李氏宗祠因地势而建,高踞村中,正厅匾额相传最早为宋宁宗所赐,昔日显赫的宅邸,如今成了老年协会活动室,老人们在此聊天、喝茶,甚是欢快（图 7.16）。

图 7.16　东阳李宅古村内的李氏宗祠廊檐下

出现后两种情形的原因可能来自个体或其家庭自身的因素,例如经济社会地位与社区整体特征的不匹配,更深层的意义在于社区功能单一,缺少多样性的氛围,住房条件、环境质量以及安全因素等不能满足使用者的期望。

1.2.4　社区安全感与预防犯罪的环境设计策略

社区规划的基本目标是解决在社区物质环境和使用者需求之间的冲突,在社区发展或社区更新改造中,也能发挥关键的作用。而所经历的社区风险和新的风险的出现也会修正社区规划与设计的解释、方法以及理论。例如对于社区安全和预防犯罪的关注。

当我们谈论社区中的犯罪时,通常指的是在社区空间里发生的谋杀、袭击、强奸和抢劫等暴力犯罪和夜间入室盗窃罪、非法侵占他人财产罪和汽车偷窃等财产犯罪。这些犯罪影响我们对社区公共安全和家庭安全的看法。

理性犯罪学认为,人的行为是行为与环境相互作用的结果,犯罪行为与地理、位置、空间密切相关。一定程度上,案犯是理智的,以功利为出发点,他们会评估行动的代价、回报,以此来选择目标与犯罪场地,而这些决策将受环境的影响。环境越隐秘,犯罪实施就会越轻易、越迅速。所以犯罪分子常选的作案地点比较相似,即人少、远离警察视线且步行就可到达的地方——比如郊区、桥下、地下室、车内、密闭空间等这样一些隐秘角落。

1971 年雷·杰弗里（Ray Jeffrey）在其著作《通过环境设计预防犯罪》中提出通过环境设计来预防犯罪（Crime Prevention Through Environmental Design，CPTED）理论，建筑师奥斯卡·纽曼于 1973 年也提出可防卫的空间理论[①]。两者都提出为潜在的受害者创造一种"防卫空间"，可以阻断或减少诱发犯罪的机会。环境预防犯罪的理念已被广泛引入城市规划与设计领域，在社区规划中同样可以采用一些策略，通过可行性的环境改造来降低某些问题社区的犯罪率。

（1）所有权与领域感。当社区公共空间中存在缺乏清晰的可感知的所有权（perceived ownership）或对太多用户开放的空间时，居民无法对自己的安全和维护负责，这些地方容易受到犯罪和破坏的影响，属于所有人的空间某种程度上被感知为不属于任何人。由于人口的高密度，我们的城市社区中这样的消极空间整体上并不大量存在，但是特定的社区中仍然难以避免，例如人口大量流失、住房空置率较高的乡村社区。社会学中有一个关于犯罪学的"破窗理论"（Broken windows theory）可以用来解释，如果一座乡村社区里的许多住宅建筑被忽略，比如说破旧的、散乱的、低效的，并且处于空置或废弃状态，那么这个社区就不可能是宜居的，甚至会诱发犯罪。在社区规划和设计中可以通过将这些空间分配给某些人群和团体活动，以使用和控制来重新确定这些空间的主人翁，以空间设计语言来营造领域感。

（2）自然监视与机械监视。自然监视指的是人群监视。提升空间的专属性，在公共空间中增加可产生活动的功能设施，建立固定的人际形态，像社区的组团、院落、儿童游戏场等，通过相互熟悉的人群形成自然监视。简·雅各布斯所说的"街道眼"，可以扩展为广场眼、里弄眼、院落眼等。机械监视指的是借助智能工具的监视。强化社区的空间界限，例如住宅小区设置门禁、安保以及身份识别工具，也就是形成门禁社区；或者在社区中不同位置安装摄影头等，也就是电子眼，监控使用者的行为。通过自然监视和机械监视，可以大幅降低社区中的犯罪。来自不同人群的肉眼和各类电子眼可从心理上削弱犯罪意向，增加潜在的常规犯罪的难度和成本，从而达到遏制社区和城市中犯罪的效果。两类监视的不同之处在于，自然监视有随时干预潜在犯罪行为的可能，而电子眼通常只能为事后调查提供信息。当然，目前的人脸识别技术已经很发达，随着监控系统设备技术成本降低，监控可以智能识别行为并按照设置好的算法逻辑报警，可以大大减少社区公共场所的人身伤害和利益侵害。

（3）视线通透性。社区空间环境应保持良好的视线通透性，包括人行通道的界面保持室内外开敞连通，或使用玻璃等透明材质；增加夜间照明设施；减少偏僻角落高大林木或低矮灌木等的遮挡，减少隐蔽性；保证监控区内无死角等。通过合理的环境设计、有效的安全管理，可以减少诱发犯罪行为的发生，建立起安全的、可

[①] Oscar Newman. Defensible Space：Crime Prevention Through Urban Design[M]. MacMillan Publishing Company，1973.

靠的社区空间。

（4）控制机会情境。日常的经验观点是，对以居住功能为主的社区来说，人员流动性与犯罪率有一定的相关性，人员流动性较强，则与社区内（流动）人员相关的犯罪率会有限上升。流动性是住房出租条件、附近就业岗位提供、社区人口管理以及社区组织活动情况的综合效应，它本身并不必然带来犯罪。任何犯罪的发生都基于必要的条件，有犯罪动机的人、对犯罪动机者有约束力的操纵者、合适的目标、负责保护合适目标的监护者、缺乏有能力的监察人、负责看管物业场地的地点管理者，这六项因素是犯罪行为的推力及反推力[①]。在社区中，尤其是一些"三无"社区、边缘社区中，改变犯罪标的物所创造的机会情境，改变犯罪标的物外在的监控环境，如张贴宣传图画、加强邻里守望互助、加装监视器、增加夜间照明、加强巡逻等都有使犯罪不易发生的效果。也就是在社区规划中加强社区的环境设计和传统活动的组织、安全管理，减少实际生活中可能出现的犯罪倾向及破窗效应。

理论上讲，在社区规划中可以通过绘制社区安全地图或社区犯罪地图，来促进社区空间安全检验以及空间修补，通过消除与物质空间形态相关的犯罪隐患和影响因素，以环境设计来控制和预防犯罪情境，减少犯罪机会。

1.3 规划社区的时间：活动、组织和社区生活体系建构

社区规划的第三个界面——规划社区的时间，即活动、组织和社区生活体系的建构，以提供社区成员有意义的生活。也就是说，社区规划如何确保社区里的时间是有效分配的、有意义地支配的？社区活动是如何组织起来的？生活体系是怎样建构的？

1.3.1 社区活动的系统分析

拉普卜特提出，任何活动都可分解为四个部分：①活动本身；②活动的特定方式；③附加的、邻近的或联想的活动，成为这个活动系统的一部分；④活动的意义[②]。其中②、③及④的可变性将导致形式的不同、各种设计的不同成就、可接受性及环境质量的评价差异。

社区活动包括社区内的日常活动和涉及社区空间的城市层面的交通、社会、生产活动等。这里主要讨论社区内的日常活动。活动性质可以分为物质生活、自我充实、体力劳动、社会交往、社会参与等；活动类型则包括商业服务、体育健身、文化艺术、科普教育、劳动、社会交往、节庆活动及志愿活动等（表7.1）。前面第6章讨论的

---

① Marcus Felson. Crime and Nature[M]. SAGE Publications，2006.

② （美）阿摩斯·拉普卜特.建成环境的意义——非言语表达方法[M].黄兰谷，等译.北京：中国建筑工业出版社，1992：5.

社区公共艺术中，有一种活动型的艺术形式和艺术类型，例如社区居民的集体舞蹈、表演、合唱、戏曲票友会等，具有集体表演与交流性质，或者社区绘画展览、歌咏表演等，以社区集体、团体为特征；这些形式在这里也可以归入文化艺术类的活动，其性质对应于自我充实或社会交往或社会参与等。

社区内的活动类型、内容及场所要求　　　　　　　　　　　　　表 7.1

活动性质	活动类型	活动内容	活动场所
物质生活	商业服务活动	买菜、购物、就业、生活服务	菜场／菜店、便利店、超市、卖场、理发店等商业服务业设施
自我充实	体育健身活动	舞蹈、跑步、球类、游泳等	24 小时自助健身馆
	科普教育活动	编撰地方史志、书画展览、阅读会	社区教室、社区图书馆
	文化艺术活动	舞蹈、表演、合唱、戏曲、绘画等	社区活动室、社区教室
	休闲娱乐活动	棋牌	社区活动室
体力劳动	劳动	社区种植	社区公共空间或户内
社会交往	社会交往	集体宴（武汉百步亭社区万家宴）、结社集会等	社区活动室、会馆
社会参与	节庆活动	敬老节／重阳节、龙舟节、元宵灯节、丰收节	社区活动室或社区内外公共空间
	宗教活动	礼拜	清真寺、教堂
	志愿活动	社区服务、爱国卫生、慈善活动	社区内多类空间场所

从活动的组织方式来看，社区活动包括个体自发、群体自发和有组织的三类。社区工作很重要的内容就是规划和组织社区活动，通过社区活动让社区成员熟悉可以获得的社区服务和社区项目，还可以创造地方集体认同感，推动社区发展。社区内的组织、公共部门和私营机构都可以利用自己的优势，积极参与活动组织。

社区活动除了活动本身之外，活动的组织方式、该活动的延伸活动，或参加者联想到的活动，都会成为这个活动系统的一部分，并形成活动的意义。因此，社区中的每一个活动，都可能产生丰富的意义，并且这种意义因人而异，成为社区情感的基础。

社区机构将需要进行各种各样的活动来开展工作，以确保能够有效地计划、组织、实施和评估一些社区事务，包括制定章程，建立治理政策，获得足够的资源，并确定可以为其成功做出贡献的潜在合作伙伴（社区成员）。

1.3.2　社区活动的时空模式

空间和时间是一切存在的条件，对社区也是如此。尤其是时间问题，时间作为主体的能动性在构成知识方面比空间具有更加深刻的本源作用。

（1）社区时间与空间的含义

剑桥学派的代表人物、英国物理学家和天文学家秦斯（Sir James Jeans）曾提出空间和时间的四种不同的意义和解释，分别是概念空间和概念时间，知觉空间和知觉时间，物理空间和物理时间，绝对空间和绝对时间。对社区的空间与时间意义也可进行类似的区分：

1）作为知觉空间，社区的空间内涵是明晰的，它呈现为生活的外表。作为知觉时间，社区也是不同个体在这个特定地域中存在的"个人时间"的延续，因此又整体表现为生活的历史。

2）集体介于个体和更大范围的公众之间。社区的行动者们集体地以某些方式使用或占有社区空间，并集体付出时间。社区内部的集体时间与集体空间可能是相互冲突的。例如社区中的广场舞，恰是发生在社区的集体层面，通过相对定时、定点的集体舞蹈，清晰地标志出了集体的时间和空间。而舞蹈者的集体时间（比如清晨），可能因音乐声干扰了其他社区群体的休息睡眠时间，舞蹈者的集体空间也可能影响侵占其他群体的集体空间。

3）规划师依赖推理来规划和设计社区和城市空间。规划空间本质上是公共空间，通过公共空间来协调不同的社区群体以及社区作为整体与城市更大范围的公众之间的关系。所有的规划空间都关联着相应的规划时间，规划时间也是公共的。例如道路交通中的限时通行，设施或场地的错时使用等。所谓动态规划和弹性规划，体现了规划时间的相对性。社区是四维的时空统一体，是时—空连续区，没有空间的社区固然不存在，没有时间的社区同样不存在。

（2）社区时间与空间的转换

城市在人口年龄结构上正面临着日益上升的老龄化和增加的平均生命周期，社区也正日益成为老年生活的世界，表现出在时间构成和空间构成上的老龄化。这是典型的时间维度上的问题，在过去的时间中累积，在未来的时间上呈现（第3章4.7）。

依据我国目前的法定退休年龄，针对工人、干部等各类人群有不同规定，男性退休年龄在50—60岁之间，女性退休年龄在45—55岁之间。根据相关的工龄长度、职业特点、健康状况和劳动能力等条件综合判定，部分男性50岁起、女性45岁起就可以退休，大多数则为男性60岁、女性55岁退休。对照男女的平均预期寿命，绝大多数女性退休后在社区里度过30年左右的时间（更长可达40年），男性退休后则在社区中度过20年左右的时间（更长可达30年）。这意味着绝对数量庞大的老龄（化）人口蓄滞在社区中。

老年人绝大多数的活动都在社区层面进行，这就相应地要求社区为老年人提供足够的空间，他们漫长生命时间中的需要将集中释放在社区空间中。亦即社区时间轴上巨大的数值，需要对应地在三维空间轴上释放与转换，这是社区作为四维的时空统一体在其自身内部必须完成的适应性转换。

即使在社区的时间维度上，也呈现出不同性别、年龄的社区行动者的多样化和丰富性。例如，以 20 世纪 50 年代出生的女性为主体的"大妈"们，在对于集体空间的寻求和使用上表现出强烈的扩张性与外向性，她们所引领的广场舞风潮，细究起来有其特定的社会历史背景成因，但她们在这个生命阶段呈现出的特征并不一定会持续地成为她们以后的特征。再则，在这一代之后的女性也未必会集中地出现热衷"广场舞"的行为。

如此，我们在将社区行动者自身时间化的同时，也塑造出了社区的时间维度。时间维度的行动者特征的动态性决定了空间维度上既要对特定空间活动予以规划考虑，却又不能因循沿袭下去。当然，居民使用空间的创造性是无穷的，同一个规划空间也因为容纳不同的人群与活动而呈现出多种形态。

（3）社区中可以获得的空间与时间

一些社区中有 24 小时便利店、24 小时自助健身馆等服务活动设施，不但方便了社区居民，也为社区营造了充实、安全和健康的生活环境。有的社区活动设施与场所有限，也就是空间有限，则需要协调以确保社区活动在时间上是可以安排的、覆盖的。

不同社会特征（年龄、性别、职业等）的人群在社区中经常从事的活动类型和特点不同，使用空间和使用时间的特点也不同。根据观察和统计调查，可以绘制出社区居民活动的时地（time-place）图、时空（time-space）图。结合地形图或 GIS 图，还可以绘制局部地区的活动热点地图（健身步道、口袋花园、周末市集）。社区活动场地使用状况图可以表示主要公共场所在不同时段的使用情况。

社区活动时空分布图可以立体显示社区内不同场所在 24 小时中的使用情况，可以完整地展示社区场所的日时空使用强度，如果对比一个月或一年中不同的日时空使用强度，可以发现社区中极少被使用的空间或频繁使用的空间，对于使用强度高、使用频繁的空间，可以改善其活动器具、设施布置的灵活性、丰富性，并在社区日常维护中重点关注。对于不常被使用的空间，可以考虑如何改进，促进社区空间均衡使用。

在旅游社区，还应规划外来游客和本地人口的活动空间分布。在用地比较紧张的社区，应注重对其空间时间的规划。总体来说，人口异质性程度高、年龄结构均衡的社区，空间的分时间段复合使用潜力越大。相反，如果人口结构单一，则对空间的使用需求在时间上比较一致，容易造成集中的高峰时段和闲置时段。这也从侧面证明了混合社区的好处。

1.3.3　社区中的社会空间生活体系

在本书的第二篇详细论述了社区的各类公共服务设施，社区规划除了考察各类设施的物质空间建设外，还要关注一个普遍的问题，即很多社区存在"有设施没活动，有空间没场所"的问题。因为只有植入社区成员的活动,空间(space)才能成为场所(place),只有组织开展各类活动,设施才能真正发挥作用而不只是摆设,对社区文化和体育健身设施来说尤其如此。通过社区中有组织的活动的培育,可以建构丰富的社区活动体系和具有当代价值内涵的社区生活体系。

从这个目标意义上来讲,下述一些活动都是有效的方向:

(1)基于协作劳动的社区花园、社区农园。城市社区居民充分利用社区的废弃空间和边角地块,如路边、宅间、屋顶等,开展营建参与式景观、改善社区和城市健康。在美国、加拿大、德国、澳大利亚的许多城市社区都开辟了这样的花园、农园,我国目前一些城市也正在兴起社区花园、社区农园建设行动。

(2)基于资源和产业优势的地方社区特色节日。乡村社区、集镇社区为展示自身产品、产业而举办的一种特色节日,这些乡村节日一般都是在周末举行,具有浓厚的乡村、集镇气息。有些地方社区特色节日非常有影响力,例如澳大利亚 Hilltop 地区的樱桃节,布罗瓦(Boorowa)小镇的爱尔兰羊毛节。我国许多乡村、小城镇地区也有一些特色节日,例如山东平度大泽山镇的"大泽山葡萄节",上海金山漕泾镇水库村的"丰收节"等。

(3)基于创意的社区节日。许多城市社区结合社区自身特点,建立了自己的节日。例如上海陆家嘴街道社区已形成了自己的社区文化艺术节,包括多项大型活动和特色活动,呈现了陆家嘴的文化魅力,内容上聚焦社区内的学生、白领、社区居民,例如艺术节的白领文化系列活动中还有陆家嘴金融城国际咖啡文化节;此外,上海陆家嘴街道社区还举办 2020 年上海市民文化节"社区日"嘉年华活动。又如上海浦东高行社区的幸福小镇社区创造了自己的"邻居节"(见延伸阅读 7.1)。

(4)基于传统和制度的社区节日。我国有许多传统节日,例如春节、元宵节、清明节、端午节、中秋节、重阳节等;也有很多国家设定的现代节日,如儿童节、妇女节、教师节等;少数民族社区还有自己独特的节日。社区集体活动可以结合这些节日进行,一方面既可以服务于社区中的特定人群,又容易为社区居民广泛接受。另一方面,还可以将国家层面的文化战略融于社区文化行动,使得文化传承扎根于社区。古人曾云"礼失求诸野"[①],在高度城市化的社会似乎可以演变成"礼失求诸社区"。也就是对于"社区主义"(communitariannism)的强调。

上述以(2)(3)(4)不同形式进行的社区节日都是开展社区集体活动的有效方式。社区生活中的这些节日和庆典,可以让大家撇开个人利益和地方偏见,沉浸于热爱国家、地方及传统的本能和共同记忆中,或创造社区共同体的新的集体记忆。在社会学领域,具有强烈社区主义色彩的古典社会学家是滕尼斯和涂尔干,前者强

---

① 《汉书·艺文志》:"仲尼有言,'礼失而求诸野',……"

调了社区对个人的重要意义，后者关注社会价值观的整合作用和个人与社会的关系。而社区居民有意义的生活体现在对生活价值的追求上，通过居民在社区内外的各类活动体现出来。

在乡村社区，围绕乡野民间久远流传并且依然活体传承的广义的风俗传统、制度礼仪、日常规矩，从敬神祭祖到婚丧娶嫁，从生产方式到生活起居，都可以纳入社区的社会空间生活体系。尤其是在势不可挡的现代化进程的冲击下，社区社会空间生活体系的自我调适、更新维护及重构，对于乡村社区的存续有着殊为重要的意义。

延伸阅读 7.1 幸福小镇的"邻居节"

上海浦东高行镇幸福小镇，位于高行集镇中心区域，是一个集别墅区、商品公寓房和动迁安置房于一体的大型混合社区，面积大，居民多，人口构成复杂，需求多元化。2008 年起，高行镇推出"社区睦邻计划"，根据不同小区的特点开展有针对性的睦邻行动。幸福小镇开办了"邻居节"，试图让小区里的居民"走出小家，走进大家"，再现传统那种"远亲不如近邻"的社区氛围。4 月开幕，10 月闭幕，期间半年的时间里，每月一个主题，开展体育健身、亲子活动、文艺汇演等活动，让不同年龄层、不同群体的居民都能参与其中。

"邻居节"已经成为幸福小镇居民的招牌项目，更让小区的邻里更新有了巨大的改变。小区里已经成立了 10 多个团队：年轻人喜爱的足球队、羽毛球队；中老年人的时装表演队、沪剧沙龙、太极拳、武术；以及专门为年轻爸妈们准备的亲子活动团队。还有"幸福关爱金"的募集项目，通过募捐、义卖等方式，为小区里患病或生活困难的女性送上一份温暖。一个"邻居节"，展现出了居民自治的成果。

摘编自：章磊. "邻居节"奏响邻里和谐乐章 [N]. 浦东时报，2017-2-24，(6).

社区生活体系的建构，离不开活动场所和设施的物质建设。目前一些社区遇到的现实难题是资金与空间场所的严重不足。例如 20 世纪 80 年代建设形成的一些原先的企业单位制社区中，社区公共活动设施与空间的建设是一大亮点，包括体育运动场地（灯光球场）、文化设施（图书馆、影剧院等）、休闲娱乐设施（职工俱乐部、老干部活动中心、老年人活动中心）等众多类型，这些建设为社区中的交流互动提供了必要的空间场所。此外，企业还定期组织一系列的象棋联赛、舞蹈演出等文体活动，极大地丰富了职工社区居民的日常生活。而 20 世纪 90 年代后期建设形成的职工社区中，丰富的公共活动场所只剩下"屈指可数"的社区活动室、社区棋牌室，大多仅为一间房间，不仅局促而且常常"烟雾缭绕"，极少有居民会在闲暇时前往使用。而一些新的郊区社区大多选址在城市边远郊区，周边配套的文化、娱乐设施在很长一段时期内不能到位，这些社区的社会空间生活则更加贫乏。

社区规划中面临的一些社区活动设施建设难题是：①没有规划，选址就很难落地。在社区具有经济职能时期，社区有空地空房，就会被拿去办三产搞经济赚钱。②政府部门之间的资产在基层社区如何综合利用，例如社区既有的空置托儿所、幼儿园，属于教育部门资源，在低生育率时期，是否可以拿来改建成社区服务设施？③政府各部门在基层发展公共服务机构，能否解决部门所属、各自为政的问题？比如说，社区服务中心、文化中心、图书馆、青少年科普中心、妇女活动中心、老年活动中心、残疾人活动中心、健身中心、党员服务中心等设施，既有固定设施，又有非固定设施。根据使用特点，可以将它们综合设置，同址建设，分时使用。④综合性社区服务机构建成后，如何既能继续得到各部门支持，又能有一个跨部门、综合性、专业化的社会机构来运营？上述这些问题，可以在社区规划中提出方案，在社区层面或上一层面协商解决。

当然，社区规划中考虑社区活动的组织和社区生活体系的建构，将最终落实到社区活动空间、场所的提供。但是反过来，社区活动的策划组织不等同于社区规划，这是当前社区行动中比较忽略的一点，泛滥地使用"社区规划"概念，无形中会简化、泛化"社区规划"的工作内容。

第2节　社区规划的内容与重点

从工作性质上说，社区规划是在规划之上的再规划、规划之后的再规划，作为前提的规划是居住区规划、居住小区规划、城市详细规划等类型。因此，社区规划的内容覆盖了前述规划的所有内容分类，并且更侧重于针对前述规划实施后所呈现出来的状态和问题进行再规划，因此社区规划的思路走向很重要，社区的职能演变对社区规划的内容有影响，对社区现状、主要矛盾、发展目标以及发展条件的重新审视非常重要。不同类型定位的社区，其社区规划重心也各有所倾斜。

2.1　社区规划的思路

目前社区规划的思路大致可归纳为两种：第一种是指标式的社区规划，以社会经济类指标为主，接近于社区发展规划。主要由社会学专业人员制定。第二种是空间与指标整合的社区规划，以空间分析为主，以空间类指标为辅。主要由城市规划专业人员制定。

2.1.1　指标式社区规划

指标式的社区规划，指的是采用一套社区规划指标体系作为现状的考量标准和设定的发展目标，一般包括下列体系：①人口指标体系，②环境指标体系，③安全指标体系，④服务指标体系，⑤教育指标体系，⑥社区文化指标体系，⑦体育指标体系，⑧医疗保健指标体系，⑨社区经济指标体系，⑩信息管理指标体系。由于社区经济职能的解除，⑨社区经济指标体系也不作为必选项。

这是类似于西医体检表式的思路。为了判断社区状态，必然需要一个标准值作为对应，以判断社区某方面的状态如何。但是西医式的指标体系也具有潜在风险，一是标准值、对照值必定是经验值，其获取极其不易，经验数值建立的社区基础也值得慎重。二是社区各不相同，条件千差万别，机械对照并不一定能准确判断出各种各样社区的问题，提高单项或几项指标也未必有好的效果，各项指标的协同更为重要。当然，仅就指标体系用于社区体检，并为社区规划实施前后自身对照，也是大有裨益的。

2.1.2　整合的社区规划

整合的社区规划，是以城市规划的常用工具和技术为基础，着重考察社区自身的系统要素在社会、空间及时间三个维度方面的协调程度，人口、住房和社区供给的需求匹配程度，空间、场所和社区设计的物质形态状况和社区使用的适配程度，以及社区活动、组织和社区生活体系发展的动态,等等。在现状分析的基础上，从建成环境学科特点出发，整合城市社会学／乡村社会学、生态学、社会管理学等学科知识与方法，采用系统整体的规划思路，提出整合的规划方案，涉及社区物质要素系统提升、社区生态系统维护、社区历史人文传承、社区实施行动指引等内容。

两种类型的社区规划分析有重叠的内容，但分析的重点和分析的方法不尽相同。指标式的社区规划擅长社会系统因素的分析，有明确的社会（空间）目标，但是欠缺空间的路径与手段。整合的社区规划以空间系统分析和具体的空间对策见长。近年来的社区规划实践中，已经较多出现了社会学专业与城市规划专业的合作，归根结底就是采用社会空间的思维。更进一步，则是本书强调的社会时空观，正如前面对于社区规划的工作界面的分析。

2.2　社区内部功能需求的满足和提升

社区规划要实现其目标，符合其定位，需通过规划内容来具体体现。规划内容需回答下述三个问题：如何满足和提升社区内部的功能需求？如何满足和提升社区对外部的功能要求？以及如何满足和提升外部对社区的要求？社区规划对这三个问题的解答，既构成其常规共性的基本组成内容，也是其重点内容。后两个问题也可以结合起来讨论，即社区与外部的功能联接和强化。

社区内部功能需求的满足和提升基于对社区特定问题与主要矛盾的把握，由此，社区规划基本内容覆盖对社区历史与现状、社会与空间、人口与资源、设施与服务等方面系统整体的梳理。城市社区构成虽然差异较大，但是无论什么类型的社区，社区规划首先要深入分析与城市更新和社区发展密切相关的常规共性问题及功能提升与设施改造需求，包括住房、人口、公共服务设施等。相对而言，住房需求和供应的平衡在社区规划阶段较难实现。人口统计特征分析、住房状况分析、土地使用状况与物质空间环境分析在本章第1节中已结合上海浦东新区金杨街道社区和上海静安区南京西路街道社区的社区规划内容及图示表达作了详细阐述。

2.3 社区与外部的功能联接和强化

每个规划都需考虑长期和短期的发展目标，并在更高层级空间范围建立的广泛目标内发挥作用。在响应城市空间战略调整、优化地区空间发展格局、统筹地上地下空间综合利用、完善交通等基础设施和公共服务设施、修补城市结构与肌理、延续历史文脉、加强风貌管控、突出地域特色等方面，社区有望发挥重要基础作用。

2.3.1 响应城市空间战略调整

社区规划当然不能圈地为界，只关注社区内部的空间与社会问题，而是要兼顾社区内外，在城市发展中不断定义社区，合理确立社区提升目标，提升社区的公共性，优化公共服务，提供良好的公共环境。社区规划必须能够及时响应与社区相关的城市重大战略决策、重大项目建设或行政区划调整等社区外部环境变化，最要避免就事论事的"将就"做法，缺乏系统观、整体观，这样不但错失社区提升的机会，也对城市无所贡献。在城市动态发展背景下，要善于发现、积极寻求社区与周边环境的新结合点，包括功能的结合、空间的结合，从而形成增长的节点空间或边缘界面，以及功能轴线的贯穿延伸，引导社区的长远发展。

在金杨新村街道社区规划过程中，社区东南侧的金桥地区在"上海2035总体规划"中上升为主城九个副中心之一，未来功能定位以商务办公、文化休闲、会议展示、创意研发、生态游憩为主。金桥原为出口加工区，后转变为上海自贸试验区，金桥的重新崛起也为金杨街道社区发展带来一定的契机。一方面，金桥副中心的活动与资源可以向社区延伸，形成辐射效应；另一方面，金杨街道社区未来也可以服务金桥副中心。

在规划结构上确定了"一环、三轴、两带"（图7.17），除了"一环"是环通社

图7.17　金杨新村街道社区规划结构示意图

区内部、串联各类公共服务设施的社区公共服务环，"两带"之一的滨河生态休闲带主要服务于社区内部以外，"三轴"则将社区紧密地连接在城市级的功能与空间上。其中一轴是结合现状梳理出的教育文化轴（枣庄路—红枫路），与金桥副中心连接，其上自北向南在社区内分布着上海海事大学、建平实验中学、浦东新区青少年活动中心等6座教育设施，在社区外有中欧国际工商学院、张家楼耶稣圣心堂、鸿恩堂等教育和宗教设施。另外两轴分别是，休闲游憩轴——结合地铁交通枢纽，规划沿云山路建设；生态景观轴——规划沿居家桥路的绿色景观廊道，贯通社区南面的碧云体育公园和北部的黄浦江。"三轴"充分因借勾连社区外部的城市资源，重组激活社区内部的要素资源，回答了社区对外部、外部对社区的功能需求如何满足和提升的问题。

　　金杨新村街道社区规划对社区内主要街道沿街商业服务业的业态做了适当引导，以促进其特色形成与品质提升。并以"公共性"为目标，鼓励地块增加公共开放，营建环境宜人的慢行街道，形成便捷的社区空间格局。社区内的北部滨江地带，长期作为军事用地被占用，造成宝贵的黄浦江岸线资源对社区和城市来说都被浪费，而社区自身难以解决此问题。社区规划中将滨江生态休闲带规划为"两带"之一，就是站在社区的立场对城市提出功能诉求，是对上位规划的反馈与推动。

2.3.2 修补城市结构与肌理

社区层面的城市修补，指的是通过社区范围内局部的功能完善与空间提升，促成城市整体功能结构与空间肌理更加有机完整，达到以点成线、以点成面的效果。在社区规划中，这既包括严格对照落实上位规划的要求，也包括从社区自身的发展实际出发，对上位规划（片区规划、城市总体规划等）提出明确而深入的要求，促进上位规划后续编制调整的精准与扎实。

整体而言，大量普通社区构成一座城市的底子和里子。对于城市的底子是否厚实、里子是否精致，社区规划负有重要而直接的责任，在社区层面进行城市不同空间尺度之间的有效整合与修补是不可或缺的。城市结构修补包括社会、经济、生态功能结构等方面，城市肌理修补包括街区连续性、风貌整体性、文脉延续性等方面。

在金杨新村街道社区规划中，首先对上位规划及其实施进行评价，分析上位规划对金杨街道社区的功能布局要求、现状实施程度及未实施部分的原因；其次分析如何在社区规划中继续落实上位规划，对于规划合理而实施不到位的，在社区设施与空间的更新改造中，通过引导功能置换、填补设施欠账、增加公共空间、改善出行条件、改造老旧小区等予以修补。社区规划中特别强调，通过社区的物质空间修复，间接推动社区的社会关系修复。例如在社区公共服务设施的配置中更加重视老年人的日常生活需求，修补当前社区公共服务设施中仍然存在的功能缺陷。

2.4 特定类型社区的社区规划

本书第 2 章划分了丰富多样的社区类型，社区自身类型不同，存在的主要问题也就可能不同，面临的挑战也会不同。从社区建设目标来看，目标设定不同，社区规划侧重的方面也就不一样，可以予以针对性的重点关注。下面以智慧社区、绿色社区、老年友好型社区、儿童友好型社区、少数民族社区的规划为例，简要论述它们各自的规划重点。

2.4.1 智慧社区的规划重点

智慧社区（smart communities）是智慧城市的组成部分，无论其硬件设施还是信息平台都从属于更高层级的整体系统。智慧社区不同于常规社区的方面在于强调智慧技术在社区生活中的创新应用，以促进更加可持续的生活方式的发展。智慧技术通过硬件基础设施在社区空间中的布局得以保障。智慧社区基础设施主要有四个特点，一是高效率；二是对环境影响小；三是适用于多种基础设施的整合与合作；四是对基础结构本身的外部条件（城市/气候）和内部变化都有长期适应能力。

智慧社区的实际解决方案所涉及领域有社区节能、高效生产、社区保健组织、地方建筑材料的使用、废弃物的减少与再利用，以及其他可根据当地的经济社会背景发起的社区活动。例如在智慧社区中，应采用区域低温供热系统（LTDH），普及太阳能供电供热系统可以采用特性屋面材料，太阳能智能系统的建设还可应用于社区照明、街道信号、广告板、无线中继器、数据收发站等。通过社区智慧设施的建设，可以改善社区服务的提供，例如实时监测社区中的残疾人或老年人健康与活动状况，满足社区居民实际需求，从而帮助解决社会问题。

智慧社区的规划重点包括两个方面：一个方面在于基础设施和设施设备的布局规划，例如新能源汽车充电桩、摄像头、地磁传感器等的安装位置，除了作为数据感应端、采集端的信息技术要求外，还要从社会时空的合理性方面予以论证协调。另一方面在于与社区治理、社会治理的衔接，如何将信息处理权限与社区内部事务以及与社区相关的事务对应起来，并且有效率地付诸执行。

2.4.2 绿色社区的规划重点

绿色社区的内涵比较丰富，涉及物质空间和社会文化方面。绿色社区的规划可以参考 2019 年 10 月国家发展改革委印发的《绿色生活创建行动总体方案》，其中的各项内容要求比较明确具体，规划时可作为具体设计内容或实施导则。按照《绿色生活创建行动总体方案》部署要求，开展绿色社区创建行动，制定具体方案。绿色社区创建行动以广大城市社区为创建对象，即各城市社区居民委员会所辖空间区域。绿色社区创建标准既是侧重于社区行动实施的标准，其中绝大多数也是与社区规划设计相关的内容。开展绿色社区创建行动，是要将绿色发展理念贯穿社区设计、建设、管理和服务等活动的全过程，以简约适度、绿色低碳的方式，推进社区人居环境建设和整治（表 7.2）。

绿色社区创建标准（试行）要点　　　　　　　　　　　　　表 7.2

内容		创建标准
建立健全社区人居环境建设和整治机制	1	坚持美好环境与幸福生活共同缔造理念，各主体共同参与社区人居环境建设和整治工作
	2	搭建沟通议事平台，利用"互联网＋共建共治共享"等线上线下手段，开展多种形式基层协商
	3	设计师、工程师进社区，辅导居民有效谋划人居环境建设和整治方案
推进社区基础设施绿色化	4	社区各类基础设施比较完善
	5	开展了社区道路综合治理、海绵化改造和建设，生活垃圾分类居民小区全覆盖
	6	在基础设施改造建设中落实经济适用、绿色环保的理念

续表

内容		创建标准
营造社区宜居环境	7	社区绿地布局合理，有公共活动空间和设施
	8	社区停车秩序规范，无占压消防、救护等生命通道的情况
	9	公共空间开展了适老化改造和无障碍设施建设
	10	对噪声扰民等问题进行了有效治理
提高社区信息化智能化水平	11	建设了智能化安防系统
	12	物业管理覆盖面不低于30%
培育社区绿色文化	13	社区有固定宣传场所和设施，能定期发布创建信息
	14	对社区工作者、物业服务从业者等相关人员定期开展培训
	15	发布了社区居民绿色生活行为公约
	16	社区相关文物古迹、历史建筑、古树名木等历史文化资源得到有效保护

2.4.3 老年友好型社区的规划重点

老年友好型社区的规划内容较多，涉及社区物质空间功能的系统完善，包括住宅、公共服务设施、公共空间、道路、智慧设施等。此外，老年友好型社区还要考虑到老年人群体的巨大差异，例如年龄、性别、健康状况、受教育程度、原先职业等诸多因素，在文化、健身、养老设施类型上提供选择的可能。关于老年友好型社区的设施类型、建设与管理要求，本书第二篇的第3—5章已展开较详尽的阐述，具体可对照参考。

2.4.4 儿童友好型社区的规划重点

"儿童友好"的概念于20世纪60年代提出，后来通过1989年的《儿童权利公约》、1996年的"人居二"（联合国第二次人类居住大会）逐渐影响到建筑设计和城市规划领域，并形成了儿童友好型城市的概念。目前国内像深圳、上海等部分城市提出建设"儿童友好城市"（CFC）、"儿童友好社区"，除了涉及教育、法律、儿童权益等方面，目的是要从日常生活的场所延伸至在全社会营造儿童友好氛围，保证儿童的空间权利和发展诉求，促进儿童健康幸福成长。"儿童友好型社区"是"儿童友好型城市"在社区层面的细化和空间落实。

儿童友好型社区的规划重点在于从儿童使用的角度进行考虑，对儿童的出行、活动范围、他们对社区空间的认知、户外活动空间等方面进行研究，促进儿童的社会交往活动。充分的儿童户外活动空间、丰富的自然环境认知空间以及安全健康的环境，涉及社区的步行网络连通、场地环境的更新、绿地绿化完善，以及公共活动设施和空间的提供。对于户外儿童活动设施、活动场地中的材质，环境中的绿化种植、水体深度、护栏等都需要在社区规划中通过安全设计导引予以保障，避免儿童在游戏活动中遭受各种风险。安全而丰富多样的空间环境对于不同发育阶段的儿童将是一种积极的刺激因素，有利于儿童的身心健康成长。

2.4.5　少数民族社区的规划重点

少数民族社区的规划要充分考虑少数民族人口的宗教习俗与生活习惯，合理规划设计公共空间和公共设施。但是在现代化的过程中，民族社区大多面临着文化模式的转型。在城市更新和再开发过程中，大都市中的很多民族社区大都经历了重要的空间变迁，其中宗教设施、民族特色的服务设施的空间规划是关键。例如回族社区有"围（清真）寺而居"的传统，一般说来，只要有 30—50 户回族家庭集中居住在一起，他们就会集资建立清真寺。穆斯林聚居地清真寺的修建将作为该社区的形成标志[①]。如果社区居住空间逐渐远离寺坊，那么回民的生活就很难保持回民本色，例如南京七家湾回民社区，距离南京 CBD 新街口不到几百米，已逐渐解体。现代化的过程使具有丰富地域文化的地方社区趋向文化的同一性。民族社区的规划中，可以设置社区"民族驿站"、社区民族之家、民族社区宗教活动中心作为宗教活动空间，为少数民族居民组织活动、开展服务。

第 3 节　社区规划的程序与阶段

社区规划怎样规划？怎样实施？如何保障？社区规划作为城乡规划与空间规划的一种类型，其过程遵循城市规划的一般过程，同时又结合进空间规划对资源因素方面的强调和关切。与其他类型的规划相比，社区规划更注重切实的、日常的实施行动。社区规划的物质规划特性与社区空间更新和城市更新密切相关，其社会规划特性与社区治理（第 8 章）和城市治理密切相关。社区规划通过将参与性贯穿各工作阶段助推实施，通过可操作性加强实施保障。

3.1　社区规划的工作阶段及其可参与特征

在主要由社会科学专业人员制定的接近于社区发展规划类型的指标式社区规划中，一般包括 9 个工作阶段：建立规划小组——收集背景资料——背景资料评价——问题潜力分析——制定发展目标——制定发展战略——制定发展计划——计划评估与采纳——实施。

---

① 白友涛. 盘根草：城市现代化背景下的回族社区 [M]. 银川：宁夏人民出版社，2005.

在建立规划小组环节，组员包括核心成员和外围成员。规划小组成员的结构与规划成果密切关联，在很大程度上决定了规划成果的整体质量，涉及规划的理念、定位、目标、策略、表达等。

本教材着重讨论主要由城市规划专业人员制定的空间与指标整合的社区规划，以下着重阐述空间类型的社区规划工作阶段及工作特点。社区规划可以扼要概括为"深度参与式三阶段规划"过程。

社区规划是最需要、也是最适宜公众参与的规划类型，这里的"公众"更多是指社区层面的行动者，包括社区居民、基层管理人员、志愿者、社区组织及专业技术人员等。各阶段内容侧重不同，社区居民的深度参与则可以贯穿规划的全过程。关于社区参与的范围、方式与技巧，将在本教材第8章展开。

3.1.1 第一阶段——调研定位

在规划前期，尽快熟悉社区的问题、资源、需求、权力结构和决策流程等事项。广泛进行社区动员，集中了解相关各方（包括社区居民、基层管理人员和区、街道社区管理层等）对社区发展的意见和诉求，内容涉及社区物质环境、社会发展、社区组织和社区管理等方面。

该阶段侧重梳理现状，确立社区发展目标定位，与上位规划相协调，为社区发展制定初步战略。只有准确把握社区特征、充分了解社区需求，才能形成合理的规划方案。

（1）广泛收集信息，调查现状，获取背景资料。基本内容包括地理概况、政治概况、人口状况、经济状况、文化状况、基础设施状况、环境状况、社区问题与社区需要等。所需调查内容可以通过现场踏勘、访谈、问卷等取得。背景资料可以经由社区联络，从各相关部门获取。如果是自下而上式的社区规划，社区通常没有可以作为规划底图的社区电子地形图，需要向上级部门或直接向城市测绘部门提出获取电子地形图的申请，方可取得，并签订保密协议（表7.3）。

社区规划所需信息、资料类型和内容 表 7.3

间接资料	直接资料
地形图、新建或在建项目总平面 上位规划 人口统计资料 社会经济统计状况 社区制度规章等 土地资源评价 气象资料 地方史志 社区所在地区相关资料	上位规划实施状况 实有人口构成、家庭特征、行为活动状况 物质设施状况（道路、市政基础设施、绿色基础设施） 基层工作方式、管理人员意见；社区成员诉求 土地使用状况 自然环境、物理环境 口述史、历史遗产 社区所在地区整体现状

（2）信息与数据进行结构化处理。问卷调查或访谈获得的数据信息通常需要加以归纳和整理，使之条理化、纲领化，也就是成为结构化数据，进而作为系统分析的基础。社区规划的好坏取决于调研阶段所获得的社区知识的多少及其性质和组织结构。

（3）基础分析

侧重于社区空间发展的分析内容：包括社区现状分析、上位规划分析、社区发展条件分析等。

现状分析的空间内容包括：社区的历史沿革，区位和交通，规模，社会经济基础，资产资源等。在前面第2节中已讨论了如何详尽、深入地分析社区的构成要素，具体涉及住房状况分析、人口统计特征分析、住房与人口决定的公共服务需求分析、土地使用状况与物质空间环境等。现状分析中侧重于社区社会发展的内容包括：社区发展现状和社区发展条件分析。

上位规划分析，包括社区所处城区或城市的总体规划、片区规划、控制性详细规划，以及涉及社区的其他相关规划。例如处于风貌保护区的社区可能有历史风貌保护规划等。上位规划对社区的功能定位、设施与指标要求等需要在当前条件下进行分析。

社区发展条件分析，包括对社区资产和资源、需求和问题进行全面的社区评估，可以通过对社区的 SWOT（Strengths，Weaknesses，Opportunities and Threats，即优势、劣势、机会和威胁）分析，找出社区的哪些特定方面是发展的重点。需要指出的是，社区规划专业人员将和社区成员共同定义社区问题和商讨解决问题，因为社区成员了解的社区问题有时可能与专业人员提出的问题并不一定相同。

（4）确定目标。通俗地讲，就是确立"社区愿景"，基于社区成员之间的共同利益，为社区建立一个共同的发展愿景。在具体的社区规划中，可以结合社区基础、特点，将目标予以具体化，包括侧重于空间维度的社区规划目标、侧重于社会维度的社区规划目标以及侧重于时间维度的社区规划目标（长期、中期和短期目标）。有些社区规划目标受到更大范围的城市社会条件的制约，并不完全取决于社区本身，因而具有一定的模糊性和不确定性。

（5）制定规划策略。在规划战略目标方向下，制定系统全面的规划行动准则和规划行动方式。规划策略应针对特定社区，将规划方式与规划目标明确联系起来，并指出适用的时间范围和所需资源等。

3.1.2 第二阶段——系统规划

该阶段形成社区规划方案，着眼于对社区物质建设和社会支撑的总体部署，并充分考虑社区空间治理的要求。社区规划中涉及的问题可能很具体，但更强调在住房、服务设施、公共空间、基础设施以及保护与开发系统中考察显性问题、梳理潜在问题，在系统层面提出解决对策。该阶段还通过社区意见征询会、专家研讨会等方式对社区规划方案进行评价反馈。

与常规的规划系统构成类似，具体包括：道路交通系统、绿化系统、景观风貌系统、基础设施系统等。在现状系统分析中提出问题，在规划系统分析中提出解决方案。与常规的规划类型相比，其现状系统的状况更加清晰明确，其成因更加复杂具体，因而规划系统的解决方案也更加具体实际。在前面第2节"社区与外部的功能联接和强化"中，就是采用系统思维来确定社区发展的主要问题。

系统规划主要是针对城乡规划的专业特点而确定的，将社区的空间治理与社会治理结合起来考虑。对于指标式社区规划来说，该阶段的任务是制定草案，草案的一般结构包括：第一部分，社区现状与发展环境；第二部分，发展战略与指导思想；第三部分，发展目标与实施步骤；第四部分，规划实施的保障措施。

3.1.3 第三阶段——实施控制

该阶段确定规划实施对策、分解落实系统规划、着眼于行动组织等方面，建立社区行动项目库，确定行动路线，为社区后续行动提供依据、参考和指导。实施行动涉及社区物质环境、社区服务和社区活动等方面，并和街道、居委协商确认，哪些项目或行动社区可以独立解决，哪些需要资金支持或外部协同解决。

3.2 社区规划的实施保障及其可操作特征

社区规划是最贴近日常生活的规划层次，社区规划的性质决定了其实践操作性要求，社区规划作为社区保护及开发建设、社区日常工作的指导和行动依据，要能用、管用、好用。社区规划的控制与实施需要在一定的原则下、通过必要的成果形式予以保障。

3.2.1 社区规划保障实施的原则

社区规划实施通过具体项目来体现和执行，社区规划可以为规划的控制和项目的实施制定基本原则，下列原则具有一定的适用性（图7.18）：

（1）符合社区的迫切需求。充分吸纳社区居民和基层管理人员的意见和建议，优先解决社区当前亟需改善的问题。

（2）规划层面具有相对重要的影响。优先选择实施的社区更新改造项目，需契合社区发展的整体效益，有助于完善社区的公共服务系统架构、全面提升社区生活品质。

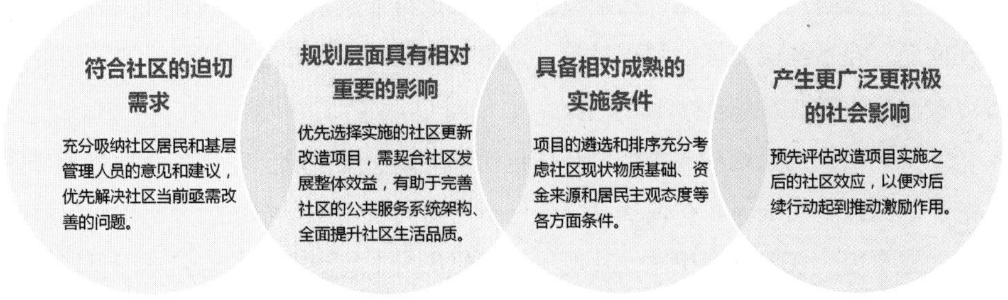

图7.18　社区规划实施控制的原则

（3）具备相对成熟的实施条件。评估项目的可行性，项目的遴选和排序充分考虑社区现状物质基础、资金来源和居民主观态度等各方面条件。优先安排居民实施意愿强、积极性高、有工作基础的社区试点。

（4）产生更广泛更积极的社会影响。预先评估改造项目实施之后的社区效应，以便对后续行动起到推动激励作用和示范引领作用，并探索可复制可推广的经验做法。

上述原则可以成为社区规划实施保障的基本原则，具体到特定社区，原则的顺序可能有所不同。例如在一些企业或单位宿舍社区，涉及"三供一业"分离移交的更新改造项目，初始往往遭遇居民反对，通过实际成功改造的个案项目可以为后续项目提供积极的推动作用，这时原则（4）位序就可能提前。

3.2.2　社区规划保障实施的成果形式

社区规划除了系统的规划方案，还应同时提供规划实施指导，具体成果形式可以包括项目库、空间分布图、分类（分时）表和操作指导单，可概括为"一库、一图、一表、一单"（图7.19—图7.21），也就是将规划目标分解成具体的实施项目，并在项目的空间分布及时间进度上做出引导安排。

"一库"——规划实施行动项目库。包括近期和远期更新建设项目库。近期时限为3年，远期时限为5—10年。"一图"——规划实施行动项目空间分布图。金杨街道社区由于规模较大，行动项目落实到了片区，每个片区包括若干居委。"一表"——规划实施行动项目分类（分时）表。大致确定规划实施行动的类型和预期实施时序。确定项目的优先次序，将改造项目分为近期解决、稍缓解决和远期解决三类。"一单"——操作指导单。针对实施行动类型提出具体操作建议，视社区情况而定。在金杨新村街道社区规划中，对普适性改造项目的操作指导为，优先在部分住区进行试点改造，根据居民和居委反馈，对改造项目实时评估，进一步完善项目改造步骤与手段。例如老旧住宅加装电梯、住宅入口处无障碍坡道、社区内户外无障碍设施改造等。

规划实施行动项目库

分类	项目名称 (2019年)	项目位置	项目名称 (2020年)	项目位置	项目名称 (2021年)	项目位置
公共活动场地改造	小区既有广场/花园提升	罗一、罗二、罗三、罗六、名人、广洋苑、仁和、金杨一、金台一、金杨四、金杨八				
	闲置/废弃空间转公共活动空间	瑞仕				
	周末集市	罗一、金桥商业中心、名人、香三、金杨二				
	老人活动场地增设/改造（一期）	罗二、罗六、金杨四	老人活动场地增设/改造（二期）	罗三、罗四、金樟、香一、香二、香六、金杨二		
	儿童活动场地增设/改造（一期）	黄二、金台一	儿童活动场地增设/改造（二期）	始信苑、黄三		
	滨水空间改造（一期）	罗三、黄三、罗七	滨水空间改造（二期）	金杨一、灵一、罗四、始信苑、东方、黄一、广洋苑	滨水空间改造（三期）	香三、香四、香七
室外功能设施提升	小区照明设施改善	广洋苑、黄一、居家桥				
	无障碍设施改造	罗一、罗七、名人、东方、居家桥	无障碍设施改造（二期）	金杨一、银山一、金杨四、金杨八	无障碍设施改造（三期）	金杨四、金杨六、金杨七、金杨八
	垃圾堆放布点和使用改造	罗三、瑞仕、灵一、金杨八				
					新增社区安全监管设施	社区整体
			道路及沿街排污整顿（一期）	香三、金杨二	道路及沿街排污整顿（二期）	香三、金杨二
绿化景观改造	增加绿化景观（一期）	罗八、居家桥	增加绿化景观（二期）	罗八、居家桥、金杨四		
	路侧墙面垂直绿化	德平路、云山路、枣庄路				
	住区楼栋垂直绿化	罗三、罗五、罗六、黄新、黄三、寺前浜、香一、香三、金台一、金杨八				
					小区农业景观提升	金台三
					特色景观风貌打造	香七、灵一
			高压走廊改造（一期）	居家桥路、杨高中路	高压走廊改造（二期）	杨高中路、云山路
建筑内部改造	楼道内清洁整顿	金口一、金台一				
	小区门厅/单元出入口美化	广洋苑、东方、金杨一、庆宁寺				
			增加活动室	罗四、罗八		
			适老化改造（健康中心）	居家桥、金台一	适老化改造（社区食堂/老年厨房）	罗三、金杨一
	小区屋顶整修（一期）	黄二、东方	小区屋顶整修（二期）	黄二、东方	小区屋顶整修（三期）	罗一、罗二、罗四
					加装电梯（或改造）	广洋苑、黄一
道路与停车设施改造	充电桩/消防设施布设（一期）	根一、金口一、罗一、罗三、罗六、黄一、黄二	充电桩/消防设施布设（二期）	枣庄一、灵三、金杨八、黄三、香二、香四、香六		
	道路路面平整/台阶修理（一期）	罗一、黄一、仁和	道路路面平整/台阶修理（二期）	金口二、金杨八		
	地面停车场规整	罗八、金口一				
	小区内部道路环境整治	罗六、黄新				
			非机动车库增设	始信苑、金杨一、金台三		
	地下车库改造（一期）	罗二、仁和、香四	地下车库改造（二期）	灵三、金口一、银四		
					住宅停车场生态化改造	金台一、金台三
	外部道路增加和提升绿化（一期）	罗七、名人	外部道路增加和提升绿化（二期）	灵一、银一、金杨二		
	外部道路乱停放整顿	灵一				
小区整体风貌提升	小区入口门面改造	罗一、罗三一、银一、金台一、金杨二				
	楼栋外墙维修和美化（一期）	罗二、博山、广洋苑、黄一	楼栋外墙维修和美化（二期）	东方、始信苑、仁和		
	小区围墙及周边空间改造	罗三一、黄新、香三、金口二、枣庄一、金杨四				
	"社区地图"标识系统	街道整体				
			户外线路设施整理（一期）	罗四	户外线路设施整理（二期）	罗四
			"特色夜景"灯光系统	滨江地块、居家桥路	"特色夜景"灯光系统（二期）	杨高中路、河浜沿岸
			打造社区儿童绘本	蝶恋园、枣园一		
			新增社区"博物馆"（一期）	庆宁寺	新增社区"博物馆"（二期）	金杨一

图7.19 金杨新村街道社区规划实施行动项目库

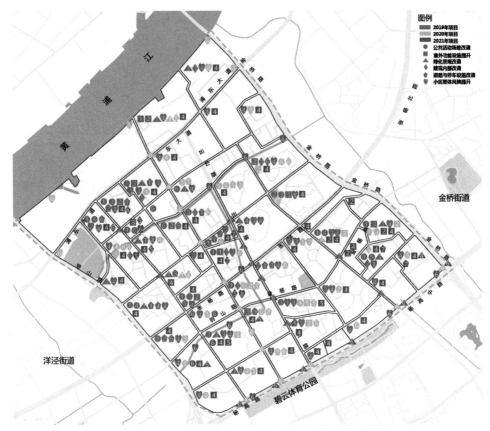

图 7.20 金杨新村街道社区规划实施行动项目空间分布图

分类	序号	罗山片区	序号	黄山片区	序号	香山片区	序号	金杨片区
公共活动场地改造	1	小区既有广场／花园提升			1	小区既有广场／花园提升	1	小区既有广场／花园提升
	2	周末集市	1	周末集市	2	周末集市	2	周末集市
			2	闲置／废弃空间转公共活动空间				
	3	老人活动场地增设／改造	3	老人活动场地增设／改造	3	老人活动场地增设／改造		老人活动场地增设／改造
	4	儿童活动场地增设／改造	4	儿童活动场地增设／改造			4	儿童活动场地增设／改造
	5	滨水空间改造	5	滨水空间改造	4	滨水空间改造		
宝外功能设施提升	6	小区照明设施改善	6	小区照明设施改善				
	7	无障碍设施改造	7	无障碍设施改造			5	无障碍设施改造
	8	垃圾堆放布点和使用改造	8	垃圾堆放布点和使用改造	5	垃圾堆放点和使用改造	6	垃圾堆放布点和使用改造
	9	新增社区安全监管设施	9	新增社区安全监管设施	6	新增社区安全监管设施	7	新增社区安全监管设施
					7	道路及沿街排污整顿	8	道路及沿街排污整顿
绿化景观改造	10	增加绿化景观	10	增加绿化景观			9	增加绿化景观
	11	路侧墙面垂直绿化	11	路侧墙面垂直绿化			10	路侧墙面垂直绿化
	12	住区楼栋垂直绿化	12	住区楼栋垂直绿化	8	住区楼栋垂直绿化	11	住区楼栋垂直绿化
							12	小区农业景观提升
					9	特色景观风貌打造		
	13	高压走廊改造	13	高压走廊改造	10	高压走廊改造	13	高压走廊改造

图 7.21 金杨新村街道社区规划实施行动项目分类表

分类	序号	罗山片区	序号	黄山片区	序号	香山片区	序号	金杨片区
							14	楼道内清洁整顿
建筑内部改造	14	小区门厅/单元出入口美化	13	小区门厅/单元出入口美化			15	小区门厅/单元出入口美化
	15	增加活动室						
	16	适老化改造	14	适老化改造			16	适老化改造
	17	小区屋顶整治	15	小区屋顶整治				
	18	加装电梯	16	加装电梯				
道路与停车设施改造	19	充电桩/消防设施布设	17	充电桩/消防设施布设	11	充电桩/消防设施布设	17	充电桩/消防设施布设
	20	道路路面平整/台阶修理	18	道路路面平整/台阶修理	12	道路路面平整/台阶修理	18	道路路面平整/台阶修理
	21	地面停车场规整					19	地面停车场规整
	22	内部道路环境整治	19	内部道路环境整治				
			20	非机动车库增设			20	非机动车库增设
	23	地下车库改造			13	地下车库改造	21	地下车库改造
							22	住宅停车场生态化改造
	24	外部道路增加和提升绿化	14	外部道路增加和提升绿化			23	外部道路增加和提升绿化
			15	外部道路乱停放整顿				
小区整体风貌提升	25	小区入口门面改造					24	小区入口门面改造
	26	楼栋外墙维修和美化						
	27	小区围墙及周边空间改造	21	小区围墙及周边空间改造	16	小区围墙及周边空间改造	25	小区围墙及周边空间改造
	28	"社区地图"标识系统	22	"社区地图"标识系统	17	"社区地图"标识系统	26	"社区地图"标识系统
	29	户外线路设施整理						
	30	"特色夜景"灯光系统	23	"特色夜景"灯光系统	18	"特色夜景"灯光系统	27	"特色夜景"灯光系统
			24	打造社区儿童绘本			28	打造社区儿童绘本
			25	新增社区"博物馆"			29	新增社区"博物馆"

图 7.21　金杨新村街道社区规划实施行动项目分类表（续）

3.3　社区规划的方案审查/审定及其可适应特征

不同社区之间，因受到城市公共服务设施水平及公共服务供给品质的影响而存在差异。在同一社区内部，不同类型的公共服务设施也可能由于历史原因存在差异。因此，社区规划是一种针对性很强的规划，注重的是基于现状的适应性提升，是社区居民可以看得见、感受得到的生活环境品质提升，也就是让居民有获得感。大量的现状调研表明，居民对于社区物质空间风貌提升有着很强烈的诉求。另外，社区的公共服务品质提升也不全是空间与设施的因素，有的需要从体制、机制方面理顺，也就是要同时提升社区治理水平。

社区规划既有规划设计的内容，更多是准确把握社区现象背后的问题，破解问题背后的症结，社区规划提供的解决方案，既包括空间的方面，也包括社会的方面，空间的方案既直接解决空间问题，也间接解决社会问题。能付诸实践，能切实解决问题，是对社区规划的最好检验。

方案 / 草案经选择确定后，进入征求意见阶段，根据反馈意见再修改草案，然后审议通过。

社区规划方案审查，根据委托方的情况确定由谁来组织召开评审会。由社区发起的社区规划完成后，由社区组织召开评审会，由规划部门发起的社区规划，则由规划部门组织评审会。例如上海浦东新区金杨新村街道社区规划，由街道组织，评审成员来自浦东新区规划和自然资源局、市和区的城市规划设计研究院以及街道分管部门。街道后续相关工作安排基本上依照社区规划在进行。

第 4 节　社区规划的方法

社区规划过程中会综合运用到社区调查方法、社区分析方法、社区规划成果表达方法。社区调查和分析方法大都采用社区研究的一些共同方法，包括借鉴社会学的社区研究方法。社区规划成果表达则较多采用以空间表达见长的方法。

4.1　社区调查方法

观察法、访谈法、普查法或抽样调查法是社区调查的基本方法。要了解社区现状实际问题与社区需求，就有必要深入社区进行调研，倾听社区成员的声音。在现状调查阶段，可以借鉴城市或乡村社会学调查的一般方法，并结合所规划社区的特点，有侧重地选择调查方法。可以采取现场踏勘、访谈以及问卷调查等多种调查手段结合。全面的现场踏勘是基础，帮助规划人员建立对社区环境的感性认识和社区整体风貌的印象，有经验的规划人员在现场踏勘中还能从社区成员对物质空间的使用状况发现一些潜在问题。

（1）问卷调查

问卷调查是最常采用的调查方法，有利于比较全面详细地开展社区调查，问卷设计可以按照调查内容分成不同板块，内容关联性强的形成同一板块。

（2）半结构调查

对社区居民、社区工作人员以及社区管理层进行半结构式访谈，则是深入了解社区特点和问题的较好方式。所谓半结构调查，就是调查者在提供规定答案选项的标准化问题之外，设置一些开放式问题，不提供任何可供选择的答案，由被调查者自由答题。常采用的问题例如，社区现存的问题有哪些？目前社区内可优先改善的问题有哪些？社区曾举办过哪些活动？你喜欢哪些活动？如果未来社区内举办活动，你会参与吗？您认为目前社区还需要哪些服务或服务设施会使社区变得更好（如托儿所、幼儿园、图书馆等）？您觉得自己可以为社区做出哪些贡献（例如某项技能特长、人力支持、担任义工、担任干部负责行政工作等）？这类问题能自然地充分反映调查对象的态度观点，因而所获得的材料比较丰富生动，但统计和处理所获得的信息的难度较大。半结构式问卷由选择题、填空题或问答题组成。

（3）普查法与抽查法

普查法是指通过书面或口头回答问题等调查方式，对全部调查对象进行调查的方法。社区规模较小时，可以采用，例如乡村社区有可能采用。相对来说，抽样调查的方法更多被采用，抽样的原则需要根据社区具体情况精确制订，以保证所获取信息能全面、真实地反映社区状况。

（4）分性别的调查法

在社会学调查中，尤其是在某些乡村社区调查中，还会采用区分性别的调查法，例如妇女小组座谈、男子小组座谈。分性别的调查着重在于与性别相关的主题，常常包括就业/失业、劳动性质（农事活动、外出打工等）、劳动负担（强度、劳动量）、经济地位、收入来源与分配、社会地位、性别议题、子女教育、发展机会、同工同酬、对社区发展的看法等。

（5）口述史方法

口述史的方法也可以引入社区调查。把社区的历史看作社会历史的一部分，利用历史学方法搜集族谱、文献、碑铭，进行访谈和历史事件现场考察。作为个人视角的时代记忆与反思，口述史学已经成为一种记录、保存、传播与解释过去政治、经济、社会、文化乃至日常生活等领域的不同参与者的声音与历史记忆的重要方法与研究领域。口述史的方法和访谈有相似之处，但比访谈更加严谨。通过口述历史所收集的居民个体在社区内的经历与见解可以成为社区规划的一个有效部分。用于社区规划的口述历史还带来潜在价值，特别是可以帮助我们从生活在受困社区中的社会边缘人群身上获取信息，从而为后续的规划及各类援助对策提供有效依据。

4.2　社区分析方法

在获取足够多的信息之后，我们要根据数据或访谈记录进行信息重构的工作，也就是结构化的工作。对一些矛盾的信息需要进行甄别和问题判断。比如由于被调查者、访谈者自身的各种差异，例如性别、年龄差异，还有身份的差异，其回答的出发点不同，结论也就不同。比如当居民与领导的意见冲突时，就要甄别问题的实质。领导意见反映的是领导者的意志，领导者是自主的个体，并不总是反映（更多的应是）社区的利益、愿望和实际需求。社区规划要综合运用多种研究手段、恰当运用分析方法，为后续策略制定做出准确判断。

（1）文献分析

文献分析是通过阅读来学习所有需要了解的内容。文献包含了丰富的类型，社区分析中的文献主要指与社区相关的上位规划、各类统计资料、政策文件、制度规章等。通过文献研读，获取社区在社会、经济、历史、文化等方面的概况判断。

（2）定性方法、定量方法与定位方法

从方法性质来区分，包括定性方法、定量方法与定位方法。定性方法主要是对社会现象的理解、描述与解释。主要有社会心态分析法、社区发展比较分析法等。定量方法是运用数据、统计等手段来验证社会理论、推理和演绎。数据分析法属于定量分析方法。定位方法是结合地理空间位置进行描述分析。

（3）战略分析方法

在制订社区发展战略、发展目标时经常采用战略分析方法，例如社会指标法、八卦图分析法、象限分析法等、SWOT 分析法等。SWOT 分析法，又称为态势分析法，能够较客观而准确地分析和研究一个单位的现实情况，具体来说，就是整体分析社区的优势、拥有的资源、存在的不足、社区发展的潜力与机会、社区发展的障碍及周围环境对社区发展的威胁等。SWOT 分析法属于定性分析方法。

（4）实证方法论和整体论

关于规划分析的方法，实证方法论和整体论的运用目前较为普遍。实证主义的研究方法趋于强调案例与项目的主流与可量度的特征，而在战略与项目决策制定时，整体论的分析则提供了一个可供选择的视角，例如动态变化分析、多标准分析等。

4.3　社区规划成果表达方法

作为城乡规划体系和国土空间规划体系中的一种专业规划类型，社区规划需遵循常规的规划成果表达方法，尤其是涉及物质空间系统现状和规划的成果内容。社区规划又直接面向社区实践，具有较高的可操作性，它面对的主要是社区成员，因此在表达上需要通俗易懂，更加类似于社区实践指南。从社区规划成果的社区反馈来看，案例法、示例法、图示法由于直观易懂而较受欢迎。

第5节　乡村社区规划

乡村社区在规模形态、运行机制、问题特征方面与城市社区差异较大，这在本书第2章中已经讨论过；但是乡村社区在空间的系统和内容方面远不如城市复杂，更重要的是以对乡村机制的理解为基础。目前乡村社区规划实际开展的还不多，更多还是村庄规划。

5.1 乡村社区规划与村庄规划

通过村庄规划的发展阶段的梳理，有助于理解乡村社区规划的必要性；在国土空间规划体系下解析乡村社区规划与村庄规划的关系，则可以更好地理解社区规划的发展目标与发展趋势。

5.1.1 我国村庄规划的阶段

自 1978 年改革开放以来，结合国家的主要政策提出以及规划体系的变革，我国农村规划大致可分为以下三个阶段：

第一阶段（1990—2004 年），在城乡规划体系中，农村规划分为村庄总体规划和村庄建设规划两个阶段。有些编制村庄居民点规划，例如广东省曾实施过《广东省农村（村庄）居民点规划要点（试行草案）》（1982 年颁布，1998 年失效）。

［背景］1989 年，全国人大常委会颁布《中华人民共和国城市规划法》；1993 年，国务院颁布《村庄和集镇规划建设管理条例》的技术规范，将村庄规划建设纳入规划建设管理体系之中，通过规划来完善农村生产生活、交通居住条件和基础设施；2002 年 11 月，中共十六大正式提出"城乡统筹发展"。

第二阶段（2005—2017 年），以社会主义新农村规划、美丽乡村规划为主，这两类规划都是与中央政策密切结合的村庄规划，有些编制新农村居民点规划。从建设社会主义新农村和创建美丽乡村的整体目标来说，这两类规划的目标在较大程度上接近乡村社区规划。

［背景］2005 年 12 月 31 日发布《中共中央、国务院关于推进社会主义新农村建设的若干意见》，标志着新农村建设在全国范围内拉开序幕；2008 年 1 月 1 日起施行《中华人民共和国城乡规划法》，共七章七十条；2013 年国家农业部启动"美丽乡村"创建活动，美丽乡村是国家建设重点，强调发展休闲农业和乡村旅游，开展农村人居环境整治行动，鼓励各地因地制宜探索各具特色的美丽宜居乡村建设模式。财政部曾表示从 2016 年起，每村每年 150 万元，连续支持两年，计划"十三五"期间全国建成 6000 个左右美丽乡村。2017 年 10 月党的十九大首次提出实施乡村振兴战略。

第三阶段（2018 年至今），在乡村振兴战略下，在国土空间规划体系中，村庄规划是城镇开发边界外的乡村地区的详细规划，是以上位国土空间规划为依据编制的"多规合一"的实用性规划，是开展国土空间开发保护活动、实施国土空间用途管制、核发乡村建设项目规划许可、进行各项建设等的法定依据。

［背景］2018 年 1 月 2 日，《中共中央、国务院关于实施乡村振兴战略的意见》发布，明确了新时代实施乡村振兴战略的重大意义，提出了实施乡村振兴战略的总

我国乡村规划政策比较（自 1978 年以来）　　　表 7.4

类型	提出时间	内容	财政支持	适用范围
社会主义新农村规划	2005 年 10 月中共十六届五中全会提出"建设社会主义新农村"；2005 年 12 月 31 日发布《中共中央、国务院关于推进社会主义新农村建设的若干意见》	生产发展、生活宽裕、乡风文明、村容整洁、管理民主	自 2006 年 1 月 1 日起全面免除农业税；中央专项资金，引导农村多元化投资	全部村庄
美丽乡村规划	农业部于 2013 年启动"美丽乡村"创建活动；2014 年 2 月正式对外发布美丽乡村建设十大模式	产业发展型、生态保护型、城郊集约型、社会综治型、文化传承型、渔业开发型、草原牧场型、环境整治型、休闲旅游型、高效农业型	财政部从 2016 年起，每村每年 150 万元，连续支持两年	"十三五"期间建成 6000 个左右美丽乡村，占全国村庄总数不到 1%
乡村振兴战略规划	党的十九大提出实施乡村振兴战略；中央农村工作领导小组办公室发布《乡村振兴战略规划（2018—2022 年）》	按照产业兴旺、生态宜居、乡风文明、治理有效、生活富裕的总要求，作出阶段性谋划，分别明确至 2020 年全面建成小康社会和 2022 年召开党的二十大时的目标任务，细化实化工作重点和政策措施，部署重大工程、重大计划、重大行动	调整完善土地出让收入使用范围，优先支持乡村振兴；到"十四五"期末，以省（自治区、直辖市）为单位核算，土地出让收益用于农业农村比例达到 50% 以上	全部村庄

资料来源：

[1] 中共中央、国务院. 乡村振兴战略规划（2018—2022 年）[M]. 北京：人民出版社，2018.

[2] 中共中央办公厅国务院办公厅印发《关于调整完善土地出让收入使用范围优先支持乡村振兴的意见》.（2020-09-30）[2020-10-01].http：//www.jintang.gov.cn/jtxmhwz/c111712/2020-09/30/content_409e89538bc244948822938046c39a52.shtml.

体要求；2018 年 9 月，中央农村工作领导小组办公室印发了《乡村振兴战略规划（2018—2022 年）》。

　　表 7.4 大致反映了自 1978 年以来我国乡村规划政策的变化。随着对于乡村全面发展的重视，从偏重空间的村庄规划转向空间—社会整合的乡村社区规划，将是必然趋势。

5.1.2　国土空间规划体系下乡村社区规划与村庄规划编制的比较

　　乡村社区规划主要包括两类对象：①在市县中心城区、镇区规划建设用地范围之外的村庄，②农村新型社区。需要指出的是，农村新型社区是指撤并形成的社区，居住的家庭相对可知，且大部分有共同的社区生活经历，因此仍看作社区规划。而在对应的城市背景中，由于规划阶段居民尚不确定，我们仅将自由商品住房市场下或保障房体系中这类新建的集中定居点规划视作居住区规划或住宅区规划，而不是社区规划。

以下对国土空间规划体系下的乡村社区规划与村庄规划编制进行了比较（表7.5），在编制要求、编制年限、编制单元/对象方面，乡村社区规划可以与村庄规划一致，以更好地适应新的国土空间规划体系。在编制内容方面，乡村社区规划将加强社会发展的内容，包括人口与家庭、乡村组织与团体的发展，以及非物质历史文化保护等方面。

乡村社区规划与村庄规划编制的比较　　　　　　　　表 7.5

规划类型 / 工作内容	乡村社区规划（目前非法定规划）			
	村庄规划（法定规划）			
编制要求	·采用 2000 国家大地坐标系 ·工作底图采用第三次全国国土调查数据成果、数字线划地图和比例尺不低于 1：2000 的地形图或国土数字正射影像图 ·拟进行居民点建设规划的应按 1：500 实测工作底图			同左
编制年限	近期规划 5 年，远期规划 15 年			同左
编制单元 / 对象	村域全部国土空间，一个或几个行政村			同左
编制内容	资源管理	经济发展	空间发展	社会发展
	·生态保护与修复 ·农田保护与土地整治	·产业发展与布局	·道路交通 ·基础设施 ·公共服务设施 ·历史文化保护（物质） ·防灾减灾	·人口与家庭发展 ·乡村组织与团体发展 ·历史文化保护（非物质）
工作流程	现状调查—规划编制—批前公示—审查报批—批后公告—成果备案			现状调查—规划编制—审查—备案
规划成果	文本	图件	数据库	库、图、表、单
	·强制性内容 ·附表 ·村庄规划管制规则	·村域综合现状图 ·村域综合规划图；等	对接国土空间规划数据库，按照统一的图层和数据标准，形成村庄规划数据库	·规划实施行动项目库 ·规划实施行动规划分布图 ·规划实施行动项目分类（分时）表 ·规划实施行动操作指导单
规划实施	·将批准后的规划成果的主要内容列入村规民约，方便村民掌握、接受和执行 ·各类空间开发利用活动必须严格执行村庄规划，接受全体村民监督			同左

资料来源：参考了 2019 年 9 月山东省自然资源厅颁布的《山东省村庄规划编制导则（试行）》等文件

5.2 乡村社区规划的理念

由于我国地域广阔，不同区域乡村的自然地理环境、资源禀赋、历史、社会、经济、人口差异较大，乡村发展程度各异。不同区域、不同发展趋势的乡村社区发展驱动力不同。因此，在进行乡村社区规划时，应遵循这样几个基本理念：

（1）从农村实际出发，以社区实际生活或生存问题为导向，以提升生活品质为目的；

（2）尊重村民的意愿、诉求，逐步建立村民对于乡村社区可持续发展的共识；

（3）发挥村民的主体力量，确保村民的共同参与贯穿社区规划制定、实施的全过程；

（4）体现社区历史和地方特色，尽可能保留村庄内既有的村民活动方式与空间使用特征，形成具有村庄自身"基因"的自然、文化与社会环境；

（5）乡村资源高效利用、乡村生态环境保护和乡村人居环境质量统一提升。

5.3 乡村社区调查

乡村社区调查可以而且必须借鉴社会学对于乡村的研究方法。乡村社区规划的专业人员大都来自城市的规划机构，其中的许多人缺乏乡村生活的切切体验，在接受乡村社区规划委托时，更有必要深入基层乡村社区（村屯等），进行系统的调查，获取第一手的、翔实的资料，了解社区各成员的真实需求。所获得信息需进一步进行结构化的处理，以方便下一步的社区研究和规划。

5.3.1 调查方式

包括走访座谈、实地踏勘、问卷调查和驻村体验等方式。当乡村社区较小时，可以采取普查的方式。如果乡村社区规模较大，则可以分批、分片、抽样，进入居民家中访谈。可采用半结构式访谈，通过当面提问、聊天等多种形式，了解居民家庭的情况、问题、诉求。通过词频分析法，有助于了解乡村居民真正关心的问题。

5.3.2 调查内容

乡村社区概况：总人口（人）、总户数、自然村（屯）个数、村民组个数；户均宅基地面积（m^2）、社区面积（hm^2）；产业构成、集体收入、人均收入；常住人口、外出人口、迁入迁出人口；等。

自然资源与环境要素：生物资源——乔木、竹林、灌木、森林等；水资源——

江、河、湖、坑、塘、沟、渠等；土地资源——草地、荒地、滩涂和矿产资源等。上述各类资源的面积、数量、质量标准等。地形地貌、工程地质、自然灾害、水文气象等。

社会经济状况：家庭、人口、工作、从业率、（人均）收入、居住、土地、宅基地使用或空置情况，乡村社区现存问题和改善诉求等；民间组织类型、规模与成员数量、活动情况等。

住宅建筑：建设年代、建筑面积、建筑层数、建筑质量、建筑样式等。

空间设施：公共建筑、公共场所、公共服务设施（学校）的类型、规模、分布、建筑年代、建筑质量等；设施使用或空置情况；水、电、通信等基础设施覆盖情况；绿化景观范围、面积等。

社区历史文化：社区遗存（古树、建筑、构筑物等）；社区历史故事、传说、重要事件等；村庄社区人口、社会、行政、空间等的变迁历史。

相关政策：与乡村社区直接相关的地方政策以及整体的政策制度等。

发展意向：乡镇政府、村庄集体、村民家庭等对乡村社区土地、生态、产业、住房、设施、环境、服务、组织等方面的发展意愿及诉求。

5.3.3 调查的重点与完整性

不同类型的乡村社区，调查内容重点会各有侧重。在具体调查手段上，也要针对不同调查问题，听取不同对象的意见。特别是乡村社区发展意愿调查，还需要获取"不在场"村民（例如外出打工者）、"不发声"村民（例如儿童）等的诉求。

5.4 乡村社区的共性问题分析

当前乡村社区既有各自面临的特殊问题，也有一些普遍共性问题。各类乡村问题的成因是地域性与个体特殊性的集中体现。在社区规划中要深入个体乡村社区发展的进程来分析，既能发现个体独特的问题，寻找适合地方的具体解决办法，又能从单个乡村中找出普遍共性的问题，借鉴已有的问题解决对策。

5.4.1 市政设施基础薄弱

乡村水、电、气、路、网等基础设施建设存在短板。一是垃圾终端处理能力不足，生活垃圾无法实现进厂处理，只能简易处理或临时堆放，环境安全隐患很大。二是自来水供水不足，农民用水受到限制。三是乡村户均电力配变容量较低，供电能力不足，影响了村庄路灯、污水处理设施等基础设施的正常运转。四是乡村道路交通还需要进一步提升，还没有实现村村通客车，村民出行需求亟待解决。

5.4.2　公共服务设施数量偏少、服务质量水平偏低

由于乡村社区人口数量有限、人口密度低、人口老龄化程度高的特点，与公共服务设施自身的配置要求产生了矛盾——人口的低密度分布，难以有效支撑公共服务设施运营，因而出现公共服务设施功能类型少、数量少、质量低的局面；人口老龄化，则要求公共服务设施就近布置、可达性强，服务功能齐全。

5.4.3　商品流通困难

近几年来，我国农村服务体系的建设取得了不俗的成绩，但是农村快递服务仍存在网络设施建设滞后、电子商务配送站点覆盖率低、寄递服务成本高等问题。无论是"网购下行"还是"农产品上行"，物流体系的完善至关重要。"2019 年 5 月乡镇快递网点覆盖率为 95%"，仅从数字上看，网络覆盖度已经很高，但这只是"乡镇"的覆盖率，依然存在行政村覆盖难题——仍有约 3/4 的行政村没有农村电商配送站点。从快递下"乡"到快递入"村"，存在许多客观条件的制约，农村地区人口相对分散、交通不便，消费能力相对较低，导致农村快递订单量不足、派费低、运营成本高、派多收少的结构性缺陷，营利难的问题依旧普遍存在。这似乎陷入一个恶性循环的怪圈——网点营利与网点密度成正相关，而目前的订单密度不足以驱动快递企业在每个行政村设点[①]。

5.4.4　空间使用率低下、资源闲置

相当数量的乡村社区，人口规模不断减少，乡村社区功能萎缩，社区空间使用率低下，空间资源浪费。由于劳动力过度外流，乡村社区出现人员和人才"空洞"，导致从事农业生产的劳动力严重缺乏，致使大量耕地无人耕种或有人无力耕种，加上土地流转困难，许多耕地只有抛荒。此外农业劳动强度大、生产成本高也会导致农民弃耕。宅基地的闲置或分散和土地抛荒且分散，严重地影响农村经济发展和社会稳定，使农业的可持续发展大受影响。

5.5　乡村社区规划的主要策略

乡村社区规划、建设与发展可以寻求一些积极有效的策略。下述这些策略具有一定程度的通用性，对于城乡社区本质上来说都可适用，当然在具体社区规划实践中并不局限于这些策略。

---

① 掌链传媒. 农村快递重要性愈发凸显 [EB/OL].（2020–01–09）[2020-8-11]. http://shop.xjche365.com/wanggou/20200109/34935.html.

5.5.1 净化与美化，提振信心

社区的净化与美好是改变社区成员的生存与生活环境，是社区建设中可以首先开展、也是相对容易开展的工作。2013年，农业部启动"美丽乡村"创建活动，并正式对外发布美丽乡村建设产业发展型、生态保护型、城郊集约型、社会综治型、文化传承型等十大模式，为全国美丽乡村建设提供范本和借鉴。其中很重要的认识是，美化不是涂脂抹粉，净化是首先面临的问题，政府和社会资金要投入。乡村社区（村庄）环境整治、清洁和安全运动可以大大稳定社区的环境氛围，提振社区信心。

5.5.2 减少空置房屋，遏制衰退

乡村社区迫切需要提高闲置资源的利用效率，改善社区生活品质与增强社区活力。对于长期空置住房要区分对待，在和村民业主协商的情况下，或改变使用性质、拓展使用功能，或拆除，或维护更新，以避免长期空置可能产生的"破窗效应"和随之而来的社区衰败、犯罪问题。当出现问题时一定要及时处理，这是防止局面更加恶化的最好办法。

5.5.3 整合资源，开发利用

乡村土地及其各种资源属于村民集体所有，乡村资源整合与利用的关键是以村民集体为主体受益人，以村民集体的利益为出发点和根本，兼顾保障村民合理的利益诉求。乡村资源整合与利用要发挥集体决策的机制与优势。乡村社区的土地与资源开发可以通过农业合作社、农业发展公司等多种形式，组织社区成员积极进行农业生产的规模化经营，或依靠环境、人文景观资源开发带动乡村休闲、文化旅游发展，促进社区的竞争力形成。

5.5.4 促进对外流通，促进设施共享

促进乡村社区对外流通，就要补齐农村物流短板，构建县域物流配送中心、乡镇配送节点和村级末端公共服务站点的三级配送网络，社区规划中要合理规划镇、村社区的配送公共服务设施，整合现有商贸、交通、邮政、快递、供销等系统资源并实现社区层面的设施共建共享。

5.5.5 生活、生产、生态并重

将生活、生态空间建设提高到与生产空间建设并存的层面。主动调整社区建设的中心工作内容，将生活空间建设作为串联多种空间形态和社会组织形态的纽带，响应乡村收缩发展的变化趋势。

5.5.6 污染工业用地减量，一、二、三产整合

乡村社区工业大都存在规模小、分散布置或污染严重的问题，社区规划要推动乡村社区的工业用地整体转型，促进一产、二产及三产的整合。考虑乡村田园风貌塑造及生态环境保护的要求，对重要风貌节点及污染较大的工业用地实施复垦还耕策略。考虑到未来乡村绿色、文化产业发展的空间需求，保留区位较好、能满足未来乡村产业功能要求的现状工业建筑，通过适度改造，转型为商业、服务业设施。对一些面临严重工业污染的乡村社区来说，乡村社区应提供如何在临界点上推动地方发展的策略。

5.6 乡村社区规划的空间系统内容

乡村社区规划也是一项综合考虑社会时空的系统工作，涉及乡村社区的地理人口、空间资源、产业经济、生态环境以及社会文化、政策制度等多方面内容。乡村社区规划的空间系统内容一般包括：农村生产、生活服务设施、基础设施等各项建设的标准、用地布局、建设要求，以及对自然资源（山水林田湖草等）的使用和保护、供水保护、文物建筑和历史场所或考古遗迹保护、自然环境的保护、防灾减灾等的具体安排。和城市地区的社区规划相比，乡村地区的社区规划更加强调对自然资源和生态以及农业用地的保护，突出社区发展对农村经济以及农业发展的推动作用。

以可持续发展为目标，以顺应村庄社区发展趋势为原则，针对具体乡村社区进行社区规划。以下扼要提出系统分析的内容和要求。

5.6.1 乡村社区产业发展与用地布局

结合乡村社区的资源禀赋和区位条件，按照宜农、生态、绿色、低碳的原则，提出社区产业发展思路和策略，统筹一、二、三产业功能布局。着重在乡村社区的产业调整与用地功能转换。

明确经营性建设用地的用途、规模、强度等要求，合理保障乡村新产业、新业态发展用地，鼓励产业用地复合高效利用。引导工业向城镇产业空间集聚，除少量必需的农产品生产加工用地外，一般不在乡村地区安排新增工业用地。

由于地域和个体乡村社区的差异，不同乡村社区的社会属性和经济职能不尽相同。乡村社区的产业发展包括农业、乡村旅游和乡镇企业等。关注乡村社区土地的经济、社会保障多样化属性，兼顾乡村土地的养老、休闲、生态保护等社会职能。

通过产业调整促进、带动社区各类闲置（民宅、宅基地、建设用地）、低效经营资源（部分低效耕作农田）的开发。用地整合时有相应的权利划分、补偿标准制度依据，以保障集体和个人的权利。随着乡村土地管理法律制度改革，农村土地资产

可以被盘活。土地确权之后，土地更接近于一笔数据化的资产，土地面积和位置在证书和数据库中体现，土地可以集中连片、大范围流转，集中进行机械化、规模化的生产。家庭农场、合作社、农企等新型农业经营主体将成为农业生产的主力军。

5.6.2 乡村社区住房建设与居住点布局

主要涉及下述内容：①撤并集中安置的新型社区。②村庄社区住宅环境整治。③社区村民住房建设控制，包括宅基地面积与建筑面积、宅基地后退与间距、建筑间距控制、建筑高度与层数控制等。④农房建设指引，包括保留农房的维修与改建、原址翻建及扩建等方式、农宅节能。应遵循适用、经济、节能、美观的原则，积极利用太阳能及其他可再生能源和清洁能源，推广节能、绿色环保建筑材料。

按照上位国土空间规划确定的农村居民点布局和建设用地管控的要求，严格执行"一户一宅"政策，新建的宅基地面积符合地方规定。

5.6.3 道路交通系统及相关设施

乡村社区道路交通规划应改善和提升现状交通功能和道路条件，包括：①对外交通，交通干道与各类过境通道的连接线，以及生产经营性用地与农村居民点之间、农村居民点相互之间的联络线的等级、宽度和建设标准。②兼顾生活交通和农业机械同行的需要，在保证安全的基础上，利用原有路基、空闲地，延续村庄社区原有格局，结合发展需要。明确道路等级、断面形式和宽度，确定道路控制点标高，提出道路设施的综合整治改造措施；合理确定停车设施（乡村旅游型社区含公共停车场）规模、布局及停车方式（集中布置、分散布置、占道停车）；确定公交线路和站点的布局位置；符合管线敷设需求。

5.6.4 市政基础设施

乡村社区市政基础设施规划可参照国家和地区相关技术规范执行。

（1）给水设施与系统规划。合理确定给水水源、预测用水量，明确输配水管道敷设方式、走向、管径等。输配水管网的布置应与道路规划相结合。有条件的村庄，纳入区域供水管网统一供水。

（2）雨污水排水设施与系统规划。合理预测雨污水排水量。排水体制：确定村庄社区雨污排放和污水处理方式，提出污水处理设施的规模与布局，明确各类排水管线、沟渠的布置走向、管径以及横断面尺寸等工程建设要求。选择合适、生态的污水处理方式。

（3）电力电信设施与系统规划。用电负荷预测：确定用电指标，预测生产、生活用电负荷。输配电网规划：确定电源及变、配电设施的位置、规模等；确定供电管线走向、电压等级及高压线保护范围。通信需求预测。通信设施规划：确定电力电信杆线路布设方式及走向。

（4）能源利用及节能改造。确定村庄沼气、太阳能、秸秆制气等可再生清洁能源的利用方案，提出房屋节能措施和改造方案。有条件的村庄社区可采用集中供热解决村庄取暖需求。

（5）环境卫生设施与系统规划。按照生活垃圾分类收集、有机垃圾资源化利用、就地减量等要求，确定生活垃圾收集处理方式，合理确定垃圾收集点和中转站的布局与规模。合理布局环卫设施，包括无害化卫生厕所和水冲式卫生公厕。

（6）智慧乡村社区规划。合理布局网络与智慧设施系统，可优先针对旅游型社区、资源型社区。

5.6.5　公共服务设施

依据乡村社区类型、等级和服务职能，坚持"联建共享、保障基本、因地制宜、量力而行"原则，综合考虑人口规模和服务半径，合理配置各类公共服务设施，包括社会管理、公共福利、公共活动、文化体育、教育、商业网点和物流、卫生医疗、社会福利、宗教、文物古迹等设施，以及兽医站、农机站等农业生产服务设施的选址、规模、标准等要求。

5.6.6　农田水利灌溉工程

参照粮田设施建设标准，采取水利（包括灌溉工程、排水工程、防洪工程等）、农业（包括农田工程、田间道路、土壤改良、良种繁育与推广、农业机械、仓库与晒场）等措施建设。形成布局合理、设施较完善的农田生产基地，从节田、节水、节电等方面着手，提高土地利用率，提高生产力，提高农业综合经济效益。

5.6.7　农田保护与土地整治

落实永久基本农田和永久基本农田储备区划定成果，落实补充耕地任务，进一步明确保护要求和管控措施。统筹安排农、林、牧、副、渔等农业发展空间，推动循环农业、生态农业发展。完善农田水利配套设施布局，保障设施农业和农业产业园的合理发展空间，促进农业转型升级。根据当地土地整治和土壤修复存在的问题，合理制定农用地整理、农村建设用地整理、土地复垦、未利用地开发、土地生态修复等方案。

农用地整治。现状零星耕地、永久基本农田周边的现状耕地可通过土地整理形成新增耕地的土地纳入重点整理区域，整理后的耕地作为永久基本农田占用补划和动态优化的潜力地块。整理后耕地达到永久基本农田标准的，应纳入永久基本农田储备区管理。

农村建设用地整理。不予保留的各类破旧、闲置、散乱、低效、废弃的农村建筑。适合复垦为耕地的,要优先复垦为耕地;周边主要为园地、林地的拆旧地块,以及地块破碎、坡度较陡、不宜耕作的土地,应相应修复为园地、林地等。村内建设用地中的零星土地拆除后原则上留作公共空间,用于优化居住环境和公共服务。

5.6.8 综合防灾

根据村庄社区所处的地理环境,明确村庄社区综合防灾体系,落实相应的专项规划,划定洪涝、地质灾害等易发灾害的影响范围和安全防护范围,制定防洪防涝、地质灾害防治、消防等相应的防灾减灾措施。根据消防要求和保障措施,明确消防水源位置、容量,划定消防通道;林中村或处于森林防火区域内的村庄社区,与森林防火规划做好衔接;按照防洪标准明确洪水淹没范围及防洪措施;按照排涝标准提出防内涝措施;提出工程治理或搬迁避让措施;综合考虑各种灾害的防御要求,统筹进行避灾疏散场所与避灾疏散道路的安排与整治。

5.6.9 河道水系

河道水系规划要做到:①区域系统化,服从和遵循区域水利规划,保持水网的联通和畅活、控制水土流失、调配水资源使用、综合治理环境污染。②景观环境协调,进行河道岸线控制与设计。③维持水体的原生态性。保证滨水地带环境卫生,保持水体洁净。维持现状水面率,通过落实河道水系蓝线调整及村内河道水系规划,提高规划水面率。

5.6.10 生态保护与修复

注重生态廊道塑造、生态斑块设计、生态要素管控。落实生态保护红线划定成果,明确生态公益林、水源保护地、水域保护岸段等生态功能极重要区域和生态极敏感区、脆弱区的保护任务和要求。针对社区所在区域自然生态存在的主要问题,明确生态修复的重点任务和具体措施,优化水系、林网、绿道、小微湿地等生态空间。合理布局"田、水、路、林"等生态空间,有机整合农田、绿地、水系、自留地等各种生态要素,组织构造高效的生态网络系统,融入区域的生态体系。

5.6.11 历史文化保护

结合历史文化遗存现状,明确历史建筑或传统风貌建筑、历史环境要素、历史遗存等保护对象名录,提出相应保护策略;制定村庄宗祠祭礼、民俗活动、礼仪节庆、传统表演艺术和手工技艺等非物质文化遗产的保护方案。

以上是乡村社区规划的空间系统的主要内容。具体开展社区规划时,应立足于乡村社区实际，深入分析乡村社区在环境、社会、经济、文化、空间等不同方面的特点及存在的问题，厘清成因，针对性地进行规划设计，将空间系统与经济发展、环境整治和社区的民生保障需求整合考虑。

5.7 乡村社区规划的实施

除了按照"一库、一图、一表、一单"操作实施以外，乡村社区规划的实施还要关注以下两点：①乡村社区成员应全程参与乡村社区规划的编制和实施。村民是乡村社区建设的主体，要尊重村民意愿，保障村民利益，改善乡村社区的生存环境与生活质量。采取自下而上和自上而下相结合的方式，激发来自乡村社区内部的动力，将社区的内生动力与外源动力相结合，在乡村社区规划编制和实施的各个阶段，充分发挥村民主体的主观能动性，确保规划实施效果。②以政府和社会资本扶持为依托。以往的村庄规划和整治工作主要是由镇政府发起的行政行为，规划编制及实施的资金来源主要是政府财政投入。乡村社区规划的实施资金可以镇政府资金为主，由社会企业资本支持，通过社区成员自主进行乡村社区规划建设。

 小结

本章讨论了怎样做社区规划。遵循社会时空观点，社区规划工作被概括为三个界面，即规划社区的社会、空间和时间，分别对应于社区的人口、住房和社区服务需求与供给平衡，社区的空间、场所和社区的规划与设计，以及社区的活动、组织和社区生活体系建构，以此达成社区规划的目标——体面的生活，愉悦的生活，有意义的生活。

从工作性质上说，社区规划是在规划之上的再规划、规划之后的再规划，作为前提的规划是居住区规划、居住小区规划、城市详细规划等类型。社区规划的内容覆盖了前述规划的所有内容分类，并且更侧重于针对前述规划实施后所呈现出来的状态和问题进行再规划。因此社区规划对社区现状、主要矛盾、发展目标以及发展条件的重新审视非常重要。主要负责营造生活环境，也提供潜在的教化之义。

社区规划的内容重点在于社区内部功能需求的满足和提升、社区与外部的功能连接和强化。不同类型定位的社区，其社区规划的重心也各有所倾斜。本章着重讨论主要由城市规划专业人员制定的空间与指标整合的社区规划，并将社区规划的工作阶段概括为"深度参与式三阶段规划"过程。社区规划为了保障实施，除了系统的规划方案，还应同时提供规划实施指导，具体成果形式可以包括规划实施行动项目库、规划实施行动项目空间分布图、规划实施行动项目分类（分时）表和操作指导单，可概括为"一库、一图、一表、一单"，也就是将规划目标分解成具体的实施项目，并在项目的空间分布及时间进度上做出引导安排。社区规划的方法结合了规划的研究与表达方法和其他学科的社区调查分析方法。本章还专门分析了乡村社区规划的价值理念、调查方法、策略制定、空间系统内容以及实施保障。

 关键概念

社区活动的时空模型

社区生活空间体系

项目库

路线图

时间表

操作单

 **讨论问题**

1. 在社区规划的每个工作界面中任选某一方面，结合实际社区来深入分析。

2. 比较社区规划的不同思路类型，谈谈你的分析理解。

第 8 章

社区规划的参与
内核和治理效用

本章将社区规划作为一种过程，突出社区规划的过程导向和效果导向，分析了社区规划与社区参与、社区规划与社区治理这两组关系，揭示了促进社区参与是社区规划的精神内核所在、推动社区治理是社区规划的功能效用体现。本章还表明了社区规划应该由谁来做、怎么实施的问题。

第1节　利益相关者和行动者

1.1　利益相关者的概念

利益相关者（stakeholder）是一个管理学术语，指的是组织环境中可以影响或受到组织决策和行动影响的任何相关者。利益相关者可能来自组织的内部或外部，或与组织相关。大多数情况下，利益相关者可作如下分类：所有者和股东（shareholder）、银行和其他债权人供应商、购买者和顾客、管理人员和雇员、地方及国家政府。该概念的使用范围也已扩展到包括社区、政府和行业协会。

以提供社会责任指导为目标的国际标准 ISO26000，将利益相关者定义为对组织的任何决定或活动感兴趣的个人或群体。利益相关者可以包括供应方、内部员工（如员工和工人）、成员、客户（包括股东、投资者和消费者）、监管者，地方和区域社区等。

1.1.1 利益相关者分析

利益相关者分析（stakeholder analysis）是一种分析工具，可以用来清楚地确定某个项目或其他活动的关键利益相关者，理解利益相关者的立场，并发展这些利益相关者与项目团队之间的合作，其主要目标是确保项目或未来的变化取得成功。利益相关者分析在项目准备阶段经常使用，是评估利益相关者对于变化或关键行动所持态度的极好方法，可以一次性或定期进行，以跟踪利益相关者态度随时间的变化。利益相关者的类型包括：主要相关者，指直接受到某组织的行动正面或负面影响的人；次要相关者，指那些间接受到某组织的行动影响的人。

创建利益相关者分析有以下益处：①提供对利益相关者利益的明确理解；②提供影响其他利益相关者的机制；③能够充分了解潜在风险；④确定在执行阶段要了解项目的关键人员；⑤提供对消极利益相关者及其对项目的不利影响的认识。

建立利益相关者分析矩阵有 5 个步骤：①利益相关者识别：创建一个利益相关者矩阵（表 8.1），用于识别关键利益相关者及其立场。列出 X 轴上的"影响"级别（顶行）和 Y 轴上的"重要性"级别（第一列）。②列出适当单元格中的所有关键利益相关者（表 8.1）。③利益相关者分析：创建第二个矩阵（表 8.2）。在第一列中列

利益相关者矩阵示例　　　　　　　　　　　　　　　　　　　表 8.1

重要性（Y轴）	大			居委会书记
	较大	技术员	村民小组长	居委会主任
	小	村民王某		
	无		村民丁某	
	无	小	较大	大
	受影响程度（X轴）			

利益相关者分析矩阵示例　　　　　　　　　　　　　　　　　　表 8.2

利益相关者 ＼ 性质、项目	所属组织	角色	利益	影响	特有事实	预期	管理预期的方法
赵某	居委会	发起者	高	高	有很多主动权	必须在预算内完成，时间可商量	频繁更新，参加重要决策
钱某	基金会	筹划指导委员会	中	高	很苛刻，想知道所有细节	每一分钱都会被追查到	频繁更新，参加重要决策
孙某	物业公司	筹划指导委员会	高	中	对数据而非细节感兴趣	不要被太多打扰	详细的会计常规
李某	居民志愿者	筹划指导委员会	中	低	不会制造太多噪声	情况会好转	参加所有头脑风暴活动

出所有关键利益相关者。在顶部行中列出有关他们的相关信息，根据需要使用尽可能多的列。④通过与项目发起人或其他高级别资源进行访谈或讨论，完成表格中的信息。⑤制定一项行动计划，让可能对项目产生负面影响或可能受到行动严重影响的利益相关方参与。

1.1.2　利益相关者管理

在任何成功的项目中，利益相关者的支持都是必不可少的，尤其是对项目实施和可持续性有最大影响的利益相关者，应考虑让那些最受影响的人来创造持久的改变。在整个项目生命周期中，有效的管理需要三件事：识别、沟通和风险规划、积极合作①。

利益相关者管理首先确定项目影响的个人和团体。确定一份全面的利益相关者名单，评估为项目做出贡献或从中获得价值的个人或团体。一定要评估利益相关者的影响，他们受到影响的程度，以及他们对项目的态度。由于利益相关者的观点、参与度和影响项目的能力可能会发生变化，因此社区规划或社区管理团队应该在项目设计阶段确定利益相关者，并且在整个项目中定期确定干系人。在每一个新阶段，重新审视最初的利益相关者分析，这将有助于指导关键利益相关者参与的战术决策。

要评估每个利益相关者群体，应用数字评分或简单地将每个利益相关者的影响力和参与程度分为高、中或低。使用这些评分将每个利益相关者绘制在 2×2 矩阵上进行分析。对于态度，确定利益相关者是支持者（+）、中立者（0）还是批评者（-），或者使用绿色、黄色和红色编码。这将允许划分利益相关者进行沟通和风险规划。

利益相关者评级将有助于形成一个有效的沟通计划，确定每个小组的不同信息需求。项目团队应该通过有针对性的沟通来寻求支持。利益相关者分析将有助于那些对项目成功负有责任的人确定项目倡导者——支持者（积极的态度得分），他们在项目中具有很高的影响力和利害关系。寻求提倡者的帮助来影响那些对项目持中立或消极态度的团体。有影响力和有兴趣的倡导者将为推动项目成功提供重要的盟友。

1.1.3　利益相关者众多与多元利益诉求

利益相关者众多，带来的就是多元利益诉求。当与公众民主意识增强结合时，就会带来复杂的格局。对利益相关者的需求要有更好的理解，以增加满意度。将利益相关者群体组织到一起作为基础，以修订发展战略，并履行社区意图，即不仅获得他们全部的社会需求程度，而且代表他们对于正在产生的设计解决方案在环境和经济层面的要求。

---

①　WHAT ARE STAKEHOLDERS?[EB/OL].（2016-01-30）[2020-08-30]. https：//asq.org/quality-resources/stakeholders.

此外，在某些重要且规模大的社区公共空间领域存在着合作风险。社区公共空间不再主要由规划部门而是由许多的利益共享者决定、设计和开发，利益共享者群体包括公共的和私人的、地方的甚至全球层面的。与大中城市中心的社区公共空间相关的规划实践，因而以与设计相关的众多利益共享者之间的合作为特征。

1.2 行动者（actor）的概念

行动者指的是在某项行动或过程中的参与者。在与社区相关的范畴中，行动者可能是社区外的非利益相关者。另外，利益相关者也并不都是行动者。例如，乡村社区规划的利益相关者至少包括镇政府、村民、村委会及可能的社会相关机构，而行动者除了上述的利益相关者之外，还包括规划师（表8.3）。

又如，社区的公共艺术项目建设可能会涉及下列多方利益相关者：①社区居民；②社区公益基金会；③社会志愿者组织；④街道办事处；⑤居委；⑥社区及周边志愿者群体（社区／学校）；⑦企业（跨国及本地中小企业）。他们中的大部分同时也是行动者，但是行动者中还包括艺术家和规划师等专业人员。

这些行动者可以成为社区规划的参与者以及社区治理的参与者。

社区的利益相关者与潜在行动者　　　　　　　　　　　　表 8.3

	利益相关者	潜在行动者
社区内部	社区居民	社区居民（部分）
	社区组织	社区组织
	居委会（社区）	居委会（社区）
社区外部	街道（社区）	街道（社区）
	社区外居民	社区外居民
与社区相关	—	社区规划师等
	开发商	开发商

1.3 社区的"时间—空间—行动者"分析框架

基于社会时空维度，在社区规划以及普遍的城市规划和建设乃至更广泛的城市议题研究中，有可能构建一个"时间—空间—行动者"的分析框架（表8.4），其中主要的行动者包括规划师、开发商、地方官员、社区居民，以及更多的相关利益主体。在特定社区的规划、建设、更新和管理过程中，这些行动者介入的角色、方式和时间是有差别的。

从介入的角色上看，规划师是城市和社区空间的设计塑造者，开发商是城市和

社区的"时间—空间—行动者"分析框架   表 8.4

主要行动者	角色	时间	方式
规划师	社区空间的设计塑造者	短期	规划（更新改造、城市设计）
开发商	社区空间的开发建造者	短期	开发（包括商业开发和公共开发）
地方官员	社区空间的领导管理者	任期	决策、管理
社区居民	社区空间的建设使用者	相对长期	居住使用；部分参与更新过程，或完全被排除在外；动迁离开
业主委员会	社区空间的维护者	相对长期	执行业主大会的决定，代表业主的利益，向社会各方反映业主意愿和要求
驻社区单位	社区空间的建设使用者	相对长期	办公或经营使用；部分参与更新过程，或完全被排除在外；动迁离开
人大代表	社区空间的监督者	任期	指导和监督社区工程

社区空间的开发建造者，地方官员是城市空间的领导管理者，而社区居民与驻社区单位是社区空间的建设使用者。从介入的时间来看，在城市更新或一般的社区项目中，居民在特定社区内居住和生活的平均时间相对较长；对单一项目来说，规划师开展规划设计、开发商投资开发的时间都是相对短期的，一般不会超过数年。地方官员由于任期关系，在某地待的时间可长可短。在极其特殊的情况下，规划师、开发商、地方官员也可能与地方居民的身份重叠。而在大多数的情形下，上述角色是分离的。也因此，规划师、开发商以及地方官员的行动很多时候是出于他们各自的位置立场，而难以深入理解或不愿理解地方居民的心态与诉求。

在目前大量的城市更新实践中，规划师开展规划设计，开发商开发建造，地方官员决策拍板，而作为空间使用主体的居民，却常常被排除在城市更新过程之外。大多数的现实是，以改善居民生活居住环境为缘由，城市旧区成片被拆除，居民大量被动迁，日常生活空间被抹除，社区历史记忆被中断。无论从城市空间还是时间的延续性来讲，这种模式的不合理是显而易见的，充分反映出非居民的行动者们对于社区日常空间及历史记忆的忽略或极度不重视。而对于城市和社区日常空间与生活的尊重，与对于城市和社区历史记忆与特定历史文化价值的关切，在本质上是统一的。在城市更新特别是社区更新中，从时间与空间的哲学层面来理解和对待社区日常空间与社区历史记忆，遵循并借助"时间—空间—行动者"框架，正确地把握不同行动者各自的角色和特点，也更易于行动者理性地发挥各自的作用，从而真正为社区成员、让社区成员创造一个有日常（空间品质）、有历史（记忆积淀）和有未来（发展可期）的理想社区。

在采用社区"时间—空间—行动者"分析框架时，应从行动者的立场而非从外部立场来判断社区行动者的行为是否为理性选择；应深入关注对行动者而言是合理或理性的行动如何能结合起来产生社会结果。这些结果有时是行动者预期的，有时则是预料之外的；有时对社会而言是最优的，有时则否。有些结果是远期有利，而近期不明显；有些结果是近期有利，而远期则否。社区的"时间—空间—行动者"分析有助于社区规划或其他社区研究时能全面地预测可能的情景，并帮助做出理性的选择。

第2节　社区规划与社区参与

2.1　社区参与的渊源与类型

"社区参与"并非一个新概念，它建立在理论特别是来自实践者的理论基础之上，有国内和国外两条发展线索。

2.1.1　20世纪上半叶我国的参与运动

20世纪20年代，晏阳初在河北开展了十年的"定县实验"，20世纪30年代，梁漱溟在山东邹平进行了乡村建设实践。前者重"平民教育"与"乡村建设"结合，后者则采取"政教合一"，两者都是从乡村入手，侧重以教育为手段来改造乡村社会，并且都主张农民的主动参与是乡村建设成功的前提，这两项社会实验都创造性地运用了大量参与式发展的理论与方法，也成为我国本土的参与式发展的理论与实践范本。

2.1.2　20世纪国外的参与式发展运动

参与式发展（participatory development）是对传统的自上而下发展方式的反思和否定，其内涵是让群众成为受益群体、让群众参与到发展的过程之中去，群众进行自我问题分析，寻求解决办法。参与式发展的理论较广泛地分散在20世纪上半叶的研究中，到60年代末期和70年代，通过社区的参与式发展战略逐渐推动了其主导地位。社区参与建立在20世纪70年代参与式发展时代开始以来的知识基础上，尤其是实务人员的知识。21世纪以来，社会政策中的社区概念不断重新出现，并且也在各国政策制定和方案设计中重新出现，"社区参与""社区能力建设""社区创新发展"等成为一系列时尚标签被重塑使用。虽然类似的概念（也许有不同的标签）在社区发展实践和研究中已经存在了一段时间，但在理解如何衡量和评估其不太可触知的或"模糊"的结果方面，始终存在公认的局限性。

参与式发展的途径是指目标群体（在很多情况下尤其要注意包括穷人和妇女）全面地参与到发展项目和发展活动的规划、实施和监测与评价过程中去。参与式发展途径的一个重要基础在于对目标群体公正、公平的认识，对于群体所处环境进行全面综合的判断分析，充分考虑目标群体的观点与看法。

2.1.3 社区参与的概念与内涵

社区参与是研究和行动上都在日益增长的一个领域，如我们在第1章讨论的，社区可以定义为一系列因素，包括地理位置、规范、兴趣和利益。社区参与是公众参与的一种类型，指的是生活在特定地理区域中具有共同需求的特定群体积极寻求他们的需求、做出决定并建立满足这些需求的机制的一种社会过程，换句话说，是所有社区利益相关者和/或社区行动者在社区发展的各个阶段介入具体事项、参与决策、谋求社区进步的过程。参与的许多定义暗示了参与的连续性和社区参与的各个级别。社区参与的过程可以被定义为"激励普通人走到一起，对他们认为重要的问题进行审议，并采取行动"。社区参与涉及结果、赋权以及弱势群体的重要作用。

社区参与在英语文献中有多种表达方式：community participation，community involvement，community engagement。这三个概念在语义与适用场合上略有区别。Community participation 通常表达积极的、主动的、内生的参与，community involvement 既可以表达社区内部成员的参与，也可以指社区外来者的参与，在国内社会学文献中也有译作"社区卷入"的。Community engagement 则表示持续的、深度的、有效的参与，国内文献中也译作"社区参融"。

社区地域范围内的企业、公司的社区参与是指其作为社区成员与其他社区成员进行对话与合作的过程。实践中提倡并加强这些社区企业成员的早期和有意义的社区参与，通过社区参与以获得支持。

社区参与的情形有主动式与被动式的区别。比如说，社区的志愿服务大都是主动式参与。而人口普查，更多是一种被动式参与，是将重要的国家行动落实到社区层面来执行。2020年我国第七次全国人口普查，有一些宣传标语将个体（家庭）参与的性质与意义表述得颇为清楚，例如"大国点名，没你不行""人口普查家家参与，美好未来人人共享"。

社区规划是社区参与（community involvement）的一种形式和过程，具有双向性，既包含了规划师介入社区发展的决策尤其是空间策略的制定，又包含了社区居民介入社区发展的决策与物质空间规划。社区规划中存在一个"外来专家角色转换"的过程。外来人员不再是主导者，而是以"合作者"的身份出现；与此同时，那些通常意义上的目标群体在分析过程中成为积极的参与者。

社区参与社区规划的连续过程有四个阶段（图8.1）：告知、咨询、介入、合伙。告知：为社区成员提供有关问题的信息和交流；咨询：从社区获得信息反馈；介入：社区的投入和反馈影响规划的决策过程；合伙：城市和社区平等合作，应对挑战，实施规划。

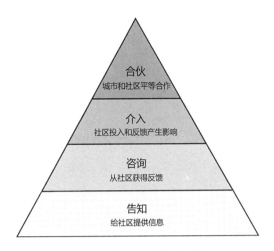

图8.1　社区参与的连续过程

2.2　社区参与的重要性

为何要进行社区参与？理论上讲，这是社区居民的需要，也是地方政府的需要。

2.2.1　社区居民个体健康的需要

社会发展的历史与人的发展的历史是相辅相成的，马克思把人的发展历史分为三个阶段："第一个阶段是以人的自然属性为基础的依赖关系，第二个阶段是以物为基础的依赖关系，第三个阶段是以人的全面发展为基础的依赖关系"[1]参与和合作是这种依赖关系的体现，而社区参与是其中的重要组成部分，特别是对于儿童、外来人口、老年人口以及残障人士等群体来说。社区参与具有积极的社会正效应，通过社区参与，社区居民可以与周边世界建立积极的互动环境，有利于其心理健康。并且还可获得下列方面的支持：经济支持、社会支持（包括社区互助）、情感支持、参考咨询（咨询支持）、消息传递，以及群体影响。

2.2.2　社区利益相关者的需要

社区参与[2]是为参与者所在的社区和企业带来积极、可衡量的变化的力量。社区参与的例子包括实物和资金捐赠、员工志愿服务日、持久的非营利伙伴关系等。实际上，社区内的企业/公司或服务于社区的外部企业/公司进行社区参与的好处

---

[1]　（德）卡尔·马克思. 马克思恩格斯选集（第46卷）[M]. 中共中央马克思恩格斯列宁斯大林著作编译局，译. 北京：人民出版社，1980：103.

[2]　Community Involvement[EB/OL]. https://ccc.bc.edu/content/ccc/research/corporate-citizenship-news-and-topics/corporate-community-involvement.html.

是双重的，可以为当地的慈善组织和社区带来积极的回报，并提高公司的绩效指标，例如声誉和员工敬业度。当参与者的公司与当地的社区非营利组织和基于服务的组织建立合作关系并建立工作关系时，社区将得到加强。企业社区参与计划可以为公司提供展示产品、员工能力和公司价值的平台。在加强社区的同时，甚至还有一些方法可以促进员工之间的联系网络和技能建设。举个建立社区需求与社区企业合作的例子。社区中的杂货店、便利店和菜市场可以为社区居民提供充足的新鲜水果、蔬菜和食品，还可以采取打折、促销方式，以便低收入居民能够在那里购物。反过来，社区居民的日常光顾消费行为，有利于这些商家的生存经营。使用企业公民身份来加强社区伙伴关系的公司，不仅能够培养工作场所文化，加深员工的敬业度，而且还能够在其开展业务的社区中建立持久的关系，这对双方都有利。

2.2.3　社区发展的需要

社区利益、社区问题，通常个体无法解决，社区成员必须通过参与组织起来，合作互助才能解决长期存在的问题，并且通过选择不同的、合适的方式来共同合作，以达到更好的社区建设的目标。社区参与是对不断累积的经济和社会变化的反应。一般而言，社区参与寻求并促进可能受某项决定影响或对该决定感兴趣的居民的参与。社区参与原则认为，受到决策影响的人有权参与决策过程。社区参与意味着社区利益相关者和行动者的贡献将影响社区决策。同样的，社区参与也成为公民政治参与的途径。

根据美国社会工作教授菲利普·费林（Phillip Fellin）的观点，一个令人满意的社区应当是一个"有能力回应广泛的成员需要，解决他们在日常生活中遇到的问题和困难的社区"[①]。当社区成员能够拥有社区意识（第4章）、主体意识，愿意并履行对其所属社区应承担的义务，在社区交往中能坦诚面对、广泛参与社区的决策时，社区参与的能力将会得到加强。

2.2.4　地方政府工作的需要

政府重新关注社区参与的原因有很多，其中很重要的一条是通过参与以限制社会风险，因为政治控制和社区参与具有互生的关系。当然社区参与也可能被视为对政府在没有社区参与的情况下做事的不信任感的结果，但是对于政府可以而且应该在社区参与方面如何作为，社区和政府通常都并不清楚。关于市民参与和社区参与的研究较多集中于从外部带给政府变化，但是没有将地方基层政府视作市民参融和社区参与的合作者和发起者。地方基层政府可以是有意义的市民参融和社区参与的

---

① 　Phillip Fellin. The Community and the Social Worker[M]. F E Peacock Pub，1987.

积极贡献者，但他们必须与其他行动者进行广泛合作。

社区参与是"以人为本"原则及其范式转变的一部分。社区参与是否能够维持生产性和持久性的变化，为定义参与度提供了良好的整体出发点。美国创新联盟（Alliance for Innovation）白皮书《联系的社区：地方政府作为市民参与（Citizen Engagement）和社区建设的合作伙伴》提出，必须建立一个重要共识，即地方政府需要进行更多的工作以促进市民参与。白皮书认为，地方政府是很必要的，并且往往是培育真实的、有意义的和有效的市民参与的市民的合作伙伴。地方政府鼓励居民和雇员都认为自己作为市民参融治理活动以及共同努力以帮助他们的社区变得更好，这一点很重要。

在过去的近二十年中，国际社会对参与社区活动表现出越来越大的关注，政府大都非常重视社区参与，正在大力投资于政策制定、培训其机构工作人员和发展其在社区参融领域的做法。例如澳大利亚，在政府各部门组织或资助了大量会议和讲习班，在社区协商进程和政府—社区伙伴关系的扩散中表现突出，2002 年，昆士兰州政府制定了社区参与改善战略[①]，2005 年，布里斯班举办了社区参与国际会议。从 20 世纪的历史发展来看，人们对参与社区的关注是周期性的，而且是波浪式出现的，这很大程度上是受到社会发展、政治现实以及城市建设状态刺激的结果。

2.3 不同人群的社区参与

充分的社区参与需要社区成员对社区治理的参与，如果社区成员及相关组织不参与这个过程，他们很可能会在政府的规则制定中被排除在外和不被考虑。社区参与中更强调一些特殊成员或弱势群体的参与，包括老年人、儿童和外来人口的参与。此外，乡村社区参与也有其特点。

2.3.1 老年人口的社区参与

本教材对于老年人的服务和需求在前面章节中有较多的论述，这里需要特别指出的是，在一个不断加剧的老龄化社会中，要避免对老年人口的僵化认知，这一点非常重要。

从人口学的角度看，老年人口就其年龄阶段与自身青壮年时期相比处于衰退趋势，我国老年人口大致划分为三部分：低龄老年人口（60—69 岁）、中龄老年人口（70—79 岁）、高龄老年人口（80 岁以上）。但是从社会学的角度看，老年人口在年龄、健康和心理状态、社会经济状况、知识和技能等方面存在巨大差异，如果对

---

① Queensland Government's Community Engagement Improvement Strategy，2002.

老龄人口细分的话，老龄人口既是社区服务的享受者，同时他们也可以成为相当一部分服务的提供者，是社区里优质的人力资本。

老年人口以社区生活为主，也是当前社区参与中可能的与现实的最大主体。合理的做法是积极有效挖掘开发社区老年人力资源，充分发挥老年人参与经济社会活动的主观能动性和积极作用。在社会层面，大力发展老年教育培训；鼓励专业技术领域人才延长工作年限，积极发挥其在科学研究、学术交流和咨询服务等方面的作用。在社区层面，鼓励老年人积极参与家庭发展、互助养老、社区治理、社会公益等活动，继续发挥余热并实现个人价值。结合老龄人口特点，提供更多非全职就业、志愿服务和社区工作等岗位。老年人口的积极的社区参与，可以大大地扩展社区的社会工作者资源。

社区老年人还可以组织起来参与养老型社区建设工作，比如鼓励老年人关注社区事务、参与社区活动、组织老年志愿团体，建设养老型社区文化。例如塘桥街道睦邻点的成功案例。上海浦东塘桥街道以楼组为支撑，以独居老年人、纯老家庭为依托，由居委会和老年协会具体负责指导，在居民区建设了几十个睦邻点，覆盖了辖区所有居委。睦邻点鼓励由低龄老年人为高龄老年人提供多样化照顾服务，推出聊天解闷、相互照应、读书读报、评论时事、切磋技艺、人文交流等邻里互助活动，形成以点带面、从点到块，逐步扩大区域化涉老合作。

2.3.2 儿童的社区参与

儿童作为社区公共空间的使用者和消费者，他们的参与对于促进儿童自身的社会化和社会角色认知具有重要的现实意义。然而长期以来，在城市和住区的规划设计中，儿童活动空间和活动设施的设置大都按照规范或设计师的成人视角与经验，儿童是一个"沉默的"群体，无法提出他们自身的诉求。

（1）儿童的定义

关于儿童的定义，医学界、教育界各有不同。我国通常以14岁为界划分儿童与青少年，根据儿童的行为和心理发展的阶段性，又分为：婴幼儿（3岁以下），这个时期他们缺乏足够的自主活动能力，成人为其活动环境做出选择；学龄前儿童（3—6岁），这个时期他们通过模仿成人逐渐形成自己独立活动和思维能力；学龄儿童（6—14岁），这个时期他们已具备独立自主的活动能力。随着儿童活动能力的增强，他们对活动场地的需求不断扩大。儿童在社区中活动的时间较长，家庭环境和社区环境对儿童性格塑造和健康发展具有重要影响，社区环境对其"社会化"过程起到重要作用。

（2）儿童友好社区的儿童参与理念与实践

目前国内外许多城市都在强化儿童的社区参与。美国的丹佛市开展了广泛的儿童友好活动，包括一项"学校安全路线"计划，根据儿童反馈的空间风险，家长、法律部门、城市规划师、公园运营者评估居民区到达学校的各个路线，并对其进行安全性改造。又如意大利北部城市克雷莫纳（Cremona）的"小小指南"计划，儿童们被组织参与工作坊，徒手画出他们自身的城市"经验"，其中包含他们认为重要的场所，如家庭、学校、教堂和朋友家等，鼓励儿童来表达自身的城市经历与感受，并制成海报、举办展览或表演等。学生们收集社区的历史信息，为儿童游客编写旅游指南，同时鼓励学生们通过小小指南来向他们的父母展示克雷莫纳的城市风光。克雷莫纳的儿童发现了许多成年人忽略的事物，"小小指南"受到了许多人的欢迎。

　　儿童的视角往往最接近自然，最富有童趣。儿童参与社区调研，有助于积极促进他们的身心发育、认知、情感和社会化过程，增强他们对社区的归属感。北京、上海的一些社区正在积极创建儿童友好社区，在城市更新背景下探索由儿童主导儿童友好的社区微改造，一些社区开展了"小小规划师"活动，鼓励儿童通过调研发现家门口需改善的问题，并对其中大部分的问题提出儿童视角的解决方案。各部门倾听孩子的建议，让改造项目不断汇聚，为城市增添活力和人文友好氛围。例如上海市长宁区，在虹桥街道自治办的指导下，家住虹桥城市花园的小居民们还成立了社区自治儿童议事会。

　　还有些活动是在城市层面发起，面向包括儿童在内的群体寻求社区问题的解决办法。例如上海市有关部门面向全市在校学生共同发起生活垃圾分类"小发明、好方法、金点子"征集活动。对于儿童参与垃圾减量分类活动，提高环保意识意义重大。许多儿童在参与这个课题后，在家就成了一名垃圾分类宣传员、督导员，起到了促进家庭进步和社区发展的作用。

2.3.3　流动人口（外来人口）的社区参与

　　流动人口（外来人口）数量巨大，大都在城市中租房生活。很多时候，流动人口处于既不是农民也不是市民的边缘人境遇。他们身在城市，户籍不在城市，即使在城市居住时间较长，甚至比较稳定，也因为随来随走，无法享受市民的待遇，更难以参与到城市的选举，行使自己的政治权利。国家卫计委流动人口司发布的《中国流动人口发展报告 2013》显示：在民主选举和民主管理层面的政治参与中，流动人口中的 89.3% 愿意融入本地，仅有 1.9% 的流动人口参加过流入地的社区选举活动 [①]。这既是流动人口政治参与权的问题，也是流入地吸引、关注、对待流动人口以及政治文明的问题。

　　对流动人口来说，他们来到城市租房定居下来，并使用部分社区服务设施，对于社区的感知，很大程度上是通过与社区居民以及（社区）居委会的联系建构起来的。

---

① 卞广春 . 流动人口 "话语权" 有待制度激活 . 人民法院报 [N]. 2014–7–27（2）.

美国经济学者加里·S.贝克尔（Gary S.Beeker）[1] 在他的"时间分配理论"中提出了关于时间的两个论点，时间的有限性和时间分配的互斥性，以及时间消费效用的最大化。将贝克尔的论点扩展到流动人口的劳动领域则表明，流动人口的劳动时间过长或者超时工作，社区参与就会受到影响，尤其是文体类的社区活动参与。而社区健康建档作为社区卷入的代表性指标，由于社区采用上门服务的方式，不会大量挤占流动人口的劳动时间，这种强制性的、被动式的参与基本不受劳动时间影响[2]。

政治机会通过选举民主体现，个体尊严通过社会权利体现。流动人口受空间和时间的制约，很大一部分既不可能参与户籍所在地的选举活动，又不能参与居住地的选举活动，从而失去了履行自己政治权利的机会。在"微信小程序"等技术支持下，目前已有可能改进在户籍所在地的选举活动。而流动人口参与居住地政治活动，能为居住地的政治生态、经济建设和社会文明做出积极努力，有利于促进居住地的安定与发展。流动人口政治参与权的问题在于居住登记制度的健全程度。

流动人口参与选举活动在其故乡既属于社会参与，也属于乡村社区参与；而在城市中，由于流动人口与所在社区关系上的疏离，则更多时候体现为一种普遍的、强制性的社会参与，少数与社区事务直接相关的选举才体现为社区参与。

以深圳为例。深圳市人口倒挂严重，外来人口数量超过本地户籍居民数量，非户籍人口占社区人口比例大。为充分保障非户籍居民的民主权利，深圳市在充分开展调研的基础上，结合城市实际，适当放宽选民登记条件，按照循序渐进、平衡有序的原则，逐步拓宽非户籍居民参与居委会换届选举，并在 2018 年居委会换届选举中制定一些新的规则，例如在非户籍居民占社区人口达到一定比例的社区，应当要有非户籍居民当选为居委会成员，以进一步激发非户籍居民参与社区自治激情，增强居委会的代表性，推动基层民主发展[3]。

2.3.4 乡村人口的社区参与

乡村社区的生产生活方式，使得农民的参与积极性天然地高于城市。1978 年，我国农村改革是从安徽凤阳小岗村开创家庭联产承包责任制开始的，本质上这场改革的发轫恰是乡村社区参与的产物。但是从目前乡村社区参与的整体状况来看，农民的参与程度较低。在乡村社区生产生活空间布局、乡村社区服务需求、乡村社区建设等方面，乡村社区规划结合乡村社区参与是至关重要的。乡村社区可以依托村

---

① 贝克尔.人类行为的经济分析 [M]. 上海：三联书店，1993.
② 赵玉峰.流动人口的社区参与和社区卷入：基于劳动时间的解释 [J]. 社会建设，2018（4）：77–87.
③ 深圳市政协.关于强化居委会法定地位，纠正居委会被边缘化倾向的提案及答复 [EB/OL].http://www1.szzx.gov.cn/content/2017–01/09/content_14760703.htm.

民会议、村民代表会议等载体，广泛开展形式多样的农村社区协商，探索村民议事会、村民理事会等协商形式，探索村民小组协商和管理的有效方式，逐步实现基层协商经常化、规范化、制度化。

2.4 社区参与的现实障碍与不足

实际的社区参与存在一些难点，包括相关利益主体参与的时间、能力以及由此产生的参与意愿不足。

2.4.1 社区成员参与的意愿不足

特定社区的相关利益主体应该是比较明确的，但并非固定的。在社区层面，相关利益主体仍会随着参与主题、议题的变化而改变参与的动机、意愿，NIMBY 心态也会影响参与。社区居民参与的意愿不足，具体的原因多种多样。例如，大城市职住分离、工作场所习以为常的加班造成的居民时间与精力的过度消耗；社区物理—地理边界扩大，或是工作地与户籍地的分离。概括地讲，就是社区成员缺乏时间或距离较远等问题严重阻碍了社区参与。华东师范大学人口研究所针对上海郊区家庭生活状况进行的问卷调查结果显示，在社区活动方面，郊区居民的参与率较低，经常参加的居民占 14.6%，偶尔参加的居民占 54.4%，从未参加的居民占 25.5%。对于为何不参加活动，55.9% 的居民表示是因为没有时间，30.5% 的居民表示是活动地点离家远[①]。

大多数居民只对利益直接相关的事务有参与动机和意愿，一些居民除非涉及自身利益，否则对社区公共事务并不关心。因此需要更好地满足居民参与社区事务的多样化需求，让社区居民的社区意识和参与社区生活的积极性激发出来[②]。此外，实际生活当中社区参与常常仅考虑社区居民的参与，社区内的商业服务业（私营）企业等作为社区成员的参与意愿也常常考虑不足，而社区内私营企业的参与越来越被视为良好做法，良好的社区关系对于企业运营达到环境标准非常重要。

2.4.2 社区参与渠道不足

在社区成员参与态度发生积极变化的情况下，社区参与渠道畅通与否，在一些社区成员关切的问题上能否保证切实或有效的参与，成为社区参与的又一个重要问题。这些也反映出社区参与中的复杂性。大多数时候实际情况是，社区的参与类型、

① 刘子烨. 沪郊家庭收入比例增不抵支 [N]. 联合时报，2013-9-13（2）.
② 冯述芬. 社区统战工作理论与实践 [J]. 上海市社会主义学院学报，2013（2）：47–51.

参与渠道和过程设计等都过于单一。近年来，大城市的一些街道社区无论是政府资金还是干部的精力投入都相当可观，但是成效平平，不但社区整体环境风貌没有明显起色，而且政府服务供给与居民需求错位相当严重；基层干部觉得做了很多事，但是群众不买账，反而意见很大，觉得资金没用好。还有，当前的基层干部考核常常是一票否决制，例如在上海一旦居民热线投诉率超过规定数量，街道和居委考评期内的其他工作就白干了。造成这种局面，最主要的原因还是社区参与不足，广泛的参与目标缺少融合，决策没有比较选择，行动目标难以实现。

2.4.3 社区参与的成功率不足

社区参与过程中矛盾普遍存在，社区参与的成败很大程度上取决于参与能力和参与议题。动迁引起的上访以及一些恶性事件，某种程度上说，都是社区参与失败的结果，除了少数案例外，大多数时候是弱势个体抗争失利，而原先社区解体，求助于社区不得，因而诉诸极端手段。动迁事件是与社区的解体伴生的，每一起动迁上访以及一些恶性事件背后，都指向了一个消失的社区。行政系统的无能或无作为，社会资本的介入，市场化的解决方式等，都影响了社区的功能与责任机制，导致了社会问题。社区参与的下降会加剧社会的边缘化，最终导致社会排斥。

此外，大多数社区参与不同程度地存在成效不均衡的问题，具体表现在参与形式和范围方面：年龄结构上，以老年人参与为主；参与类型上，以被动的参与为主；参与效果上，以低层次、低水平的参与为主；等等。

针对上述主要问题，政府应有限主导，适度干预，并确保社区干预的正当性；社区应通过妥协、调节和相互帮助进行合作，进行超越冲突的控制，并尽可能促成社区参与的成功案例，哪怕是社区成员在微小问题上的有效参与，也可以激发他们在后续的、其他事务上的参与意愿和参与行动。作为促进社区参与可持续发展的重要关切，需要突出强调透明参与的决策制定。例如在一些企业或单位宿舍社区，涉及"三供一业"分离移交的更新改造项目，初始往往遭遇居民反对，通过实际成功改造的个案项目，可以为后续项目提供积极的推动作用。总而言之，稳定有效的社区参与需要健康有序的社会的系统保障。

2.5 社区规划的参与性与工作阶段

社区参与的内容较多，这里主要讨论与社区规划相关的社区参与，当然其中也涉及对社区综合事务的见解与决策的过程。社区规划本身是一种社区行动，更是注重实施行动的规划，其物质规划特性与城市更新密切相关，其社会规划特性与城市治理密切相关。社区规划通过将参与性贯穿各工作阶段助推其实施，通过可操作性加强其实施保障。

社区规划本质上具有参与式规划（participatory planning）的特征，是最需要公众参与也是最适宜公众参与的规划类型，这里的公众是指社区利益相关者、社区成员，更多是指社区居民。社区规划中的社区参与应该是社区利益相关者和行动者的整体参与。但是在参与过程中，参与者在正式的规划程序中的定位有待进一步明确，因为在与市民参与相关的地方制度之间、制度内部以及在规划程序内容中目前尚不同程度地存在着模糊性。

以下仍以上海浦东新区金杨新村街道社区规划的案例，来分析在社区参与和规划程序之间关系的情形。金杨新村街道社区规划的规划过程分成了三个阶段，各阶段的内容侧重不同。社区参与则贯穿了所有阶段。

2.5.1 第一阶段——调研定位中的参与

在规划前期广泛进行社区动员，集中了解社区居民和基层管理人员的意见和诉求，涉及社区物质环境、社会发展、社区组织和社区管理等方面。该阶段侧重梳理现状，确立社区发展目标定位，与上位规划相协调，为社区发展制定初步战略。准确把握社区特征、充分了解社区需求，才能形成合理方案。

这一阶段的社区参与主要是为规划工作进行前期铺垫和准备。参与的人员层次较多，但是社区中的企业机构仍缺位，这也导致后续规划实施中存在部分规划意图难以贯通的结果。参与内容主要是了解调查工作要求。规划团队联系街道，培训和动员街道部门及各居委。例如召开社区规划问卷调查培训会，主要针对居委会干部和社区工作志愿者；课题组成员现场接受居民咨询；建立社区规划微信工作群，社区领导、居委会干部、志愿者等都在其中。

2.5.2 第二阶段——系统规划中的参与

该阶段形成社区规划草案，从住房、服务设施、基础设施以及保护与开发四个维度进一步确立规划方案，并通过规划方案社区认证会、专家研讨会等方式，对社区规划成果进行评估。该阶段着眼于对社区建设和社会支撑的总体部署，突出空间治理的内容。

2.5.3 第三阶段——实施控制中的参与

该阶段着眼于分解落实系统规划，建立社区行动项目库，确定行动路线，为后续行动提供依据和参考。规划内容涉及社区物质环境、社区服务和社区活动等方面，并和街道、居委一起协商区分，哪些项目或行动社区可以独立解决，哪些需要资金支持或外部协同解决。

社区规划要体现社区对规划的自主权，强调公众深入参与的编制和实施过程，从行动计划的拟定、行动主体的构成和职责、行动推进流程等方面，都需要规划专业人员、社区居民、社区组织和基层政府部门的参与协同。社区规划的编制可以促进自下而上的社会治理。在社区规划编制过程中，可以充分发挥社区居民的力量，从发展诉求、方案对策、行动组织等方面，提高社区规划和建设工作的有效性，进而提升社区的凝聚力。既要注重发挥社区规划专业人才作用，又要广泛吸纳居民群众参与，科学确定社区发展项目、建设任务和资源需求。

专业机构包括开展规划设计、编制的规划设计机构，以及规划实施阶段介入的专业社区组织。从具体实践来看，规划设计编制以规划师、建筑师、景观建筑师为主；规划实施以园林设计师、景观建筑师为主，为居民提供技术指导。参与其中的有专业人员、社区工作者、社区自治组织、社区居民等。

2.6 社区规划中参与的形式、方法与技巧

社区参与过程中矛盾普遍存在，因此恰当的社区参与的形式、方法与技巧显得格外重要。经验丰富的社区规划人员往往能理解参与式规划的基本原理和语言，以及所需要的参与技能。

2.6.1 社区参与的形式与内容

在规划与管治 / 治理中，参与是一个核心工具。社区参与的形式与内容较为多样（图 8.2），本质上可以概括为 6 类：

（1）政治、权利、义务性质的参与——选举投票，履行民主政治权利，例如选举居委会干部、人大代表或业委会委员，各类听证会，包括社区规划听证会等；此外人口普查登记，是带有强制义务性质的参与。

（2）社交、福利性质的参与——事件活动，文化、娱乐、体育活动等，以促进社区居民满意度为主。

（3）慈善性质的参与——慈善捐助，以社区为单位组织居民进行各类捐赠、救助，以及志愿服务、义务工作等。

（4）专业性质的参与——贡献技能，发挥社区中不同居民的职业技能或业余专长，帮助社区解决实际问题，例如律师为社区问题提供业余咨询，医护人员为社区成员讲授保健知识，或其他有突出专长技能的社区成员为社区其他居民提供义务咨询等。

（5）资助性质的参与——贡献资产，有条件的社区成员和社区地理范围内的机构、单位、组织等，为社区事务、活动等无偿或优惠提供设施、场所或器具等。

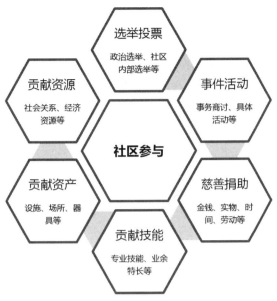

图 8.2　社区参与的主要形式和内容

（6）联络性质的参与——贡献资源，为社区需求提供个人所掌握的社会关系、经济资源信息和帮助等。

从社区参与的频率来区分，还可以分成：①常规活动性质的参与。主要是围绕兴趣活动的参与，例如集体舞蹈、烹饪、歌唱等，可以由社区居民自发或社会组织定期组织举办，可以丰富社区公共生活。②重要／例行活动的参与。例如社区居委会选举、社区垃圾分类推进等。③偶发事件的参与，美国社区中所谓"城市规划大事要议，有伤风化的事要管，破坏景观的事要抓，家长里短的纠纷要判"[①]等。

概括起来就是应提高社区参与度的路径选择。社区参与不仅仅是选举、参加公众会议和投票，还包括居民群体和邻里组织在治理活动中成为基本的合作者，在政策制定中贡献资源、财产和能力。不同形式和范围的参与，可以通过年龄、性别、种族、社会氛围等来区别。

2.6.2　社区参与者范围

理论上讲，社区参与应该包括所有的社区利益相关者。社区规划的参与者范围，涉及社区利益相关者和行动者。从现实的参与情况来看，参与主体正从通常的以成年人、老年人为主，逐步扩展至儿童与年轻人。不同的地方制度、关系网络对接纳年轻人参与空间规划产生影响。从参与的条件、设施、技术和方法等方面，可以改善在社区规划乃至规划体系中年轻人的参与，以便在规划中更好地代表他们的需求和利益。

① 谢芳. 美国社区 [M]. 北京：中国社会出版社，2004.

值得注意的是，融合特定的社区居民群体时，应尽可能减少对其他群体可能遭受的更多排斥。例如社区规划中提出了系统增加社区无障碍设施的要求，在具体统一实施时，某多层住宅底层将原先的两级踏步改为坡道，即时方便了单元内一户使用轮椅的居民家庭，但是改建的坡道尺度局促，处置简陋，多数居民的视觉和使用体验并不愉快。住宅单元内有穿高跟鞋的女性居民提出了投诉，社区领导也颇觉难办。因此对融合的社区规划与管治的挑战是，处理那些"接触不到的"和有时不在规划师和政策制定者思想中的群体的参与。在每一个阶段，都需要不同层次的利益相关者和行动者的参与，这样才能确保社区规划能够真正贯彻。

2.6.3　社区参与的方法手段

社区成员参与可选择的方法包括：①使用调查、居民小组、关注团体；②通过讨论、教育和构想来分享信息；③利用互联网和社会媒体；④审议和对话；⑤服务交付和绩效评估；⑥邻里组织和家庭业主协会；⑦变更组织过程和态度；⑧围绕关键问题的混合方法；等。在参与手段上，应不断尝试寻求新的方法手段运用、应用，信息交流技术的发展提供了新的工具。技术在提高公众知情度、减少对特定政府信息流程的依赖、减少被动接受信息的可能性方面有积极的作用。例如 e 规划体系的采用，通过使用信息交流技术以改善和促进城市规划过程，特别是使用互联网、地理信息系统和虚拟现实，支持地方政府与公众之间的双向对话、不同风险承担者之间的互动，提高公众参与的可达性，参与也因而从固定的空间与时间中独立出来。在虚拟环境规划系统（visual environment planning system，VEPs）项目中，可以开发以网络为基础的三维（3D）参与工具。

2.6.4　社区规划中社区参与的目标、策略与技巧

社区规划中推进社区参与有一定的优势，这是因为社区规划提供了重要的参与方式和实际效果。

（1）可视化。以视觉方式而不是仅以言语方式呈现信息，人们可以更加有效地参与其中。社区规划系统方案和成果中的图形、地图、插图、图纸、图片集锦和模型等方便人们理解社区将会怎样变化，活动挂图的使用，为在室内外场所中开展活动提供了灵活性，便利贴、彩色圆点和横幅的使用，也使得使该过程本身可见。

（2）社区变革的触媒。没有任何社区规划活动可以解决世界上所有的问题，但是几乎总会产生有限的实际改进，并且是社区居民可以实际感知、接触的。社区规划活动通常可以充当社区乃至地方社会更根本性变革的催化剂。

就规划专业方来讲，社区规划中有助于社区参与的方法举措参见表8.5。

针对社区规划专业行动者的社区参与方法和举措　　　　表 8.5

方法	具体举措
培训	培训在各个层面都是有极大意义的，对问卷调研、规划方案解读、规划实施等工作环节都可以开展培训，对于不同受众，尽量采用有利于其理解接受的不同方法
共享控制	公众参与任何活动的程度可以从很小到很大。在规划过程的不同阶段适合不同的层级，但是在规划和设计阶段的共享控制是至关重要的。让参与群体体会到意见得到表达、考虑乃至接受的成就感与控制感
尊重当地知识	所有人，无论是否识字，不论贫富，无论是儿童、妇女还是男子，都对他们的周围环境有深刻的了解，并能够分析和评估其状况，通常比受过训练的专业人员更好。尊重当地人的看法、选择和能力，并让当地人参与制定目标和策略
尊重文化背景	确保所选择采用的方法适合所工作的文化背景。考虑当地社区成员对性别、非正规生计、社会团体以及在公共场合大声疾呼的态度等
避免行话	使用通俗易懂的语言。术语阻止人们参与，通常是烟幕，掩盖无能或自大
参与时间越早越好	最佳时间是规划的开始，越早越好。如果规划已经开始，则应尽快引入参与
持续参与	社区参与规划议题需要持续不断，并应得到相应的支持。期限紧迫的一次性咨询，价值有限
提供乐趣	参与创建和管理社区环境不是一件容易的事。这可能是一个结识新朋友并获得乐趣的绝佳机会。如果人们在参与过程中享受到创造环境的乐趣，则可能产生最有趣、最可持续的环境
人性尺度	通常居委会社区规模是相对较合适的尺度。对于像上海这样的街道社区，则尽可能分片分区开展参与活动，将地区问题转化为局部规模。处理地区或片区规划问题需要社区和利益集团之间使用特定方法进行高度协调
关注现有利益	开始参与类的工作时，应关注社区成员的现有利益和动机，让他们看到参与的相关性
有远见但现实	没有期望，就不会有太大的成就。期望太高，可能令人沮丧。在设定有远见的目标和对可用的实际方案求实之间取得平衡
跟进	确保留出时间和资源来记录、宣传和根据社区规划倡议的结果采取行动
与决策整合	社区规划活动需要与政府决策过程相结合，其结果应该反馈至上位规划或相关政策制定。如果与决策没有明确的联系，则参与过程将受到损害
设定时间表和正确的推进速度	每一阶段的社区参与活动应设定截止日期，避免过多消耗参与者精力，导致心理疲劳，影响参与效果
混合的方法	使用各种参与方法，因为不同的人希望以不同的方式参与。微信、邮件、展览现场发表评论或举办研讨会等
专业的推动者	专业人士和管理人员应将自己视为帮助社区群体实现其目标的推动者，而不是服务和解决方案的提供者
为当地情况规划	为每个社区制定独特的策略。理解当地特色和乡土传统，并将其作为规划的起点。鼓励区域和地方多样性

就社区组织方来讲，社区规划中有助于社区参与的方法举措参见表8.6。

针对社区组织者的社区参与方法和举措　　　　　　　　　表 8.6

方法	具体举措
花费	有效的参与过程需要时间和精力。虽然有多种方法可以适应各种预算，并且仅靠人们的时间和精力就可以实现很多目标。但是预算过紧通常会导致偷工减料和不良结果。社区规划是一项重要活动，其成功或失败可能对子孙后代以及自己的资源产生重大影响。在错误的地方建造错误的事物的成本可能是天文数字，并且使正确的社区规划成本变得微不足道。因此不妨慷慨地做预算
触及社区的所有部分	不同年龄、性别、背景和文化的人几乎总是有着不同的观点。使用方法覆盖社区的所有部分，例如年轻人、少数民族社区、小型企业、"沉默的大多数""难以到达者"，确保整个社区都参与其中，这通常比大数量的参与者重要得多。但是小心避免通过创建单独的流程进一步弱化弱势群体
让所有受影响的人参与	如果各方都致力于社区计划，则它的效果最佳。尽早让所有主要利益相关方参与进来，最好是在规划过程中。如果关键的利益相关者或行动者（例如土地所有者或规划师）置身活动之外，很少能完全实现其目标。如果有些人或团体一开始无法说服他们，应及时告知他们，并让他们选择稍后加入
特殊利益集团	代表不同的、特殊利益的重要群体由于其复杂性而在塑造环境中起着至关重要的作用。决策者需要考虑最能代表当前和未来社区多样利益的证据，包括考虑具有特定知识的特定利益群体的观点
质量而不是数量	有人参与比没有参与要好，参与人数越多当然越好，但是参与的质量比参与的数量更重要。较少人参加的组织得井井有条的活动，通常会比大批人参加的组织得不那么井井有条的活动更富有成果
录制和记录	确保正确录制和记录参与活动，以便可以清楚地看到谁参与了活动以及如何参与。对于容易被遗忘的细节，这些记录在以后的阶段可能是宝贵的资料
透明	在活动中，参与目标和人员的角色应该清晰透明
建设本地能力	社区的长期可持续性取决于发展人力和社会资本。抓住一切机会发展本地技能和能力。让当地人参与调查自己的情况，运行自己的程序并管理本地资产。帮助人们了解规划过程如何工作以及他们如何受到影响。交流和文化活动在能力建设方面特别有效
过程与结果一样重要	参与很重要，但它本身并不是目的，目标是实施。因此事情如何完成，通常决定了最终结果
实话实说	对任何社区参与活动的性质、通过参与可以达成的目标（例如是否有基本建设项目的预算）、由于社区的参与可以更改和不能更改的内容、参与所能带来的机会程度等，应直截了当说明，避免隐藏或欺骗
鼓励合作	在所涉及的各个利益集团之间以及与金融机构等潜在捐助方之间，尽可能建立伙伴关系
交流	使用所有可用的媒体让社区成员知道你在做什么以及他们如何参与其中。社区报纸或大型报纸尤其宝贵。社区报纸和越来越多的网站是无价的。提供信息是所有参与活动的重要组成部分
过程的本地所有权	社区规划过程应由社区主持。即使有外部机构或组织可能正在提供建议并承担某些活动的责任，但当地社区也应该对整个过程负责
恰当使用专家	当本地人与所有必要学科的专家密切、集中地合作时，最好的结果就会出现。创造和管理环境非常复杂，并且需要各种各样的专业知识和经验才能做好。不要害怕专业知识。但是避免依赖专业人员，"小小地、经常地"使用专家，让本地参与者有时间发展能力，即使这意味着他们有时会犯错误

就社区成员来讲，有助于自己参与社区规划的方法举措参见表8.7。

针对社区参与者的社区参与方法和举措　　　　　表8.7

方法	具体举措
个人主动性	实际上，所有社区规划的动议都是因为个人采取了主动行动而发生的。不要等待别人
接受不同的议程	人们出于各种原因希望参与其中，例如：学术研究、利他主义、好奇心、担心变革、经济收益、邻里关系、专业责任、利益保护、社交。这不一定是问题，通过参与促进人们了解自身需求和实现的可能
参与而非上诉和斗争	召开座谈会，来表达意见，不是社区派系的资源争夺，不为反对而反对，而是朝向解决问题的理性讨论
避免社区政治	避免卷入社区政治矛盾，目标是解决问题而非权力斗争

2.7 社区规划促进社区参与能力建设

对于社区参与能力建设，通常的反应是社区应该提高参与的能力，而忽略了"社区参与"所潜含的双向行为特征，包含了外来者参与社区事务或社区成员参与社区内外事务。这与上文在表8.5—表8.7中针对社区规划专业行动者、社区组织者、社区参与者而分别讨论其社区参与方法和举措是一致的。

2.7.1 让社区参与规划

在过去几十年中，包括各国政府在内的国际社会充分认识到了政府的社区参与工作的重要性，社区的概念也在社会政策中不断浮现，并且促成了在各国城市政策发展和方案设计上向社区参与这一理念的回归。然而，尽管政府对社区参与的意义予以足够重视，但是关于政府如何更加有效地听取和吸纳社区建议的问题在现阶段各方面仍旧存在一些困惑。到底是社区参与还是政府参与[1]？

在公众对更多参与的需求日益增长的背景下，从社区的角度考虑问题并指导规划决策，比规划决策单方面地干预社区行为更加有效，换句话说，从社区成员参与规划的角度考虑规划议题，比从规划参与社区的角度更加有效，这可以视作专业人员的换位思考。构建社区参与能力的一个可选择的方法是与社区合作，增强社区参与规划的技能，而不是让社区成员与专业人员合作，仅仅来提高专业人员参与社区的能力。相对于传统的参与方式，提高社区参与规划决策的能力有着诸多好处：可以授权于社区，而不是使社区接受被动的管理；可以利用社区存在的长效性、稳定性，

---

[1] C. King，M. Cruickshank. Building capacity to engage: community engagement or government engagement?[J]. Community Development Journal，April 2010：5–28.

来修正专业人员的短期甚至是随意性；可以构建一种多方互动关系，来解决社区发展中的系统性问题，在发现问题、提出解决方案和方案的实施中避免一家之言。

社区规划中社区参与的重点在于社区更加有效地参与规划决策的能力建设，通过对社区内部有意义的方式努力巩固他们自身的社区。从理论上讲，规划始终应该让当地社区在影响他们的决策中有发言权。但是在实践中，社区经常发现很难拥有有意义的发言权。为了引导干预和合作，以便更好地参与规划，过程中可以采用"社会学习"（social learning）方法，使得产生问题时人们能够适应并对问题情形做出反应。特别涉及在多重行动者之中系统的学习过程，促使他们共同定义一个目标，认同在不同范围内协同行动的必要性。社区成员应着手他们自己社区的发展过程，可以创立社区群体（例如社区咨询委员会）。通过对居民进行参与规划的培训，提高居民参与决策以及在更广泛的社会层面更清晰地表达自己观点的能力，从而影响和改善外界（包括政府）对社区的看法。

当然显而易见的是，必须更好地理解社区参与过程实施的变化背景。社区成员参与，一定是众口难调。涉及公共资源配置，那就一定面临资源争夺、矛盾与冲突。例如由于个体的多样性、不同的理解、价值和意图以及变化的组织和制度结构带来的复杂性，还包括政治、经济、社会、文化以及环境的不确定性和意外情况。尽管如此，通过让社区参与社区规划这一过程，尽可能地保障、支持和加强社区个体及团体能够成为社区的一个成员，以达到有效用和有效率的关系。

2.7.2　让规划师参与社区

按照社会时空观的理解，社区的空间问题需要实质性地解决，且在较大程度上也是可以直接解决的；社会问题则很少是被解决的，而只是将一个问题转换成另一个问题，在时间上赢得妥协，也就是说，社会对策很大程度上是"缓兵之计"，让时间去消耗问题、化解问题。"时间变化"的共识往往非常重要。

美国开展社区规划的志愿者方式可提供一定的借鉴意义。由于美国社区自治的长期社会基础，社区规划也是在社区层面组织的。但是社区本身并不具备专业能力，对于规划人员有限或需要特定专业知识和指导的社区而言，创造更强大、更具韧性的未来可能是一项挑战，存在实质性的技术门槛。与社区合作创建解决方案的是志愿者专家。社区规划协助小组／社区规划援助团队（The Community Planning Assistance Teams，CPAT）是 APA 的规划组织，是规划专业人员组成的多学科团队，他们自愿花时间与当地利益相关者一起制定社区愿景规划和实施策略。CPAT 为社区面临的各种问题提供专业知识。CPAT 为社区带来了规划资源和机会，并增强了居民和其他利益相关者影响和确定影响其生活质量的决定的能力。2020 年以来的 COVID-19 大流行打乱了规划人员参与社区的方式，但是社区解决持续存在的问题

（包括长期洪水和其他灾难恢复工作）的需求仍然至关重要。

在我国由于社区自治的基础不足，这样的方式对大多数社区来说目前并不一定能很好地适用，可行的办法仍然是委托专业机构进行社区规划，在社区规划的实施阶段，社区规划团队或社区规划师可根据具体条件作为志愿者继续参与服务，提供一定的咨询。

第3节　社区规划与社区治理

社区是社会的基本元素，是人群、机构、资源聚集的地方，同时也是问题、矛盾、风险积聚的地方。社区管理水平高低，关乎民生发展与社会和谐，集中体现政府的执政能力。十九届四中全会确立了"将全面实现国家治理体系和治理能力现代化"的明确目标和时间节点，其中包括建立健全城市现代治理体系、全面提升治理能力。基层治理是国家治理现代化的基础，在我国，这个基层指的是县级及以下的单位、组织，城乡社区治理是基层治理的重要组成部分。

3.1　社区治理的概念与内涵

社区治理的概念由治理概念而来，并构成城市治理、国家治理的基础。

3.1.1　治理的概念、内涵及特征

（1）治理的概念与定义

虽然我国古代早有"修身齐家治国平天下"（《礼记·大学》）、"无为而治"（《道德经》）的治理理念，但是现代的"治理"（governance）概念来自当代西方公共政策和新政治经济研究领域。20世纪80年代，由于在社会资源配置中市场与国家等级制的调节机制双重失效，国家与社会出现普遍的统治和管理危机，而社会组织团体迅速成长，因而政治学家和管理学家们主张用一种新的方式——治理来替代统治（government）。治理的思想理念在美国政治经济学家埃莉诺·奥斯特罗姆（Elinor Ostrom）1990年出版的《治理公共事务》中得以系统表述，她提出了通过自治组织管理公共物品的新途径，但也并不认为这是唯一的途径，因为不同的事物都可以有一种以上的管理机制，关键是取决于管理的效果、效益和公平。

自从世界银行1992年发布年度报告《治理与发展》后，治理和善治（good governance）便成为国际社会科学中最时髦的术语之一，成为诸多学科的最新研究领域，主要研究如何通过政府与民间的合作，改善国家特别是地方、地区、公司、机关、学术机构等的治理结构，提高效率，增强民主。

目前引用较多的治理定义来自全球治理委员会（Commission on Global Governance）在 1995 年发表的研究报告《我们的全球伙伴关系》，即"各种公共的或私营的个人和机构管理其共同事务的诸多方式的总和。它是使相互冲突的或不同的利益得以调和并且采取联合行动的持续过程。这既包括有权迫使人们服从的正式制度和规则，也包括各种人们同意或以为符合其利益的非正式的制度安排"。

（2）治理在我国的应用

治理是当下我国学术界与全社会频繁使用的一个热词，也是研究社会关系的一个较新的理念。我国自改革开放以来，政府、单位不再是资源配置的绝对主体，资源配置结构趋于复杂、多元、动态化，社会治理结构也从政府单极管理走向网状水平发展。各类经济组织、社会组织的培育与发展推动了国家的"社区建设"理念的提出，鼓励社区非营利组织、社区公众和政府一起参与到社区公共事务的管理之中。尽管政府在新的治理模式中依旧处于主导地位，但这个新的模式已体现了国家—社会关系的转变。

自 21 世纪以来，这种从管理到治理的转变的迫切性和艰难性在社区层面表现突出。一是，城市建设快速，社区公共服务压力剧增。城市居民和流动人口在教育、医疗、文化、交通等方面的公共服务需求多元，老龄化压力日益加剧，政府垄断公共服务资源和包揽公共服务供给显然已不太可能。二是社会阶层分化加剧，单一社区模式面临挑战。三是社会生活组织方式从"单位人"到"社会人"的转变尚未彻底完成，单位对个人的社会管理功能已逐渐消解，而个人对单位的公共服务和社会福利的依赖性尚在，还未完全适应社会化、市场化机制。这些变化对社区管理体制提出挑战。

2013 年 11 月中共十八届三中全会提出以"治理"代替"管理"，这是我国治国执政理念的重大突破，是从以控制和分配为核心的"管制"逻辑向参与、协商的"治理"逻辑的转变。政府的"他治"、市场主体的"自治"、社会组织的"互治"结合起来，有可能形成政府、市场和社会协同共治的"善治模式"。在社区层面，民众沟通体系和认知均需全面升级，要提供所有的利益相关方、社会组织等微观介入、共同治理的渠道。

（3）治理的实践内涵与层级特征

治理包括空间治理与社会治理。空间治理与社会治理往往共存于实践当中，空间作为治理展开的舞台，同时也作为治理的客体，与社会治理交织和互补，共同构成治理的实践。如果说空间治理是"看得见的"治理，社会治理则是"看不见的"治理，但两者也不是简单的"标"与"本"的关系。

治理具有多层级的特征（图 8.3）。在不同政治与地理尺度上，自下而上形成了社区治理、城市治理、区域治理、国家治理乃至全球治理的多个层级，其中每一层级都包含着空间治理与社会治理的交织。空间治理与社会治理在中观层级可落实于城市，宏观层面还从属于国家空间治理与社会治理的更大框架。城市治理是国家治理的重要基础，而社区治理又是城市治理的重要基础；社区治理是城市治理在社区层面与所辖范围中的具体细化，同时也有赖于城市治理全局性与系统性的支持。

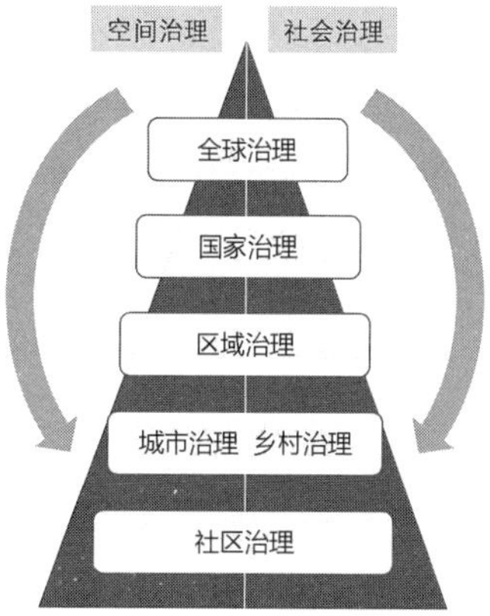

图8.3 治理层级示意图

3.1.2 社区治理的定义

（1）社区治理的定义

社区治理（community governance），指的是应用各种正式的制度和规则以及非正式的制度安排，充分发挥多元主体能动性，在社区公共事务领域积极协调生存矛盾和利益冲突，促进社区有序高效运行，共同提高社区生活环境品质和社会福祉的过程、方式和机制。社区治理的本质是对社区的社会空间秩序、生活环境质量的控制。

（2）我国社区治理的特征

2018年我国政府工作报告提出"打造共建共治共享社会治理格局"，要求完善基层群众自治制度，加强社区治理。在社会治理创新的背景下，社区治理有了全新的定位。在许多城市"两级政府、三级管理、四级网络"的体制下，社区治理着重体现在三级管理、四级网络的层级，城市之间社区治理关键的差异就在这两个层级，分别对应于街/镇和居委会层面。城市政府管理部门对社区治理的广泛关注也体现在行政用语中，例如"精细化管理"逐渐转变为"精细化治理""社区网格化管理"逐渐转变为"社区网格化治理"。从城市整体来讲，将形成网状的社区治理结构。

3.2 社区治理的现实障碍与不足

社区治理是高水平的社区参与，而前面讨论的当前社区参与中存在的现实障碍与不足同样存在于社区治理中。此外还涉及社区空间更新困难、政府对社区自治的重视不够等方面。

3.2.1 社区自治的诸多不足

基层群众自治制度是我国基本政治制度的重要内容。社区自治是社会转型发展的趋势，也是社会建设中的新课题，在自治动力、组织建设、自治空间与资源方面目前尚存在诸多不足。

（1）社区自治动力不足。社区为什么要自治？它要自治什么？对这些实际问题还有不同的认识，这直接造成了社区自治的动力不足。在居委会社区类型中，社区内居民自治的事务，目前被分解在业主大会、业主委员会、居委会、物业公司各方，社区自我管理在体制上就很复杂，居民很难适应，觉得还是依赖政府、"公家"比较省心。

（2）社区自治组织薄弱。社区自治与权力调整和职能转变具有内在关系。尽管各地在社区履行职能的机构模式上有差异（第5章），但居委会面临着相似的问题。居委会长期作为"准行政"组织，绝大部分精力用于执行政府交办的各项行政事务，一旦剥离了行政和服务的职能，并不能迅速转变角色，不知道如何回归社区的"三治"（自治、德治、法治）职能，甚至出现了一些地方的居委会定位和职能被忽视、被弱化、被边缘化的问题。

（3）社区自治的资源和载体缺乏。社区居委会没有法定民事主体身份，缺乏有效自治的途径、载体和平台。在居委会社区类型中，社区自治缺乏人、财、物的保障，缺乏足够的专业性组织和社会工作专业人员提供技术服务，缺少基金会组织提供资助，很难行使全体居民代表的职责，造成自治功能虚化。例如深圳的大部分居委会与社区工作站合署办公，居委会每年只有几万元活动经费，缺口基本是由社区工作站或股份合作公司拨付[①]。

3.2.2　社区空间治理的困局

就目前状况来看，社区空间治理的难点在于社区的空间更新。一种是大规模的、激进的社区更新改造方式，以大拆大建直接毁灭原有社区；还有一种是老社区的经费不足、更新困难，主要集中于售后公房社区。这些社区普遍遭遇物业管理费较低、维修基金不足、设施管理不到位等瓶颈问题，更新改造非常依赖市区县政府的补贴和居民的参与，而社区中现时居民构成的复杂性和对利益的不同诉求又导致了在更新改造的具体举措上难以达成共识。

3.2.3　政府对社区自治的重视不够

长期以来，我国各级政府以强大的领导力和执行力，取得了社会管理的显著成绩，但是也潜在造成了对社区自治重视不够的思维定势，例如一些地方政府管理得很顺手，对基层自治的必要性和自治能力不以为然，甚至还心存顾忌和警惕。以我国政府自上而下推动的农村社区信息服务项目（如农家书屋工程等）为例，该项目

---

① 深圳市政协.关于强化居委会法定地位，纠正居委会被边缘化倾向的提案及答复[EB/OL]. http://www1.szzx.gov.cn/content/2017-01/09/content_14760703.htm.

的实施者倾向于将农村社区居民视为信息服务的被动接受者，很少关注他们的主体能动性及为其赋能。

3.3 社区规划中的社区治理

就社区的社会空间秩序和生活环境质量的控制而言，规划本身就是一种具有技术理性的治理方式，社区规划与社区治理因为可操作性而密切关联（图8.4）。社区治理包括社区的空间治理和社会治理，空间治理的内容与社区规划直接相关，社会治理的内容则部分可以通过社区规划来解决。全面提升国土空间治理体系和治理能力现代化水平，其中也包含着社区空间治理的现代化。社区规划中如何融合社区治理的要求，也是社区规划可操作性的反映。

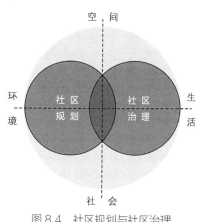

图8.4　社区规划与社区治理

3.3.1　由社区规划确定社区治理工作内容

制定社区规划的出发点就是要系统指导社区发展与行动，为社区建设提供日常工作指导和行动依据。社区规划的任务之一是确定社区优先发展涉及的事务，包括对社区公众重要的事务、行动将会有效的事务。社区规划为了保障实施，除了系统的规划方案，还同时提供规划实施指导，包括"一库、一图、一表、一单"，将社区近远期目标及其分解后的具体实施项目也就是需要应对的事务分列出来，并在空间分布及时间进度上做出引导安排。也就是说，社区规划为社区治理确定了具体的事务内容。并且社区规划实施可以从场所、活动着手，聚焦于社区物质空间改善，为社区治理提供空间治理的抓手。

3.3.2　以社区规划推动社区精细化治理

更进一步，社区规划还可以推动精细化治理。社区精细化治理的内涵以及社区规划的应对可剖析为以下三方面：

其一，精确的责任分工。精细化治理的前提是对所治理的事务有精确的责任分工。在社区层面，除了社区管理者、社区工作者有专职岗位，其他社会工作者、志愿者可以纳入社区应急管理与服务队伍，还可以调动不同职业居民志愿服务社区的潜力。

社区规划可确保社区内的分工活动在空间上是可得的、可及的。以社区防疫为例，良好的社区规划、组织与实施，有可能在意外失灵的疾控预警系统之外开启社区弹性自救机制。包括确保社区医院、社区公共卫生服务中心有合理规模的用地，方便社区医疗设施开设发热门诊，并适应分级诊疗制度；社区内设有可改作临时隔离观察点的多功能场所；社区局部乃至整体隔离的预案，等等。

其二，精微的行动逻辑。精细化治理的核心是洞悉系统运行的精微机理，依靠常识和知识逻辑做事。面对具有多样性、复杂性和动态性的城乡系统，社区治理须得重视这样一个方法论原则，即首先应该对要解决的问题做出正确的诊断，厘清原生、次生、再生的问题，然后提出解决方案。"上面千条线，下面一根针"是社区工作的写照，无论是自上而下"千条线"单独、搓合或缠结，还是社区层面的"穿针引线"，政策制定者与执行者都须体悟其中的内在逻辑。如果罔顾现实环境条件，按套路、循教条地刻板操作、一管到底，能给予"治理"规矩，却不能使治理精细。比如疫情中社区封闭管理与日常生活保障、防控效果与成本失衡；又如一些社区空间更新中的沿街封店、统一招牌、路面"白改黑"等运动式整治，无疑受认知偏差的影响。

社区治理是具体实践，精细化治理必然体现规范性、科学性与人性化的潜在关系。抓住社区的主要矛盾、倾向性问题和敏感要素，是精细化治理的重心所在，也是社区规划设计的重点所在。

其三，精准的技术支持。精细化治理的工具是创新、精准的支撑技术。智慧技术在社区因"疫"而兴，例如大规模在家办公、在线教育、云医院、公共服务线上化等数字生活开放平台，一些"社区大脑"试点线上社区疫情防控管理系统，助力防疫与复工复产工作。未来的社区数字化基础设施规划建设需兼顾日常治理与应急治理的不同应用场景，让城市精细化治理升级为快速、精准、有效的算法治理。

3.3.3 以社区规划提供社区治理技术标准

如第6章讨论的，社区规划可以强化其技术支撑与工具性能，为社区治理提供操作技术标准。社区规划可以提供实施说明书，例如高层住宅区应规定提供每户消防、地震的紧急逃生指引手册，社区的广场、公园、公共设施规划设计宜附带环境噪声标准、活动容量、人口聚集密度等参考指标，以减小灾害事件发生概率。此外，社区规划技术应包括高技术与传统低技术各得其所地使用。避免简单化、标准化的极端现代化思维，而应将地方社区的传统多样性、现实复杂性和社会生活的实践知识结合在一起，强调技术的选用要符合社区文化与历史，要能真正服务社区，发展社区，与社区有机融合，并且能够随着社区环境的变化而不断发展。

3.4 以社区规划提升社区自治能力

一个社区的自治能力不是它被称为社区就自然而然地获得了，它需要居民在共同生活中逐步培养。如何通过社区规划提升社区自治能力？这是当前社区非常关注的问题。

3.4.1 构建系统的社区发展与治理方案框架

社区自治并非仅仅是一种粗浅的组织活动，而需要在更高、更深的层面上形成系统的方案框架。社区规划为社区提供了这种整体框架，包括明确的目标愿景、行动步骤与治理边界。这个战略框架将目标任务、行动者要求和过程战略联系起来，在规划过程的不同阶段，涉及和联系不同的行动者，提供不同类型的信息支持。政府的工作重点是提供必要的法规和物质支持，帮助社区成员实现社区目标，促使其在此过程中形成自我管理的能力。

3.4.2 调动社区内生资源

社区规划是关于社区事务、社区建设和社区发展的决策过程，社区规划的制定与实施可以充分调动起社区资源。可以以人力资本为主线，分类管理社区资源，与社区各领域的服务结合起来，进行资源的匹配链接。除了社区居民，通过人力资本的动态资源可联动社区的其他资源，如机关、企业、事业单位（医院、学校等）、社会组织、社区组织等正式与非正式的资源，有效地进行资源整合。居住在社区内的党代表、人大代表、政协委员、业主委员会主任以及驻社区单位是社区建设的重要力量，可进一步发挥好他们参与社区规划制定与实施并宣扬社区的积极作用。

3.4.3 促进解决社区冲突

在社区规划与社区治理过程中，冲突是一个重要议题。冲突包括与规划内容和过程、部门分割、不同政策层面、公共与私人相关的以及社区内不同群体之间的冲突。例如涉及社区环境资源利用的争议，又如涉及社区公共领域局部私有化（比如社区空间更新改造中削减绿地改为停车空间的行为）的争议。社区冲突或争议，一般被认为是一个事件，而不是一个政策实施问题，这有其积极的和消极的方面。

从社会互动的多元的观点来看，冲突可以产生创新，它打破了传统程序或惯例，行动者通过反省，被迫对一个问题状态做出反应，从而能够重新建立背景条件，揭示新的因素、新的关系和新的行动机会。解决冲突需要交流和理解，需要一个更加开放的、包容的规划过程，一个从政府为中心的体制向一个利益共享者为中心的管治模式的转变。社区规划作为一个民主过程，是一个合作的对话，目标是寻求相互的理解、适应和学习。在复杂的空间规划过程中，空间冲突可以作为出发点，帮助确定面临的复杂的空间问题和冲突。对朝向更加可持续的社区规划来说，解决冲突的小的动议、直接的和可比较的短期结果及中等预算的方案常常更加奏效。在社区冲突案例中，应深入分析引起社区冲突的社会、文化和经济的脆弱性，分析不同利益相关者和行动者的角色，探讨社区规划过程中的社区冲突如何影响规划过程，最终在公共利益的制度组织中走向创新的社区实践和社区自治能力的提升。

3.5 社区治理反馈社区规划

社区治理的方式就是充分发挥多元主体能动性，通过社区公共事务性的工作，致力于协调矛盾和利益冲突，谋求社区生活环境品质和社会福祉提升。社区治理的成果也会积极反馈于社区规划。

好的社区治理意味着社区成员对社区事务的集体关注，以及在社区决策中的积极参与、平等参与。这意味着，在开展社区规划时，他们的意见诉求会充分反应在社区规划的各个阶段，或者说，社区成员会主动地寻求与社区规划团队的联系，向社区规划专业团队咨询与他们自身相关的社区利益或不利方面，甚至可以提供有效的地方知识，促进社区规划专业团队更好地理解社区问题和权衡适用于社区的解决办法。

社区治理与社区规划过程建立起有效的互动时，将使得社区规划过程更有效地获得"在地"规划体验，并有可能获得社区问题的独特解决方案。

延伸阅读8.1　香港公共屋村的示范样本——"牛头角上村"

在香港160个由特区政府兴建的公共屋村中，牛头角上村显得与众不同。这个廉租房群落背山面海，6幢高层住宅盘踞着半个山头，为近5000户草根人家提供了租价低廉的住所。2009年夏天落成，并成为示范屋村，而它经历了持续9年的官民交道——从拉锯博弈到互动互信。

绝大多数居民原本是邻近的另一个廉租房群落牛头角下村的老住客。2000年，香港特区政府主导重建老旧屋村，7幢大楼将全部拆掉。上万多名居民不愿意服从特区政府安排，不想离开自己生活了数十年的老地方，特别是老人希望原村安置。2001年，居民们向议员递交信函。

对每一个纳入"整体重建计划"的屋村，香港民政部门都会出资购买一家民间机构的社工服务。社工搭建特区政府与市民之间的桥梁，向居民传播其政策，同时协助居民向官方反映意见。负责牛头角下村二区重建工作的是来自香港著名的民间机构——香港圣公会福利协会的社工。为了反映上万名街坊的意见，启动了"全村调查问卷"。"每一户都有权利和责任来表达意见！"两个月下来，收集到的问卷超过 2500 份，其中超过 90% 的住户表示，希望集体就近安置。居民们约见政府工作人员，从基层的房委会委员，到更高级别的房屋署助理署长。在香港，掌管房屋问题决策权的房委会有着独特的决策机制。20 多名委员组成一个决策小组，半数委员是来自不同政府部门的官员，另一半委员则是由行政长官亲自委任的"社会人士"，其中有专业工程师、商人、社工等。例如有来自民间组织香港公屋联会的委员。有两位非官方委员都曾与居民会面，为了帮助居民，他们特意去找当时的房委会主席。房委会主席也亲自到牛头角下村巡视，赞成"他们不是乱要求，那里的环境、邻居都是他们生活的一部分，离开那里会扰乱他们的心情和健康"。

2002 年 6 月，房委会决策小组开会讨论这一拆迁问题。根据房屋署的专业评估报告，下村二区的楼宇结构可以在延期时间内继续维持。房屋署于是作出让步，决定"顺应居民要求"。

在下村等候搬迁时，居民参与了新屋村的计划。居民们已经意识到：愿意付出和理性地提意见，是真的可以带来改变的。社工再次协助居民联系房屋署，要求该部门向居民"阐述重建项目的规划和设计"。房屋署的建筑师带着图纸，向那些以后真的要住在那儿的用户家庭交代。居民们自制了小册子，上面记录了他们利用周末一起去"逛屋村"时发现的香港公屋的种种问题，还附上自己拍摄的图片、搜集的数据，并一一写下具体的建议。这个廉租房群落细致的规划，有些问题甚至连做高档房地产都不会考虑那么仔细。

资料来源：改编自陈倩儿. 推土机与鲜花下的香港公租房示范样本 [J]. 至爱，2012（3）：14.

第 4 节　社区规划的效用与法定性

社区规划完成后谁来评审？效用如何评估？本节结合目前我国社区规划的实践，对当前社区规划发展的若干关键问题做一些总结分析和展望探讨。

4.1　社区尺度与社区规划范围

本书的第 1 章围绕"社区"的概念、内涵进行了详尽的讨论，事实上，"社区"概念在学术范畴、行政范畴、专业范畴、现实生活中的使用范围如此之广，使得我们有必要重申一下社区的尺度问题。只有这样，才能确立社区规划的范围。

4.1.1 社区尺度区分——从居/村社区到街/镇社区

我国"社区"的行政界定不一，外延存在差异。目前，全国绝大多数城市（北京、深圳、广州、天津、武汉、南京、太原等）的行政区划层级是"市—区—街/镇—居/村（社区）"，社区对应于居委会/村委会层级，一个居委会社区对应若干住宅小区或住宅区，一个村委会社区对应若干自然村或居民小组；极少数城市（唯有上海）的行政区划层级是"市—区—街/镇（社区）—居/村"，社区对应于街道、镇层级。表8.8所示的社区，分布于不同性质规模等级的城市，在行政范畴中社区之间的规模差别非常大。由于处于不同的行政层级，也由于各种具体因素，个体社区之间在用地规模上差别大至百倍以上，人口规模差异数十倍。

社区规模与层级的比较示例　　　　　　　　　　　　表 8.8

社区名称	社区人口规模（万人）	社区用地规模（km²）	社区层级
上海南京西路街道社区	>3（常住），>5（户籍）	1.62	隶属静安区
上海金杨新村街道社区	>18	8.2	隶属浦东新区
武汉百步亭社区	>18	5.5	隶属江岸区
安庆天桥社区	>0.4	1.2	隶属大观区石化街道
太原半坡西街社区	0.5138	0.058	隶属杏花岭区鼓楼街道

4.1.2 社区尺度解析与社区规划范围

从社区自治来讲，居/村委会社区是合适的规模尺度；但对社区规划来说，街/镇社区则是合适的规模范围。因为在街/镇层级，其行政管辖范围内基本公共服务设施的统筹配置、用地调整是可能的（接近15分钟生活圈），是社区治理向城市治理的合理过渡。

由此可见，从几个公顷的居委社区规划，到几个平方公里的街道社区规划，虽然都称为"社区规划"，但是其内涵、内容相去甚远，讨论社区规划的专业语境是完全不同的，所要讨论的社区问题的复杂程度也是无法相提并论的。社区行政界定的不一，可以部分解释当前社区实践领域概念混杂、混淆、混乱的根由。

此外，将社区的学术概念、行政概念不加区别地使用，这在广泛的建成环境领域部分专业人员中也不在少数。如本书第1章讨论的，学术语境中的社区概念定义宽泛，对规模并无严格界定，但是不能直接适用于规划专业范畴。无论是一处小到几十平方米的社区花园的设计营建，还是社区微更新项目，比如一片运动场、一块儿童游戏场、一条林荫道等，其性质应是社区公共空间设计，而不能直接冠以社区规划。

第 8 章 社区规划的参与内核和治理效用

社区存在的问题可能集中于某些方面，社区规划的意义在于在系统中梳理问题，并在系统层面提出解决对策。社区空间微更新、社区花园行动等涉及社区内部小微尺度的设计和局部空间的品质提升，显然不能等同于社区规划，更不能代替社区规划。反之，社区规划也不能替代小微尺度的社区空间设计。社区规划强调社区整体性、系统性的社会空间发展方案与行动框架，微更新项目是社区规划的具体落实。

目前我国与社区相关的实际状况是，社区建设归属民政部管理，老旧小区改造归属住建部管理，社区规划同时归属住建部和自然资源部管理。其间的交错社区规划本身难以协调。但是从专业理性来讲，社区规划的范围设在街/镇层级相对合理，能实质地发挥统筹社区资源、促进社区建设与发展的作用。对于大量的居/村委会社区来说，社区规划可确定在街/镇层级，或将若干居/村委会社区合并规划，也就是形成"完整社区"，目的是能在行政层面上合理配置资源，整体发展。

4.2　社区规划师与社区规划

如本书第1章提及，自2018年开始我国逐步出现了比较集中的"社区运动"。2019年2月，住建部关于在城乡人居环境建设和整治中开展美好环境与幸福生活共同缔造活动（简称"共同缔造"活动）发布指导意见，基本做法是以城乡社区为基本单元，以改善群众身边、房前屋后人居环境的实事、小事为切入点，倡导"大力推动规划师、建筑师、工程师进社区"。各地纷纷响应，许多城市推出了"社区规划师"和"乡村（社区）规划师"。但是紧跟着的问题是，社区规划师做的事就是社区规划吗？社区规划该由谁来做？

目前各地聘请的社区规划师或乡村（社区）规划师中，有规划师，也有建筑师、景观建筑师，还有工程师，也就是说，很多并非来自城乡规划专业，这个做法本身没有问题。因为社区层面需要解决的问题是多尺度、多样性的，而背景各异的社区规划师们所擅长的专业领域的尺度恰恰是大不一样的。但是由于我国行政概念中居委会社区和街/镇社区的层级与尺度差异，也由于一些社区规划师们非常乐意将他们在社区的各类设计营建咨询工作都统称作"社区规划"，使得目前的"社区规划"概念极其纷乱。这是将社区具体项目设计与社区规划混为一谈，这种混淆专业性的做法极大地模糊了系统的"社区规划"类型及其重要性，关于社区规划的系统性、整合性的重要意义，在前面第7章已作过分析。

那么社区规划师到底被期待做些什么呢？当然是在其所擅长的专业领域提供专业咨询，也就是我们常说的"让专业的人做专业的事"。社区规划师的作用体现在与社区成员和社区利益相关者的合作上，规划师要了解他们的诉求和实际需求，并帮助提供专业的解决方案。显然，社区规划师的真正含义是在社区就物质空间建设的具体问题（实事、小事）承担咨询角色的"规划师"，而不是进行社区规划的"规划师"。简言之，社区规划是有着清晰目标和定位的专业规划类型，社区规划师参与的各类社区营建咨询活动不能简单等同于社区规划。

4.3　社区规划与社区行动、社区工作

目前各地围绕社区开展了一系列活动，并展示出对于社区行动的热情，但这些行动同样不能代替社区规划。针对社区"愁难急盼"具体问题或具体对象的局部行动，有些可能解决一时一处的矛盾，但仍然需要社区规划对社区复杂多维系统的整体协调把控，需要社区规划探求社区长远有序的发展逻辑，并提供合理的行动指引。

相较而言，社区空间微更新侧重通过小规模、小尺度的社区物质空间更新，提升社区环境品质；社区花园行动则是组织社区居民积极参与，美化、活化局部的空间"点"。从具体实践来看，前者以建筑师、景观建筑师为主，过程中充分征求居民的意见；后者以园林设计师、景观建筑师为主，为居民提供技术指导。

社区微更新、社区花园行动与社区规划的共同之处在于鼓励居民参与，为居民提供技术指导，并推动社区有序治理。参与其中的有专业人员、社区工作者、社区自治组织、社区居民等。上述两项行动虽然具备了社区规划第一阶段和第三阶段的部分特征，但仅仅是社区规划中的局部实践。如果忽略社区规划的整体性、系统性这些根本特征，无论是与社区规划在概念上的混淆，还是将社区规划的概念泛化，都会造成社区规划的实质缺位，并随之带来对社区全局发展的把握不到位。

"社区规划"与"社区行动""社区工作"的区别在于其专业规划性质。社区规划要注重规划实施，其规划对象与规划设计的过程决定了其操作性要求。但是，社区规划的可操作性与规划师的社区行动却不应被混淆。事实是，由于各种纷繁的因素，目前与社区相关的行动大都被笼盖在"社区规划"的帽子下。打个比方，设立社区厨房属于社区规划的内容范畴，因为涉及提供社区公共服务设施，这一具体规划内容的可操作性，是基于规划师对社区居民参与情况的实际了解与经验判断，以及客观的物质条件。但是规划师组织或参与居民烹饪，那就进入了社会工作的范畴，属于个体的选择，并不是社区规划的必要内容。社会组织和社会工作的业务知识和手段，尤其是组织公众参与、社区参与的技术，是未来优秀规划师的素养和技能，但与社区规划的内容还是需要区别开来的，防止将社区规划泛滥地包括一切与社区相关的专业和工作，既要突破对规划范畴和规划师角色认识的局限，但也要防止另外的倾向，将社区规划师等同于社区工作者，而忽略了其自身专业核心工作的技术性和重要性。

4.4 社区规划的制度化

在我国，社区规划作为一个新的规划实践领域，历经 20 年探索，渐趋成型。近年来关于社区规划法定化的讨论和呼吁一直不断，也就是社区规划的制度化问题。

社区规划的必要性和重要性显而易见。由于城市更新的持续性、城市治理的常态化，目前一些城市的老旧住区更新、微更新、美丽家园、美丽街区等各类建设项目繁多，全都集中在社区层面实施，但是财政投资和归口管理却分属住建局、规划和自然资源或自然资源和规划局、绿化市容局、水利局等不同部门。表面上看，各自职责分明，界限清晰，但是社区往往被动承接，无论项目的实施效果、工作效率，还是资源的综合优化高效可持续利用，结果都不尽人意。因此亟需社区规划的整体统筹，社区规划可以为社区的空间更新和社会治理提供融合的愿景和策略，为社区保护及开发建设提供基本依据。

在以上海模式为代表的"两级政府—三级管理—四级网络"的城市行政管理体制 / 体系中，街道作为市、区两级政府的派出机构，处于三级管理的位置。本书的主要案例之一——金杨新村街道社区规划，由金杨新村街道办事处组织编制，其性质既不是完全的自上而下，也不是完全的自下而上，其自主之举，也与浦东新区对基层社会治理创新的激励有关。与之形成对照，另一个案例——南京西路街道社区规划，21 世纪初由当时的静安区城市规划管理局组织编制，位于城市核心区的静安区当时是上海面积最小的一个区，很早就进入了城市更新期，因此南京西路街道社区规划某种程度上带有自上而下试点探索的色彩。类似性质的社区规划试点也在部分城市中进行。

社区规划只有法定化才能保障其有效实施。出于空间规划体系不断完善的要求，社区规划很可能渐进地走向法定化，首先具有立法意义（近似于目前英国邻里规划的做法），然后成为法定规划。两种情形的区别在于，前者是由社区自下而上发起社区规划，并获得立法保障，社区对是否进行社区规划拥有自主权；后者是自上而下强制要求社区规划覆盖所有社区。当然也不排除社区规划可能直接被纳入我国的法定规划体系。

无论是具有法定意义的规划，还是法定规划，社区规划都需要经过规划审批，随之而来的就是谁来审批（审批机构）、怎么审批（审批制度）以及谁审批、谁监管（监管实施）等问题，这些都直接导向社区规划的技术标准问题。

4.5 社区规划的标准化

虽然社区规划在各地都有实践，但是由于社区的差异性、社区规划的适应性和针对性，迄今为止，社区规划尚未形成统一的编制办法和技术规程。就社区规划的现实需求来看，完善社区规划这一规划类型已日益迫切。

要建立社区规划技术标准，前提是须得合理确定社区规划的范围。社区规划的可实施可操作要求，决定了其规划范围必须与实施阶段的权限相一致，也就是说，在行政管理层面的社区范围界定是前提。

要建立社区规划技术标准，关键是确定哪些可以统一、哪些不求统一。社区规划的对象绝大多数是既有社区，因而具有较强的现实针对性。社区规划要求准确把握社区空间、社会现象背后的问题，破解问题症结，社区规划提供的综合解决方案，既包括空间的方面，也包括社会的方面，空间方案既直接解决空间问题，也间接解决社会问题。能付诸实践，能切实解决现状问题，能引导社区未来发展，是对社区规划的最好检验。从尊重社区差异出发，社区规划在编制内容与编制深度上的确不宜强制规定，但是社区规划标准可以列出社区规划设计、编制和实施的普适性、规范性要点。

社区规划的编制程序、成果形式则可以相对统一，例如金杨街道社区规划中采用的"深度参与式三阶段规划"过程、"一库、一图、一表、一单"成果形式，就是对社区规划标准化的推进尝试。

伴随着我国的深度城镇化进程，在建成区，对社区规划的需求将超过居住区规划。目前的《城市居住区规划设计标准》GB 50180—2018虽然已修订，其适应范围将越来越小；现实亟需的是"城市社区规划（设计）标准"，是对已经"成为"社区的既有住区的指导。对社区规划标准来说，协调性是其关键问题，包括与城市更新、老旧住区更新、乡村振兴的空间协调问题，与社区治理的社会协调问题。在社区层面，除了一些社会问题与政策性高度相关的情形，其余的社会问题基本上可以通过空间治理带动社会治理，以社区空间提升为抓手。例如外来人口集中的社区、老龄化程度较高的社区等。

4.6 社区规划的模式

鉴于我国国情与社会状况，社区规划的开展编制、实施、监管，采取"政府主导、社区参与、专业机构支持"不失为一种有效的选择。政府主导主要体现在财政经费支持、建立评审制度上，但是要为社区管理和创新活动留有空间。目前社区规划的设计投入以及社区规划实施基本是区县政府财政全包，一方面政府的财政压力大，无法提供全面的社区更新改造资金，另一方面，社区的空间更新工作往往受制于财政资金，程序上缺少灵活自主性，无法按照社区规划有效推进。目前已有一些社区探索通过社区组织、社区基金会的途径提供部分资金支持，与政府的更新改造资金投入有所分工。

社区规划要体现社区对规划的自主权。社区对规划拥有自主权，意味着社区成员（不仅是社区居民）深度参与方案全过程。社区规划强调社区利益相关者和行动者深入参与的编制和实施过程，从规划行动计划的拟定、规划行动主体的构成和职责、规划行动推进流程等方面，都需要规划专业人员、社区居民、社区组织和基层政府部门的参与协同。社区规划的编制可以促进自下而上的社会治理。在社区规划编制过程中，充分发挥社区成员的力量，从发展诉求、方案对策、行动组织等方面，提高社区规划和建设工作的有效性，进而提升社区的凝聚力。既要注重发挥社区规划专业人才作用，又要广泛吸纳居民群众参与，科学确定社区发展项目、建设任务和资源需求。

社区规划中的专业机构包括了规划设计、编制的规划设计机构，以及规划实施阶段的专业社区组织。参与其中的有专业人员、社区工作者、社区自治组织、社区居民等。此外，鉴于第 6 章讨论的社区规划的价值追求和社区类型等，社区规划编制团队中还可以包含有来自社会学、生态学、经济学、信息工程、法学等其他学科的专业人员。

总体来说，社区规划可以按照"谁组织编制、谁负责实施"的原则，明确社区规划编制和管理的要点。明确社区规划中的一些约束性指标和刚性管控要求（特别是涉及自然资源类型的社区），同时提出指导性要求。制定实施规划的政策措施，提出分步、分界落实要求，确保规划能用、管用、好用。形成社区规划和建设标准，指导社区规划研究、编制和实施工作。

 小结

本章着重分析社区规划的核心特征——社区参与、实际效用——社区治理，以及社区规划自身的制度标准要求。社区规划作为一个过程，必然涉及社区的利益相关者和行动者，社区利益相关者分析和"时间—空间—行动者"分析框架对于社区规划、社区参与及社区治理来说都是有效的分析方法。

作为规划中公众参与的一种类型，社区层面的参与是最有效最直接的类型。社区参与中应特别关注老年人、儿童和外来人口等一些特殊成员或弱势群体的参与，避免将沉默的、隐性的需求排除在社区规划过程之外。当前的社区参与存在一些普遍的障碍与不足，社区规划对此应有清楚的认识；社区参与应落实体现在社区规划的各个阶段，社区规划中应采取恰当的形式、方法与技巧。社区规划不仅需要社区参与，还要促进社区参与能力建设；也不仅仅是社区成员的参与能力提升，也包括政府参与社区以及专业人员参与社区的能力提升。

社区治理是社会—空间治理层级体系中的基础治理，社区规划本质上也可视作社区治理的一部分，为社区治理提供工作内容和技术标准，促进社区精细化治理和品质提升。通过社区规划也可以提升社区自治能力，激发社区内生资源活力，促进解决社区冲突。作为一种高程度、高水平的社区参与，社区治理也可积极反馈社区规划。

作为总结性的讨论，分析了与社区规划自身相关的几个极其重要的问题，包括当前我国社区设置差异带来的社区规划对象、规模、范围以及一些因此陷于混沌的问题，提出了社区规划的法定化设想。鉴于城市更新的持续性、城市治理的常态化，社区规划必将为我国社区空间更新和社会治理发挥日益重要的统筹协调和指导作用，在各地实践不断积累的基础上，对社区规划的制度化与标准化等议题的探讨与解决也必将日臻成熟。

 关键概念

利益相关者分析

"时间—空间—行动者"分析框架

社区参与

社区治理

空间治理

社会治理

社区尺度

 讨论问题

1. 选择一个社区情境，尝试进行社区利益相关者分析和社区"时间—空间—行动者"分析。

2. 简述社区规划、社区参与、社区治理三者之间的相互影响。

3. 谈谈你对社区规划法定化的思考与理解。

附录：图表一览

注：图表除 [　] 标注来源以外，其余均为作者拍摄或绘制。

第 1 章

图 1.1　北美方阵社区铭牌 [来源：https：//www.hmdb.org/Photos3/371/Photo
371966.jpg]

图 1.2　邻里单位概念的演变 [来源：Farr（2007）]

图 1.3　上海市杨浦区"社区规划师"聘任仪式，2018 年 [来源：上海市杨浦区
规划和自然资源局]

第 2 章

图 2.1　福建省霞浦县崇儒乡"樟坑大厝"[来源：https：//www.xiapuphoto.cn/
newsinfo/121508.html]

表 2.1　社区类型划分

表 2.2　我国城市规模划分标准（单位：万人）

表 2.3　不同职能城市及其主要社区特征

第 3 章

图 3.1　社区构成要素的性质关系图式

图 3.2　上海市长宁区的九华邻里中心 [来源：http：//cdn.archina.com/ueditor/
20200527/ 5ecdd51ea4139.jpg]

图 3.3　乡村社区小店（上海市崇明区港沿镇园艺村，2018 年）

图 3.4　社区卫生服务中心（上海市杨浦区控江新村街道社区）

图 3.5　社区卫生服务站、家庭医生工作站（上海市杨浦区控江新村街道社区）

图 3.6　斯图加特附近的内卡泰尔芬根的社区节日礼堂（Neckartailfingen Festival
Hall）[来源：https：//www.metalocus.es/sites/default/files/styles/mopis_news_carousel_
item_desktop/public/file-images/Ackermann_Raff_salon_actos_metalocus_10_1280.

社区规划